Businessplan für Dummies – Schummelseite

Die wichtigsten Finanzaufstellungen

- ✔ **Gewinn-und-Verlust-Rechnung:** Ob Sie Gewinn oder Verlust gemacht haben, erfahren Sie, indem Sie von den Einnahmen alle Ausgaben abziehen.
- ✔ **Bilanz:** Dies ist eine Momentaufnahme Ihrer Finanzen, die Ihnen zeigt, was Sie besitzen, was Sie schulden und was Ihr Unternehmen wert ist.
- ✔ **Kapitalflussrechnung:** Hiermit überwachen Sie die flüssigen Mittel, die aus dem Unternehmen heraus- oder in das Unternehmen hineinfließen.
- ✔ **Budget:** In diesem Finanzplan führen Sie auf, wie Sie zu Geld kommen wollen und wofür Sie es ausgeben werden.

Kunden, Konkurrenten und Sie

Drei Fragen über den Kunden

- ✔ Wer kauft?
- ✔ Was kauft der Kunde?
- ✔ Warum kauft der Kunde?

Drei Fragen zur Konkurrenz

- ✔ Wie groß ist sie?
- ✔ Welche Kunden wollen sie mir abjagen?
- ✔ Wie sieht ihre Strategie aus?

Drei Wege zum Sieg

- ✔ Drastische Kostenreduzierung
- ✔ Einzigartiges Produktangebot
- ✔ Konzentration auf eine Kundengruppe

Wie funktioniert ein Businessplan?

- ✔ **Pläne:** Unternehmensauftrag, Unternehmensphilosophie und Unternehmensziele müssen ineinandergreifen.
- ✔ **Organisationsstruktur:** Nur mit einer Organisationsstruktur, die Sinn macht, funktioniert Ihr Unternehmen.
- ✔ **Abläufe:** Effiziente und effektive Arbeitsabläufe sind die halbe Miete.
- ✔ **Führungsstil:** Sie sollten in der Lage sein, Ihre Mitmenschen zu beeinflussen und zu motivieren.
- ✔ **Fähigkeiten:** Nur mit dem Talent und dem Fachwissen Ihrer Mitarbeiter sind Sie erfolgreich.
- ✔ **Unternehmenskultur:** Mit den richtigen Werten und Einstellungen gelangen Sie ans Ziel.

Businessplan für Dummies – Schummelseite

Die wichtigsten Bestandteile des Businessplans

- ✔ Zusammenfassung (Executive Summary)
- ✔ Geschäftsidee
- ✔ Marktübersicht
- ✔ Marketing/Wettbewerb
- ✔ Chancen und Risiken
- ✔ Finanzplanung
- ✔ Unternehmensorganisation

Checkliste für die Planung

- ✔ Beziehen Sie alle bei der Festlegung der Zielvorgaben und Zielvereinbarungen ein.
- ✔ Bringen Sie möglichst viel über Ihre Kunden in Erfahrung.
- ✔ Lernen Sie Ihre Wettbewerber kennen.
- ✔ Finden Sie Ihre Stärken und Schwächen, Ihre Chancen und Risiken heraus.
- ✔ Legen Sie fest, welche Fähigkeiten Sie brauchen, um erfolgreich zu sein.
- ✔ Schreiben Sie alles auf, was Ihr Unternehmen tun kann, um dem Kunden mehr Wert zu bieten.
- ✔ Machen Sie unbedingt Ihre Finanzhausaufgaben.
- ✔ Stellen Sie sich mehrere verschiedene Versionen für die Zukunft Ihres Unternehmens vor.

Gründe, warum Unternehmen scheitern

- ✔ Fehlende langfristige Unternehmensphilosophie
- ✔ Nicht klar gesetzte Zielvorgaben und Zielvereinbarungen
- ✔ Mangelndes Verständnis für Kundenwünsche
- ✔ Unterschätzen der Konkurrenz
- ✔ Unangemessene Finanzplanung
- ✔ Unzureichende Führungsqualitäten
- ✔ Ineffektive Abläufe und Systeme
- ✔ Fehlende unternehmerische Fähigkeiten
- ✔ Mangelnde Bereitschaft für Veränderungen
- ✔ Unzureichende Vermittlung der Inhalte des Businessplans

Businessplan
für Dummies

Paul Tiffany und Steven D. Peterson

Businessplan für Dummies

Übersetzung aus dem Amerikanischen
von Martina Hesse-Hujber

Überarbeitung
von Evelyn Boos-Körner

5., überarbeitete Auflage

WILEY

WILEY-VCH Verlag GmbH & Co. KGaA

Bibliografische Information der Deutschen Nationalbibliothek
Die Deutsche Nationalbibliothek verzeichnet diese Publikation in der Deutschen Nationalbibliografie; detaillierte bibliografische Daten sind im Internet über http://dnb.d-nb.de abrufbar.

5., überarbeitete Auflage 2016

Printed in Germany
Gedruckt auf säurefreiem Papier

FSC www.fsc.org
MIX
Papier aus verantwortungsvollen Quellen
FSC® C083411

Coverfoto: © Trueffelpix – Fotolia.com
Korrektur: Petra Heubach-Erdmann, Düsseldorf
Satz: inmedialo Digital- und Printmedien UG, Plankstadt
Druck und Bindung: CPI books GmbH, Leck

Print ISBN: 978-3-527-71236-6
ePub ISBN: 978-3-527-80508-2
mobi ISBN: 978-3-527-80509-9

Cartoons im Überblick

von Christian Kalkert

Seite 25

Seite 89

Seite 167

Seite 245

Seite 311

Internet: www.stiftundmaus.de

Inhaltsverzeichnis

Einführung 19

Über dieses Buch 19
Konventionen in diesem Buch 20
Was Sie nicht lesen müssen 20
Törichte Annahmen über den Leser 20
Wie dieses Buch aufgebaut ist 21
    Teil I: Entscheiden, wohin es gehen soll 21
    Teil II: Den eigenen Markt beschreiben 21
    Teil III: Die Aussichten Ihres Unternehmens einschätzen 22
    Teil IV: Ein Blick in die Zukunft 22
    Teil V: Ein Werkzeugkasten für Planer 22
    Teil VI: Der Top-Ten-Teil 22
    Anhang 22
    Symbole, die in diesem Buch verwendet werden 23
Wie es weitergeht 23

Teil I
Entscheiden, wohin es gehen soll 25

Kapitel 1
Der Anfang aller Unternehmensplanung 27

Herausfinden, wer oder was bei der Planung helfen kann 27
    Ein Besuch beim Buchhändler 27
    Ein Besuch im Internet 28
    Software für Unternehmensgründer installieren 30
    Profis um Rat fragen 31
    Hilfe und Unterstützung finden 31
Das Planungsteam aufbauen 32
    Grundsätzliches 32
    Aufgabenverteilung 33
Den Plan zu Papier bringen 34
    Zusammenfassung (Executive Summary) 35
    Geschäftsidee 35
    Marktübersicht 36
    Marketing und Wettbewerb 36
    Chancen und Risiken Ihres Unternehmens 37
    Finanzplanung 37
    Unternehmensorganisation 38

Kapitel 2
Warum ein Businessplan so wichtig ist 39

Die Geschäftsidee auf den Punkt bringen 39
Die Form des Businessplans 40
Ein Blick in die Zukunft 41
Ein Blick in die Vergangenheit 41
Ein Blick über den Tellerrand 42
Erste Schritte 42
Die Planung hinter dem Plan 43
Ist Planung nun eine Kunst oder eine Wissenschaft? 43
Planung oder Taktik 44
Warum Planung wichtig ist 45
Die verehrte Zielgruppe 46
Von Venture Capital und Engeln 47
Banken und andere Geldgeber 50

Kapitel 3
Kleingründungen und Co. 53

Die richtigen Voraussetzungen mitbringen 53
Staatliche Fördermaßnahmen beanspruchen 54
Das Einstiegsgeld – ein alternativer Weg 54
Mit dem Gründungszuschuss starten 55
Beratungs- und Trainingsmaßnahmen nutzen 57
Auch die Beratung wird gefördert 58
Gründercoaching – unterstützt von der Agentur für Arbeit 58
Öffentliche Förderprogramme nutzen 59
Und wenn's nicht klappt? 60

Kapitel 4
In die richtige Richtung aufbrechen 61

Warum Werte wichtig sind 62
Schwierige Wahl 62
Ethische und rechtliche Maßstäbe 63
Unerwartet und unvorbereitet 63
Vom Wert, Werte zu haben 65
Wertmaßstäbe für das eigene Unternehmen aufstellen 66
Vorhandene Grundsätze und Prinzipien 68
Werte formulieren 70
Werte im Unternehmen umsetzen 71
Ein Leitbild für Ihr Unternehmen entwickeln 72

Kapitel 5
Den richtigen Weg abstecken 75
Einen Unternehmensauftrag für Ihr Unternehmen formulieren 75
Erste Schritte 76
Ihr Geschäft in höchstens 100 Worte fassen 77
Zielvorgaben und Zielvereinbarungen – eine Einführung 78
Warum das alles? 79
Zielvorgaben versus Zielvereinbarungen 80
Effizienz versus Effektivität 82
Eigene Zielvorgaben und Zielvereinbarungen festlegen 83
Richtlinien für das Festlegen von Zielvorgaben 83
Richtlinien für das Festlegen von Zielvereinbarungen 83
Zielvorgaben und Zielvereinbarungen mit dem Unternehmensauftrag in Einklang bringen 84
Fallstricke meiden 86
Richtiges Timing ist alles 87

Teil II
Den eigenen Markt beschreiben 89

Kapitel 6
Das Geschäftsumfeld unter die Lupe nehmen 91
Die wirtschaftliche Tätigkeit definieren 92
Ihre Branche analysieren 93
Marktstrukturen 93
Märkte 97
Beziehungen 98
Finanzen 100
Wo Sie Daten herbekommen 101
Die erfolgsentscheidenden Faktoren erkennen 102
Auf Chancen und Risiken vorbereitet sein 106
Wunderbare Aussichten 106
Dunkle Wolken am Horizont 107

Kapitel 7
Den Markt in Segmente zerlegen 111
Marktsegmente definieren 111
Möglichkeiten, Marktsegmente zu bilden 114
Wer kauft? 114
Was wird gekauft? 118
Warum wird gekauft? 121
Nützliche Marktsegmente ausmachen 125
Hat das Segment die richtige Größe? 125
Können Sie Ihre Kunden identifizieren? 126

Kann der Markt erreicht werden? 127
Herausfinden, wie sich Marktsegmente verhalten 127
Den Markt testen 128
Persönlichkeitstypen ermitteln 129

Kapitel 8
Die Kunden unter die Lupe nehmen 131

Den Überblick nicht verlieren 131
Herausfinden, wer Ihre Kunden sind 133
Der gute Kunde 133
Der schlechte Kunde 134
Die Kunden der Konkurrenz 135
Kundenverhalten näher analysieren 136
Bedürfnisse verstehen 136
Motive erkennen 137
Herausfinden, wie die Kunden ihre Wahl treffen 138
Wahrnehmungen sind Realität 139
Die fünf Schritte bis zur Akzeptanz 139
Kunden optimal bedienen 140
Warum Kunden verloren gehen 140
Den Treueeffekt ausnutzen 141
Ein besonderer Fall: Kunden, die selbst Unternehmen sind 143
Secondhand-Nachfrage 143
Entscheidungsfindung als formale Angelegenheit 143
Kräfte, mit denen man rechnen muss 144

Kapitel 9
Die Konkurrenz durchleuchten 147

Erkennen, welchen Wert Konkurrenz hat 148
Erkennen, wer Ihre wahren Konkurrenten sind 151
Wettbewerb aufgrund der Wahl des Kunden 151
Wettbewerb aufgrund der Produktverwendung 153
Wettbewerb aufgrund von Strategie 154
Zukünftiger Wettbewerb 156
Die Aktionen Ihrer Konkurrenten verfolgen 157
Das Potenzial des Konkurrenten ermitteln 157
Die Strategien der Konkurrenten einschätzen 159
Die Schachzüge der Konkurrenten vorhersehen 160
Die Ziele der Konkurrenz herausfinden 160
Die Annahmen der Konkurrenten aufdecken 162
Erfolgreich im Konkurrenzkampf 163
Tatsachen und Zahlen strukturieren 163
Die Schlachten auswählen, an denen Sie teilnehmen wollen 165

Teil III
Die Aussichten Ihres Unternehmens einschätzen 167

Kapitel 10
Ihre Startposition finden 169

Situationsanalyse 170
Stärken und Schwächen erkennen 170
Blickwinkel 171
Fähigkeiten und Ressourcen 172
Erfolgsentscheidende Faktoren 181
Chancen und Risiken erkennen 183
Ein Blick auf die Konkurrenz 183
Eine SWOT-Analyse erstellen 184

Kapitel 11
Sich auf das konzentrieren, was man am besten kann 187

Eigene Fähigkeiten ermitteln 188
Eine typische Wertkette konstruieren 188
Eine eigene Wertkette schmieden 190
Ein Wertangebot erstellen 192
Ein Geschäftsmodell basteln 194
Wo wird Geld verdient? 194
Wie steht's mit dem Timing? 195
Und so funktioniert das Geschäftsmodell 195
Nach dem Wettbewerbsvorteil suchen 196
Sich auf die Kernkompetenz konzentrieren 198
Einen Wettbewerbsvorteil über Jahre hinweg erhalten 199
Ressourcen zuordnen 200

Kapitel 12
Die Finanzlage ermitteln 203

Die Einnahmen-Überschuss-Rechnung 204
Gewinn-und-Verlust-Rechnungen lesen 204
Erträge erwirtschaften 206
Aufwendungen erfassen 206
Gewinne betrachten 208
Bilanzen interpretieren 208
Wissenswertes über Aktiva 209
Wissenswertes über Passiva und Eigenkapital 212
Kapitalflussrechnungen unter der Lupe 214
Das Geld fließt rein und raus 215
Was übrig bleibt 217

Finanzwirtschaftliche Kennzahlen 218
Kurzfristigen Verbindlichkeiten nachkommen 220
Langfristige Verbindlichkeiten berücksichtigen 221
Rentabilität 222

Kapitel 13
Finanz- und Budgetplanung 225

Finanzplanungen aufstellen 226
Schritt für Schritt zur Pro-forma-Gewinn-und-Verlust-Rechnung 227
Schritt für Schritt zur Pro-forma-Bilanz 232
Der Liquiditätsplan 236
Alternative Finanzplanungen 237
Konsolidierung der Planungs- und Budgetdaten 238
Die Elemente eines Budgets 239
Ein Budget erstellen 240

Teil IV
Ein Blick in die Zukunft 245

Kapitel 14
Bereit für Veränderungen 247

Dimensionen der Veränderung definieren 248
Wirtschaftspolitische Trends 249
Politische Trends 253
Gesellschaftspolitische Trends 255
Technologische Trends 257
Veränderungen vorhersehen 259
Trendvorhersagen 260
Szenario-Technik 262
Sich nach allen Seiten absichern 263
Sich auf Veränderungen in der Zukunft einstellen 264

Kapitel 15
Wettbewerbsstrategisch denken 267

Gebrauchsfertige Strategien anwenden 267
Die Strategie der Kostenführerschaft 269
Aus der Menge herausragen 272
Den Fokus fokussieren 277
Strategische Alternativen prüfen 279
Alles auf einmal – oder doch nur eins 279
Outsourcing und Offshoring 281

Marktführer und Marktfolger 282
Die Strategie der Marktführerschaft 282
Strategien der Marktfolger 283
Eine eigene Strategie entwickeln 284

Kapitel 16
Groß und größer werden 287

Der Produktlebenszyklus 288
Einführungsphase 289
Wachstumsphase 289
Reifephase 290
Abschwungphase 291
Der Ist-Zustand 291
Wege finden, um zu wachsen 292
Gleiches Produkt, gleicher Markt 296
Neuer Markt oder neues Produkt 297
Neues Produkt und neuer Markt 301
Das Produkt-Portfolio verwalten 302
Strategische Geschäftseinheiten 302
Nach den Sternen streben 304
Produkte anhand ihrer Stärke und Attraktivität beurteilen 308

Teil V
Ein Werkzeugkasten für Planer 311

Kapitel 17
Dem Unternehmen ein Gesicht geben 313

Den Businessplan umsetzen 314
Effektive Organisationsstrukturen zusammenstellen 316
Die Linienorganisation 316
Die funktionale Organisation 316
Die Spartenorganisation 317
Die Matrixorganisation 317
Wenn zu viele Köche in der Küche stehen 318
Eine eigene Organisationsstruktur entwickeln 318
Effektive Abläufe entwickeln 319

Kapitel 18
Den Weg vorgeben 323

Führungsqualitäten fördern 324
Fähigkeiten entwickeln 325
Eine Unternehmenskultur bilden 326
Der Unternehmensphilosophie treu bleiben 328

Teil VI
Der Top-Ten-Teil 329

Kapitel 19
Zehn Anzeichen dafür, dass Ihr Businessplan veraltet ist 331

Ihre Unternehmensziele ändern sich abrupt 331
Sie erfüllen die Meilensteine Ihres Plans nicht 331
Neue Technologien machen Furore 332
Wichtige Kunden laufen Ihnen davon 332
Der Wettbewerb nimmt zu 332
Die Produktnachfrage fällt dramatisch 332
Einnahmen gehen zurück oder Kosten steigen 333
Die Moral des Unternehmens lässt nach 333
Finanzprognosen bewahrheiten sich nicht 333
Zu viel Wachstum, zu schnelles Wachstum 334

Kapitel 20
Zehn Fragen zu Ihrem Businessplan 335

Stehen Ihre Ziele mit Ihrem Unternehmensauftrag im Einklang? 335
Können Sie auf die wesentlichen Chancen hinweisen? 335
Sind Sie für Gefahren gerüstet? 335
Haben Sie Ihre Zielgruppe definiert? 336
Können Sie sich über Ihre Konkurrenten auf dem Laufenden halten? 336
Kennen Sie Ihre Stärken und Schwächen? 337
Sind Ihre strategischen Maßnahmen sinnvoll? 337
Können Sie hinter den Zahlen stehen? 337
Sind Sie wirklich bereit für Veränderungen? 338
Ist Ihr Plan klar, prägnant und aktuell? 338

Kapitel 21
Zehn Dinge, die Sie vermeiden sollten 339

Versäumen, überhaupt erst zu planen 339
Leitwerte und Unternehmensphilosophie mit einem Achselzucken abtun 339
Den Kunden ignorieren 340
Die Konkurrenz unterschätzen 340
Die eigenen Stärken ignorieren 340
Ein Budget als Businessplan betrachten 341
Notwendigen Risiken aus dem Weg gehen 341
Zulassen, dass jemand den Plan dominiert 341
Angst, etwas zu verändern 341
Vergessen, zu motivieren und zu belohnen 342

Anhang A
Ein Beispiel-Businessplan 343

Businessplan showcase 344
1 Zusammenfassung 344
2 Produkt 346
2.1 Produktbeschreibung 346
2.2 Technische Merkmale und Daten 348
2.3 Konkurrenzprodukte 348
2.4 Stärken und Schwächen 349
2.5 Zielgruppen 349
2.6 Kundennutzen 349
2.7 Herstellung/Produktion 350
2.8 Entwicklungsstand 350
3 Gründerteam 350
4 Marktanalyse 351
4.1 Gesamtmarkt 351
4.2 Marktsegmentierung 352
4.3 Marktpotential 353
4.4 Wettbewerber 356
5 Marketing 356
5.1 Produktpolitik 356
5.2 Preispolitik 357
5.3 Kommunikationspolitik 357
5.4 Vertriebspolitik 358
6 Unternehmen und Organisation 359
6.1 Firmenphilosophie 359
6.2 Rechtsform, Geschäftsführung, Eigentum 359
6.3 Organisation 359
6.4 Personal 361
6.5 Kosten 361
6.6 Risikomanagement 362
7 Finanzplanung 363
7.1 Rentabilitätsvorschau 363
7.2 Kapitalbedarf und Finanzierungsplanung 364

Stichwortverzeichnis 369

Einführung

Sie haben also dieses Buch aus dem Regal gezogen und sich entschieden, es mit uns zu versuchen. Eine gute Wahl. Hier sind Sie richtig. Sie wissen vielleicht noch nicht, wie man einen Businessplan erstellt, aber Sie waren schlau genug zu erkennen, dass so ein Plan ungeheuer wichtig ist. Aus jahrelanger Zusammenarbeit mit großen und kleinen Unternehmen wissen wir, dass ein Businessplan über Erfolg und Misserfolg entscheidet. Nur wenn Sie ihn auch befolgen, werden Sie dorthin gelangen, wo Sie hinwollen. Wie so ein Plan auszusehen hat, können Sie im Anhang sehen.

Manche Menschen glauben, dass ein Businessplan etwas ist, was man erstellen muss, um Geldgeber für seine Neugründung zu gewinnen – also bestenfalls eine Formalität und schlimmstenfalls eine nervtötende Arbeit. Einen Businessplan erstellen Sie jedoch nicht nur für irgendwelche Kapitalgeber. Sehen Sie darin ein Werkzeug, das dafür sorgt, dass Ihre Mitarbeiter gerne in Ihrem Unternehmen arbeiten, und Ihrem Unternehmen zum Erfolg verhilft.

Sie meinen, ein Businessplan hätte etwas mit Zauberei zu tun? Nein, weit gefehlt. Ein Businessplan funktioniert nur, weil er Sie dazu zwingt, innezuhalten und darüber nachzudenken, was Sie eigentlich tun. Er hilft Ihnen herauszufinden, wie die Zukunft Ihres Unternehmens aussehen soll und wie Sie diese Ziele erreichen wollen. Ihr Plan dient Ihnen dabei als Vorlage und führt Sie Schritt für Schritt ans Ziel. Hier ein paar Beispiele:

- ✔ Ein Businessplan erfordert die sorgfältige Betrachtung Ihrer Branche, Ihrer Kunden und Wettbewerber, um zu erkennen, welche realen Chancen Sie haben und welchen Risiken Sie ausgesetzt sind.
- ✔ Ein Businessplan ist eine objektive Analyse Ihres Unternehmens, sodass Sie damit die Fähigkeiten und Ressourcen, die Stärken und Schwächen sowie die Wettbewerbsvorteile Ihres Unternehmens realistisch einschätzen können.
- ✔ Ein Businessplan enthält eine Bilanz, eine Finanzprognose und einen Budgetplan, sodass Sie wissen, wo Sie heute stehen und was die Zukunft für Sie bereithält.
- ✔ Ein Businessplan bereitet Sie auf eine unsichere Zukunft vor, indem er Sie darin bestärkt, Unternehmensstrategien zu entwickeln und Alternativen zu finden, die Ihre Erfolgschancen langfristig erhöhen.

Über dieses Buch

Dieses Buch wird Ihnen bei der schrittweisen Erstellung Ihres Businessplans helfen. Sie werden dabei Dinge über Ihr Unternehmen entdecken, die Sie zuvor noch nicht gewusst haben. Diese Informationen können entscheidend sein, wenn es darum geht, der Konkurrenz die Stirn zu bieten. Wir haben sogar ein paar Seiten zum Schmunzeln vorgesehen.

Die fünfte Auflage von *Businessplan für Dummies* wird Ihnen zu geschäftlichem Erfolg verhelfen, egal wer Sie sind beziehungsweise welchen Job Sie in Ihrem Unternehmen haben, ob

Sie in einem großen Unternehmen oder als Einzelkämpfer tätig sind. Je nach Situation werden Sie das Buch jedoch unterschiedlich nutzen.

- ✔ Wenn Businesspläne etwas Neues für Sie sind, werden Sie wahrscheinlich ganz vorne mit dem ersten Kapitel beginnen und sich von uns führen lassen. Wir fangen mit dem Unternehmensauftrag an, hauchen dem Businessplan Leben ein und sorgen dafür, dass Sie das Ziel nicht aus den Augen verlieren. Kapitel 3 enthält wichtige Hinweise für Existenzgründer.
- ✔ Wenn Sie bereits Erfahrung haben, werden Sie vielleicht gleich zu den für Sie interessanten Stellen springen: wie man beispielsweise die erfolgsentscheidenden Faktoren in einer Branche erkennt oder wie man Stärken und Schwächen ermittelt. Und wenn Sie irgendwo eingetaucht sind, werden Sie wahrscheinlich einen anderen Abschnitt entdecken, der auch noch interessant für Sie sein könnte.

Wo auch immer Sie gerade stehen, es ist nie zu spät, einen Businessplan zu erstellen, und es ist nie zu spät, einen bereits erstellten Plan zu überarbeiten. In beiden Fällen finden Sie die gewünschten Informationen auf den Seiten zwischen diesen strahlendgelben Umschlagdeckeln.

Konventionen in diesem Buch

Damit Sie sich leichter zurechtfinden, finden Sie in diesem Buch wie auch in den anderen ... *für Dummies*-Büchern bestimmte Konventionen:

- ✔ *Kursivdruck* wird verwendet, um neue Wörter oder Begriffe hervorzuheben.
- ✔ **Fettdruck** wird verwendet, um die wichtigen Elemente bei Schrittanleitungen oder Auflistungen hervorzuheben.
- ✔ Die Schriftart `Courier` wird verwendet, um Internetadressen und Formeln darzustellen.

Was Sie nicht lesen müssen

Sie brauchen den Text in den grauen Kästen, die hin und wieder in diesem Buch auftauchen, nicht zu lesen. Auch der Inhalt der Copyright-Seite ist nicht so wahnsinnig interessant. Sie verletzen auch nicht unsere Gefühle, wenn Sie dieses Buch nicht von vorne bis hinten durchlesen. Blättern Sie einfach mal durch, sehen Sie im Stichwortverzeichnis nach und suchen Sie sich eine interessante Stelle raus.

Törichte Annahmen über den Leser

Ob Sie es glauben oder nicht, aber wir brauchen nicht im Kaffeesatz zu lesen, um etwas über Sie, lieber Leser, liebe Leserin, zu wissen. Denn mit hoher Wahrscheinlichkeit trifft nämlich die eine oder andere der folgenden Aussagen auf Sie zu:

- ✔ Sie haben eine großartige, völlig neue Geschäftsidee und können es gar nicht erwarten, Ihr eigenes Unternehmen zu gründen und zu führen.
- ✔ Ihr Chef schlägt neue Töne an und erwartet, dass Sie in den nächsten drei Wochen einen Businessplan erstellen.

- Sie haben Ihr Unternehmen immer ohne Businessplan geführt, wollen aber jetzt einen Neuanfang starten.
- Sie dachten immer, Sie hätten einen Businessplan, aber der ist wohl doch nicht so gut, wie er sein sollte.

Haben wir es erraten? In welcher Situation Sie sich auch immer befinden mögen, Sie brauchen auf keinen Fall im (bereits erwähnten) Kaffeesatz nach einem Businessplan zu suchen. Lesen Sie lieber dieses Buch. Wir können zwar nicht die Zukunft Ihres Unternehmens vorhersagen, aber mit dem Plan, den Sie mit unserer Hilfe zusammenstellen werden, sind Sie für die Zukunft bestens gerüstet. Und wir werden Sie bei jedem Schritt begleiten.

Wie dieses Buch aufgebaut ist

Businessplan für Dummies besteht aus sechs Teilen und einem Anhang. Sie müssen nicht alle Teile lesen und schon gar nicht die angegebene Reihenfolge einhalten. Jedes Kapitel ist einem bestimmten Thema der Unternehmensplanung gewidmet, wobei einige Kapitel für Sie wichtiger sein können als andere.

Teil I: Entscheiden, wohin es gehen soll

Bevor Sie einen Businessplan zusammenstellen können, müssen Sie wissen, wo Sie in Zukunft stehen wollen. Dieser Teil will Sie davon überzeugen, wie wichtig die richtige Planung ist, damit Sie auch dort ankommen, wo Sie hinwollen. Auch wer sich eine Existenz mit staatlichen Mitteln (Gründungszuschuss) aufbauen will, muss seinem Antrag einen Businessplan beilegen. Wir helfen Ihnen herauszufinden, für welche Zielgruppe Sie den Plan erstellen und wie Ihnen ein solcher Plan helfen kann, Ihre großartigen Geschäftsideen in einem klareren Licht zu sehen. Wir zeigen Ihnen Planungshilfen, diskutieren mit Ihnen Planungsprozesse und fassen die wichtigsten Teile des Businessplans zusammen. Dann werden wir Sie dabei unterstützen, Ihre Unternehmensleitwerte und Unternehmensphilosophie genauer unter die Lupe zu nehmen. Schließlich helfen wir Ihnen bei der Formulierung des Unternehmensauftrags und bei der Definition Ihrer Unternehmensziele.

Teil II: Den eigenen Markt beschreiben

Damit Ihr Businessplan von Nutzen ist, müssen Sie den Markt, in dem Sie sich befinden, genau kennen. In diesem Teil werden Sie Ihre Branche genauer untersuchen und herausfinden, wo Ihre Erfolgschancen liegen, indem Sie Ihre Chancen und Risiken analysieren. Sie werden Ihre Kunden unter die Lupe nehmen, sodass Sie wissen, wer Ihre Kunden sind, was sie benötigen und wie man sie in Gruppen unterteilen kann, um sie noch besser bedienen zu können. Schließlich werden Sie Ihre Wettbewerber genau analysieren, um gegen sie gewinnen zu können.

Teil III: Die Aussichten Ihres Unternehmens einschätzen

In diesem Teil lenken wir die Aufmerksamkeit voll und ganz auf Ihr Unternehmen. Sie werden sich so objektiv wie möglich die Fähigkeiten und Ressourcen Ihres Unternehmens ansehen, ermitteln, auf welche Stärken Sie sich wirklich verlassen können und mit welchen Schwächen Sie zurechtkommen müssen. Sie werden langsam einkreisen, was Sie am besten können, und so ermitteln, welchen tatsächlichen Wert Sie Ihren Kunden bieten und welchen Vorteil Sie gegenüber den Wettbewerbern haben. Schließlich werden Sie zusammen mit uns ein Geschäftsmodell entwickeln, Ihre Finanzlage klären und eine Finanzprognose sowie ein Budget aufstellen.

Teil IV: Ein Blick in die Zukunft

Einen Businessplan erstellt man hauptsächlich deshalb, weil man auf die Zukunft vorbereitet sein will. In Teil IV werfen Sie einen Blick in die Zukunft und wappnen sich für Änderungen. Es werden verschiedene Strategien vorgestellt und es wird gezeigt, wie man sie verwendet, um eigene Strategien zu entwickeln. Außerdem werden die verschiedenen Richtungen gezeigt, in die Sie gehen können, wenn Ihr Unternehmen sich vergrößert.

Teil V: Ein Werkzeugkasten für Planer

Ihr Businessplan taugt nichts, wenn er nicht in die Realität umgesetzt werden kann. In diesem Teil lernen Sie, Ihr Unternehmen so zu gestalten, dass es so effizient wie möglich arbeitet. Sie werden die Menschen in Ihrem Unternehmen so vorbereiten, dass sie die nötigen Fähigkeiten zur Erfüllung der im Businessplan festgesetzten Ziele haben.

Teil VI: Der Top-Ten-Teil

Hier sind Hinweise, Beobachtungen und Warnungen zusammengestellt, die Sie bei der Erstellung eines Plans beachten sollten. In diesem Teil geht es um das Gesamtbild, lesen Sie ihn also, wenn Sie den Überblick verloren haben und wieder wissen wollen, wo es langgeht.

Anhang

Und dann stellen wir im Anhang noch einen Businessplan vor, damit Sie auch wissen, wonach Sie streben. Einen amerikanischen Businessplan finden Sie im Internet unter `www.downloads.fuer-dummies.de`.

Symbole, die in diesem Buch verwendet werden

Links neben dem Text finden Sie hin und wieder Symbole, die Folgendes bedeuten:

Dieses Symbol kennzeichnet Tipps, mit denen Sie die Konkurrenz abhängen.

Dieses Symbol soll Ihre Aufmerksamkeit auf bemerkenswerte Beispiele aus der Unternehmenswelt lenken.

Dieses Symbol findet sich, wenn das Gesagte vor allem Großunternehmen betrifft (kleinere Unternehmen können aber auch davon profitieren).

Vorsicht: Sie könnten sich die Finger verbrennen, wenn Sie die Warnungen nicht beachten.

Diese Tipps sollten Sie immer in Erinnerung behalten.

Wie es weitergeht

Nehmen Sie sich Zeit und blättern Sie durch das Buch, um sich mit dem Inhalt vertraut zu machen. Dann lesen Sie ein oder zwei Kapitel, die Sie besonders interessieren. Oder noch besser: Lesen Sie ein Kapitel zu einem Thema, über das Sie bereits etwas wissen. Wenn Sie ganz wagemutig sind, dann fangen Sie am Anfang an.

Vergessen Sie das Inhaltsverzeichnis nicht, in dem Sie sich jeweils die für Sie interessanten Kapitel heraussuchen können. Auch der Index ist gut geeignet, um schnell bestimmte Themen zu finden.

Teil I

Entscheiden, wohin es gehen soll

In diesem Teil ...

Egal was man machen möchte, ob nun das Schlafzimmer tapezieren oder ein Software-Update installieren, es passiert ziemlich leicht, dass man sich keine Zeit für wichtige Vorarbeiten lässt und sich gleich in die Arbeit stürzt. Die vorbereitenden Tätigkeiten sind einfach ein bisschen langweilig. Aber für die wirklich wichtigen Dinge im Leben – und im Geschäftsleben – ist eine gute Vorbereitung entscheidend. Auch bei der Unternehmensplanung sind daher die vorbereitenden Arbeiten genauso wichtig wie die einzelnen Schritte zur Erstellung des Plans.

In diesem Teil erklären wir, was ein Businessplan überhaupt ist. Falls Ihnen die Wichtigkeit der Angelegenheit noch nicht einleuchtet, werden wir Sie zunächst von der Bedeutung dieses Plans überzeugen – auch wenn Sie nur ein kleines Ein-Mann-Unternehmen gründen wollen. Sobald uns das gelungen ist, informieren wir Sie über einige Hilfsmittel, die Ihnen bei der Planung nützlich sein können. Wir helfen Ihnen dann bei der Erstellung Ihres Businessplans, indem wir den Planungsablauf und die wichtigsten Bestandteile eines Geschäftsplans unter die Lupe nehmen. Wir werden auch deutlich machen, warum es für ein Unternehmen so wichtig ist, eigene Werte zu haben, und wir zeigen Ihnen, wie Sie diese nutzen können. Außerdem stellen wir dar, wie Sie mit einer Strategie Ihrem Unternehmen Ziel und Richtung geben. Schließlich sehen wir uns noch an, wie Sie einen Unternehmensauftrag formulieren und effektive Ideen entwickeln, mit denen Sie Ihre Unternehmensziele realisieren können.

Der Anfang aller Unternehmensplanung

1

In diesem Kapitel

- Welche Hilfsmittel es gibt und wo sie zu finden sind
- Wer bei der Erstellung mithelfen sollte
- Wie der fertige Businessplan aussehen soll

Eine gute Planung ist das A und O. Bei vielen Unternehmen entscheidet ein solider Businessplan über Erfolg oder Misserfolg. Viele, die zum ersten Mal ein Unternehmen gründen, stürzen sich einfach in das Abenteuer, lassen Visitenkarten drucken, hängen ein Firmenschild auf und fangen einfach an, Geld zu verdienen. Das ist alles ganz verständlich, wenn man von seiner Geschäftsidee so begeistert ist, dass man gleich loslegen will. Wenn man sich jedoch etwas Zeit nimmt und zunächst ein paar Vorbereitungen trifft, kann sich dies letztendlich auszahlen. Vor allem, wenn es um die Erstellung eines Businessplans geht. Sobald Ihr Unternehmen nämlich läuft, werden Sie kaum noch Zeit haben, sich den wichtigen Teilen Ihres Businessplans zu widmen.

Herausfinden, wer oder was bei der Planung helfen kann

Wenn Sie zur richtigen Zeit die richtigen Hilfsmittel zur Hand haben, dann wird das Erstellen des Businessplans schneller von der Hand gehen und sicherlich mehr Erfolg haben. Zum Glück gibt es heutzutage sehr viel nützlichere und praktischere Hilfsmittel als früher – angefangen von Büchern und Software bis hin zu Internetseiten und Beratern aus Fleisch und Blut. Sicherlich werden Sie auch auf sehr viele Hilfsmittel stoßen, die weder das Geld noch die Zeit wert sind, die man in sie investiert. Auch der Inhalt eines Buches (oder einer Software) lässt sich mitunter nur schwer von außen beurteilen.

Wenn Sie anfangen, einen Businessplan zu erstellen, werden Sie bald merken, dass Sie noch das eine oder andere weitere Hilfsmittel benötigen – vielleicht ein Buch über Marketing oder eine bestimmte Software, mit der Sie den Businessplan erstellen und bearbeiten können.

Ein Besuch beim Buchhändler

Sie halten natürlich bereits eines der besten Bücher zu diesem Thema in den Händen. Aber zugegebenermaßen gibt es noch andere nützliche Bücher über Businessplanungen, insbesondere wenn Sie speziell etwas über Marketing oder Finanzplanung oder bestimmte Unternehmensformen suchen.

Wenn Sie wissen wollen, was in einem Buch steht, dann sehen Sie sich zuerst das Inhaltsverzeichnis an. Vielleicht werfen Sie auch einen Blick in das erste Kapitel. Wenn Sie das Internet nach geeigneten Büchern durchsuchen, können Sie auf den Websites mancher Anbieter ebenfalls das Inhaltsverzeichnis oder sogar das erste Kapitel zu einem Buch finden. Auch die Rezensionen anderer Leser können Sie im Internet nachlesen, was sicherlich bei der Suche nach anderen besonders nützlichen Büchern hilfreich sein kann. Und vergessen Sie nicht, auch Ihre Bekannten, Berater oder Kapitalgeber nach empfehlenswerten Fachbüchern und Informationsquellen zu fragen.

Die Grundlagen der Unternehmensplanung mögen ja zeitlos sein, aber bestimmte Themen – etwa Internet-Marketing – ändern sich rasend schnell. Ein Buch, das vor drei Jahren zu diesem Thema erschienen ist, kann bereits total veraltet sein. Wenn Sie also aktuelle Informationen suchen, etwa steuerliche Aspekte für Kleinunternehmer, dann sollten Sie unbedingt nachsehen, wann das Buch veröffentlicht wurde.

Die aktuellsten Informationen bieten Ihnen (Fach-)Zeitschriften und Zeitungen. Sie eignen sich hervorragend, um über das Wirtschaftsgeschehen im Allgemeinen – und Ihre Branche im Besonderen – auf dem Laufenden zu bleiben. Wenn Sie das Geschäftsfeld nach Trends oder Neuentwicklungen abklopfen wollen, die sich auf Ihren Businessplan auswirken könnten, dann ist die Fachpresse hierfür ideal. Wenn Sie sich nicht sicher sind, welche Zeitschriften es für Ihre Branche oder Ihre Region gibt, dann begeben Sie sich auf die Suche ins Internet. (Der nächste Abschnitt hilft Ihnen hier weiter.)

Ein Besuch im Internet

Heute bieten Hunderte von Websites Informationen über Unternehmensplanung an. Manche Seiten sind kostenlos, andere locken Sie mit Beispielseiten, sind aber kostenpflichtig, sobald Sie mehr wissen wollen. Wir haben die Erfahrung gemacht, dass die kostenlosen Seiten genauso nützlich sein können wie die kostenpflichtigen. Deshalb sollten Sie zuerst die kostenfreien Seiten durchforsten, bevor Sie Ihr hart verdientes Geld möglicherweise zum Fenster rauswerfen. Insbesondere die Webseiten des Bundesministeriums für Wirtschaft und Arbeit bieten jede Menge nützliche Informationen unter `www.existenzgruender.de`.

Allerdings veralten auch die besten Websites relativ schnell. Außerdem muss eine Internetquelle, die für den einen Unternehmer optimal ist, noch lange nicht für einen anderen nützlich sein. Am besten sehen Sie sich deshalb selbst im Internet um und suchen dort nach brauchbaren Informationen. Geben Sie bei Suchmaschinen Begriffe wie »Businessplan« (oder auch »Business-Plan«) ein und schon wissen Sie gar nicht mehr, wo Sie mit der Suche weitermachen sollen. Wenn Sie die Suche effizienter gestalten wollen, dann geben Sie noch weitere Schlüsselwörter ein, die Ihr Geschäftsfeld beschreiben, also etwa »Technologie«, »Einzelhandel«, »Reisen«, »Finanzdienstleistungen« und so weiter. Vergessen Sie bei der Suche nicht, vielversprechende Websites in den Favoriten (oder auch Lesezeichen, Bookmarks oder wie auch immer in Ihrem Webbrowser genannt) abzulegen. Dann können Sie sich diese Seite später jederzeit noch einmal in Ruhe zu Gemüte führen.

Tipps zu nützlichen Internetadressen finden Sie in diesem Kapitel im Kasten *Interessante Internetadressen für Ihre Unternehmensplanung*.

Das Internet ist aber nicht nur der ideale Ort, um dort nach brauchbaren Hilfsmitteln für die Unternehmensplanung zu suchen, sondern eignet sich auch hervorragend, um das Neueste über die Konkurrenz, den Markt, aktuelle Trends und neue Technologien zu erfahren. Sie finden hier alle Informationen, die Sie brauchen, um sich ein vollständiges Bild von Ihrem Geschäftsfeld zu machen. Wir sind immer wieder überrascht, wie viele Informationen in Presseveröffentlichungen und Homepages einzelner Unternehmen, in Lebensläufen von Vorstandsmitgliedern und Geschäftsführern, auf den Webseiten der Fachpresse und in Tausend anderen online verfügbaren Dokumenten zu finden sind.

Interessante Internetadressen für Ihre Unternehmensplanung

Das Internet ist eine echte Fundgrube in Sachen Informationen über Unternehmensplanung. Um Ihnen ein bisschen behilflich zu sein, die Spreu vom Weizen zu trennen, haben wir für Sie die gängigsten Sites zusammengestellt, die nützliche und verlässliche Tipps, Hilfsmittel und Beispiele sowie Dutzende von Businessplänen, die Sie als Vorlage nutzen können, enthalten.

- ✔ `www.existenzgruender.de`: Diese Seite des Bundesministeriums für Wirtschaft und Arbeit (BMWA) ist die erste Adresse, die Sie ansteuern sollten. Sie finden hier nützliche Informationen rund um den Weg in die Selbstständigkeit, können Broschüren anfordern und Onlineprogramme zum Erstellen eines Businessplans herunterladen.
- ✔ `www.gruenderleitfaden.de`: Eine sehr interessante Seite, die auf dem Weg zur Unternehmensgründung hilft. Sie enthält To-do-Listen, wichtige Dokumente und Fallbeispiele. Diese Internetseite entstand aus der Zusammenarbeit von BMWA und VDI/VDE (Verein Deutscher Ingenieure/Verband der Elektrotechnik).
- ✔ `www.bmwi-softwarepaket.de`: Die Adresse für Gründer und junge Unternehmen. Das Bundeswirtschaftsministerium stellt hier Onlineprogramme, Tipps, PC-Lernprogramme und Downloads zur Verfügung.
- ✔ `www.freie-berufe.de`: Hier finden Freiberufler nützliche Tipps zu Existenzgründung, Fördermitteln und Gründungszuschuss. Für diese Seite zeichnet der Verband der Freien Berufe verantwortlich.
- ✔ `www.althilftjung.de`: Die Internetadresse der Wirtschaftssenioren, die Existenzgründern mit ihrer Erfahrung zur Seite stehen wollen. Sie versprechen Hilfe bei der Erstellung von Businessplänen und arbeiten uneigennützig, ehrenamtlich und überparteilich.

Das Internet kann zwar eine Goldgrube an Informationen sein, aber es ist nicht alles Gold, was glänzt. Im Gegensatz zu Fachartikeln, die in der Regel auf ihre Richtigkeit hin überprüft werden, kann man dies für viele Informationen, die im Internet zu finden sind, nicht unbedingt sagen. Außerdem wollen Ihnen viele Websites, auf denen nützliche Informationen zu finden sind, meistens auch etwas verkaufen.

Sie sollten daher drei Regeln beherzigen, wenn Sie das Web für Ihre Zwecke nutzen wollen:

- ✔ **Achten Sie darauf, dass die Informationen aktuell sind.** Viele Dokumente, die sich im Web befinden, enthalten kein Datum, sodass Sie nie wissen, ob Sie gerade brandneue Infos lesen oder der Artikel eher schon angestaubt ist. Suchen Sie daher nach einem Datum, und wenn Sie keines finden, dann graben Sie noch etwas weiter, um herauszufinden, ob die Informationen überhaupt noch relevant sind. Am besten gleichen Sie die Informationen mit anderen Webseiten ab.
- ✔ **Achten Sie auf die Quelle.** In der großen Welt des World Wide Web ist es nicht gerade leicht herauszufinden, woher die Informationen, die Sie gerade lesen, eigentlich stammen. Wenn Sie einen positiven Artikel über eine neue Business-Software lesen und diese Beurteilung in einer anerkannten Fachzeitschrift steht, dann können Sie der Information vertrauen. Wenn dieser Artikel jedoch ohne Quellenangabe auf der Website des Softwareunternehmens steht, würden wir ihn mit Vorsicht genießen.
- ✔ **Wichtige Fakten und Statistiken nochmals prüfen.** Wenn Sie mit bestimmten Informationen – etwa über Geschäftsentwicklungen, Märkte, Konkurrenz, Technologie et cetera – als zentrale Bausteine Ihres Businessplans arbeiten wollen, dann müssen Sie ganz sicher sein, dass die Angaben korrekt sind. Wenn Sie Ihre Prognosen auf eine Aussage stützen, dass beispielsweise der Markt für Digitalgeräte jährlich um 40 Prozent steigen wird, dann sollte diese Angabe schon richtig sein und nicht nur den Wunschvorstellungen irgendeines Erfinders entspringen.

Software für Unternehmensgründer installieren

Programme zur Unternehmensplanung und zum Erstellen von Businessplänen ermöglichen Ihnen, automatisch alle Bausteine eines Businessplans zusammenzustellen, sodass Sie ihn in einem vorzeigewürdigen Zustand ausdrucken können. Die besten Programme erleichtern auch das Ausarbeiten der finanziellen Seite des Businessplans, beispielsweise das Erstellen von Gewinn-und-Verlust-Rechnungen oder Kapitalflussrechnungen. Mit einigen Softwareprogrammen lassen sich Tabellen und Diagramme einfügen, damit man auf einen Blick sieht, was Sie in Ihrer schriftlichen Planung beschreiben.

Manchmal können solche Programme die Planungsarbeit aber auch *zu* einfach machen. Der viele Schnickschnack, den diese Programme bieten, versperrt Ihnen vielleicht den Blick auf die wesentliche, ja schwierige, Arbeit des Erstellens eines effektiven Businessplans. Denken Sie stets daran, dass die beste Planungssoftware Sie lediglich durch die wichtigen Dinge der Unternehmensplanung leitet und sich darum kümmert, dass Ihre Wörter, Sätze und Absätze stimmen. Das Programm nimmt Ihnen aber nicht das Denken ab. Das ist und bleibt Ihre Aufgabe!

Kapitalgeber und Bankkaufleute, deren Job es ist, Businesspläne zu prüfen und zu finanzieren, erkennen in der Regel, ob Sie Ihre Unterlagen mit einem der gängigen Programme erstellt haben. Wenn Sie also mit einer verbreiteten Software gearbeitet haben, dann sollten Sie wenigstens darauf achten, dass Ihr Plan eine individuelle Note hat. Sie wollen doch sicherlich nicht, dass Ihr Businessplan wie Hunderte andere aussieht, die jeden Monat auf den Tischen potenzieller Geldgeber landen.

Profis um Rat fragen

Niemand kennt sich besser bei der Planung und der Führung eines Unternehmens aus als diejenigen, die so etwas schon einmal gemacht haben. Die meisten Unternehmer lassen andere gerne an ihrer Erfahrung und ihrem Fachwissen teilhaben, vorausgesetzt, Sie planen nicht, sich zum Konkurrenten zu entwickeln. Scheuen Sie sich nicht, einen erfahrenen Unternehmer um Rat zu fragen, wenn Fragen auftauchen, die Sie nicht beantworten können, oder Sie keinen blassen Schimmer haben, wie Sie Ihr Unternehmen in Schwung bringen sollen.

Überraschenderweise ist es ganz einfach, sich fachlichen Rat zu holen. Zuallererst sollten Sie in Ihrem Adressbuch nachsehen. Es ist sehr viel leichter, jemanden um Hilfe zu bitten, den man bereits kennt. Fragen Sie Freunde und Bekannte nach ihrer Meinung. Andere gute Anlaufstellen sind die Industrie- und Handelskammern, Banken, Gründungsinitiativen von Kommunen und Bundesländern, Fach- und Branchenverbände oder die Agentur für Arbeit. Unter Umständen müssen Sie für den guten Rat einen Fachmann bezahlen. Wenn Hilfe aber wirklich vonnöten ist, dann ist sie das auch wert. Vielleicht wäscht am Ende ja auch eine Hand die andere und Ihre Berater werden später Ihre Fürsprecher, werben für Ihr Unternehmen, wenn Sie nach Geldgebern suchen, oder werden Ihre ersten Kunden. (In Kapitel 3 finden Sie Informationen zu staatlichen Zuschüssen für Beratungskosten.)

Suchen Sie sich Fachleute mit Erfahrung in einer Branche, die der von Ihnen geplanten ähnelt. Wenn Sie jemanden gefunden haben, legen Sie genau fest, welche Art von Hilfe Sie brauchen. Sie finden in der Regel sowieso niemanden, der Ihnen eine Komplettplanung macht. Sie können aber fachlichen Rat bei der Abstimmung Ihrer Marketingstrategien einholen oder um kritische Begutachtung Ihrer Finanzprognosen bitten.

Unternehmer, die sich bereits zur Ruhe gesetzt haben, verfügen über ein umfangreiches – und ungenutztes – Fachwissen. In der Regel haben sie sehr viel Erfahrung und freuen sich, wenn sie ihr Wissen einsetzen können, um anderen zu helfen. Wenden Sie sich ruhig an die Wirtschaftssenioren, die über ihre Internetseite (`www.althilftjung.de`) Existenzgründern gezielte Hilfe anbieten.

Hilfe und Unterstützung finden

In vielen Städten und Gemeinden gibt es Unternehmensorganisationen wie Unternehmerforen oder Gewerbevereine, in denen sich Menschen treffen, um Ideen auszutauschen, Kontakte zu pflegen, sich gegenseitig zu helfen oder um sich einfach nur gemütlich zu unterhalten. Einige Organisationen haben sich zum Ziel gesetzt, bestimmte Gruppen zu unterstützen, andere wurden gegründet, um Unternehmen vor Ort in unterschiedlichen Geschäftsbereichen zu helfen. Diese Organisationen sind in der Regel für jedermann (und jedefrau) zugänglich. Über das Internet finden Sie schnell solche Unternehmensgruppen, die ihre regelmäßigen Treffen auf ihrer Website veröffentlichen.

Netzwerkorganisationen sind sehr nützlich, wenn es um Hilfe bei der Planung und Führung eines Unternehmens geht. Wenn Sie erfahren wollen, wen Sie in Ihrer Region ansprechen können, dann wenden Sie sich an die zuständige Industrie- und Handelskammer. Fragen Sie nach Starthilfen und Unternehmensförderungsprogrammen. Da Internetadressen sehr schnelllebig sind, ist es am besten, Sie bedienen sich einer Suchmaschine, um eine passende Netzwerkorganisation zu finden.

Das Planungsteam aufbauen

Der erste Schritt zum Erstellen eines Businessplans ist die Einsicht, dass es nichts Wichtigeres gibt (lesen Sie in Kapitel 2 nach, falls Sie hier irgendwelche Zweifel haben). Die erste Frage, die Sie sich – nachdem Sie zu dieser Einsicht gelangt sind – stellen, lautet: Wer soll denn dieses verflixte Ding überhaupt erstellen? Die Antwort ist in gewisser Weise von der Größe Ihres Unternehmens abhängig:

- ✔ **Kleine Unternehmen** – Wenn Ihr Unternehmen im Grunde genommen nur aus Ihnen besteht – oder vielleicht aus Ihnen und noch ein paar anderen –, dann liegt das Erstellen dieses Plans in Ihrem Verantwortungsbereich. Das sollte Sie aber nicht weiter nervös machen, denn wer kann besser einen Ausblick auf die Zukunft des Unternehmens zeichnen und die Unternehmensziele feststecken als derjenige, der für das Erreichen dieser Ziele verantwortlich ist?
- ✔ **Mittlere Unternehmen** – Wenn Ihr Unternehmen ein bisschen größer ist, dann wird das Erstellen eines schriftlichen Businessplans einen größeren organisatorischen Aufwand bedeuten und auch mehr Leute erfordern. Es ist keine leichte Aufgabe, einen Plan zu erstellen, und wenn Sie dazu alle wichtigen Personen einbinden, dann hat dies sicherlich einen Vorteil: Jeder, der bei der Erstellung des Plans mithilft, hat Anteil daran, dass das Unternehmen erfolgreich sein wird.
- ✔ **Große Unternehmen** – Wenn Sie Teil eines großen Unternehmens sind, dann werden Sie sicherlich Leute einstellen müssen, die sich ausschließlich mit der Unternehmensplanung befassen. Allerdings sollten Sie keinen unabhängigen Planungsstab einrichten: Sie wollen schließlich nicht, dass Ihr Plan ein Eigenleben entwickelt und nichts mehr mit dem zu tun hat, was wirklich im Unternehmen passiert. Sie müssen also unbedingt darauf achten, dass die Planer den Plan nicht alleine erstellen. Das Planungsteam sollte immer mit der Geschäftsleitung und den Firmeninhabern zusammenarbeiten, die letztendlich den Businessplan ausführen müssen.

Grundsätzliches

Beim Aufstellen eines Businessplans passiert im Grunde genommen nichts anderes als bei jedem anderen Projekt, bei dem Teamarbeit gefragt ist, etwa beim Hausbau oder beim Staffellauf. Je eindeutiger die Grundregeln, umso glatter der Ablauf – und umso glücklicher das Team.

Achten Sie bei Ihren Grundregeln auf folgende drei Dinge:

- ✔ **Wichtige Schritte festhalten** – Zum Erstellen eines Businessplans gehören in der Regel fünf klar definierte Schritte: Recherche/Analyse, erster Entwurf, Prüfung, überarbeiteter Entwurf und abschließende Prüfung. Sie können diese Schritte natürlich beliebig erweitern, wenn dies notwendig ist. Achten Sie jedoch darauf, dass das Grundgerüst klar von Anfang an definiert ist.
- ✔ **Aufgaben eindeutig zuweisen** – Jeder, der an der Erstellung beteiligt ist, muss genau wissen, was von ihm erwartet wird. Legen Sie bereits bei der Definition der wichtigen Schritte fest, welche Aufgabengebiete es gibt, und weisen Sie diese dann einzelnen Teammitgliedern zu (mehr zum Thema Aufgabenverteilung im nächsten Abschnitt).
- ✔ **Einen Plan aufstellen** – Auch wenn das Erstellen eines Businessplans eine große Aufgabe ist, so muss dies trotzdem kein langer, zäher Prozess sein. Ein Businessplan muss aktuell sein und auf die gegenwärtige Marktsituation reagieren. Wie der Markt vor sechs Monaten ausgesehen hat, interessiert niemanden. Nachdem Sie die ersten Analysen abgeschlossen haben, sind die nächsten Schritte eigentlich ziemlich klar. Damit Ihnen die Zeit nicht davonläuft, legen Sie für jeden Punkt in Ihrem Businessplan einen Termin fest. Geben Sie jedem Teammitglied ausreichend Zeit für seine Aufgabe, aber nicht mehr.

Aufgabenverteilung

Wenn Ihr Unternehmen groß genug für ein Führungsteam ist, dann sollten Sie die Arbeit aufteilen, die bei der Erstellung eines Businessplans anfällt. Wir raten Ihnen nicht, die Aufgaben zu delegieren, um sich die Arbeit zu erleichtern (was allerdings ein netter Nebeneffekt ist), sondern weil unterschiedliche Personen auch unterschiedliche Perspektiven haben. Wenn Sie ein Arbeitsteam bilden, dann steht Ihnen eine ganze Gruppe von Leuten zur Verfügung, die die Entwürfe lesen und prüfen, Vorschläge machen und dem Dokument den letzten Schliff geben können, damit der Plan letztendlich so gut wie möglich wird.

Wir können Ihnen kein Patentrezept liefern, wie Sie Ihr Team zusammenstellen sollen. Jedes Unternehmen ist anders. Wir können Ihnen noch nicht einmal sagen, aus wie vielen Leuten Ihr Team bestehen sollte, denn das ist allein von der Größe Ihres Unternehmens und der Komplexität Ihres Businessplans abhängig. Wir können Ihnen aber ein paar Tipps geben, wie Sie ein effizientes und effektives Team zusammenstellen können:

- ✔ **Weniger ist mehr.** Zu viele Planer verderben den Brei ebenso wie zu viele Köche. In einem zu großen Team gibt es zu viele Besprechungen und zu viele Meinungen. Suchen Sie sich nur so viele Leute aus, wie Sie wirklich für die Erledigung der Aufgaben brauchen.
- ✔ **Benennen Sie nur Freiwillige.** Es wird Ihnen vielleicht Schwierigkeiten bereiten, Freiwillige zu finden, die vor Freude in die Luft springen, weil sie an der Erstellung eines Businessplans mitwirken dürfen. Sie dürfen sich aber nur Mitarbeiter suchen, die willens und geeignet sind, die Aufgabe zu übernehmen. Wecken Sie das Interesse der Mitarbeiter, indem Sie ihnen erklären, warum es so wichtig ist, einen Businessplan zu erstellen. Lesen Sie in Kapitel 2 nach, wenn Sie wissen wollen, wie Sie Ihr Team von der Bedeutung eines Businessplans überzeugen können.

- **Orientieren Sie sich bei der Teamzusammenstellung am Businessplan.** Auf diese Weise wissen Ihre Leute, was ihre Aufgabe ist und wie sich ihre Arbeit ins große Ganze einfügt. Manche Aufgabenzuweisungen werden ganz eindeutig sein: Ihr Experte in Sachen Finanzen wird sich natürlich um die finanzielle Seite kümmern. Der Marketingfachmann stellt Informationen zum Geschäftsumfeld zusammen. Manche Bereiche des Plans können umfangreicher sein als andere, dann sollten Sie eine kleine Arbeitsgruppe hierfür zusammenstellen.
- **Ernennen Sie einen Verantwortlichen.** Mitunter kann es schon eine Aufgabe für sich sein, den Überblick zu behalten, vor allem wenn das Team groß und/oder der Businessplan komplex ist. Ernennen Sie jemanden zum Projektleiter, der das Team führt und dafür sorgt, dass jeder seine Aufgabe erfüllt. Informieren Sie alle Teammitglieder, dass die von Ihnen ausgewählte Person das Gesamtprojekt verantwortlich leitet.
- **Bestimmen Sie einen Schriftführer.** Ein Businessplan ist ein schriftliches Dokument. Wenn Sie Glück haben, gibt es jemanden in Ihrem Team, der gerne schreibt – oder zumindest die Fähigkeit besitzt, die Dinge gut zu Papier zu bringen. Ernennen Sie also eine geeignete Person, die die wichtigsten Passagen des Plans verfasst, beispielsweise die Zusammenfassung (Executive Summary). Diese Person kann dann auch die letzte Instanz bei der Redaktion des Plans sein, die Grammatik und Rechtschreibung prüfen und sicherstellen, dass der Inhalt des Plans klar und eindeutig ist.

Den Plan zu Papier bringen

Wenn Sie sich an das Erstellen eines Businessplans machen, dann erscheint diese Aufgabe zunächst einmal erdrückend. Deshalb müssen Sie gleich zu Beginn wichtige und mitunter auch schwierige Fragen über Ihr Unternehmen und Ihre Zukunftsvisionen beantworten. Sie müssen entscheiden, wonach Sie streben und Ihre Zielvorgaben und Zielvereinbarungen festlegen. Sie müssen sich auch Zeit für folgende Überlegungen nehmen, wenn Ihre Planung erfolgreich sein soll:

- Kennen Sie die Branche?
- Wer werden Ihre Kunden sein?
- Wie sieht die Konkurrenz aus?
- Welche Ressourcen hat das Unternehmen?
- Was zeichnet das Unternehmen besonders aus?
- Welche Vorteile bietet das Unternehmen?
- Wie ist es um die finanzielle Lage bestellt?
- Wie sehen die Finanzprognose und die Budgetplanung aus?

Außerdem müssen Sie darauf vorbereitet sein, dass sich alles ändern kann. Sie müssen also auch über andere Optionen und Alternativen nachdenken und nach neuen Möglichkeiten Ausschau halten, damit Ihr Unternehmen erfolgreich wird.

Sie wollen bestimmt niemanden mit einem Plan verschrecken, der viel zu umfangreich ist. Je länger ein Schriftstück ist, desto weniger Leute werden es lesen. Im Idealfall sollte der Plan nicht länger als 30 Seiten sein, bei Kleingründungen reichen sogar fünf. Sie können den Haupttext ja immer wieder durch Anlagen, Fußnoten oder Verweise ergänzen. Im Anhang können Sie einen Blick auf einen Beispiel-Businessplan werfen.

Wir empfehlen, den Plan in einem Ordner aufzubewahren, damit Sie (und Ihre Mitarbeiter) immer daran erinnert werden, dass Ihr Plan eigentlich ständig in Bearbeitung ist. Sie können auch die gerade aktuelle Version des Plans auf die interne Website Ihres Unternehmens oder ins Intranet stellen. Sie können auf diese Weise stets Seiten hinzufügen oder herausnehmen oder Abschnitte austauschen, wenn sich der Businessplan ändert – und wir sind sicher, dass er sich ändern wird. Glücklicherweise bleibt jedoch das äußerliche Format, also die einzelnen Teile eines Businessplans, unverändert.

Damit der Umfang dieser unternehmensplanerischen Aufgaben überschaubar bleibt und Ihnen nicht den ganzen Mut raubt, sollten Sie den Plan in übersichtliche Komponenten gliedern, die jeder gute Businessplan enthalten muss. Die wichtigsten Bereiche haben wir im Folgenden zusammengestellt.

Zusammenfassung (Executive Summary)

In der Zusammenfassung wird alles angesprochen, was in Ihrem Businessplan wichtig ist. Die Zusammenfassung ist mehr als nur eine einfache Einleitung. Sie ist der gesamte Plan, nur kürzer. In vielen Fällen werden die Leute nicht die komplette Darstellung lesen, sondern nur die Zusammenfassung. Sie sollten dann alles Wichtige wissen.

Die Zusammenfassung ist maximal zwei Seiten lang und wird erst geschrieben, wenn der gesamte Plan fertig ist. Für das Schreiben der Zusammenfassung müssen Sie nur den Plan noch einmal durchgehen und die wichtigsten Ideen erneut aufgreifen.

Wenn Sie sicher sein wollen, dass sich die Leute das, was Sie sagen, auch merken, dann müssen Sie zusammenfassen, was Sie sagen werden, es dann sagen und zuletzt noch mal sagen, was Sie gerade gesagt haben. Die Zusammenfassung ist der Ort, an dem in Kurzform steht, was Ihr Businessplan aussagen will.

Geschäftsidee

In diesem Abschnitt des Businessplans können Sie Allgemeines über die Art Ihres Unternehmens schreiben. Hier informieren Sie über Ihre Branche, Ihre Kunden, die Produkte und Dienstleistungen, die Sie anbieten oder entwickeln wollen.

Sie sollten hier vor allem auf einige der wichtigen Planungsunterlagen eingehen. Hierzu gehören unter anderem:

- **Unternehmensleitwerte** – die Prinzipien und Wertvorstellungen, von denen die Unternehmensaktionen und -aktivitäten geleitet werden
- **Unternehmensphilosophie** – eine knappe Aussage, die verdeutlicht, was Sie mit Ihrem Unternehmen erreichen wollen
- **Unternehmensauftrag** – der Zweck des Unternehmens, also was es ist und was es tut
- **Zielvorgaben und Zielvereinbarungen** – eine Liste der wichtigsten Zielvorgaben, die Sie sich für Ihr Unternehmen gesetzt haben, und die Zielvereinbarungen, die dafür erfüllt werden müssen

In den Kapiteln 4 und 5 finden Sie weitere Informationen zu diesen Punkten.

Marktübersicht

In diesem Abschnitt sollten Sie alle wichtigen Aspekte der Unternehmenssituation berücksichtigen, die Sie nicht direkt beeinflussen können: Art der Branche, Entwicklung des Marktes und Intensität des Wettbewerbs. Sie sollten jeden dieser Bereiche detailliert beurteilen und eine Liste der neuen Geschäftsmöglichkeiten, die sich unter Umständen bieten, aufstellen sowie eine Liste der Risiken, auf die Sie treffen können. Aufgrund dieser Beobachtungen können Sie dann beschreiben, was für den Erfolg des Unternehmens nötig sein wird.

Sehen Sie sich auch genau an, wie Ihre Branche funktioniert. Sie sollten die wichtigsten Kräfte der Branche beschreiben können sowie die wichtigsten Beziehungen, die darüber entscheiden, wie die Geschäfte gemacht werden. Sie sollten dann detailliert auf Ihren Markt und Ihre Kunden zu sprechen kommen, vielleicht sogar den Markt in Segmente einteilen, die die verschiedenen Kundentypen repräsentieren. Schließlich sollten Sie noch auf die Konkurrenz eingehen: welche Unternehmen Konkurrenten sind, wie sie arbeiten und wo sie wahrscheinlich in Zukunft stehen werden.

Mehr Informationen dazu, wie Sie das gesamte Geschäftsumfeld untersuchen können, erhalten Sie in den Kapiteln 6 bis 9.

Marketing und Wettbewerb

In der Unternehmensbeschreibung gehen Sie detaillierter darauf ein, was Ihr Unternehmen zu bieten hat. Dieser Abschnitt sollte Informationen zu den Stärken Ihres Unternehmens, zu neuen Techniken, den Produkten und Dienstleistungen, den betrieblichen Abläufen und dem Marketing-Potenzial enthalten. Kurz: alles, was Sie in Ihre Branche einbringen.

Sie sollten besonders sorgfältig und objektiv die lange Liste der Fähigkeiten und Ressourcen Ihres Unternehmens darstellen. Sortieren Sie die Fähigkeiten nach Stärken und Schwächen. Versuchen Sie dabei herauszuarbeiten, welche realen Vorteile Sie gegenüber den Wettbewerbern haben.

Es hilft, das Unternehmen durch die Brille des Kunden zu sehen. Aus diesem Blickwinkel können Sie manchmal Werte für den Kunden entdecken, die Ihnen noch gar nicht bewusst waren. Als Ergebnis können Sie zusätzlich langfristige Möglichkeiten herausarbeiten, um auf dem Markt konkurrieren zu können.

Informationen dazu, wie Sie alle Ihr Unternehmen betreffenden Dinge zusammensammeln können, finden Sie in den Kapiteln 10 und 11.

Chancen und Risiken Ihres Unternehmens

In diesem Abschnitt wird alles, was Sie über Ihr Geschäftsfeld und über Ihr eigenes Unternehmen wissen, zusammengebracht, sodass Sie diese Informationen als Grundlage für Ihre Zukunftsvisionen nutzen können.

Legen Sie die grundlegenden Strategien für die wichtigsten Bereiche Ihres Unternehmens (im Hinblick auf die Branche, die Märkte und den Wettbewerb) dar. Erklären Sie, warum Ihre Strategie aufgrund Ihrer Geschäftssituation die richtige ist. Beschreiben Sie, wie die Strategie in der Zukunft aufgehen wird. Und weisen Sie schließlich darauf hin, was Ihr Unternehmen tun muss, damit die Strategie Erfolg hat.

Jeder weiß, dass die Zukunft ungewiss ist. Sie müssen daher darüber sprechen, wie sich die Geschäftswelt von morgen von der momentanen unterscheiden wird. Zeigen Sie auch Alternativen auf und beschreiben Sie, was Ihr Unternehmen tut, um sich auf Veränderungen einzustellen und neue Möglichkeiten zu nutzen.

In den Kapiteln 14 bis 16 erfahren Sie, wie man sich auf die Veränderung in der Geschäftswelt vorbereiten kann und Strategien für die Zukunft entwickelt.

Finanzplanung

Ihre Analyse beschreibt, wo Sie heute stehen, und wie Sie die finanzielle Entwicklung Ihres Unternehmens sehen.

Sie sollten Ihre derzeitige finanzielle Situation anhand einiger Jahreserfolgsrechnungen beschreiben. Das ist zwar nicht gerade eine spannende Lektüre, aber diejenigen, die sich für diesen Teil des Plans interessieren, erwarten solche Zahlen. Für alle anderen Leser Ihres Businessplans sollten Sie auf die Jahreserfolgsrechnungen Bezug nehmen und damit die Annahmen und Argumente unterstützen, die Sie in den anderen Abschnitten des Plans machen.

Die Jahreserfolgsrechnungen sind

- ✔ **Einnahmen-Überschuss-Rechnung** für kleine Unternehmen mit einfachen und leicht überschaubaren Geschäftsabläufen, die lediglich eine einfache Buchführung brauchen. Hierzu zählen Freiberufler, Einzelunternehmer, die nicht unter die Bilanzierungsvorschriften fallen, sowie Gewerbetreibende bis 350.000 Euro Umsatz oder 30.000 Euro Gewinn.

- **Gewinn-und-Verlust-Rechnung plus Bilanz** für Unternehmen, die eine doppelte Buchführung machen müssen. Hierzu zählen Personen- und Kapitalgesellschaften, Kaufleute, wenn sie ins Handelsregister eingetragen sind, sowie Gewerbetreibende, die mehr als 350.000 Euro Umsatz oder 30.000 Euro Gewinn machen.

Die *Einnahmen-Überschuss-Rechnung* ist eine einfache Gegenüberstellung der Einnahmen und Ausgaben. Sind die Einnahmen höher als die Ausgaben, so haben Sie einen Überschuss (Unternehmensgewinn) erwirtschaftet. Für die Einnahmen-Überschuss-Rechnung müssen Sie einen amtlichen Vordruck verwenden.

Die *Gewinn-und-Verlust-Rechnung* (GuV) ist eine Liste von Zahlen, in der alle Einnahmen Ihres Unternehmens über einen Monat, ein Vierteljahr oder ein Jahr addiert werden. Hiervon werden alle Kosten abgezogen, die für den Betrieb des Unternehmens aufgebracht werden müssen. Was dabei herauskommt, ist der *Jahresüberschuss*, also der Gewinn, den Sie in der jeweiligen Periode gemacht haben.

Die *Bilanz* ist eine Momentaufnahme Ihrer Finanzlage zu einem bestimmten Zeitpunkt, die genau zeigt, über welches Vermögen Ihr Unternehmen verfügt, wie viel Geld vorhanden ist und wie hoch das Eigenkapital ist.

Für Ihre Finanzplanungen ist es unerlässlich, auch einen *Liquiditätsplan* aufzustellen. Dieser Plan zeigt, welche Geldmittel über einen bestimmten Zeitraum hinweg in Ihr Unternehmen fließen, wo das Geld herkommt und wofür es ausgegeben wird. Hier werden nur monetäre Mittel angegeben, die Sie tatsächlich bekommen oder ausgegeben haben, sodass Sie anhand des Liquiditätsplans jederzeit sehen können, ob Ihr Unternehmen zahlungsfähig ist.

Die hier erwähnten Dokumente verwenden Sie auch für die Prognose Ihrer zukünftigen finanziellen Situation. Allerdings schätzen Sie in einer Prognose alle Zahlen gemäß Ihrer Einschätzung der wirtschaftlichen Situation. Vergessen Sie aber nicht, dass Sie belegen müssen, wie Sie überhaupt zu Ihren Einschätzungen gekommen sind.

Lesen Sie die Kapitel 12 und 13, in denen sich alles um die Finanzplanung für Ihr Unternehmen dreht.

Unternehmensorganisation

Hier legen Sie dar, wie der Businessplan in die Praxis umgesetzt werden soll. Es wird auf vorgeschlagene Änderungen im Management oder in der Organisation hingewiesen sowie auf neue Regeln oder Verfahren, die Sie einführen wollen. Sie sollten auch angeben, wenn zusätzliche Fähigkeiten nötig werden, die Sie, Ihre Führungskräfte und Mitarbeiter erwerben müssen, damit der Plan umgesetzt werden kann. Schließlich ist auch noch interessant, wie Sie vorgehen wollen, um Begeisterung für den Plan in Ihrem Unternehmen zu wecken und eine Kultur zu schaffen, die das unterstützt, was Sie erreichen wollen. Nur dann können Sie wirklich darauf vertrauen, dass Ihr Businessplan Erfolg haben wird.

Mehr Hintergrundinformationen, wie der erstellte Businessplan in die Praxis umgesetzt werden kann, finden Sie in den Kapiteln 17 und 18.

Warum ein Businessplan so wichtig ist

2

In diesem Kapitel

- Ihre Geschäftsidee auf den Punkt bringen
- Pläne für die Vergangenheit, die Gegenwart und die Zukunft aufstellen
- Der Unterschied zwischen Strategie und Taktik
- Wer den Businessplan liest
- Was Sie über potenzielle Geldgeber wissen müssen

Die meisten von uns gehen durchs Leben und planen für die Zukunft. Wir wollen das Haus streichen, wieder die Schulbank drücken, in Urlaub fahren oder Geld für den bevorstehenden Ruhestand auf die Seite legen. Immer planen wir ein oder zwei Dinge gleichzeitig. Warum planen wir so viel? Wir können bestimmt nicht vorhersehen, was passieren wird, warum kümmern wir uns also darum? Keiner von uns kennt die Zukunft. Aber jeder von uns weiß, dass morgen nicht so sein wird wie heute und heute nicht so wie gestern. Sich auf diese Unterschiede einzustellen und sie zu planen, ist eine Möglichkeit weiterzukommen und sich Dingen zu stellen, die ungewohnt oder ungewiss sind. Planung ist sozusagen eine Strategie fürs Überleben.

Aus etwa denselben Gründen beschäftigen sich auch Unternehmen mit der Unternehmensplanung. Die Planung ist eine Strategie, um in einer sich ständig ändernden Geschäftswelt die Erfolgsaussichten zu verbessern. Businesspläne sind dafür natürlich keine Garantie. Die Unternehmensplanung ist keine Wissenschaft, bei der es auf die Frage nach der Zukunft nur richtige oder falsche Antworten gibt. Aber Unternehmensplanung ist ein Vorgang, der Sie auf die kommenden Ereignisse vorbereitet. Und das Erstellen eines Plans erhöht die Wahrscheinlichkeit, dass Ihr Unternehmen zur richtigen Zeit am richtigen Ort sein wird.

In diesem Kapitel zeigen wir Ihnen, warum ein Businessplan so wichtig ist und in welchen Bereichen Sie ihn einsetzen können. Wir betrachten den Businessplan als Leitfaden für die Zukunft Ihres Unternehmens und als Protokoll dessen, was Sie getan und wie Sie es getan haben. Wir helfen Ihnen bei den ersten Schritten, also bei der Beschreibung, was Sie vorhaben und wie Sie es durchführen wollen. Am Ende des Kapitels nehmen wir zwei wichtige Gruppen genauer unter die Lupe: die Kapitalgeber, die sich an Ihrem Unternehmen beteiligen wollen, und die Banken, die Ihnen Geld geben wollen, damit Ihr Unternehmen wachsen kann.

Die Geschäftsidee auf den Punkt bringen

Unter einem Plan verstand man ursprünglich nur die flache Draufsicht auf ein Bauwerk. Wenn Sie jemals ein Haus gebaut oder umgebaut haben, wissen Sie, dass diese Art von Plänen noch existiert (und immer noch teuer ist). Über die Jahrhunderte hinweg wurde die Bedeutung des Wortes »Plan« jedoch erweitert und umfasst jetzt auch Raum und Zeit. Im modernen Sinn wird mit Plan ein Blick auf die Zukunft bezeichnet, und zwar von der Gegenwart aus betrachtet. Sie machen beispielsweise Pläne für die Geburtstagsparty in der nächsten Woche oder für die Geschäftsreise im nächsten Monat.

- ✔ Ein *Businessplan* beleuchtet die momentane Unternehmenssituation ebenso wie die zukünftige und betrachtet dabei:
- ✔ die Entwicklung Ihrer Branche
- ✔ die Märkte, auf denen Sie konkurrenzfähig sein müssen
- ✔ die Konkurrenz
- ✔ die Leistungspalette
- ✔ den Wert des Unternehmens für den Kunden
- ✔ die langfristigen Vorteile Ihres Unternehmens
- ✔ das mögliche Wachstum Ihres Unternehmens

Für einen detaillierten Blick auf die Zukunft müssen Sie auch einige Vorhersagen darüber treffen, was auf dem Weg alles passieren wird. Wenn Sie in Ihrem Unternehmen Kristallkugeln herstellen, haben Sie Glück. Wenn nicht, müssen Sie andere Wege finden, um einige grundlegende Vermutungen über die Zukunft Ihres Unternehmens anzustellen.

Am Ende ist Ihr Businessplan nur so gut wie all die Vermutungen, die Sie angestellt haben. Damit Ihre Annahmen sinnvoll sind, sollten Sie bei der Planung versuchen, Ihre heutige Situation realistisch einzuschätzen: Was ist in Ihrer Branche und auf Ihrem Markt momentan los? Wenn Sie darüber möglichst genau Bescheid wissen, können Sie umso bessere Vorhersagen für Ihr Unternehmen und seine Zukunft treffen. Ob Ihre Vorhersagen dann wirklich eintreffen? Das kann nur die Zeit entscheiden. Aber glücklicherweise sind Sie durch den Planungsprozess besser vorbereitet auf das, was vor Ihnen liegt.

Die Form des Businessplans

Ein gut gemachter Businessplan ist

- ✔ **aussagekräftig** und enthält daher alle Informationen, die ein Kapitalgeber, der Ihr Unternehmen finanzieren soll, erwartet.
- ✔ **klar gegliedert** in verschiedene Abschnitte, die alle in diesem Buch erläutert werden.
- ✔ **gut verständlich** und sollte daher möglichst wenig Fachchinesisch enthalten.
- ✔ **kurz und knapp** und umfasst einschließlich Anhang nicht mehr als 30 Seiten.
- ✔ **leicht lesbar** und hat im Idealfall eine Schriftgröße von 12 Punkt, einen eineinhalbfachen Zeilenabstand, einen Rand von zweieinhalb Zentimetern sowie Absätze und Zwischenüberschriften.
- ✔ **optisch ansprechend**, hat also ein professionelles äußeres Erscheinungsbild, das weder bunt noch grafisch verspielt ist.

Ein Blick in die Zukunft

Ein Businessplan wirft einen Blick in die Zukunft. Unabhängig davon, ob Ihr Unternehmen klein oder groß ist, ob Sie einen Neubeginn wagen oder Teil eines am Markt eingeführten Unternehmens sind, brauchen Sie irgendeine Art von Planung, um die richtige Richtung einzuschlagen und nicht vom Weg abzukommen.

- ✔ Eine Neugründung erstellt eine Planung, um ihre Orientierung zu finden, und kann den Plan für die Kreditbeantragung nutzen.
- ✔ Ein bereits eingeführtes Unternehmen ist mit dem Plan besser auf die unvermeidlichen Änderungen des Markts vorbereitet.
- ✔ Ein großes Unternehmen braucht eine Planung, damit jeder dieselbe Blickrichtung hat.
- ✔ Ein kleines Unternehmen erstellt einen Plan, damit es auch über ausreichende Ressourcen verfügt, um über die Runden zu kommen.

Die kleinen Unternehmen haben die Planung am allernötigsten. Doch leider sind ausgerechnet die kleinen Unternehmen die letzten, die einen formalen Businessplan erstellen. Wenn Sie ein kleines Unternehmen besitzen oder führen, wissen Sie bereits, dass Sie alles und nichts können müssen. Sie haben kaum genug Zeit, um die täglichen Geschäfte zu erledigen, geschweige denn, um für die nächste Woche, den nächsten Monat oder das nächste Jahr zu planen. Aber gerade weil Sie ein kleines Unternehmen führen, können Sie es sich einfach nicht leisten, *nicht* zu planen.

Wenn ein Riesenunternehmen stolpert, hat es meist genügend finanzielle Reserven, um den Fall abzumildern und wieder auf die Füße zu kommen. Wenn die Ressourcen jedoch beschränkt sind, kann ein einziger Fehler – etwa die Fehleinschätzung der Nachfrage nach Ihrem Produkt oder die Wartezeit bis zur Bezahlung der Ware – das Ende für alles bedeuten, was Sie investiert und wofür Sie so hart gearbeitet haben. Eine Unternehmensplanung weist auf viele Gefahren hin und warnt vor den vor Ihnen liegenden Risiken und Hindernissen, sodass Sie solche Fallen vermeiden können.

Denken Sie daran: Dreiviertel aller Unternehmensneugründungen scheitert in den ersten fünf Jahren, eine Vielzahl schafft noch nicht einmal den Start. Eine vorausschauende Planung kann helfen, diesen erschreckenden Zahlen Paroli zu bieten.

Ein Blick in die Vergangenheit

Ein Businessplan zeichnet ein Bild vom Werdegang des Unternehmens und wie es sich über die Jahre entwickelt hat. Indem man die Leistung des eigenen Unternehmens oder die Geschäftsdaten kürzlich aufgekaufter Konkurrenzunternehmen in der Vergangenheit beurteilt, gewinnt man eine Vorstellung davon, was funktioniert hat und was nicht. Ein Businessplan bietet Ihnen die Möglichkeit zu überprüfen, inwieweit die gesetzten Ziele erreicht wurden, welche Ziele neu zu stecken sind und wie erfolgreich Ihr Unternehmen ist.

- **Ihr Plan zeichnet ein Bild von der Zukunft.** In den kommenden Jahren kann man dann anhand der alten Pläne prüfen, wie realistisch man seine Zukunftsaussichten beurteilt hat.
- **Der Plan zeigt die Richtung und den Weg.** Sie können anhand des Plans feststellen, wie erfolgreich Sie bei der Durchführung Ihrer Pläne waren.
- **Ihr Plan zeigt, wohin Sie wollen.** Sie können anhand des Plans prüfen, wie nah Sie im Hinblick auf Ihre Branche, Ihren Markt und Ihre Finanzen an die gesetzten Ziele herangekommen sind.

Die Unternehmensgeschichte, die Sie in Ihrem Businessplan skizzieren, lehrt Sie Wichtiges über Ihre Branche. Sie sind also nicht dazu verdammt, immer wieder dieselben Fehler zu machen. Wenn Sie nicht mehr genau wissen, wo Ihre Firma stand, werden Sie wahrscheinlich auch nicht erkennen, wo es langgehen soll.

Ein Blick über den Tellerrand

Sie können den Businessplan verwenden, um der ganzen Welt (oder wenigstens einigen Interessierten) eine Menge Informationen über Ihr Unternehmen zu liefern. Egal mit wem Sie Geschäfte machen oder warum – Ihr Plan enthält eine fertige Beschreibung Ihres Unternehmens, mit der Sie alle Ihre Behauptungen untermauern können. Er ist vor allem dann praktisch, wenn Sie mit folgenden Leuten verhandeln:

- Zulieferer, die eine regelmäßige Zusammenarbeit mit Ihnen anstreben
- Vertreter, die Ihr Produkt oder Ihre Dienstleistung in ihr Sortiment aufnehmen wollen
- Kunden, die langfristige Geschäftsbeziehungen eingehen wollen
- Vorstand oder andere Stakeholder, die Sie unterstützen wollen
- externe Berater, die Sie zur Lösung bestimmter Probleme hinzuziehen
- Banken, die entscheiden, ob sie Ihnen Geld geben oder nicht
- Kapitalgeber, die daran interessiert sind, Anteile an Ihrem Unternehmen zu erwerben

Alle diese Leute haben ihre speziellen Gründe, warum sie weitere Informationen über Ihr Unternehmen erhalten wollen, und jeder wird an einem anderen Teil des Businessplans interessiert sein. Mit einem guten Plan können Sie alle diese Gruppen zufriedenstellen. Und Ihr Unternehmen wird aus diesem Prozess gestärkt hervorgehen.

Erste Schritte

Angesichts der vielen Personen und Aufgaben, an die Sie denken sollen, fühlen Sie sich jetzt wahrscheinlich ein bisschen überfordert. Wir wollen die Angelegenheit auch gar nicht schönreden: Ein Businessplan braucht Zeit und macht Arbeit. Wenn Sie Ihre Geschäftsidee aber mit Elan verfolgen, dann ist die Arbeit nur halb so schlimm. Es ist sogar ungeheuer wichtig, dass Sie sich Ihren Elan und Enthusiasmus bewahren, denn dies spiegelt sich sicherlich im Businessplan wider.

Jetzt ist die Zeit reif, dass Sie Ihren ganzen Schwung und Ihre ganze Energie bündeln und den ersten Schritt wagen: Halten Sie Ihre großartige Idee schriftlich fest. Stellen Sie sich vor, dass Sie auf einer Party sind. Jemand stellt Sie einer möglichen Geldgeberin vor, die sofort Gefallen an Ihnen und Ihren Plänen findet. »Ich könnte Ihnen vielleicht helfen«, sagt die Geldgeberin. »Vielleicht können Sie mir einen kurzen Überblick über Ihre Geschäftsidee erstellen, damit ich die Sache mit meinen Mitarbeitern besprechen kann?«

»Aber natürlich«, werden Sie sagen. Und schon haben Sie sich einen alten Umschlag oder ein Stück Papier geschnappt und skizzieren das Wesentliche Ihres Plans. Sie brauchen hier keinen Roman zu schreiben. Kommen Sie lieber gleich zur Sache. Schreiben Sie zu jedem der folgenden Punkte nicht mehr als einen Satz und erklären Sie:

- ✔ was Sie vorhaben
- ✔ wie Sie Ihr Vorhaben durchführen wollen
- ✔ wer Ihre Kunden sein werden
- ✔ warum die Kunden zu Ihnen und nicht zur Konkurrenz gehen sollten
- ✔ warum Sie vom Erfolg Ihres Unternehmens überzeugt sind

Wenn Sie fertig sind, dann heften Sie das Papier ganz vorne in Ihren Planungsordner oder gut sichtbar an eine Pinnwand. Wenn Sie dann während der vor Ihnen liegenden Planungsphase einmal das Gefühl haben, dass Sie Ihre eigentlichen Ideen oder Ihren Elan verlieren, dann sollten Sie sich diesen ersten Entwurf wieder vor Augen führen. Vielleicht können Sie ja etwas von der anfänglichen Begeisterung wiederbeleben. (Wie Sie Ihr Unternehmen mit weniger als 50 Worten beschreiben, können Sie in Kapitel 5 nachlesen).

Die Planung hinter dem Plan

In einigen Unternehmen herrscht die Meinung, dass Planung Zeitverschwendung ist. Niemals wird dieser Begriff dort verwendet. Trotzdem sind diese Unternehmen auf Erfolgskurs, es wird nur einfach nicht so viel über die Zukunft geredet. Warum steht die Planung aber bei manchen in so einem schlechten Ruf? Meistens ist es so, dass die Unternehmen, die nicht planen, nicht wissen, was Planung bedeutet. Der Begriff »Planung« ist mittlerweile zu einem solchen Schlagwort geworden, dass seine tatsächliche Bedeutung verloren gegangen ist.

Ist Planung nun eine Kunst oder eine Wissenschaft?

Planung ist sowohl Kunst als auch Wissenschaft. Wenn Sie einen fundierten Businessplan aufstellen wollen, müssen Sie Daten erfassen, Informationen analysieren und diese Erkenntnisse dann auf Ihre Situation anwenden. Ein fundierter Businessplan erfordert von Ihnen *strategisches* Denken. Was das bedeutet? Das Wort *Strategie* stammt von den alten Griechen und bedeutet wörtlich übersetzt: *die Lehre von der Führung der Truppen*. Es sollte Sie daher also nicht überraschen, dass Sie, sobald Sie beginnen, strategisch über Ihr Unternehmen nachzudenken, das Gefühl haben, dass Sie sich für einen Kampf rüsten und mit der Konkurrenz um Herz und Verstand der Kunden kämpfen.

Heutige Definitionen des Wortes *Strategie* sind da etwas unspezifischer. Aber worauf es ankommt, ist eigentlich nicht so sehr, was strategisches Denken *ist*, sondern was es *bewirkt*. Wenn Sie strategisch an einen Businessplan herangehen, dann

- ✔ beschreiben Sie ganz klar, wie Sie die Ziele, die Sie für das Unternehmen gesteckt haben, erreichen (mehr Information dazu gibt es in Kapitel 5).
- ✔ berücksichtigen Sie die persönlichen und sozialen Werte, die Ihr Unternehmen ausmachen (mehr in Kapitel 4).
- ✔ denken Sie darüber nach, wie Sie Ihr Kapital und Ihr Personal zuweisen und einsetzen (weitere Infos in Kapitel 13 und 17).
- ✔ schaffen Sie sich auf Ihrem Markt eine Nische, die Sie auch gegen starke und entschlossene Konkurrenz behaupten können (siehe Kapitel 11 und 15).

Achten Sie darauf, dass Sie bei der Unternehmensplanung nicht die Strategie aus den Augen verlieren. Ohne strategisches Denken werden aus Businessplänen lediglich hübsch gebundene Dokumente, die von vorne bis hinten nur Zahlen enthalten – Umsatzprognosen, Liquiditätsplanungen, Ausgabenzuweisungen und Ähnliches. Anhand dieser Zahlen wissen Sie trotzdem nicht, was Sie tun sollen. Solche Businesspläne werden nur verstauben. Sie bilden keine Planungsgrundlage, sondern sind reine Zeitverschwendung.

Was können Sie tun, damit Ihr Businessplan einer Strategie folgt? Bei strategischem Denken bewirkt eine gesunde Portion Menschenverstand und Logik wahre Wunder, wenn Sie alle Teile Ihres Plans zusammenführen. Branchenerfahrung und Verstand sind auch von Vorteil. Diese Fähigkeiten können wir Ihnen nicht geben. Aber wir können Ihnen ein paar Tipps geben, wie Sie vorgehen sollen.

Sie sollten stets die folgenden Fragen im Hinterkopf haben, um strategisch richtig an den Businessplan heranzugehen:

- ✔ Welchen Markt und welche Kunden wollen Sie bedienen?
- ✔ Welche Produkte und Dienstleistungen wollen Sie entwickeln beziehungsweise erbringen?
- ✔ Worin liegt der Wettbewerbsvorteil Ihres Unternehmens in diesem Marktsegment?
- ✔ Wie kann Ihr Unternehmen diesen Wettbewerbsvorteil langfristig halten?

Ihre Antworten zielen darauf ab, das Hauptanliegen Ihres Geschäftsplans nicht aus den Augen zu verlieren. Sie sollten daher von Zeit zu Zeit in den jeweiligen Planungsphasen wieder auf diese Fragen zurückkommen.

Planung oder Taktik

Aufgrund der Ungenauigkeit in den Definitionen von wirtschaftlichen Begriffen kommt es häufiger vor, dass Unternehmer *Planung* mit den verschiedenen *Taktiken* verwechseln, die sie anwenden wollen, um ihre Ziele zu erreichen. Die beiden Begriffe sind zwar eng miteinander verwandt und Sie brauchen beide, um erfolgreich zu sein, aber sie haben nicht dieselbe Bedeutung.

Vielleicht hilft Ihnen folgende Eselsbrücke: Denken Sie bei Planung und Taktik einfach an ein Symphonieorchester, das ein Konzert gibt. In diesem Fall steht die Komposition für den Plan, wie das Konzert klingen soll. Die Führung des Dirigenten und die Bemühungen der einzelnen Musiker bilden die Taktik, mit der der Plan erfüllt werden kann. Die Taktik ist nur so gut wie die Qualität der Instrumente und der Musiker, womit der Mensch als Element in den Prozess eingeführt wird.

Anhand dieses Beispiels können Sie einige wichtige Schlussfolgerungen über die Beziehung zwischen Planung und Taktik ableiten:

- ✔ Unabhängig davon, wie gut die Komposition in der Planungsstufe ist, ohne die einzelnen Musiker (die Taktik), kommt am Ende kein Konzert, sondern nur Schweigen heraus.
- ✔ Ohne die Bestandteile des Plans (die Noten auf dem Papier), die ineinandergreifen, ist das Ergebnis nur ein unangenehmes Geräusch.
- ✔ Ohne einen Dirigenten (der Geschäftsführer, der für die Umsetzung des Plans durch den Einsatz von Taktik verantwortlich ist), endet alles im Chaos.

Wenn Sie Ihren Businessplan erstellen, dann vergessen Sie nicht, dass Sie zuerst strategisch denken müssen. Nachdem Sie eine Strategie aufgestellt haben, können Sie die Taktiken entwickeln, die Ihren Plan zum Leben erwecken. Näheres über praktische Möglichkeiten, strategische Denkweisen mit erfolgreichen Taktiken zu verbinden, finden Sie in Kapitel 5. Dort finden Sie auch Richtlinien für das Erstellen von Unternehmenszielen.

Warum Planung wichtig ist

Planung ist keine Garantie für Erfolg, aber sie verbessert eindeutig Ihre Chancen. Wir haben es mit eigenen Augen gesehen und jüngste Umfragen unter fast 1000 Kleinunternehmen untermauern diese Aussage. Die Umfrage ergab, dass Unternehmen, die einen Businessplan haben, über 50 Prozent mehr Umsatz- und Gewinnzuwachs haben als Unternehmen, die keinen Plan haben. So einfach ist das.

Planung funktioniert am besten, wenn ein Unternehmen strategisches Denken in alle Geschäftsbereiche einfließen lässt, und zwar täglich. Um einen kontinuierlichen Prozess aufrechtzuerhalten, müssen Sie Folgendes beachten:

- ✔ Hinterfragen Sie stets, was zum Erfolg Ihres Unternehmens führt.
- ✔ Beobachten Sie Kunden und Märkte, seien Sie stets informiert, was gewünscht und gebraucht wird.
- ✔ Behalten Sie immer die Konkurrenz und deren Entwicklung im Auge.
- ✔ Arbeiten Sie ständig daran, wettbewerbsfähig zu bleiben.
- ✔ Suchen Sie beständig nach Wegen, wie Sie Ihre Vorteile noch besser hervorheben können.

Manche Unternehmer beherzigen diese Tipps unter Umständen automatisch und rein intuitiv. Aber wenn sich Ihr strategisches Denken auf alle Unternehmensbereiche erstrecken soll, dann müssen Sie einen Rahmen schaffen, der dies ermöglicht. Wenn Sie die Planung zu einer grundlegenden Aufgabe machen, dann haben Sie den Nebeneffekt, dass Angestellte auf allen Ebenen in den Prozess eingebunden sind. Angestellte haben häufig andere und gleichermaßen wertvolle Ansichten zur Entwicklung einer Strategie, sodass ein Planungsrahmen sicherstellt, dass Sie auch deren Stimmen hören.

Um den Ball in Ihrem Unternehmen zum Rollen zu bringen, ziehen Sie Angestellte mit unterschiedlichen Funktionen und aus verschiedenen Ebenen Ihrer Firma zusammen. Organisieren Sie regelmäßige Zusammenkünfte, um über Strategie und Planung zu sprechen. Konzentrieren Sie sich darauf, einen Rahmen zu schaffen, der strategisches Denken fördert, und konzentrieren Sie sich auf Probleme, die mit dem eigentlichen Planungsprozess zusammenhängen. Die Mitglieder dieser Planungsgruppe können dann ihre Erkenntnisse in ihre eigenen Bereiche übertragen und so Schritt für Schritt das strategische Denken und die Planung in ihre Arbeit integrieren.

Die verehrte Zielgruppe

Ob Sie den Businessplan nun alleine oder im Team verfassen, stets sollten Sie dabei im Hinterkopf haben, *wer* das Dokument letztendlich lesen wird. Ein Businessplan soll Ihre Visionen und Strategien vermitteln – was Sie planen und wie Sie es ausführen wollen. Der beste Weg, um Ihr Anliegen an den Mann oder die Frau zu bringen, ist, sich über die Zielgruppe klar zu werden. Sie sprechen auch nicht Französisch mit jemandem, der nur Italienisch versteht, oder? Aus demselben Grund sollten Sie Ihren Businessplan auch nicht mit jeder Menge technischem Kauderwelsch vollstopfen, wenn er von Leuten gelesen wird, die nicht die geringste Ahnung von der supermodernen Technologie haben, mit der Sie arbeiten.

Was aber, wenn Ihre Geschäftsidee auf etwas vollkommen Neuem basiert? Müssen Sie das dann nicht detailliert beschreiben? Natürlich müssen Sie das. Aber Sie können in einem Dokument auch verschiedene Adressaten ansprechen. Ihr Plan kann beispielsweise einen Überblick über die neue Technologie enthalten, sodass diese für jedermann verständlich ist. Falls technische Details unbedingt erforderlich sind, so können Sie diese im Anhang unterbringen. Bevor Sie sich aber ernsthafte Gedanken über die verschiedenen Adressatenkreise machen können, müssen Sie Ihre Leser kennen.

Sie kommen mit vielen verschiedenen Menschen in Kontakt. Ihre Angestellten und Kunden stehen natürlich auch auf dieser Liste. Natürlich haben Sie auch Kontakt zu Lieferanten, Beratern, Kreditgebern, Investoren, Behörden, Konkurrenten, um nur ein paar zu nennen.

Der Einfachheit halber werfen wir sie alle in einen Topf und bezeichnen sie als *Interessengruppe,* denn jede dieser Personen hat auf irgendeine Weise ein Interesse an dem, was Ihre Firma macht oder wie sie funktioniert. Einige können sogar direkt an Ihrem Unternehmen beteiligt sein: Sie schulden ihnen Geld oder ihnen gehört ein Teil Ihres Unternehmens. Andere haben vielleicht ein weniger materielles Interesse, etwa die Lieferanten, die Sie weiterhin beliefern wollen, oder Behörden, die wollen, dass Ihr Unternehmen solide ist.

Egal an welche Interessengruppe Sie sich wenden, Ihr Businessplan ist das wichtigste Instrument der Kommunikation. Aber aufgepasst: Jede dieser Gruppen wird den Plan aus einem anderen Blickwinkel betrachten. Sie müssen sich daher zwei sehr wichtige Interessengruppen genauer ansehen: die Kapitalgeber und die Kreditgeber.

Von Venture Capital und Engeln

Wenn Sie Geld brauchen, um Ihr Unternehmen zu finanzieren, und Ihr finanzielles Risiko gering halten wollen, dann ist der Risikokapitalmarkt, also der Venture-Capital-Markt, eine mögliche Adresse. In diesem Markt sind Unternehmen tätig, die Gelder sammeln und diese dann in Unternehmen stecken, in denen sich ihre Gelder vermehren. In der Regel investieren Venture-Capital-Firmen in Neugründungen, die ja von Haus aus mit mehr Risiko verbunden sind. Für Neugründungen sind Risikokapitalgeber daher ein sehr wichtiger (und kritischer) Adressat für den Businessplan. Sie können sicher sein, dass der Businessplan von ihnen sehr sorgfältig gelesen werden wird, bevor sie Ihnen ihr Geld geben.

Hört sich ganz einfach an, meinen Sie? Nun, die Beschaffung von Risiko- oder auch Beteiligungskapital ist keineswegs unproblematisch. Möchtegern-Unternehmer hat man gerne in dem Glauben gelassen, dass eine großartige Idee und jede Menge Enthusiasmus ausreichen, um das Geld vom Kapitalbaum zu schütteln. Sie brauchen natürlich Ideen und Enthusiasmus, aber das ist nur der Anfang. Gemäß einer neueren Umfrage finanzieren Risikokapitalgeber weniger als eine von 500 Neugründungen.

Was braucht man, um in diesem Venture-Capital-Lotto erfolgreich zu sein? Zunächst einmal ist es ganz hilfreich, etwas über Risikokapitalgeber im Allgemeinen zu wissen. Diese treten nämlich in allen Größen auf: Es gibt kleine, unabhängige Investoren und große Venture-Capital-Firmen, die jährlich Tausende von potenziellen Neugründungen begutachten. Einige Risikokapitalgeber spezialisieren sich auf bestimmte Branchen, wie Biotechnologie oder Internetdienstleistungen. Andere wiederum investieren lieber in Unternehmen in ihrer Region, um ihre Beteiligungen besser beobachten zu können. Andere Venture-Capital-Firmen finanzieren lieber Unternehmen, die sich noch in der Aufbauphase befinden. Wieder andere stecken ihr Geld lieber in Firmen, die noch einen letzten Schubs brauchen, um bei den ganz Großen mit dabei zu sein.

Risikokapitalgeber sind übrigens nicht die Einzigen, die sich an diesem Spiel beteiligen. Sie finden eine andere Quelle für Anschub- oder Gründungsfinanzierungen bei sogenannten *Business Angels*. Hierbei handelt es sich um sehr kapitalkräftige Individuen (auch als reiche Leute bekannt), die noch reicher werden wollen, indem sie in vielversprechende Neugründungen investieren. Diese Art der Finanzierung wird auch »Angel-Finanzierung« genannt, da diese Kapitalgeber weniger Forderungen an ein Unternehmen stellen als die Risikokapitalgeber. (Lesen Sie den Abschnitt »Banken und andere Geldgeber« weiter hinten in diesem Kapitel, um einen Eindruck von einigen dieser Forderungen zu erhalten.) Sie zeigen auch ein bisschen mehr Geduld, wenn es um die Rückzahlung und die Zinszahlungen geht.

Es gibt in Deutschland mehr als 200 Kapitalbeteiligungsgesellschaften, deren Adressen Sie beim Bundesverband Deutscher Kapitalbeteiligungsgesellschaften (BVK) in Berlin (`www.bvk-ev.de`) erfahren können. Kapitalgeber sind neben privaten Finanziers auch die öffentlich geförderten mittelständischen Beteiligungsgesellschaften des BVK sowie die KfW-Bankengruppe (siehe hierzu auch den Kasten »Hilfe von Vater Staat«).

Und jetzt die 500.000-Euro-Frage – oder mit etwas Glück vielleicht sogar die Eine-Million-Euro-Frage. Wie schaffen Sie es, Ihre Geschäftsidee und Ihren Businessplan echten, real existierenden Investoren nahe zu bringen? Wir wären überglücklich, wenn wir Ihnen eine todsichere, allgemeingültige Lösung anbieten könnten. Es gibt aber keine. Allerdings können Ihnen Unternehmer, die bereits vor Ihnen erfolgreich waren, mit ihrem wertvollen Wissen weiterhelfen. Im Folgenden ein paar Tipps, die Ihnen helfen, sich von den anderen abzuheben.

Kontakte knüpfen

Wie Ihnen sicherlich fast alle Unternehmer sagen werden, zählt nicht nur, was Sie haben, sondern wen Sie kennen. Je mehr Kontakte Sie haben – Menschen, die nette Dinge über Sie, Ihre Geschäftsidee und Ihren Businessplan sagen –, umso besser stehen Ihre Chancen, dass Sie vom Radar eines Risikokapitalgebers erfasst werden.

Ein Spitzenteam zusammenstellen

So viele enthusiastische Unternehmer gehen in das Rennen um das Anschubgold, dass es fast unmöglich erscheint, mit einer Idee aufzuwarten, die noch niemand laut geäußert hat. Wie wollen Sie sich also von der Masse abheben? Laut Meinung von Risikokapitalgebern ist es aber ebenso wichtig, wenn Sie Ihre Sponsoren davon überzeugen können, dass Sie ein Team aus erfahrenen Mitarbeitern haben, die in der Lage sind, ihre guten Ideen in eine Erfolgsstory zu verwandeln. Einige sagen sogar, dass die erste Kapitalspritze am besten in ein Top-Führungsteam investiert ist. (Wenn Sie mehr darüber wissen wollen, wie Sie so ein Hochleistungsteam zusammenstellen, dann sehen Sie in den Kapiteln 17 und 18 nach.)

Hausaufgaben erledigen

Risikokapitalgeber und Business Angels kennen den Markt ganz genau. Und auch wenn sie es zu schätzen wissen, wenn Jungunternehmer mit Elan und Enthusiasmus von ihrer Idee reden, so müssen sie natürlich ganz genau wissen, ob Sie Ihre Hausaufgaben gemacht haben. Hierzu gehört es, die Konkurrenz auszukundschaften und den Markt zu analysieren, Zahlen zu verarbeiten und die Stärken, Schwächen und Unsicherheiten Ihres Geschäftsmodells aufzulisten. (Lesen Sie hierzu noch einmal den Abschnitt »Die Geschäftsidee auf den Punkt bringen« weiter vorn in diesem Kapitel.) Kurzum, was Sie brauchen, ist ein bombensicheres, wasserdichtes Unternehmenskonzept.

Das richtige Timing

Was haben erfolgreiche Unternehmer mit erfolgreichen Hollywood-Drehbuchautoren gemeinsam? Sie wissen, wie sie ihren Ball ins Spiel bringen. Zu wissen, wie man sich und seine

Schickes Finanzierungskauderwelsch

Wie Sie sich bestimmt bereits gedacht haben, spricht man in der Welt der Risikokapital- und Angel-Finanzierungen eine eigene Sprache. Die meisten Begriffe haben mit den verschiedenen zur Verfügung stehenden Finanzierungsarten zu tun – die eng verknüpft sind mit den verschiedenen Entwicklungsphasen eines Unternehmens.

Folgende Begriffe sollten Sie kennen:

- ✔ **Crowdfunding** – Dies ist eine relativ neue Form der Finanzierung von jungen Unternehmen, aber auch einzelner Projekte bereits bestehender Firmen. Dabei steuern zahlreiche Privatpersonen, die von dem Vorhaben überzeugt sind, Geldbeträge bei – oftmals ab 100 Euro oder sogar weniger. Auf Deutsch heißt dieses Vorgehen daher Schwarmfinanzierung. Durch die schnelle Verbreitung der Ideen, vor allem im Internet, können stattliche Beträge zusammenkommen.
- ✔ **Seedfinanzierung** – Damit ist das Kapital gemeint, das Sie brauchen, um beweisen zu können, dass sich mit Ihrem Konzept unter Garantie Geld machen lässt. Eine Seedfinanzierung kann in den Bau eines Prototyps Ihrer total coolen neuen Technologie fließen oder in die Marktforschung, um zu beweisen, dass Ihr Produkt auf dem Markt wirklich Kunden haben wird.
- ✔ **Anschubfinanzierung** – Wie der Name schon sagt, soll diese Art der Finanzierung dazu beitragen, dass das Unternehmen anläuft; sie wird auch Gründungsfinanzierung genannt. Sie können diese Gelder einsetzen, um damit einen Mitarbeiterstamm aufzubauen oder Ihre Produkte und Dienstleistungen zu entwickeln, zu testen oder zu vermarkten.
- ✔ **First-Stage-Finanzierung** – Dieses zusätzliche Kapital kommt ins Haus, nachdem die anfängliche Anschubfinanzierung verbraucht ist. Diese Gelder verwenden Sie meistens, um das gerade wachsende Unternehmen weiter zu unterstützen, indem Sie die Neuwicklung von Produkten, die Produktion, das Marketing oder den Vertrieb fördern.
- ✔ **Second-Stage-Finanzierung** – Diese Gelder werden beansprucht, wenn das Unternehmenskonzept sich bereits bewährt hat. In der Regel verwenden Sie diese Mittel, damit das Unternehmen noch größer wird und das Wachstum in allen Unternehmensbereichen gefördert wird.
- ✔ **Mezzanine-Finanzierung** – Ich weiß auch nicht, wem dieses Wort eingefallen ist. Ein Mezzanin ist ein Zwischen- oder Halbgeschoss bei Bauwerken, im Geschäftsleben versteht man hierunter eine Finanzierung, die irgendwo zwischen einer Kapitalbeteiligung und einem ganz normalen Bankdarlehen liegt. Mit diesen Geldern kann sich Ihr Unternehmen in eine bestimmte Richtung entwickeln, ohne an den Eigentumsverhältnissen etwas ändern zu müssen.
- ✔ **Überbrückungsfinanzierung** – Diese Art der Finanzierung kann Ihrem Unternehmen helfen, vorübergehende raue Zeiten zu überstehen. Häufig nutzt man Überbrückungskredite vor dem Gang an die Börse, um mögliche Kassenfehlbeträge auszugleichen, die vor Ablauf der Börseneinführung eintreten können.

Ideen ins Spiel bringt, ist in diesen beiden schnelllebigen Welten überlebenswichtig. Ebenso wie Filmproduzenten haben auch Risikokapitalgeber volle Terminkalender und wenig Zeit. Sie müssen ihre Begeisterung wecken und sie mit Ihren Worten fesseln. Wenn Sie das abschreckt, dann fangen Sie klein an. Stellen Sie sich vor, Sie fahren in einem Fahrstuhl und jemand erkundigt sich nach Ihrer neuen Geschäftsidee. Überlegen Sie, wie Sie das Ganze in Worte fassen können, bevor Sie im 25. Stock ankommen. Falls Sie hierbei noch Hilfe brauchen, lesen Sie in Kapitel 5 nach.

Banken und andere Geldgeber

Bevor Sie auf den Venture-Capital-Zug aufspringen, sollten Sie sich Folgendes merken: Risikokapitalgeber sind keine Menschenfreunde. Sie nehmen sich ein großes Stück Ihres Unternehmens für das Geld, das sie Ihnen zur Verfügung stellen. Häufig verlangen sie sogar einen Sitz in der Geschäftsleitung oder wollen sogar selbst das Unternehmen leiten.

Wenn Sie beschließen, Ihr Jungunternehmen auf die althergebrachte Weise zu finanzieren – mit einem Geschäftsdarlehen –, dann können Sie Ihr Kapital im Unternehmen belassen. Außerdem können Sie das Unternehmen führen, wie Sie es wollen. Wenn Sie also keine zu großen Anlaufkosten haben, dann können Sie sicherlich den Weg gehen, den viele Unternehmen noch immer nehmen, und sich Ihren Weg mit einem Bankdarlehen finanzieren.

Wenn Sie ein Darlehen aufnehmen, um Ihr Unternehmen zu finanzieren, arbeiten Sie mit fremden Geldern, um Ihr Geschäft aufzubauen, und Zuwächse und Gewinne bleiben allein in Ihrer Hand – zumindest theoretisch. Das bedeutet aber nicht, dass es nicht riskant ist, wenn man sich Geld leiht. Irgendjemand muss das Darlehen ja zurückzahlen, und dieser jemand sind Sie. Um Ihr Risiko zu minimieren, sollten Sie sicher sein, dass Ihre Geschäftsidee fundiert und Ihr Unternehmenskonzept solide ist. Denn eins ist sicher: Ihre Bank sichert sich genauso ab.

Die meisten ortsansässigen Banken sind gerne bereit, Unternehmen vor Ort mit Krediten zu finanzieren, immer vorausgesetzt natürlich, dass ein überzeugender Businessplan vorliegt. Das Einfachste ist ein ganz normaler gewerblicher Kredit. Hierbei leiht Ihnen die Bank das Geld und Sie zahlen es zurück, in der Regel in monatlichen Raten plus Zinsen. Zu diesem Thema gibt es aber jede Menge Varianten: von Hypothekendarlehen auf die Firmenimmobilie bis hin zu Darlehen, die mit dem Inventar oder den Forderungen abgesichert werden (mehr Infos hierzu gibt es in Kapitel 12). Wenn Sie Darlehen mit Unternehmenswerten absichern, dann zahlen Sie meistens einen niedrigeren Zinssatz.

Wenn Sie nicht beabsichtigen, das gesamte Kapital auf einmal zu beanspruchen, dann sollten Sie eine Kreditlinie beantragen. Eine Kreditlinie ermöglicht Ihnen, nur dann Gelder in Anspruch zu nehmen, wenn Sie tatsächlich flüssige Mittel brauchen. Meistens verlangen die Banken keine Sicherheiten, um kleinere Kreditlinien abzusichern. Größere Kreditlinien werden in der Regel mit Forderungen, Inventar, Maschinen, Ausstattung oder Grundbesitz abgesichert.

Hilfe von Vater Staat

Denken Sie bei Ihrer Unternehmensgründung auch an die öffentlichen Förderprogramme. Ihr Start in die Selbstständigkeit wird auf verschiedene Weise von Bund und Ländern unterstützt. Eine große Hilfe ist hier natürlich wieder einmal das Internet, denn es gibt die Förderdatenbank des Bundesministeriums für Wirtschaft und Arbeit, die unter `www.bmwa.bund.de` abgefragt werden kann.

Öffentliche Fördermittel müssen Sie immer bei Ihrer Hausbank beantragen. Bevor Sie also irgendwelche finanziellen Verpflichtungen eingehen, erkundigen Sie sich unbedingt nach Förderprogrammen und beantragen Sie gegebenenfalls Fördermittel.

Zu den wichtigen Förderprogrammen für Existenzgründer zählen:

- ✔ Unternehmerkapital: ERP-Kapital für Gründung
- ✔ StartGeld
- ✔ Mikro-Darlehen
- ✔ KfW-Unternehmerkredit
- ✔ Beratungsförderung

Wenn Sie mehr zu diesen Förderprogrammen wissen wollen, dann lesen Sie in Kapitel 3 nach, in dem es um den Gründungszuschuss geht.

Banken und andere Geldgeber

Bevor Sie auf den Venture-Capital-Zug aufspringen, sollten Sie sich Folgendes merken: Risikokapitalgeber sind keine Menschenfreunde. Sie nehmen sich ein großes Stück Ihres Unternehmens für das Geld, das sie Ihnen zur Verfügung stellen. Häufig verlangen sie sogar einen Sitz in der Geschäftsleitung oder wollen sogar selbst das Unternehmen leiten.

Wenn Sie beschließen, Ihr Jungunternehmen auf die althergebrachte Weise zu finanzieren – mit einem Geschäftsdarlehen –, dann können Sie Ihr Kapital im Unternehmen belassen. Außerdem können Sie das Unternehmen führen, wie Sie es wollen. Wenn Sie also keine zu großen Anlaufkosten haben, dann können Sie sicherlich den Weg gehen, den viele Unternehmen noch immer nehmen, und sich Ihren Weg mit einem Bankdarlehen finanzieren.

Wenn Sie ein Darlehen aufnehmen, um Ihr Unternehmen zu finanzieren, arbeiten Sie mit fremden Geldern, um Ihr Geschäft aufzubauen, und Zuwächse und Gewinne bleiben allein in Ihrer Hand – zumindest theoretisch. Das bedeutet aber nicht, dass es nicht riskant ist, wenn man sich Geld leiht. Irgendjemand muss das Darlehen ja zurückzahlen, und dieser jemand sind Sie. Um Ihr Risiko zu minimieren, sollten Sie sicher sein, dass Ihre Geschäftsidee fundiert und Ihr Unternehmenskonzept solide ist. Denn eins ist sicher: Ihre Bank sichert sich genauso ab.

Die meisten ortsansässigen Banken sind gerne bereit, Unternehmen vor Ort mit Krediten zu finanzieren, immer vorausgesetzt natürlich, dass ein überzeugender Businessplan vorliegt.

Das einfachste ist ein ganz normaler gewerblicher Kredit. Hierbei leiht Ihnen die Bank das Geld und Sie zahlen es zurück, in der Regel in monatlichen Raten plus Zinsen. Zu diesem Thema gibt es aber jede Menge Varianten: von Hypothekendarlehen auf die Firmenimmobilie bis hin zu Darlehen, die mit dem Inventar oder den Forderungen abgesichert werden (mehr Infos hierzu gibt es in Kapitel 12). Wenn Sie Darlehen mit Unternehmenswerten absichern, dann zahlen Sie meistens einen niedrigeren Zinssatz.

Wenn Sie nicht beabsichtigen, das gesamte Kapital auf einmal zu beanspruchen, dann sollten Sie eine Kreditlinie beantragen. Eine Kreditlinie ermöglicht Ihnen, nur dann Gelder in Anspruch zu nehmen, wenn Sie tatsächlich flüssige Mittel brauchen. Meistens verlangen die Banken keine Sicherheiten, um kleinere Kreditlinien abzusichern. Größere Kreditlinien werden in der Regel mit Forderungen, Inventar, Maschinen, Ausstattung oder Grundbesitz abgesichert.

Kleingründungen und Co.

3

In diesem Kapitel

- Die richtigen Voraussetzungen mitbringen
- Staatliche Zuschüsse sichern
- Beratungs- und Ausbildungsmaßnahmen nutzen
- Für die optimale Finanzierung sorgen

Wer den Schritt in die Selbstständigkeit wagen will, der sollte zunächst klein anfangen. Nicht jeder muss gleich ganz groß herauskommen, manchmal genügt es auch, mit wenig Startkapital anzufangen und zunächst nur einen Arbeitsplatz für sich selbst zu schaffen. Die Vorteile einer solchen Kleingründung liegen beim geringen unternehmerischen Risiko, dem vergleichsweise geringen Finanzierungsbedarf und dem überschaubaren Zeitaufwand.

Vor etlichen Jahren wurde in Deutschland die Ich-AG zum Inbegriff der Kleingründungen, die eine regelrechte Gründungswelle auslöste und auch für viele Arbeitslose den Weg zurück in die Erwerbstätigkeit ebnete. Mittlerweile gibt es das Modell Ich-AG nicht mehr. Kleingründungen können mit dem Gründungszuschuss staatlich gefördert werden, der auch das ehemalige Überbrückungsgeld ersetzt.

Die richtigen Voraussetzungen mitbringen

Der Wille allein reicht wohl nicht aus, um sich auf das Abenteuer Selbstständigkeit einzulassen. Sie brauchen eine zündende Geschäftsidee und Sie müssen in der Lage sein, Ihre Vorstellungen und Wünsche auch entsprechend umzusetzen.

Idealerweise bringen Sie folgende persönliche Voraussetzungen mit:

- ✔ **Unternehmertyp** – Sie brauchen Eigeninitiative, Entscheidungsfreudigkeit und Selbstdisziplin. Außerdem müssen Sie kreativ sein und sich mit dem identifizieren, was Sie tun wollen. Denn in den ersten Jahren der Selbstständigkeit werden Sie öfter auch mal abends oder am Wochenende arbeiten müssen. Und Sie sind immer für alles zuständig und verantwortlich.

- ✔ **Fachliches Know-how** – Sie sollten wissen, was Sie tun, am besten aus Ihrer vorherigen beruflichen Praxis. Im Idealfall haben Sie bereits vorher eigenverantwortlich gearbeitet. Auch während Ihrer eventuellen Arbeitslosigkeit sollten Sie dafür sorgen, dass Sie den Anschluss an die aktuellen Entwicklungen in Ihrem Beruf nicht verlieren und Ihr Wissen ständig auffrischen. Wenn Sie sich mit einer ganz neuen Idee selbstständig machen wollen, dann sollten Sie sich zuvor über Weiterbildungsmaßnahmen, Kontakten zu anderen Unternehmen in Ihrer Branche oder mit Praktika informieren.

- **Unternehmerisches Know-how** – Als Unternehmer müssen Sie sich mit kaufmännischen Dingen herumschlagen. Sie müssen also wissen, was es mit Gewinn, Umsatz, Vorsteuer oder Umsatzsteuer auf sich hat. Es ist nicht nötig, dass Sie ein Experte auf diesem Gebiet sind, denn vieles lässt sich lernen (hierzu mehr weiter hinten in diesem Kapitel im Abschnitt »Gründercoaching – unterstützt von der Agentur für Arbeit«).

Neben der persönlichen Qualifikation müssen Sie natürlich auch eine konkrete Vorstellung davon haben, wie Ihre Neugründung aussehen soll. Einfach so erhält niemand staatliche Förderung. Sie brauchen eine Erfolg versprechende Geschäftsidee und einen Fahrplan – den Businessplan –, wie Sie diese Idee in die Tat umsetzen wollen. Dieser Businessplan unterscheidet sich nur im Umfang vom Businessplan mittlerer und größerer Unternehmen, die Inhalte sind im Wesentlichen gleich.

In Deutschland gibt es eine ganze Reihe von Businessplan-Wettbewerben, die nicht nur Mut zur Selbstständigkeit machen wollen, sondern die Teilnehmer vor allem bei der Ausarbeitung eines Unternehmenskonzepts unterstützen.

Aber nicht nur zur Vorlage bei staatlichen Stellen ist die Erstellung eines Businessplans erforderlich, auch für mögliche Kapital- oder Kreditgeber ist er eine wichtige Informationsquelle.

Staatliche Fördermaßnahmen beanspruchen

Für viele kann der Weg aus der Arbeitslosigkeit in die berufliche Selbstständigkeit genau das Richtige sein. Allerdings haben die meisten weder ein ausreichendes Startkapital für Investitionen noch ein finanzielles Polster für den Anfang.

Die Bundesagentur für Arbeit hat daher spezielle Förderprogramme aufgelegt. Wer arbeitslos ist und sich selbstständig machen will, kann zwischen zwei Leistungen der Arbeitsförderung wählen, die in den nachfolgenden Abschnitten eingehend unter die Lupe genommen werden.

- *Einstiegsgeld* für Empfänger von Arbeitslosengeld II
- *Gründungszuschuss* für Empfänger von Arbeitslosengeld I

Das Einstiegsgeld – ein alternativer Weg

Mit der Zusammenführung von Arbeitslosenhilfe und Sozialhilfe am 1. Januar 2005 erhalten alle erwerbsfähigen Hilfebedürftigen das Arbeitslosengeld II (kurz ALG II). Für diesen Empfängerkreis gibt es zur Unterstützung auf dem Weg in die Selbstständigkeit das Einstiegsgeld. Dieses beträgt die Hälfte des ALG-II-Regelbedarfs und wird zusätzlich zum Arbeitslosengeld II gezahlt. Das Einstiegsgeld kann für bis zu 24 Monate bewilligt werden, wird in der Praxis aber meist nur sechs bis zwölf Monate bezahlt. Der zuständige Fallmanager bei der Agentur für Arbeit entscheidet, ob, in welcher Höhe und für welche Dauer er diesen Zuschuss zum ALG II gewährt. Bevor Sie der Arbeitsagentur also einen Besuch abstatten, sollten Sie sich Gedanken machen, womit und wie Sie sich selbstständig machen wollen. Es ist durchaus möglich, dass von Ihnen auch in diesem Fall ein Businessplan verlangt wird.

Bezieher von ALG II haben keinen Anspruch auf den Gründungszuschuss.

Mit dem Gründungszuschuss starten

Für den Gründungszuschuss kommt jede selbstständige Tätigkeit – ob gewerblich oder freiberuflich – infrage. Bedingung ist jedoch, dass die Selbstständigkeit zur Beendigung der Arbeitslosigkeit führt und die unternehmerische Tätigkeit mindestens 15 Stunden in der Woche ausgeübt wird.

Den Gründungszuschuss erhalten Arbeitslose, die noch mindestens 150 Tage Anspruch auf Arbeitslosengeld I haben. Für den Fall, dass Sie bereits arbeitslos sind, sollten Sie schleunigst mit den Vorbereitungen für Ihre Selbstständigkeit beginnen. Wer nämlich nur noch 149 Tage oder weniger Anspruch auf ALG I hat, geht leer aus.

Der Staat gewährt Ihnen den Gründungszuschuss bis zu 15 Monate lang, und zwar in zwei Phasen. Sechs Monate lang wird der Zuschuss in Höhe des zuletzt bezogenen Arbeitslosengeldes gezahlt, um die allgemeinen Lebensunterhalts-Kosten zu decken. Zusätzlich überweist der Staat 300 Euro zur sozialen Absicherung.

Für weitere neun Monate kann die Arbeitsagentur 300 Euro monatlich bewilligen, wenn eine umfangreiche Geschäftstätigkeit und hauptberufliche Aktivitäten als Unternehmen nachgewiesen werden können.

Eine erneute Förderung ist nicht möglich, wenn seit dem Ende einer Förderung der Aufnahme einer selbstständigen Tätigkeit (nach dem Sozialgesetzbuch) noch nicht 24 Monate vergangen sind.

Zehn Schritte bis zum Gründungszuschuss

Natürlich geht nichts ohne Antrag. Ehe Sie sich also über den staatlichen Zuschuss freuen können, müssen Sie noch etliche Formalitäten erledigen. Denn eines ist klar: Sie klopfen nicht einfach bei der Agentur für Arbeit an und verlangen den Gründungszuschuss. Nur wer alle Unterlagen und Dokumente zur richtigen Zeit am richtigen Ort abgeben kann, erhält das zusätzliche Geld.

1. **Melden Sie, dass Sie Arbeit suchen, und beantragen Sie Arbeitslosengeld.**

   Nur mit dem Bewilligungsbescheid in der Tasche können Sie Ihren Gründungszuschuss beantragen. Falls Sie schon arbeitslos sind, prüfen Sie, ob Sie noch 150 Tage Anspruch auf Arbeitslosengeld I haben.

2. **Holen Sie sich das Antragsformular für den Gründungszuschuss ab.**

   In Ihrer örtlichen Agentur für Arbeit liegen in der Regel Fördergeldanträge für Gründungszuschuss und Einstiegsgeld aus. Machen Sie auf keinen Fall den Fehler, das Antragsformular erst nach der Gründung abzugeben, denn sonst erlischt Ihr Anspruch auf die Förderung.

3. **Organisieren Sie sich notwendige Erlaubnisse oder Zulassungen.**

   Je nachdem, welche Tätigkeit Sie als Existenzgründer aufnehmen wollen, kommen Sie um die eine oder andere Zulassung nicht herum. Rechnen Sie damit, dass Sie den Schein oder die Bestätigung oft nicht sofort ausgehändigt bekommen. Kalkulieren Sie Wartezeiten ein.

4. **Vereinbaren Sie ein Gespräch mit einer fachkundigen Stelle.**

   Holen Sie bei fachkundigen Stellen wie der Industrie- und Handelskammer nicht nur die Bestätigung, dass Ihre Pläne in der ausgewählten Branche vielversprechend sind. Lassen Sie sich auch wertvolle Tipps und Hinweise geben.

5. **Besuchen Sie ein Existenzgründungsseminar.**

   Um den Besuch kommen Sie ohnehin nicht herum, weil Sie die Teilnahme an einem Existenzgründungsseminar ohnehin in all Ihren Antragsformularen nachweisen müssen. Aber wenn Sie schon einmal da sind, sollten Sie die Chance auch nutzen, intensiv an Ihren Schwächen zu arbeiten beziehungsweise sie sich überhaupt erst einmal bewusst machen. Außerdem können Sie bei diesen Veranstaltungen andere Gründer kennenlernen, die Ihnen möglicherweise auch noch tolle Tipps geben können.

6. **Schreiben Sie Ihren Businessplan.**

   Zeigen Sie in Ihrem Businessplan Ihre Geschäftsidee auf und erklären Sie, wie tragfähig das Geschäftsmodell ist. Nehmen Sie sich Zeit für die Recherche, denn die ausgewählte fachkundige Stelle wird das Dokument sorgfältig prüfen.

   Wie wichtig ein Businessplan ist, wissen Sie ja inzwischen, schließlich beschäftigen Sie sich ja schon seit einiger Zeit mit diesem Buch.

7. **Reichen Sie Ihren Businessplan bei der fachkundigen Stelle ein.**

   Legen Sie der Stelle alle Anträge, Nachweise sowie den Businessplan vor. In der Regel dauert es eine Woche, bis Sie ein Feedback in Form eines Gesprächs erhalten.

8. **Melden Sie Ihre Selbstständigkeit an.**

   Ob Freiberufler oder Gewerbetreibender – um eine Anmeldung, bei der Sie den Stichtag für Ihre Selbstständigkeit bekannt geben, kommen Sie nicht herum.

9. **Stellen Sie den Antrag auf Gründungszuschuss bei der Agentur für Arbeit.**

   Haben Sie bei der fachkundigen Stelle einen positiven Bescheid bezüglich Ihrer Pläne erhalten, können Sie sofort zur Arbeitsagentur gehen und den Bescheid, Ihrem Businessplan, dem Nachweis über die Anmeldung der Selbstständigkeit sowie dem Antragsformular einreichen.

10. **Die Arbeitsagentur entscheidet.**

    Normalerweise verschwenden die Mitarbeiter keine Zeit und bearbeiten die Anträge für die Gründungszuschüsse zügig, sodass Sie nicht lange auf die erste Zahlung Ihres Zuschusses warten müssen.

Erste Anlaufstation für Fragen wird die für Sie zuständige Agentur für Arbeit sein, deren Adresse Sie im Internet unter `www.arbeitsagentur.de` finden. Diese bietet auch verschiedene E-Services an, beispielsweise zur Beantragung des Arbeitslosengeldes. Sie können auch das Bürgertelefon des Bundesministeriums für Wirtschaft und Arbeit (BMWA), Ressort Arbeitsförderung unter 030-221911003 anrufen.

Scheinselbstständigkeit

Achten Sie vor allem darauf, dass Sie nicht als scheinselbstständig gelten, denn eine entscheidende Voraussetzung für die Förderung ist der Nachweis einer selbstständigen Tätigkeit. Nicht immer sind Sie als Kleingründer automatisch selbstständig, beispielsweise wenn Sie Ihren Arbeitsort oder Ihre Arbeitszeit nicht frei wählen können, überwiegend und regelmäßig nur für einen Auftraggeber tätig sind und vielleicht sogar fachlich an die Weisungen eines Auftraggebers gebunden sind.

Auch wollen viele Auftraggeber wissen, ob Sie wirklich selbstständig sind, denn anderenfalls könnten sie zu Zahlungen an Ihre Sozialversicherung herangezogen werden oder sogar gezwungen werden, Sie fest anzustellen.

Wenn Sie die unten stehenden Fragen 1, 2 und 3 mit Ja und die Fragen 4 und 5 mit Nein beantworten können, liegt bei Ihnen keine Scheinselbstständigkeit vor:

1. Sind Sie rechtlich und wirtschaftlich selbstständig?
2. Erfüllen Sie Ihre Aufgaben unabhängig von Weisungen?
3. Tragen Sie das unternehmerische Risiko und die Kosten der Arbeitsausführung?
4. Ist Ihre Arbeitszeit nach Dauer, Beginn und Ende durch Auftraggeber bindend festgelegt?
5. Sind Sie unmittelbar in den Arbeitsablauf und die Organisation von Auftraggebern integriert?

Wenn Sie Zweifel haben oder sich bei der Beantwortung dieser Fragen unsicher sind, dann wenden Sie sich an die Bundesversicherungsanstalt für Angestellte (BfA) in Berlin.

Beratungs- und Trainingsmaßnahmen nutzen

Je besser Sie planen, desto eher wird Ihr Unternehmen ein Erfolg werden. Viele Beratungseinrichtungen für Existenzgründer bieten kostenlose Beratung an. Aber auch kostenpflichtige Beratung bei Steuerberatern, Rechtsanwälten oder Unternehmensberatern sollten Sie nicht von der Hand weisen.

Bevor Sie zu einem Beratungsgespräch gehen, sollten Sie bereits ganz genaue Vorstellungen davon haben, wie Sie Ihre Geschäftsidee umsetzen wollen. Bringen Sie auch ausreichend Zeit mit, denn ein guter Berater wird mindestens eine Stunde brauchen, um Schwachpunkte in Ihrem Konzept aufzudecken und weitere wertvolle Anregungen für Ihre Neugründung zu geben.

Kostenlose Beratung gibt es unter anderem bei Gründerwettbewerben und Gründerinitiativen, den Industrie- und Handelskammern, den Agenturen für Arbeit, bei Kreditinstituten und der KfW-Mittelstandsbank. Außerdem werden von der Agentur für Arbeit in vielen Städten kostenlose oder stark geförderte Existenzgründungsseminare angeboten.

Auch die Beratung wird gefördert

Kleine und mittlere Unternehmen können sich die Unternehmensberatung auch staatlich fördern lassen. Das Bundesministerium für Wirtschaft und Arbeit (BMWA) finanziert beispielsweise Seminare, an denen Sie dann zu verbilligten Gebühren teilnehmen können. Außerdem gibt es Förderhilfen, wenn Sie die Hilfe eines Unternehmensberaters in Anspruch nehmen.

- ✔ Wenn Sie sich vor Ihrer Existenzgründung beraten lassen, erhalten Sie je nach Bundesland einen Zuschuss von 50 bis 70 Prozent der Beratungskosten, die je nach Standort mit einem anderen Höchstbetrag gedeckelt sind.
- ✔ Auch Gründer, die mit ihrer Firma schon ein Jahr am Markt sind, können Zuschüsse für Beratungsleistungen erhalten. Gefördert werden Beratungen zu allgemeinen Fragen der Unternehmensführung, aber auch die Hilfe bei spezielleren Themen wie Qualitätsmanagement, Umwelt- und Arbeitsschutz oder auch zur Vereinbarkeit von Beruf und Familie. Die Förderung beträgt in den alten Bundesländern 50, in den neuen Bundesländern 75 Prozent der Kosten, jeweils maximal 1.500 Euro pro Beratung.
- ✔ Jeder Unternehmer kann Förderung für mehrere zeitlich und thematisch unabhängige Beratungen beantragen. Insgesamt stehen maximal Zuschüsse in Höhe von 6.000 Euro zur Verfügung. Voraussetzung ist, dass die vollständigen Antragsunterlagen spätestens drei Monate nach Inanspruchnahme der Beratungsleistung und deren Bezahlung vorliegen.

Gründercoaching – unterstützt von der Agentur für Arbeit

Das *Gründercoaching Deutschland* steht allen Unternehmern, die sich in der Start- und Aufbauphase befinden, offen – vorausgesetzt die Gründung liegt nicht länger als fünf Jahre zurück. Maximal ein Jahr lang können sich so frischgebackene Gewerbetreibende oder Freiberufler von einem Coach betreuen lassen. Gefördert werden jedoch nicht Steuer-, Rechts- oder Versicherungsberatung, Beratungen zu Verträgen oder zur Buchhaltung sowie zur EDV. Auch die Krisenberatung wird in diesem Programm nicht gefördert. Ansonsten sind Sie in der Wahl der Beratungsleistung frei.

Für Gründer aus der Arbeitslosigkeit heraus, denen der Gründungszuschuss genehmigt wurde, bietet das Programm *Gründercoaching Deutschland* eine besonders hohe Förderung: Innerhalb von zwölf Monaten nach dem Gründungsdatum werden 90 Prozent des Coachinghonorars übernommen – bis zu einem Gesamtbetrag von 4.000 Euro. Das höchstens förderfähige Honorar des entsprechenden Beraters beträgt 800 Euro Tagessatz.

Öffentliche Förderprogramme nutzen

Der Bund, die Länder und die EU unterstützen durch unterschiedliche Förderprogramme Ihren Einstieg in die Selbstständigkeit, meistens in Form von Darlehen, aber auch als Zuschüsse, die nicht zurückzuzahlen sind.

Falls Sie also zur Finanzierung Ihrer Existenzgründung ein Darlehen aufnehmen müssen, dann sollten Sie sich unbedingt gründlich über die öffentlichen Förderprogramme informieren und auch bei Ihrer Hausbank nachfragen. Sie können diese Fördermittel auch in Anspruch nehmen, wenn Ihr Unternehmen bereits besteht. Öffentliche Förderkredite zeichnen sich durch günstige Zinsen, lange Laufzeiten und meistens durch eine rückzahlungsfreie Zeit aus, in der noch keine Schulden getilgt werden müssen.

Die Förderkredite des Bundes werden von der KfW-Mittelstandsbank ausgegeben. Diese Kredite werden aber nicht von der KfW ausgezahlt, sondern immer direkt an Ihre Hausbank, bei der Sie auch den Antrag auf diese Fördermittel stellen. Da die KfW immer wieder neue Programme auflegt und andere dafür aus dem Angebot nimmt, sollten Sie in regelmäßigen Abständen auf ihrer Internetseite stöbern – `www.kfw.de`. Folgende Förderkredite sind für Sie als Existenzgründer interessant:

✔ **StartGeld** – Dies ist ein zinsgünstiges Darlehen für Existenzgründer, kleine Unternehmen und Freiberufler, das bis zu einer Höhe von 100.000 Euro gewährt wird. Die KfW übernimmt gegenüber Ihrer Hausbank 80 Prozent der Haftung für den Kredit. Das StartGeld kann für Investitionen in der Gründungsphase, für den Kauf einer Firma oder eines Unternehmensanteils sowie für Mittel zur Absicherung des laufenden Betriebs verwendet werden. Für die Beantragung und Gewährung ist kein Eigenkapital-Anteil erforderlich.

✔ **Unternehmerkredit** – Mit dieser Kreditform unterstützt die KfW-Mittelstandsbank langfristige Investitionen von Existenzgründern, die eine ausreichende fachliche und kaufmännische Qualifikation nachweisen, aber auch Mittelständler und Freiberufler. Bei der Antragstellung muss das Unternehmen mindestens fünf Jahre am Markt sein. Finanziert werden vorwiegend der Erwerb von Grundstücken und Gebäuden, aber auch Baumaßnahmen und der Kauf von Maschinen, Anlagen und Einrichtungsgegenständen. Es werden auch Vorhaben im Ausland finanziert.

✔ **Unternehmerkapital** – Dies ist ein Darlehen mit günstigen Konditionen für Existenzgründer, aber auch für kleine und mittlere Unternehmen. Das Unternehmerkapital gibt es in zwei Ausführungen:

- **ERP-Kapital für Gründung:** Dieses Darlehen kann bis zu drei Jahre nach der Gründung in Anspruch genommen werden und fördert wichtige, betriebliche Investitionen. Es beträgt maximal 500.000 Euro, vom Antragsteller wird ein Eigenkapitalanteil von zehn Prozent vorausgesetzt. Die KfW stellt die Bank des Antragstellers vollkommen haftungsfrei.
- **ERP-Kapital für Arbeit und Investitionen:** Dieses Darlehen richtet sich an gewerbliche Unternehmer und Freiberufler, die bereits am Markt Fuß gefasst haben und schon länger als drei Jahre am Markt bestehen. Auch hier werden langfristige Investitionen gefördert, die sich auf den wirtschaftlichen Erfolg des Unternehmens auswirken sollen und Arbeitsplätze schaffen oder sichern sollen.

Und wenn's nicht klappt?

Sollten Sie mit Ihrer Geschäftsidee keinen Erfolg haben und Ihr Unternehmen während der dreijährigen Gründungsphase wieder aufgeben müssen, dann haben Sie nur dann wieder Anspruch auf Leistungen von der Agentur für Arbeit, wenn Sie diese zuvor noch nicht voll verbraucht haben und dieser »alte« Anspruch auf Arbeitslosengeld vor weniger als vier Jahren entstanden ist.

Weil Sie während der Gründungsphase nicht arbeitslosenversichert sind, haben Sie sich nämlich während Ihrer Selbstständigkeit keine Anwartschaft auf Arbeitslosengeld erworben.

Das richtige Unternehmenskonzept und ein gut ausgearbeiteter Businessplan können Ihnen aber helfen, Ihre Geschäftsidee zu einem Erfolg werden zu lassen, sodass Sie nach der dreijährigen Anlaufphase guten Mutes in die Zukunft blicken werden.

In die richtige Richtung aufbrechen

4

In diesem Kapitel

- Warum Werte für ein Unternehmen so wichtig sind
- Sich an ethische und rechtliche Maßstäbe halten
- Gegenwärtige Grundsätze und Prinzipien Ihres Unternehmens erkennen
- Wertmaßstäbe formulieren
- Dem Unternehmen eine Richtung geben

Sie werden sich vielleicht fragen, warum um Himmels willen in einem Buch über Unternehmensplanung von Werten und Philosophie die Rede ist. Wir können hören, was Sie denken: Hey, wir leben im 21. Jahrhundert. Bei der heutigen Geschäftsethik geht es vor allem um das Überleben am Markt: Bediene deine Kunden, schlage die Konkurrenz (noch besser: Zerstöre sie!), mach jede Menge Kohle und sieh zu, dass du dich rechtzeitig aus dem Staub machst.

Und trotzdem sind auch in einer Geschäftswelt, die von der Marktwirtschaft, der Globalisierung und den Gesetzen des Dschungels dominiert wird, Werte noch immer wichtig. Sie brauchen nur einmal die Schlagzeilen im Wirtschaftsteil zu überfliegen, um auf große, bekannte Unternehmen zu stoßen, denen Finanzskandale und Betrügereien das Genick gebrochen haben – ganz zu schweigen von den Vorständen, die plötzlich ihren schicken Anzug gegen Sträflingskleidung tauschen müssen.

Nun, verstehen Sie uns nicht falsch: Wir haben nichts gegen Gewinne. Wir lieben sie und hoffen, mit der Zeit selbst große Gewinne zu machen. An kurzfristigen Gewinnen lässt sich jedoch der Geschäftserfolg nicht messen. Und wenn Sie Gewinne (oder Verluste) fälschlicherweise ausweisen, dann werden auch Sie bald hinter Gittern landen.

Wir sind davon überzeugt, dass ein erfolgreicher Businessplan mit einer Auflistung der Werte und Vorstellungen des Unternehmens beginnen sollte. Es sind eben diese Werte und Vorstellungen, die die Leute in Ihrem Unternehmen (auch wenn es nur zwei sind) auf Kurs halten und in dieselbe Richtung gehen lassen. Und was, wenn Sie alleine sind? Auch dann sollten Sie sich Zeit nehmen und darüber nachdenken, damit Sie, wenn Ihr Unternehmen größer wird, auf dem richtigen Weg bleiben.

In diesem Kapitel zeigen wir zunächst, warum Werte so wichtig sind. Sie werden erkennen, welches die Leitwerte Ihres Unternehmens sind, indem Sie sich darüber klar werden, welche Grundsätze und Prinzipien in Ihrem Unternehmen bereits vorhanden sind. Vielleicht gründen Sie das Unternehmen aber auch gerade erst. In dem Fall ist es wahrscheinlich, dass Ihre persönlichen Grundprinzipien als Basis für die Werte Ihres Unternehmens dienen. Im Anschluss zeigen wir Ihnen, wie man diese Wertmaßstäbe formuliert.

Warum Werte wichtig sind

Ihr Unternehmen steht Tag für Tag vor einer Reihe von Optionen, Alternativen und Entscheidungen. Wenn Sie sich die Zeit nehmen und Ihre Werte definieren, können diese Prinzipien Ihre Mitarbeiter oder auch nur Sie selbst (wenn Sie ein Ein-Personen-Unternehmen haben) bei komplizierten, nicht leicht zu beantwortenden Fragen leiten. Ihre Firma erhält so eine Unternehmensethik. Wenn das Unerwartete passiert, können Sie schnell und entschieden reagieren, weil Sie genau wissen, was wichtig ist. Selbst wenn Ihr Unternehmen im ruhigen Fahrwasser sanft dahinsegelt, dienen festgeschriebene Wertvorstellungen als Motivation für Sie und Ihre Mitarbeiter.

Schwierige Wahl

Betrachten Sie folgenden Fall: Frank Klein ist unabhängiger Berater und arbeitet für eine große petrochemische Firma, die wir Bigg Oil nennen wollen, mit Hauptsitz in Norwegen. Er erstellt eine Marktanalyse für einen der größten Geschäftsbereiche des Unternehmens und ist an einem wichtigen Projekt beteiligt, bei dem es um die Entwicklung neuer Geschäftsmöglichkeiten in Übersee geht.

Frank Klein skizziert verschiedene Möglichkeiten für Produktion, Vertrieb und Preispolitik von petrochemischen Erzeugnissen in drei Ländern. In einem seiner vielversprechendsten Szenarios sind die kurzfristigen Gewinne in einem Land, das wir Friedonia nennen wollen, sehr viel höher als in den beiden anderen. Dies liegt in der Hauptsache daran, dass in dem Land keine aufwendigen Verfahren für den Umweltschutz eingehalten werden müssen. In den beiden anderen Ländern gibt es Umweltschutzgesetze, die denen in Europa und insbesondere in Norwegen entsprechen.

Hier nun das Dilemma von Frank Klein: Bei Einführung seiner Produktlinie in Friedonia könnte Frank Kleins Kunde riesige Gewinne erzielen. Sicherlich würde durch die entstehende Verschmutzung großer Schaden an der Umwelt angerichtet, der möglicherweise auch auf Bigg Oil zurückgeführt werden könnte. Aber aufgrund der derzeitigen Gesetze in Friedonia würde das Unternehmen nichts Illegales machen, und Frank Klein würde bei Durchführung des Projekts weiter mit Bigg Oil im Geschäft bleiben.

Er zerbricht sich den Kopf darüber, was er der Geschäftsführung raten soll:

- ✔ Die kurzfristigen Gewinne einfahren?
- ✔ Freiwillig Verfahren zum Umweltschutz erlassen, auch wenn das Unternehmen nicht gesetzlich dazu verpflichtet ist?
- ✔ Friedonia so lange vergessen, bis es bessere Umweltschutzgesetze hat?

Vielleicht können Sie Frank Kleins Dilemma verstehen, weil Sie selbst schon einmal vor ähnlichen ethischen Fragen und Entscheidungen gestanden haben.

Wenn Frank Klein sich vorher Zeit genommen hätte und seine persönlichen Werte schriftlich festgehalten hätte, könnte ihm dies helfen, einen Weg aus seinem Dilemma zu finden. Werte bilden einen Rahmen, um Menschen bei schwierigen Entscheidungen zu leiten, insbesondere wenn ein Unternehmen wächst und immer mehr Menschen mit schwierigen Entscheidungen konfrontiert sind. Marktforschungen haben ergeben, dass Unternehmen mit strengen Prinzipien meistens leistungsfähigere Mitarbeiter anziehen, diese auch besser an sich binden können und als Folge davon meistens erfolgreicher sind.

Wenn man keine Leitwerte hat – oder, noch schlimmer, die Anweisung hat, immer auf Nummer sicher zu gehen –, sind Geschäftsleute in Frank Kleins Position gezwungen, den sicheren Weg zu wählen, und bei diesem Weg sind oft nur die Gewinne entscheidend. Aber der einfachste Weg ist nicht immer der beste. Wenn Gewinn der einzige Leitwert ist, dann werden Sie eher versucht sein, das Gesetz zu beugen – und dies hat in den letzten Jahren einigen Unternehmen erheblichen Ärger eingebracht und so manchen Höhenflug mit einem Absturz beendet.

Ethische und rechtliche Maßstäbe

Die *Werte* oder das *Leitbild* eines Unternehmens enthalten die Grundsätze und Prinzipien, an denen sich die Aktivitäten eines Unternehmens, egal welcher Größe, orientieren. Diejenigen an der Spitze eines Unternehmens müssen diese Werte beispielhaft vertreten, Anreize und Belohnungen sollten dazu führen, dass alle Mitarbeiter im Sinne der Unternehmenswerte handeln.

Wie wichtig Wertmaßstäbe sind, die von allen Führungsebenen nicht nur vorgelebt, sondern auch konsequent umgesetzt werden, zeigt das Beispiel Deutsche Bank. Auch oberste Manager sind dort verstrickt in Manipulationen und Betrügereien bei wichtigen Referenzzinssätzen wie dem Libor, aber auch bei Edelmetall- und Devisennotierungen. Als Nachwirkung der Finanzkrise ab 2008 fühlen sich viele private Immobilienbesitzer, aber auch Großinvestoren in den USA von der Bank betrogen. Das Gleiche gilt für zahlreiche deutsche Mittelständler bei verlustreichen »Swap«-Geschäften. Die einst bewunderte Bank hat ihren Ruf ramponiert und an der Börse Milliarden an Marktwert verloren. Hunderte Klagen führten und führen über Jahre zu massiven Rückstellungen in der Bilanz und nicht zuletzt muss das Institut, nachdem das einst stolze Investmentbanking nur noch ein Schatten seiner selbst ist, erst noch ein neues Geschäftsmodell finden.

Auch wenn Ihr Unternehmen zu klein ist, um an der Börse gehandelt zu werden, können Sie mit dem Gesetz in Konflikt kommen, und zwar, wenn Sie Ihre Steuererklärung abgeben. Das müssen Sie nämlich immer, egal ob Sie Einzelunternehmer, eine GmbH oder eine Handelsgesellschaft sind. Auch hier können klare Wertmaßstäbe Sie davor bewahren, eine zu gute Bekanntschaft mit dem Finanzamt zu machen.

Unerwartet und unvorbereitet

Was passiert, wenn das Unglück über einem hereinbricht? Wir alle erinnern uns an Geschichten, die in den Schlagzeilen waren, bei denen unerwartete Probleme das Image von Unternehmen getrübt haben.

Beispielsweise:

- **ExxonMobil** (Ölerzeuger und -exporteur): Eines der weltweit gewinnträchtigsten Unternehmen ist noch immer der Lieblingsfeind der Umweltschützer. Dieser Firma gehörte der berühmt-berüchtigte Öltanker Valdez, der Millionen Tonnen Rohöl verlor, die sich in die unberührte Bucht von Alaska ergossen und unvorstellbare Schäden an der Umwelt und für die Wirtschaft dieser Region angerichtet haben.
- **Ford Motor Company** (Automobilhersteller): Nach einer Reihe von Unfällen mit Ford-Geländewagen stellte sich bei Untersuchungen heraus, dass das Problem bei den Firestone-Reifen zu suchen war. Das Ergebnis war eine große Rückrufaktion, die Anhörung vor dem US-Kongress und jede Menge schlechte Publicity.

Diese beiden Unternehmen stolperten über sogenannte Externalitäten (um im Wirtschaftschinesisch zu bleiben). *Externalitäten* sind die Umstände, die über die unmittelbare Kontrolle eines Unternehmens hinausgehen und Problembereiche berühren, bei denen es um mehr geht als einfach nur ums Geldverdienen. Wenn man die Macht dieser von außen einwirkenden Kräfte übersieht – und bei Entscheidungen nicht auch soziale und ethische Werte berücksichtigt –, kann dies ernsthafte oder sogar katastrophale Konsequenzen für ein Unternehmen haben. Wie die Beispiele zeigen, geht es hier nicht nur um einen Kunden, der unglücklich ist, sondern um richtig schwerwiegende Probleme.

Unsere Liste der Beispiele könnten wir beliebig erweitern und Firmen jeder Größe und jeder Branche anführen. Gegenüber unerwarteten Ereignissen reagieren unvorbereitete Unternehmen oft, als wären sie in totaler Auflösung begriffen. Wenn ein Unternehmen keine Werte hat, mit denen sich alle Mitarbeiter identifizieren, bleibt die Interpretation von wichtigen Fragen jedem und jeder im Unternehmen überlassen. Dann findet sich das Unternehmen höchstwahrscheinlich in der Situation wieder, dass es mit vielen Stimmen spricht und in verschiedene Richtungen geht, sodass die Mitarbeiter verwirrt, die Kunden unglücklich, die Öffentlichkeit wütend und die Investoren enttäuscht sind.

Im nächsten Abschnitt, »Vom Wert, Werte zu haben« über die Firma Johnson & Johnson, den Hersteller von Traditionsprodukten wie Penaten und bebe, finden Sie ein Beispiel dafür, wie ein Unternehmen mit festen Wertmaßstäben auf eine eigentlich katastrophale Situation reagiert. Johnson & Johnson konnte sich aus einer fatalen Krise retten und sogar Vorbildstatus erlangen. Wenn Sie über Ihre eigenen Werte nachdenken, dann bedenken Sie dabei:

- In den Werten des Leitbilds sind die Grundsätze und Prinzipien niedergelegt, die die Aktivitäten des Unternehmens lenken sollen.
- Klare Werte helfen dem Unternehmen, schnell und entschieden zu reagieren, wenn das Unerwartete eintrifft.
- Alle im Unternehmen müssen die Werte des Unternehmens akzeptieren und gutheißen.

Vom Wert, Werte zu haben

Klare Leitwerte können das Wichtigste überhaupt sein, wenn das Unvorhergesehene eintritt.

Ende der 1980er-Jahre erlebten die Vereinigten Staaten etwas, das viele als terroristischen Angriff bezeichneten. Jemand in der Gegend um Chicago machte sich an Tylenol-Flaschen zu schaffen, dem bestverkauften Schmerzmittel von McNeil Laboratories, einer Tochtergesellschaft des Pharma-Riesen Johnson & Johnson. Eine unbekannte Anzahl von Tylenol-Kapseln wurde mit Zyanid versetzt und acht Menschen starben. Die Tragödie führte bei Johnson & Johnson zu einer Unternehmenskrise.

Johnson & Johnson reagierte angesichts der Bedrohung seiner Kunden schnell und entschieden. Das Unternehmen nahm in ganz Amerika alle Tylenol-Flaschen aus den Regalen – ein Unterfangen, das die Firma mehr als 100 Millionen Dollar kostete – und zwar sofort, nachdem es von dem Problem erfahren hatte.

Als die Krise schließlich vorüber war, wurde Johnson & Johnson weltweit zum Modell für Unternehmen. Durch die blitzschnelle Reaktion auf den Tylenol-Vorfall erntete das Unternehmen den Ruf, eine der verantwortungsvollsten Firmen überhaupt zu sein, eine, die ihre Pflichten sehr ernst nimmt und bereit ist, das Wohlergehen der Öffentlichkeit vor die eigenen Gewinne zu stellen. Die vielen Geschäftsbereiche von Johnson & Johnson profitierten davon.

Warum verhielt sich Johnson & Johnson so geschickt, während andere Firmen in einer ähnlichen Situation wie gelähmt erscheinen würden? Die Gründe dafür liegen in dem Leitbild des Unternehmens, einem außergewöhnlichen Dokument, das als das Credo von Johnson & Johnson bezeichnet wird (siehe Kasten) und die gemeinsamen Unternehmenswerte beinhaltet.

Mehr als ein halbes Jahrhundert lang hat dieses Credo das Verhalten und die Aktionen im gesamten Imperium von Johnson & Johnson geleitet, das derzeit über 280 Milliarden Dollar wert ist und mehr als 126.000 Mitarbeiter in 60 Ländern hat.

Das Credo von Johnson & Johnson funktioniert so gut, weil alle Mitarbeiter es ernst nehmen. Mit aktiver Unterstützung und Beteiligung des Top-Managements, angefangen beim Vorsitzenden, beruft man sich im gesamten Unternehmen auf das Leitbild, lobt und diskutiert es auf allen Ebenen. Alte wie neue Mitarbeiter werden kontinuierlich an die Wichtigkeit dieser Werte erinnert. Beförderungen hängen zum Teil davon ab, wie gut die Manager die Werte des Credos verkörpern und sie innerhalb ihres Verantwortungsbereichs verbreiten. Das Credo ist ein bedeutender Faktor für die beständige Spitzenposition des Unternehmens innerhalb der Branche – und ein deutlicher Hinweis, warum die Firma bei so vielen Menschen weltweit hoch angesehen ist.

Das Credo von Johnson & Johnson

Wir glauben, dass wir höchste Verantwortung gegenüber den Ärzten, Krankenschwestern sowie Patienten, Müttern und allen anderen, die unsere Produkte und Dienste verwenden, tragen. Alles, was wir tun, um deren Bedürfnisse zu befriedigen, muss von höchster Qualität sein. Wir müssen konsequent danach streben, Kosten zu verringern, damit wir vernünftige Preise beibehalten können. Die Bestellungen der Kunden müssen prompt und akkurat erledigt werden. Unsere Zulieferer und Händler müssen die Möglichkeit haben, einen fairen Gewinn zu machen.

Wir sind für unsere Mitarbeiter verantwortlich, die Männer und Frauen, die weltweit bei uns arbeiten. Jeder muss als Persönlichkeit geachtet werden. Wir müssen ihre Würde respektieren und ihre Verdienste anerkennen. Sie müssen in ihren jeweiligen Positionen Sicherheit haben. Die Bezahlung muss fair und angemessen sein, die Arbeitsbedingungen müssen sauber, ordnungsgemäß und sicher sein. Die Mitarbeiter müssen Vorschläge und Beschwerden frei äußern können. Für Anstellung, Weiterentwicklung und Beförderung muss es für gleich Qualifizierte gleiche Chancen geben. Das Management muss kompetent sein, seine Aktionen gerecht und ethisch einwandfrei.

Wir sind verantwortlich für die Gemeinschaften, in denen wir leben und arbeiten, sowie für die Welt insgesamt. Wir müssen gute Bürger sein, gute Arbeiten und Wohltätigkeitsorganisationen unterstützen und unseren Steueranteil leisten. Wir müssen Verbesserungen in den gemeinschaftlichen Einrichtungen sowie im Bereich Gesundheit und Bildung fördern. Die Gebiete, für die wir das Privileg der Nutzung haben, müssen wir in gutem Zustand erhalten und die Umwelt sowie die natürlichen Ressourcen schützen.

Schließlich tragen wir auch gegenüber den Aktionären Verantwortung. Die Geschäfte müssen guten Gewinn einbringen. Wir müssen mit neuen Ideen experimentieren. Die Forschung muss fortgeführt, innovative Programme müssen weiterentwickelt und für Fehler muss bezahlt werden. Neue Ausrüstungsgüter müssen erworben, neue Betriebsanlagen bereitgestellt und neue Produkte auf den Markt gebracht werden. Für schlechte Zeiten müssen Reserven gebildet werden. Wenn wir gemäß diesen Prinzipien arbeiten, sollten die Aktionäre eine faire Rendite erzielen können.

Wertmaßstäbe für das eigene Unternehmen aufstellen

Das Leitbild oder die Werte richten sich oft an unterschiedlichstes Publikum. Das Credo von Johnson & Johnson zum Beispiel wendet sich an Ärzte, Patienten, Zulieferer, Händler, Mitarbeiter, Aktionäre, eigentlich an alle Stakeholder.

In erster Linie stellen Sie Ihr Unternehmensleitbild für die Firmenmitarbeiter auf (oder nur für sich selbst, wenn Sie ein Ein-Mann/Frau-Betrieb sind). Die Unternehmenswerte haben jedoch offensichtlich auch Auswirkungen auf alle an Ihrem Unternehmen Beteiligten, also alle Stakeholder, auch auf die Eigentümer, die Kapitalgeber, die Banken, die Kunden, die Lieferanten, die Behörden – und vielleicht sogar auf Ihre Mutter, falls sie Ihnen das Startkapital von 10.000 Euro geliehen hat. Wenn Sie die Werte für Ihr Unternehmen ausarbeiten, müssen Sie die folgenden Punkte berücksichtigen:

- ✔ Die Forderungen der Aktionäre (wenn Sie welche haben)
- ✔ Die Interessen und Erwartungen all Ihrer Interessensgruppen
- ✔ Die Grundsätze und Prinzipien, die in Ihrem Unternehmen bereits vorhanden sind

Wenn Sie erst einmal eine vorläufige Liste der Unternehmenswerte erstellt haben, die Sie für wichtig halten, haben Sie einen guten Ausgangspunkt, um das Leitbild zu Papier zu bringen.

Arbeitgeber mit Durchblick – Fielmann

Die Optikerkette kennen Millionen von Menschen durch ihre Kundenbeziehung, aber auch aufgrund einer TV-Werbekampagne, in der reale Käufer beschreiben, was sie an dem Unternehmen schätzen. In Deutschland zum Beispiel ist die Marke Fielmann mehr als 90 Prozent der Bevölkerung bekannt. Die Hamburger betreiben aber auch rund 700 Filialen in Österreich, der Schweiz, Luxemburg oder Polen. Unter anderem durch den Service in diesen Niederlassungen, der von ausgebildetem Fachpersonal durchgeführt wird, kann sich Fielmann gut gegen die zunehmende Konkurrenz durch Internet-Brillen-Anbieter behaupten. Zusätzlich zum Stammgeschäft hat Fielmann das Hörgeräte-Segment als Wachstumstreiber erkannt und besetzt. Auch die dort benötigten Akustiker bildet die Kette großenteils selbst aus.

Ein wichtiger Grund für den nachhaltigen Erfolg der Firma, die mehr Brillen verkauft als zum Beispiel alle Optiker Österreichs zusammen, ist, dass es die in der Werbung gepriesenen Leistungen tatsächlich erfüllt. Die Preise sind durch große Einkaufsmengen günstig, die Betreuung trotz der hohen Frequenz fachkundig und persönlich und der überwiegende Anteil der Kunden kommt wieder. Dazu tragen auch klar formulierte Leitlinien für Mitarbeiter bei, die sich nicht nur am Unternehmenserfolg orientieren, sondern auch ökologische, ethische und gesellschaftliche Kriterien erfüllen:

- ✔ »Der Kunde bist Du«, lautet etwa der wichtigste Leitsatz. »Wir bemühen uns, seine Wünsche zu erfüllen. Wir beraten ihn so, wie wir selbst beraten werden möchten: fair, freundlich, kompetent.«
- ✔ »Wir erkennen jede Reklamation an. Ist der Kunde mit seiner Brille nicht zufrieden, nehmen wir sie zurück«, heißt es auf der Firmenhomepage.
- ✔ Naturschutz ist eine Investition in die Zukunft. Deshalb engagiert sich Fielmann dort umfangreich. So werden Biotope angelegt oder Wälder aufgeforstet – und für jeden Mitarbeiter und jede Mitarbeiterin ein Baum pro Jahr gepflanzt.
- ✔ Fielmann hat erkannt, dass die Basis des Erfolgs kompetente und engagierte Mitarbeiter sind, die die Firmenphilosophie leben. Sie sollen für jeden Kunden die optimale Lösung finden, unabhängig vom Preis.
- ✔ Bildung ist das Fundament für die gesellschaftliche Entwicklung und Wohlstand in der Zukunft. Deshalb investiert das Unternehmen in die Ausbildung Jugendlicher – etwa in der gemeinnützigen Fielmann Akademie.

Vorhandene Grundsätze und Prinzipien

Eine Liste abstrakter Grundsätze und Prinzipien aufzustellen, ist eine Sache, diese Grundsätze einem Test zu unterwerfen, eine andere. Dabei muss man schwierige Entscheidungen treffen, die einen zwingen, die Grundsätze näher zu untersuchen. Wenn Sie ein Ein-Personen-Unternehmen führen, wissen Sie schon in etwa, wofür Sie stehen. Wenn Sie einem größeren Unternehmen angehören, gibt es mit großer Wahrscheinlichkeit bestimmte Grundsätze und Prinzipien für die Art und Weise, wie Ihr Unternehmen Geschäfte macht. Die beste Möglichkeit, um zum Herzen dieser Grundsätze und Prinzipien vorzustoßen, ist sich vorzustellen, wie man in sehr schwierigen Situationen reagieren würde.

Sehen Sie sich die Situationen an, die unten im Fragebogen (Abbildung 4.1) beschrieben sind. Fragen Sie andere Mitarbeiter im Unternehmen oder Kollegen in anderen Firmen, wie sie in diesen Situationen reagieren würden. Wahrscheinlich werden Sie sich wünschen, dass der Fragebogen auch die Option *Weiß nicht* enthalten würde. Aber die Situationen, in denen Ihre Werte auf den Prüfstand kommen, sind eben nicht einfach.

Fragebogen zu Grundsätzen und Prinzipien

Situation	***Mögliche Reaktion***
Ein unzufriedener Kunde verlangt für ein Produkt den vollen Kaufpreis zurück. Das Produkt ist nicht beschädigt, kann aber nicht mehr weiterverkauft werden. Der Kunde bleibt bei seiner Ansicht, dass das Produkt nicht richtig funktioniert. Wie würden Sie reagieren?	❑ Den Kunden wegschicken, ohne ihm das Geld zu geben. ❑ Dem Kunden das Geld zurückgeben, den Verlust tragen und auf weitere Geschäfte und loyale Kunden setzen.
Sie müssen eine Schlüsselposition in Ihrem Unternehmen neu besetzen. Wie würden Sie vorgehen?	❑ Jemand neu einstellen, der die nötigen Fähigkeiten für die Stelle mitbringt, aber wenig Erfahrung in der Branche hat. ❑ Einen erfahrenen und loyalen Mitarbeiter befördern und ihm die Möglichkeit zur Weiterbildung geben.
Sie müssen einen Ihrer Mitarbeiter entlassen. Wen würden Sie auswählen?	❑ Den jungen, erst vor kurzem eingestellten Studienabgänger, unerfahren, aber mit viel Initiative. ❑ Den 55 Jahre alten Manager, der schon 20 Jahre im Unternehmen ist, solide und gut arbeitet, aber seine Eigenarten hat.
Sie stellen fest, dass ein langjähriger Zulieferer regelmäßig zu wenig Geld für seine Dienste berechnet hat, wodurch Sie größeren Gewinn gemacht haben. Wie würden Sie vorgehen?	❑ Die Sache auf sich beruhen lassen, da es ja der Fehler des Zulieferers ist und er dafür verantwortlich ist. ❑ Den Berechnungsfehler bei künftigen Lieferungen korrigieren. ❑ Anbieten, nicht nur den Fehler zu korrigieren, sondern auch die Differenz zurückzuzahlen.

Fragebogen zu Grundsätzen und Prinzipien

Situation	*Mögliche Reaktion*
Sie haben einen brillanten und kreativen Mitarbeiter. Leider missachtet er ständig die Regeln und stört den gesamten Betrieb. Wie würden Sie vorgehen?	❑ Das Verhalten tolerieren. ❑ Nach Möglichkeiten suchen, um die Situation zu beheben. ❑ Den Mitarbeiter entlassen.
Ein Mitarbeiter steht vor einem persönlichen Dilemma. Um den Termin für ein wichtiges Projekt halten zu können, muss er Überstunden machen und versäumt die Geburtstagsfeier seines Kindes. Welchen halten Sie für den »besseren« Mitarbeiter?	❑ Denjenigen, der bereitwillig Überstunden macht. ❑ Denjenigen, der keine Überstunden macht, sondern zur Geburtstagsfeier geht.
Damit Sie die Zielvorgabe für das kommende Vierteljahr erreichen, müssen Sie Kosten reduzieren. Was würden Sie tun?	❑ Ausgaben für den Kundendienst kürzen. ❑ Momentane Investitionen für die neue Produktentwicklung reduzieren. ❑ Das Quartalsziel nicht erreichen und beschließen, dass langfristige Investitionen nötig und gerechtfertigt sind.
Wenn Sie die Prämienpakete für die Manager Ihres Unternehmens ausarbeiten, was würden Sie unterstützen?	❑ Prämien, die hauptsächlich Einzelerfolge belohnen. ❑ Ein Kompensationssystem, bei dem von - Gruppen oder Teams erreichte Ziele gefördert werden.
Sie bemerken, dass eines Ihrer Produkte die ver öffentlichten Spezifikationen nicht ganz erfüllt. Wie würden Sie reagieren?	❑ Die Kunden sofort auf die Diskrepanz hin weisen. ❑ Zeit und Mühe investieren, um das Problem zu analysieren, und dann die Kunden informieren. ❑ Den Fehler ohne Aufhebens korrigieren und davon ausgehen, dass die Kunden sich bereits gemeldet hätten, wenn Probleme aufgetaucht wären.
Ordnen Sie die folgenden Faktoren danach, wie wichtig Sie für Ihr Unternehmen sind:	❑ Gewinne maximieren ❑ Zufriedene Kunden ❑ Arbeitsplätze schaffen ❑ Neue Techniken fördern ❑ Qualitätswettbewerbe für Produkte gewinnen ❑ Konkurrenz schlagen ❑ Langfristiges Wachstum erhalten ❑ Märkte dominieren

Abbildung 4.1: Die im Fragebogen gegebenen Antworten zeigen, welche Grundsätze und Werte bei den Mitarbeitern und Managern Ihres Unternehmens bereits vorhanden sind.

Werte formulieren

Die Werte eines Unternehmens sind mehr als eine einfache Aufgabenliste. Das Unternehmensleitbild reicht weit über vierteljährlich zu erreichende Ziele oder sogar Jahresziele hinaus. Es soll Ihnen bei schwierigen Entscheidungen helfen, während Sie ein solides Unternehmen aufbauen, das über Jahre und Jahrzehnte wachsen und gedeihen soll.

Vielleicht gibt es in Ihrem Unternehmen schon ein Werte-Credo. Wenn ja, dann sind Sie bereits einen Schritt weiter. (Sie verlieren allerdings Punkte, wenn Sie erst einen Blick auf das verstaubte Leitbild-Plakat in Ihrem Büro werfen müssen, um sich wieder daran zu erinnern.) Wenn Sie nicht auf bereits vorhandene Werte zurückgreifen können, müssen Sie selbst welche erstellen.

Sie können sich vielleicht nicht den Luxus erlauben, Wochen oder Monate mit dem Erstellen Ihres Unternehmensleitbilds zuzubringen. Deshalb zeigen wir Ihnen eine schnelle Möglichkeit, mit der Sie Ihr Unternehmen auf den richtigen Weg bringen. Wenn Ihr Unternehmen klein ist, können Sie die Schritte selbst oder zusammen mit ein oder zwei Kollegen nachvollziehen (lange Meetings und sorgfältige Prüfung sind nicht nötig). Wenn Sie jedoch einem größeren Unternehmen angehören, müssen Sie sich auf größere Diskussionen einrichten, um Konsens zu erreichen.

Eigentlich kann man die Werte eines Unternehmens nicht schnell zusammenschreiben, aber Sie können schnell einen Prozess in Gang setzen, um die Wertvorstellungen, die das Management und die Mitarbeiter haben, festzuhalten und in Worte zu fassen.

Führen Sie die folgenden Schritte durch, um eine Liste mit Werten zu erstellen:

1. **Treffen Sie sich mit den Hauptentscheidungsträgern des Unternehmens und sprechen Sie mit ihnen über die allgemeinen Unternehmenswerte, die das Mitarbeiterverhalten leiten sollen.**

   Bereiten Sie eine Tagesordnung für die Besprechung vor und notieren Sie sich vorab bereits eigene Ideen. Machen Sie sich Notizen.
2. **Erstellen Sie einen ersten Entwurf der bei dem Treffen diskutierten Werte und lassen Sie diesen Entwurf von allen Beteiligten prüfen.**
3. **Setzen Sie ein oder zwei weitere Treffen mit dem Top-Management an, um die Werte zu besprechen und endgültige Unternehmenswerte festzulegen.**
4. **Erstellen Sie eine Liste, die alle vereinbarten Werte klar und präzise wiedergibt, und lassen Sie sie absegnen.**
5. **Treffen Sie sich mit Verantwortlichen aus allen Ebenen und prüfen Sie, ob sie verstehen, warum Werte so wichtig sind und warum sie dokumentiert und verbindlich festgeschrieben werden.**
6. **Sorgen Sie dafür, dass jeder Mitarbeiter ein Exemplar der Liste erhält.**

Wenn Sie Alleinunternehmer sind, dann hängen Sie sich eine gerahmte Ausgabe des Leitbilds in Ihrem Büro auf – und achten Sie darauf, dass sie nicht einstaubt. Bei größeren Unternehmen sollten die Werte auf Karten gedruckt werden, die in jede Brieftasche passen und auf jeden Fall Bestandteil des Geschäftsberichts sind. Außerdem gehören die Unternehmenswerte auf die Website der Firma, damit auch alle, die es interessiert, sie lesen können. Sie sollten sich immer wieder auf diese Werte beziehen und sich darauf verlassen können. Sie sollten Richtlinie für alle Handlungen und Aktionen eines jeden Mitarbeiters Ihres Unternehmens sein und so als die Grundlage von Regeln für Führung und Zusammenarbeit dienen.

Wenn Sie einer größeren Firma angehören, dann hängt die Vorgehensweise in unserer Schrittanleitung wesentlich von den Ideen und Vorschlägen der Führungskräfte ab. Manchmal haben jedoch die Angestellten selbst die besten Einblicke in die Unternehmenswerte, da dies Menschen mit unterschiedlichen Positionen aus verschiedenen Bereichen des Unternehmens sind, die aus einer Reihe von Erfahrungen schöpfen können.

Werte im Unternehmen umsetzen

Unternehmenswerte können manchmal auch allzu vereinfachend formuliert sein. Was sich auf dem Papier gut anhört, kann sich in der Praxis als nur schwer durchsetzbar herausstellen. Wir haben uns neulich mal eine ganze Reihe von Leitbildern, Werten und Regeln für Führung und Zusammenarbeit einiger großer Firmen angesehen. 50 Prozent beinhalteten den Begriff »Integrität« oder etwas Ähnliches (»ethisch korrektes Verhalten«, »das Richtige tun«). An zweiter Stelle steht »der Respekt für andere«, gefolgt von »Teamwork«, »Qualität« und »Kundenservice«.

Damit Ihr Leitbild das Papier wert ist, auf dem es zu lesen ist, müssen Sie einen Schritt weitergehen und Ihre Werte mit grundlegenden, vernünftigen Regeln verknüpfen, die die Mitarbeiter auf allen Ebenen Ihres Unternehmens befolgen können. Es gilt also, diese Werte operationalisierbar zu machen und detaillierte Regeln für Führung und Zusammenarbeit festzulegen. Am besten befragen Sie hierzu einige Angestellte. Lassen Sie sie einen Fragebogen ausfüllen, der so ähnlich aussieht wie der in Abbildung 4.1. Sie könnten auch eine Box oder Briefkästen aufstellen, in die jeder Mitarbeiter anonym seine Vorschläge zu Unternehmenswerten und Beurteilungen dazu, wie das Unternehmen diese Werte erfüllt, einwerfen kann.

Das Leitbild der berühmt-berüchtigten Enron Corporation enthält übrigens die vier genannten Schlüsselwörter: »Respekt«, »Integrität«, »Kommunikation« und »Qualität«. Nette Worte. Aber das Unternehmen brauchte nur wenige Monate, um von einer der am höchsten gelobten Firmen des Landes bei Bankrott und anderen Skandalen zu landen. Die Lehre aus diesem Absturz ist ganz einfach: Die Werte müssen eine Bedeutung haben. Und Sie müssen sie in das tägliche Geschäft des Unternehmens integrieren.

Wenn es wieder einmal so weit ist und Sie die jährlichen Mitarbeitergespräche führen, dann ergreifen Sie die Gelegenheit und machen Sie Werbung für die Werte Ihres Unternehmens. Bringen Sie zu Mitarbeiterbesprechungen das Leitbild mit und fragen Sie jeden Mitarbeiter, inwieweit er die Unternehmenswerte bei seinen Aktivitäten berücksichtigt. Fragen Sie sich selbst, ob das Prämien- und Belohnungssystem zur Unterstützung dieser Werte dient.

Ein Leitbild für Ihr Unternehmen entwickeln

Das Unternehmensleitbild sollte ein präzise formuliertes Dokument sein, das klar aussagt, wo Ihr Unternehmen hinwill, oder ein Bild dessen zeichnet, was Ihr Unternehmen werden will. Für die Leute innerhalb und außerhalb des Unternehmens ist das Unternehmensleitbild wie ein Kompass, der der ganzen Welt die Richtung zeigt, auf die das Unternehmen zusteuert.

Ein Unternehmensleitbild zeigt nicht nur den Weg in die Zukunft, sondern bewirkt auch, dass man sich aufmacht, um dorthin zu gelangen. Es repräsentiert die größten Hoffnungen und die schönsten Träume, die Sie mit Ihrem Unternehmen haben. Nun, wir wissen, dass Karl Marx und seine Sicht vom Sozialismus nicht einmal mehr auf Cocktailpartys in Moskau ein Gesprächsthema sind. Aber wenn man

Proletarier aller Länder, vereinigt euch! Ihr habt nichts zu verlieren als eure Ketten!

hört, fühlt man sich auch heute noch angesprochen. Schlagkräftige visionäre Aussagen sind, zum Teil, inspirierende Aufrufe zu Taten. Was wäre, wenn Marx ungefähr Folgendes formuliert hätte:

Hallo Leute, lasst uns alle mal zusammenkommen. Vielleicht können wir uns ja mal überlegen, wie wir mehr Kohle machen könnten.

Karl wer? Das wäre nie in die Geschichte eingegangen.

Nur keine Panik, wenn Sie nicht das Zeug zu einem dynamischen, charismatischen Anführer haben. Ein tragfähiges Unternehmensleitbild entwickelt sich viel eher, wenn ein Team unterschiedlicher, hart arbeitender Leute zusammenkommt, und entspringt nur selten dem Gehirn eines Chefs, der eine Erleuchtung hatte. Und wenn Sie als Mitarbeiter an dem Projekt Unternehmensleitbild beteiligt sind, sollten Sie nicht so lange warten, bis der- oder diejenige an der Spitze etwas produziert hat. Sonst wird wahrscheinlich nie etwas daraus. Gehen Sie die Aufgabe selbst an, bevor sie von oben angefordert wird, und Sie werden vielleicht feststellen, dass dieser Vorgang längst überfällig war.

Es wird Sie vielleicht nicht erstaunen, dass die Art und Weise, wie man am besten ein Unternehmensleitbild formuliert, dem Zusammentragen der Werte nicht ganz unähnlich ist. Gehen Sie wie folgt vor:

1. **Stellen Sie eine kleine Gruppe ausgewählter Mitarbeiter aus verschiedenen Ebenen des Unternehmens zusammen.**

   Wenn Ihr Unternehmen klein ist, bringen Sie die ganze Truppe zusammen. Wenn Sie Chefkoch und Tellerwäscher in einem sind, sind Sie der einzige Repräsentant. Denken Sie daran, je mehr Leute beteiligt sind, desto breiter die Perspektive und desto besser die Chance, eine Strategie zu formulieren, die wirklich die Zukunft des Unternehmens widerspiegelt.

2. **Die Gruppe soll das Leitbild durchlesen und die Liste der Interessengruppen, die einen Anteil am Unternehmen haben, durchgehen.**

3. **Lassen Sie jeden zu Wort kommen.**

   Jeder soll seine persönliche Meinung und seine Vorstellungen über die zukünftige Form und Richtung des Unternehmens äußern. Schreiben Sie mit, was gesagt wird, und formen Sie daraus eine schlüssige Aussage.

4. Wenn das Team mit seiner Arbeit zufrieden ist, geben Sie dem Ganzen noch einen letzten Schliff und senden Sie den Entwurf dann nach oben.

Behalten Sie folgende Tipps im Hinterkopf, wenn Sie die Strategie formulieren:

✔ Keiner darf die Diskussion dominieren, wenn das Team für die Formulierung des Unternehmensleitbilds mit Ideen und Sätzen um sich wirft. Nichts tötet die Kreativität schneller, als wenn alle Ideen von einer Person kommen.

✔ Lassen Sie sich genügend Zeit, um die richtigen Worte zu finden. Im Schnelldurchgang kann man kein Leitbild erstellen. Gute Formulierungen neigen dazu, sich erst mit der Zeit (und in mehreren Meetings) zu entwickeln.

✔ Falls Sie in diesen Meetings nicht weiterkommen, weil die Meinungen zu weit auseinanderliegen oder man sich nicht einmal auf die wichtigsten zu behandelnden Themen einigen kann, sollten Sie einen externen Berater und Moderator engagieren, der Sie und Ihr Team durch diesen herausfordernden Prozess begleitet und die Zügel in der Hand hält, wenn die Diskussionen zu ausufernd oder zu kontrovers werden.

✔ Prüfen Sie, ob das Unternehmensleitbild mit der Realität zu tun hat. Es gibt nichts Schlimmeres als ein Leitbild, das mehr mit Fantasie zu tun hat als mit der Zukunft. Fantasierereien erzeugen bei allen Beteiligten eher Verwirrung und Befremden.

✔ Auch wenn Ihr Unternehmensleitbild nur wenige paar Sätze umfasst, ist es der Kompass, der dem Unternehmen den Weg in die Zukunft weist. Lassen Sie sich genug Zeit, damit Sie sicher sind, dass der Norden auch wirklich der Norden ist – dass das Unternehmensleitbild auch wirklich in die Richtung zeigt, in die Sie gehen wollen.

Als Faustregel sollten Sie davon ausgehen, dass das Leitbild dem Unternehmen etwa die nächsten zehn Jahre dienen wird. Bedeutet das, dass es nie mehr geändert werden kann? Nein, aber es sollten wirklich erst Änderungen vorgenommen werden, wenn Umstände im Unternehmen nach einer Kursänderung verlangen. Denken Sie daran, dass die Ideen, die hinter Leitbild und Philosophie stehen, nicht bei der kleinsten Kleinigkeit umgeworfen werden dürfen. Sie stehen für dauerhafte Themen, die Ihr Unternehmen zu jeder Zeit und unter allen Umständen leiten sollen.

Nur Diamanten sind für die Ewigkeit. Wenn sich die Bedingungen unerwartet ändern, dann müssen Sie unbedingt Ihre Philosophie ändern, um die neue Wirklichkeit widerzuspiegeln. Sie sollten sie daher so formulieren, dass Sie sie an sich verändernde Verhältnisse anpassen können. Wenn die niedergeschriebenen Werte keine Bedeutung mehr für Ihr Unternehmen haben, dann sind sie wertlos. Ein Unternehmensleitbild ist nur so lange sinnvoll, wie Sie damit Ihre Mitarbeiter für die Zukunft motivieren können.

Unternehmen mit Visionen

Prüfen Sie die folgenden Aussagen aus Unternehmensleitbildern und beurteilen Sie ihren Ausblick für die Zukunft:

Vision: Vermögensberatung. Das sind wir!
Mission: Vermögensberatung für jeden..
Werte: Leistungsorientiert – menschlich – stark.

Deutsche Vermögensberatung AG (Vermögensberatung)

Seit über 35 Jahren ist unser oberstes Ziel, den Gast zufriedenzustellen. Daher bieten wir beste Qualität, damit unsere Steaks so zart und unvergleichlich sind, wie Sie (die Kunden) es erwarten. Unsere stets geschulten und freundlichen Mitarbeiter erfüllen gerne Ihre Wünsche.

Asado Steakhaus (Systemgastronomie)

Unser Anspruch ist es, Großes möglich zu machen. Mit unseren forschungsbasierten Spezialitätengeschäften helfen wir Patienten, Kunden, Partnern und unserem Umfeld überall auf der Welt, ein besseres Leben zu leben. Wir schaffen unternehmerischen Erfolg durch Innovationen.

Merck KGaA (Pharma-Unternehmen)

Den richtigen Weg abstecken

5

In diesem Kapitel

- Den Unternehmensauftrag formulieren
- Unternehmensziele festlegen
- Unterschiede zwischen Effizienz und Effektivität
- Strategische Ziele mit dem Auftrag verknüpfen

Sie haben wahrscheinlich eine ganz gute Geschäftsidee. Aber wie setzen Sie diese Idee in die Realität um? Sie beginnen, indem Sie erst einmal die Tätigkeitsfelder, in denen Sie sich engagieren wollen, die Ziele, die Sie erreichen wollen, und die Mittel, mit denen Sie Ihren Erfolg messen werden, definieren.

Dieses Kapitel will Ihnen einen Überblick über Ihr Unternehmen und seine Aktivitäten vermitteln und Sie dabei unterstützen, mit den so aufgebauten Erwartungen einen Unternehmensauftrag zu formulieren. Wir stellen Ihnen Unternehmensziele vor und zeigen, wie man damit die Resultate, die Sie erreichen wollen, misst. Wir zeigen Ihnen, wie Sie Zielvorgaben und Zielvereinbarungen definieren und wie Sie anhand dieser die allgemeine Effektivität und Effizienz Ihres zukünftigen Unternehmens verbessern können.

Einen Unternehmensauftrag für Ihr Unternehmen formulieren

In den letzten Jahren sind Unternehmensaufträge (Mission Statements) bei vielen Unternehmensarten beliebt geworden. Viele von uns erinnern sich bestimmt noch an die Zeit, in der der Unternehmensauftrag – auch als Leitbild bekannt – der Firma am Schwarzen Brett in der Cafeteria hing und vergilbte, weil ihn keiner zur Kenntnis nahm, außer denjenigen, die ihn geschrieben hatten. Diese Zeiten sind vorbei.

Immer mehr Unternehmen sorgen dafür, dass der Unternehmensauftrag für jedermann/jedefrau lesbar ist. Viele Unternehmen veröffentlichen ihren Unternehmensauftrag im Geschäftsbericht und auf den firmeneigenen Websites.

Sie brauchen nur in einer Suchmaschine nach dem Begriff »Unternehmensauftrag« oder auch »Unternehmensleitbild« zu suchen. Sie werden bestimmt fündig werden.

Viele Unternehmen haben herausgefunden, dass ein Unternehmensauftrag ein wirkungsvolles Instrument ist, um den Unternehmenszweck sowohl intern als auch extern bekannt zu machen. Der Unternehmensauftrag legt fest, wer Sie sind und was Sie tun.

Ein Unternehmensauftrag muss daher

- ✔ die Tätigkeitsfelder des Unternehmens hervorheben, einschließlich der Märkte, die bedient werden, der abgedeckten geografischen Gebiete und der Produkte oder Dienstleistungen, die angeboten werden.
- ✔ die Dinge hervorheben, die das Unternehmen gegenüber anderen auszeichnet.
- ✔ die wesentlichen Ziele, die in den nächsten Jahren realisiert werden sollen, aufzeigen.
- ✔ alles, was Sie sagen wollen, in klarer, knapper, informativer und interessanter Art und Weise vermitteln.

Erste Schritte

Ein Unternehmensauftrag muss kein umfangreiches Dokument sein. Im Gegenteil, je kürzer er ist, umso besser. Und doch kann das Formulieren eines Unternehmensauftrags als eine beinah unlösbare Aufgabe erscheinen, sozusagen als der Mount Everest unter den Aufgaben der Unternehmensplanung. Ein Grund dafür ist, dass in einem Unternehmensauftrag einige großartige Ideen in ein paar wenigen Sätzen zusammengefasst werden sollen. Ein weiterer Grund liegt darin, dass das Schreiben eines Unternehmensauftrags ganz grundlegende Fragestellungen aufwirft, auf die die Unternehmensplaner mit konkreten Antworten aufwarten müssen. Außerdem muss der Unternehmensauftrag ganz klar die Unternehmenswerte und -philosophie widerspiegeln, die Ihnen für Ihr Unternehmen wichtig sind (siehe Kapitel 4).

Ein bisschen Vorbereitung kann diesen Prozess aber deutlich vereinfachen. Stellen Sie sich zu Beginn ein paar grundsätzliche Fragen. Stören Sie sich nicht daran, wenn die Antworten zunächst ziemlich allgemein sind, da Sie momentan nur das Grundgerüst erstellen. Analysieren Sie Ihre Ziele und Ihr Verhalten gegenüber der Konkurrenz und beantworten Sie dann folgende Fragen:

- ✔ Welche Kunden oder Kundengruppen will Ihr Unternehmen bedienen?
- ✔ Welche Produkte oder Dienstleistungen will Ihr Unternehmen anbieten?
- ✔ Welche Bedürfnisse der Kunden werden befriedigt?
- ✔ Wie unterscheiden sich die Produkte Ihres Unternehmens von denen der Konkurrenz?
- ✔ Welchen zusätzlichen Wert oder welche Vorzüge haben die Kunden, wenn sie sich für Ihr Unternehmen entscheiden?
- ✔ Wie schnell, glauben Sie, werden sich diese Antworten ändern?

Mit anderen Worten: Ein gut formulierter Unternehmensauftrag beantwortet die folgende grundsätzliche Frage:

Worum geht es bei Ihrem Unternehmen?

Brauchen Sie mehr Input und Hilfe? Dann versammeln Sie Personen um sich, die mit allen Aspekten des Unternehmens vertraut sind. Gehen Sie dafür wie folgt vor:

1. **Stellen Sie eine kleine Gruppe von Leuten zusammen, deren Verantwortungsbereiche die wichtigsten Funktionen und Aktivitäten in Ihrem Unternehmen abdecken.**

   Wenn Ihr Unternehmen nur klein ist, bitten Sie Freunde, denen Sie vertrauen, oder frühere Arbeitskollegen, an der Gruppe teilzunehmen.

2. **Bitten Sie die Teilnehmer, sich auf das Treffen vorzubereiten, indem sie die weiter vorn in diesem Kapitel aufgelisteten Fragen beantworten.**
3. **Erklären Sie zunächst, warum man überhaupt einen Unternehmensauftrag formulieren und was er beinhalten sollte.**
4. **Setzen Sie mehrere Besprechungen an, in denen die Teilnehmer ihre eigenen Perspektiven präsentieren, ihre Gedanken austauschen und versuchen, einen Konsens zu bilden.**
5. **Erstellen, revidieren und überprüfen Sie den Unternehmensauftrag in so vielen Besprechungen, wie nötig, bis jeder in der Gruppe mit dem endgültigen Unternehmensauftrag zufrieden ist.**
6. **Falls es schwierig wird, einen konsensfähigen Unternehmensauftrag zu erarbeiten, ziehen Sie einen externen Moderator hinzu, der Ihnen und Ihren Mitstreitern bei der Formulierung hilft und Sie durch die entscheidenden Besprechungen coacht.**

Ein guter Unternehmensauftrag ist klar, knapp und prägnant. Es sollte sich auch von dem der Konkurrenz unterscheiden und die aktuelle Situation des Unternehmens widerspiegeln.

Ihr Geschäft in höchstens 100 Worte fassen

Der Unternehmensauftrag für Ihr Unternehmen sollte ein überzeugendes Bild dessen zeichnen, worum es in Ihrem Unternehmen geht. Starten wir also einen ersten Versuch eines Unternehmensauftrags:

> *Unser Krimskrams bietet den Leuten, wo auch immer sie sich befinden, einen einzigartigen Wert.*

Nun, dieser Unternehmensauftrag ist für den Anfang gar nicht schlecht. Es sagt etwas über den Kundenkreis und etwas über die Einzigartigkeit des Produkts aus. Aber das reicht bei Weitem nicht aus. Um die Aktivitäten, Ziele und Fähigkeiten des Unternehmens klarer und mit mehr Schwung rüberzubringen, schlagen wir Folgendes vor:

> *Wir bieten den qualitativ hochwertigsten Krimskrams mit unübertroffenem Wert für die gesamte Krimskrams-Branche, sodass unsere Kunden auf ihren eigenen Gebieten führend sein können.*

In dieser Beschreibung wird gesagt, was das Unternehmen tut (bietet den qualitativ hochwertigsten Krimskrams), wen es bedient (für die gesamte Krimskrams-Branche) und was es von der Konkurrenz unterscheidet (mit unübertroffenem Wert, sodass die Kunden auf ihren eigenen Gebieten führend sein können). So energiegeladen ist der Unternehmensauftrag sehr viel eindringlicher als die vorherige Version.

Wie gehen real existierende Unternehmen vor, um ihre Aufgaben klar und präzise mit etwa 50, höchstens 100 Wörtern zu beschreiben? Die folgenden Beispiele bieten nützliche Anhaltspunkte:

Bayer AG (Chemie): »Bayer ist ein Innovationsunternehmen von Weltrang mit einer über 150-jährigen Geschichte. Unsere wissenschaftlichen Erfolge sollen helfen, das Leben der Menschen zu verbessern. Gleichzeitig sind Innovationen unsere Basis für ein nachhaltiges und ertragsstarkes Geschäft und der Schlüssel dafür, dass wir auf allen unseren Arbeitsgebieten eine führende Position einnehmen oder erreichen können.« (Quelle: `www.bayer.de`; Mission Statement)

Deutsches Rotes Kreuz (Hilfsorganisation): »Wir vom Roten Kreuz sind Teil einer weltweiten Gemeinschaft von Menschen in der internationalen Rotkreuz- und Rothalbmondbewegung, die Opfern von Konflikten und Katastrophen sowie anderen hilfsbedürftigen Menschen unterschiedslos Hilfe gewährt, allein nach dem Maß ihrer Not. Im Zeichen der Menschlichkeit setzen wir uns für das Leben, die Gesundheit, das Wohlergehen, den Schutz, das friedliche Zusammenleben und die Würde aller Menschen ein.« (Quelle: Leitsatz des DRK)

EnBW AG (Energieversorger): »Die EnBW Energie Baden-Württemberg AG lässt sich in ihrem Handeln vom Gedanken der Nachhaltigkeit und dem Prinzip der Energieeffizienz leiten. Für einen Energieversorger bedeutet verantwortungsvolles Handeln vor allem, sorgsam mit Ressourcen umzugehen und dabei Umwelt und Klima zu schonen. Als Betreiber des ersten kommerziellen Offshore-Windparks plant EnBW weitere Anlagen in Nord- und Ostsee. Das Unternehmen investiert in moderne Kraftwerke mit einem hohen Wirkungsgrad, setzt auf einen ausgewogenen und klimafreundlichen Erzeugungsmix und will das ganze Spektrum der regenerativen Energien nutzen. EnBW hat sich dabei das Ziel gesetzt, bis zum Jahr 2020 den Anteil erneuerbarer Energien auf 20 Prozent zu erhöhen.« (Quelle: `www.econsense.de`; Mitgliederbericht EnBW AG, November 2015)

GfK AG (Marktforschung): »Unternehmen müssen Entscheidungen fällen, Entscheidungen basieren auf Wissen. Unsere Business Information Services liefern das grundlegende Wissen, das Industrie, Handel, Dienstleistungsunternehmen und Medien benötigen, um ihre Marktentscheidungen zu treffen. Als Lieferant von Wissen wollen wir weltweit Spitzenpositionen in den Märkten, in denen wir tätig sind, einnehmen – im Interesse unserer Kunden, unserer Mitarbeiter, des Unternehmens selbst, der Aktionäre sowie der Öffentlichkeit.« (Quelle: Unternehmensbroschüre GfK Group; Mission Statement, April 2011)

Zielvorgaben und Zielvereinbarungen – eine Einführung

Mit dem Unternehmensauftrag haben Sie einen riesigen Schritt nach vorne gemacht. Sie geben den Zweck Ihres Unternehmens an, indem Sie Ihr Geschäftsfeld definieren. Aber das ist erst der erste Schritt. Haben Sie jemals Ferien mit dem Auto geplant? Die Wahl des Zielorts ist entscheidend (und oft ganz schön nervig, weil die Kinder in den Europa Park, Rust wollen, Sie aber lieber Ferien am Meer machen möchten). Richtig anstrengend wird es jedoch erst, wenn Sie die Reiseroute ausarbeiten und die einzelnen Etappen und Sightseeing-Ziele festlegen, damit Ihre dreiwöchige Flucht aus dem Alltag zum einmaligen Erlebnis wird. Allgemeine Zielvorgaben und konkrete Zielvereinbarungen sind für die erfolgreiche Unternehmensplanung genauso entscheidend.

Wir wissen, dass Sie schon ganz verrückt danach sind, mit Ihrer Unternehmensplanung weiterzukommen und Ihre Ziele festzulegen. Wir wollen uns aber noch ein paar Momente Zeit lassen, um einige wichtige Gedanken vorzustellen, die Sie beim Festlegen der eigenen Unternehmensziele dann zu Ihrem Vorteil berücksichtigen können.

Mini-Mission ausgeführt

Sie glauben, dass ein Unternehmensauftrag sich nur mit dem Unternehmen selbst beschäftigen darf? Weit gefehlt! Sie können einen solchen Auftrag auch für Produktkategorien verfassen. Die besten Unternehmensaufträge beschreiben nämlich nicht nur den Einsatzbereich des Produkts und was es zu bieten hat, sondern vermitteln gleichzeitig etwas über das Image, das das Produkt vermitteln möchte. Wir haben für Sie den Unternehmensauftrag von MINI Cooper USA – ein Geschäftsbereich von BMW und die Vertretung für das wohl niedlichste Auto in der heutigen Zeit – gefunden, der sowohl einen Auftrag als auch eine Botschaft vermittelt:

> *Wir bei MINI glauben, dass kurz einfach besser ist. Wir glauben, dass ein weiß abgehobenes Dach der ideale Himmel für Ihre Träume ist. Wir glauben an Testfahrten, bei denen wir überall, wohin wir auch kommen, die Menschen zum Lächeln bringen, sobald sie uns kommen sehen, weil wir klein und mächtig sind. Wir glauben auch, und das ist vielleicht das Wichtigste, dass selbst, wenn die besondere Note des MINI nicht jeden ansprechen mag, ein MINI doch für jeden erschwinglich sein sollte, der daran einen Narren gefressen hat. Aus diesem Grund sind wir beim Preis für den MINI Cooper und den MINI Cooper S so entgegenkommend.*

Warum das alles?

Wer braucht überhaupt Ziele? Vielleicht sind Sie ja der Typ Mensch, der für einen Ausflug nur schnell sein Auto mit Benzin füllt, beim nächsten Geldautomaten haltmacht und dann beim Verlassen der Stadt eine Münze wirft. Warum sollte man Zeit damit verschwenden, eine Landkarte zu lesen? Vielleicht ist Ihre Vorgehensweise gut für einen kurzen Abenteuertrip, aber für ein Unternehmen kann es ernsthafte Konsequenzen nach sich ziehen, wenn es keine Unternehmensziele festlegt.

Können Sie sich noch an den klugen Dialog zwischen Alice und der Grinsekatze in *Alice im Wunderland* von Lewis Caroll erinnern? Alice fragt:

> *»Willst du mir wohl sagen, wenn ich bitten darf, welchen Weg ich hier nehmen muss.«*
>
> *»Das hängt zum guten Teil davon ab, wohin du gehen willst«, sagte die Katze.*
>
> *»Es kommt mir nicht darauf an, wohin ...«, sagte Alice.*
>
> *»Dann kommt es auch nicht darauf an, welchen Weg du nimmst«, sagte die Katze.*

Wenn Ihr Unternehmen keine Ziele hat, auf die es hinarbeitet, wissen Sie nicht, in welche Richtung es geht oder auf welche Anstrengungen Sie sich konzentrieren sollen. Sie werden ebenso verloren sein wie Alice im Wunderland.

Wenn Ihre Geschäftschancen so eindeutig und so überwältigend sind, dass Sie keine bestimmte Aktionsrichtung festlegen müssen, um ans Ziel zu kommen, dann haben Sie das große Los gezogen. Es ist jedoch wahrscheinlicher, dass Sie von einem Hindernis zum nächsten rennen, und dann kann mangelnde Planung ziemlich gefährlich sein.

Werden keine Unternehmensziele definiert, dann kann das das Unternehmen in eine finanzielle Krise stürzen. Wenn man nicht weiß, wer die Kunden und die Konkurrenz sind und wie diese sich auf den Unternehmensauftrag auswirken, dann kann dies zum Scheitern des Produkts auf dem Markt führen. Das Festlegen von Zielvorgaben und Zielvereinbarungen ist eine wichtige Versicherungspolice für Ihr Unternehmen: die Möglichkeit, die Richtung seiner Aktionen erfolgreich zu planen und die jeweils erreichten Etappen zu überprüfen.

Zielvorgaben versus Zielvereinbarungen

Nachdem Sie den Unternehmensauftrag formuliert haben, bilden die Zielvorgaben die Grundlagen zur Durchführung dieses Auftrags. Als *Zielvorgaben* werden allgemeine Unternehmensergebnisse bezeichnet, zu deren Erfüllung sich Ihr Unternehmen verpflichtet.

Zielvorgaben werden meistens als allgemeine Unternehmensziele angegeben. Sie können die Unternehmensziele mit Formulierungen wie »Marktführer werden« oder »günstigster Anbieter am Markt« definieren. Diese Ziele sind klar genug, sodass die Unternehmensaktivitäten darauf konzentriert werden können, ohne jedoch zu eng gefasst zu sein und damit die Kreativität oder Flexibilität einzuschränken.

Zum Erreichen dieser Zielvorgaben muss das Unternehmen gewillt sein, die nötigen Ressourcen (Geld und Mitarbeiter) zur Erfüllung der beabsichtigten Ergebnisse zur Verfügung zu stellen. Die Zielvorgaben, die Sie für Ihr Unternehmen festlegen, sollten letztendlich alle Geschäftsentscheidungen diktieren und den Entscheidungsprozess im gesamten Unternehmen antreiben. Unternehmensziele sollten eine untrennbare Verknüpfung zwischen den Unternehmensaktivitäten und dem Unternehmensauftrag bilden.

Wenn man eine allgemeine Zielvorgabe für sein Unternehmen formuliert hat, ist das jedoch noch nicht das Ende vom Lied. Soll diese Zielvorgabe erreicht werden, muss es auch einen Weg dorthin geben. Um diese Zielvorgaben zu erfüllen, muss eine Reihe von *Zielvereinbarungen* erfüllt werden – Anweisungen, die genau beschreiben, was getan werden muss, um die Zielvorgabe zu erreichen. Zielvereinbarungen sind an Zahlen und Datumsangaben gebunden, was wochen- oder monatelange Arbeit bedeutet.

Zielvereinbarungen stehen nie für sich allein da. Sie sind in direktem Zusammenhang mit Ihrem Auftrag, Ihren Werten und Ihrem Unternehmensleitbild zu sehen (siehe Kapitel 4). Wenn sie nicht zusammen mit den dazugehörigen übergeordneten Zielvorgaben gesehen werden, bedeuten sie für sich genommen nur wenig. Dann können sie sogar richtig verwirrend sein.

Die Zielvorgabe, die »Moral der Mitarbeiter zu verbessern« ist zu allgemein, wenn sie nicht durch entsprechende Zielvereinbarungen ergänzt wird. »Klagen der Mitarbeiter im kommenden Jahr um 35 Prozent reduzieren« kann jedoch falsch verstanden werden, wenn es für sich allein steht. (Eine Möglichkeit, diese Zielvereinbarung zu erreichen, wäre nämlich, einigen Mitarbeitern zu kündigen und den Rest einzuschüchtern.) Wenn Zielvorgabe und Zielvereinbarung zusammen betrachtet werden, wird deren Bedeutung jedoch klar.

Ford Motor Company und das Unternehmensziel China

Vor hundert Jahren hatte die Ford Motor Company einen klaren Unternehmensauftrag: Autos für alle zu bauen. Das Unternehmen expandierte weltweit und 1913 verkaufte Ford sein erstes Modell T nach China.

Aber die turbulenten Ereignisse des 20. Jahrhunderts beendeten Fords Bemühungen um eine Demokratisierung des Automobils in einem der bevölkerungsreichsten Länder der Welt. Bis heute tut sich Ford schwer, auf diesem riesigen, stark wachsenden Markt wieder Fuß zu fassen. Mit nur einer Produktionsstätte in China liegt Ford weit hinter seinen Konkurrenten General Motors und der japanischen Toyota Motor Corporation.

Trotzdem versucht Ford noch immer, seinen ursprünglichen Auftrag in der Volksrepublik zu erfüllen. Das Unternehmen hatte nach der Jahrtausendwende als neues strategisches Unternehmensziel die Vergrößerung des Marktanteils und die Auseinandersetzung mit den Wettbewerbern in China veröffentlicht. Das Unternehmen will dieses Ziel durch eine Reihe von Zielvereinbarungen erreichen. Eine davon ist der Bau eines zweiten Werks in Nanjing, in der Nähe der boomenden östlichen Provinzen, das Ende 2007 fertiggestellt wurde.

Diese wichtigen Zielvereinbarungen werden durch Maßnahmen unterstützt, die dem Unternehmen helfen sollen, die verlorene Zeit aufzuholen. Hierzu gehören:

- ✔ Zusammenschluss mit Unternehmen aus der Gegend
- ✔ Ausschöpfen des starken Potenzials an Arbeitskräften vor Ort
- ✔ Ausbildung von Arbeitskräften am Ort
- ✔ Weitergabe seines »Global Player«-Fachwissens

Wollen Sie wissen, wie Sie sich den Unterschied zwischen Zielvorgabe und Zielvereinbarung merken können? Für die Formulierung von Zielvorgaben verwenden wir Wörter, um das Unternehmensziel zu beschreiben. Für Zielvereinbarungen arbeiten wir mit Zahlen, um ganz genau festzulegen, wohin und wie weit die Ziele gehen sollen.

Fords Zielvorgaben und Zielvereinbarungen haben große Früchte getragen: Ford verkaufte im Jahr 2013 knapp eine Million Autos in China, das bedeutete eine Steigerung von mehr als 49 Prozent gegenüber dem Jahr 2012, und eine Verzehnfachung gegenüber dem Jahr 2005. Damals wurden weniger als 100.000 Autos der Marke Ford in China verkauft. Nach etlichen

Jahren mit Steigerungsraten von 40 Prozent und mehr werden nun zwar nur noch einstellige Wachstumsraten für den chinesischen Automarkt prognostiziert. Der Erfolg von Ford in China kann sich aber auf jeden Fall sehen lassen.

Falls Sie Zielvorgabe und Zielvereinbarung anders definieren, dann brauchen Sie sich deswegen keine grauen Haare wachsen zu lassen. Sie müssen nicht gleich durchdrehen. Das Einzige, was zum Verrücktwerden ist, sind die mangelnden Standard-Begriffsdefinitionen im Bereich der Unternehmensplanung. Das Wichtigste ist jedoch, sich über die Begriffe, die Sie verwenden wollen, zu einigen und konsequent dabei zu bleiben. Dadurch können Sie sich und Ihrem Unternehmen unnötige Verwirrung ersparen.

Effizienz versus Effektivität

Dieses ganze Gerede von Zielvorgaben und Zielvereinbarungen bietet uns die perfekte Gelegenheit, ein weiteres Begriffspaar ins Spiel zu bringen, mit dem seit Jahren um sich geworfen wird: *Effizienz* und *Effektivität*. Die Begriffe wurden zum ersten Mal in einem absolut faszinierenden Klassiker zusammen verwendet: *Functions of the Executive*, geschrieben von Chester Barnard im Jahr 1939. Der gute Chester war Präsident der New York Telephone Company und hatte wohl etwas zu viel Zeit. Aber er hat ein Thema aufgebracht, das für Ihre Arbeit mit Zielvorgaben und Zielvereinbarungen von Nutzen ist: Er hat die Effizienz der Effektivität gegenübergestellt.

Wir alle streben natürlich danach, bei unserer jeweiligen Arbeit sowohl effizient als auch effektiv zu sein. *Effektivität* lässt sich damit umschreiben, dass man »das Richtige tut«, wohingegen *Effizienz* bedeutet, dass man »die Dinge richtig macht«. Chester hatte die Idee, diese Konzepte auch auf Firmen und ihre Aktivitäten anzuwenden.

In diesem Zusammenhang hat Effektivität – das Richtige zu tun – viel damit zu tun, dass man die richtigen Zielvorgaben wählt. Im Unternehmensauftrag des Krimskrams-Unternehmens kann zum Beispiel besonderer Wert darauf gelegt werden, in allen Produktbereichen kunden- und marktorientierter zu werden. Wenn das Krimskrams-Unternehmen effektiv sein soll, muss das Management Zielvorgaben erstellen, die die Produktdesigner und Ingenieure ermutigen, *zuerst* mit ihren Kunden in Kontakt zu treten und die Forderungen des Marktes abzuklären und *erst dann* mit dem Design und der Fertigung neuer Produkte zu beginnen.

Effizienz – die Dinge richtig zu machen – hat mehr damit zu tun, wie gut ein Unternehmen seine Ressourcen zur Erfüllung seiner Ziele einsetzt. Um effizient zu sein, müssen die Mitarbeiter des Krimskrams-Unternehmens Zielvereinbarungen getroffen haben, die gewährleisten, dass das Unternehmen die Zielvorgaben, kunden- und marktorientiert zu sein, erreichen kann. Unter anderem sollten die Zielvereinbarungen dazu führen, dass das Entwicklungsbudget zwischen Design, Produktentwicklung und Marktforschung richtig aufgeteilt wird. Ressourcen sind immer knapp, und das Krimskrams-Unternehmen kann es sich nicht leisten, sie zu verschwenden.

Erfolgreiche Unternehmen sind nicht nur entweder effektiv oder effizient. Die besten Unternehmen sind durchwegs sowohl effektiv als auch effizient. Die Unternehmen erreichen das, indem sie es als ernst zu nehmende Aufgabe sehen, Zielvorgaben zu definieren und klare, messbare Zielvereinbarungen aufzustellen, damit der Unternehmensauftrag erfüllt werden kann.

Eigene Zielvorgaben und Zielvereinbarungen festlegen

Die Zielvorgaben und Zielvereinbarungen Ihres Unternehmens spiegeln Ihre primären Geschäftsabsichten wider und bestimmen sowohl den Weg als auch den Zeitplan, die erforderlich sind, um anzukommen. Mit anderen Worten, Zielvorgaben und Zielvereinbarungen zwingen ein Unternehmen, sich auf die wichtige Arbeit zu konzentrieren, und bieten einen Mechanismus, um den Erfolg zu messen.

Mit Zielvorgaben und Zielvereinbarungen soll das Unternehmen letztendlich effektiver und effizienter werden. Aber wie stellt man es an, dass auch das Festlegen selbst so effektiv und effizient wie möglich erfolgt? Wie bei so vielen Dingen in der Unternehmensplanung ist auch hier wieder eine kräftige Dosis gesunder Menschenverstand erforderlich.

Richtlinien für das Festlegen von Zielvorgaben

Zielvorgaben sind die großen übergeordneten Ziele, die Sie mit Ihrem Unternehmen erreichen wollen. Im Folgenden finden Sie ein paar nützliche Richtlinien, um Sie beim Festlegen von Zielvorgaben möglichst schnell auf den richtigen Weg zu bringen:

- ✔ Bestimmen Sie, wer beteiligt sein soll, wenn die Zielvorgaben festgelegt werden. Weil Ziele das Herzstück Ihres Unternehmens sind, sollten sich in der Gruppe diejenigen befinden, die für die wichtigen Geschäftsbereiche verantwortlich sind. Wenn Sie ein Ein-Personen-Unternehmen sind, sollten Sie eine Gruppe von Beratern bilden, mit denen Sie sich von Zeit zu Zeit treffen, um die Unternehmensziele festzulegen.
- ✔ Überlegen Sie sich ein Verfahren, mit dem die Zielvorgaben regelmäßig überwacht werden, damit diese Vorgaben überprüft und neu formuliert werden können, wenn sich die Geschäftsumstände ändern.
- ✔ Erstellen Sie individuelle Zielvorgaben, die über die Geschäftsaktivitäten Ihres Unternehmens Auskunft geben, ohne Flexibilität und Kreativität einzuschränken.
- ✔ Überprüfen Sie, ob alle Zielvorgaben zusammen eine effektive Vorlage ergeben, mit der die großen Geschäftsabsichten erreicht werden können.
- ✔ Achten Sie auch darauf, dass die angegebenen Zielvorgaben eng mit dem Unternehmensauftrag verbunden sind.
- ✔ Teilen Sie mithilfe Ihrer Unternehmensziele Ihre Geschäftsabsichten den Menschen inner- und außerhalb des Unternehmens mit.

Richtlinien für das Festlegen von Zielvereinbarungen

Zielvereinbarungen definieren in allen Details, wie die einzelnen Zielvorgaben erreicht werden sollen. Die Zielvereinbarungen sollten daher so viel wie möglich mit nüchternen, exakt kalkulierten Zahlen verknüpft sein. Sie sollten beispielsweise die Zahl an Neukunden enthalten, die Sie gewinnen wollen, oder die Zahl der Produkte, die Sie verkaufen wollen, oder aber wie viel Geld Sie verdienen wollen.

Anhand der im Folgenden aufgelisteten Punkte erhalten Sie eine nützliche Vorlage zur Entwicklung Ihrer eigenen Zielvereinbarungen:

- ✔ Bestimmen Sie, wer die Zielvereinbarungen in Ihrem Unternehmen festlegt.
- ✔ Entwickeln Sie ein System, mit dem diese Zielvereinbarungen im gesamten Unternehmen überprüft werden.
- ✔ Sorgen Sie dafür, dass die Zielvereinbarungen erreichbar und überprüfbar sind, indem Sie, wo möglich, Zahlen und Daten angeben.
- ✔ Erstellen Sie Zielvereinbarungen, die klar mit den übergeordneten Unternehmenszielen verknüpft sind und darauf hinarbeiten.
- ✔ Überprüfen Sie, ob alle Zielvereinbarungen zusammen zu einer effizienten Nutzung der Ressourcen (Geld und Menschen) führen und im Sinne des Unternehmens sind.
- ✔ Überlegen Sie, ob nicht eine bestimmte Form der Unternehmensführung infrage käme, etwa das »Management by Objectives«, bei der alle Mitarbeiter des Unternehmens am kontinuierlichen Prozess der Festlegung, Überprüfung und des Erreichens von Zielvereinbarungen beteiligt sind. (Mehr über die Vor- und Nachteile dieser Methode finden Sie im entsprechenden Kasten in diesem Kapitel.)

Zielvorgaben und Zielvereinbarungen mit dem Unternehmensauftrag in Einklang bringen

Wir haben es schon oft gesagt, aber es ist so wichtig, dass wir es noch einmal wiederholen: Die Zielvorgaben und Zielvereinbarungen Ihres Unternehmens müssen eng mit dem Unternehmensauftrag verknüpft sein.

Zu viele Unternehmen werden kurzsichtig und vergessen einfach die übergeordneten Unternehmensziele, wenn sie sich an die Kleinarbeit machen und Zielvorgaben erstellen und diese mit messbaren Zielvereinbarungen verknüpfen. Die Führungskräfte beginnen mit irgendetwas, was gerade zur Hand ist. Sie sehen sich die Aktivitäten und das Verhalten der Mitarbeiter an, wollen Anreize und Prämien schaffen, die momentan richtig erscheinen, um die Mitarbeiter für bestimmte (und vielleicht sogar lobenswerte) Zielvereinbarungen zu motivieren. Aber diese Art von Vorgaben und Vereinbarungen ist meist kurzsichtig und kann absolut im Widerspruch zu den größeren Unternehmenszielen stehen.

Management by Objectives (Führung durch Zielvereinbarungen)

1954 hatte der Management-Vordenker und Mitbegründer der modernen Managementlehre, Peter Drucker, eine neue Idee, um Unternehmensabsichten (Auftrag, Zielvorgaben, Zielvereinbarungen) zu erstellen und zu kommunizieren, die bis heute hochaktuell ist und von vielen erfolgreichen Managern angewandt wird: Man sollte einfach alle Mitarbeiter, die diese Vorgaben auch ausführen sollen, in den Prozess integrieren. Er hat, was nicht erstaunlich ist, für diese neue Methode auch einen Begriff geprägt und sie *Management by Objectives* (MBO oder Führung durch Zielvereinbarungen) genannt.

Die Idee des Management by Objectives war bei seiner Einführung vor allem in den USA ziemlich erfolgreich. Nicht jeder war natürlich damit glücklich. Einige Unternehmen schimpften über die Zeit und Mühe, die zum Festlegen der Zielvereinbarungen nötig waren. Andere Unternehmen schafften es nicht, den für das System erforderlichen Papierkram zu erledigen. Wieder andere Unternehmen fanden das Konzept, dass Entscheidungen gemeinsam von allen getroffen werden, zu verrückt und die neue Unternehmenskultur erschien ihnen zu fremd.

Für Unternehmen weltweit, die MBO korrekt einsetzen, hat es sich als unschätzbares Führungsinstrument bewährt – als eine Methode, neue Ideen zu finden, den Unternehmenswillen mitzuteilen und die Unternehmensenergie auf gemeinsam beschlossene Zielvorgaben und Zielvereinbarungen zu konzentrieren. MBO funktioniert, weil die Menschen an der Gestaltung ihrer eigenen Zukunft beteiligt sind. Die Mitarbeiter engagieren sich mehr für diese Zukunft, weil sie größeren Einfluss auf den Prozess haben, der sie dorthin bringen wird. Wenn Sie damit anfangen, eigene Zielvorgaben und Zielvereinbarungen auszuarbeiten, sollten Sie auch etwas Zeit investieren und sich überlegen, wie Sie den Geist von MBO in Ihren Arbeitsprozess einbringen können.

Wie Zielvorgaben bei der Erfüllung des Unternehmensauftrags helfen

Cisco Systems, Inc., machte 2014 mehr als 47 Milliarden US-Dollar Umsatz und ist damit eines der größten und erfolgreichsten Unternehmen der USA. Der Erfolg ist dem Unternehmen aber nicht einfach in den Schoß gefallen. Nach einem starken Einbruch im Frühjahr 2000 liefen Cisco die Kunden scharenweise davon. Das Unternehmen schaffte es aber, sich auch in diesen schweren Zeiten über Wasser zu halten, und bemühte sich, seine Zielvorgaben und Zielvereinbarungen möglichst nahe am Unternehmensauftrag auszurichten. Cisco formuliert seinen Unternehmensauftrag wie folgt:

> *Um die Zukunft des Internets zu gestalten, bietet Cisco seinen Kunden, Mitarbeitern, Kapitalgebern und Partnern einen entscheidenden Mehrwert und vollkommen neue Möglichkeiten.*

Nette Worte, sicherlich. Die Herausforderung liegt jedoch darin, Fortschritte zu machen, wenn das Budget knapp wird und die Marktanteile sinken. In einem seiner jüngeren Geschäftsberichte legte sich der CEO des Unternehmens anhand von strategischen Zielvorgaben fest:

- ✔ Gewinnträchtige Wachstumsmöglichkeiten suchen, die zu einem Pro-forma-Gewinn nach Steuern von 20 Prozent führen
- ✔ Produktivität verbessern, die an den Betriebsausgaben im Verhältnis zu den Umsätzen gemessen wird
- ✔ Weiterhin gesunde und vorsichtige Bilanzen vorlegen

Die Formulierungen dieser Unternehmensziele sind vielleicht nicht so ergreifend wie die des Unternehmensauftrags, aber sie repräsentieren die praktische Seite für die Durchführung des Unternehmensauftrags.

Angenommen, ein Internet-basierter Computerversandhandel stellt fest, dass seine Gewinnspannen zu gering sind. Deshalb legt das Unternehmen neue Zielvereinbarungen fest und bietet den Managern, die in den nächsten sechs Monaten die Kosten um 15 Prozent reduzieren können, Anreizprämien an. Der Kundendienstleiter befiehlt, dass ab sofort die Zeit, in der Kundendienstleute telefonische Anfragen der Kunden beantworten, verkürzt wird. Er erteilt diesen Auftrag, obwohl das Unternehmen sich den Ruf erworben hat, besonders kundenfreundlich zu sein, und obwohl der Unternehmensauftrag lautet: »Das Unternehmen ist bestrebt, den besten Kundendienst in der Branche anzubieten.«

Gehetzte Gespräche führen aber unweigerlich zu unzufriedenen Kunden. Und noch schlimmer: Diese Zielvereinbarungen geben den Mitarbeitern das deutliche Signal, dass Effizienz und Kosteneinsparung wichtiger sind als die Kundenzufriedenheit. Wenn der Kundendienstleiter bei seinen Zielvorgaben und Zielvereinbarungen den Unternehmensauftrag berücksichtigt hätte, wäre ihm vielleicht eine bessere Lösung eingefallen, etwa ein Internet-basiertes Hilfesystem mit automatischem E-Mail-Support. Wenn man Kunden die Möglichkeit gibt, online nach Antworten auf die am häufigsten gestellten Softwarefragen zu suchen, dann hätte dies gleichzeitig zu einer Verringerung der Anrufe und zu einem verbesserten Service führen können.

Fallstricke meiden

Beim Festlegen von Zielvorgaben und Zielvereinbarungen geht es letztlich darum, die Mitarbeiter zu motivieren, die Aktivitäten aller Mitarbeiter in dieselbe Richtung zu lenken und dass alle am selben Strang ziehen. Wann immer Menschen im Spiel sind, ist nichts gewiss. Aber man kann die Wahrscheinlichkeit, dass die Aktionen auch zu den gewünschten Ergebnissen führen, erhöhen, indem man bei der Erarbeitung der Zielvorgaben und Zielvereinbarungen einige Fallstricke vermeidet.

- ✔ **Setzen Sie sich keine unerreichbaren Ziele.** Wenn Sie nicht wirklich daran glauben, ein Ziel auch erreichen zu können, dann brauchen Sie es erst gar nicht festzulegen. Ziele sind dazu da, um zu motivieren. Unmögliche, unerreichbare Ziele entmutigen nur. Sie wollen sich doch nicht eine super Geschäftschance vermasseln, nur weil Sie etwas mehr Zeit, Ressourcen und Energie brauchen. Die besten Ziele basieren auf flexiblen Vorgaben, die es dem Unternehmen ermöglichen, sich weiterzuentwickeln, ohne dadurch ins Stolpern zu geraten.

- ✔ **Verkaufen Sie Ihr Unternehmen nicht unter Wert.** Zwar ist es gefährlich, seine Ziele zu weit zu stecken, aber man sollte auch nicht zu schnell klein beigeben. Ziele werden oft zu sich selbsterfüllenden Prophezeiungen. Unternehmen legen sie fest, erreichen sie und lehnen sich zurück – während der Autopilot eingeschaltet bleibt –, bis sie neue Ziele festlegen. Setzen Sie im Zweifelsfall die Ziele lieber ein bisschen höher und wählen Sie Ziele, mit denen die Fähigkeiten des Unternehmens erweitert werden können. Sie werden erstaunt sein über die Fähigkeiten und Erfahrungen, die in Ihrem eigenen Unternehmen vorhanden sind.

- ✔ **Prüfen Sie sorgfältig, wonach Sie streben.** Es ist ungeheuer wichtig, dass die Ziele auch klar angeben, was passieren soll. Wenn die Vorgaben unklar sind, kann es sein, dass Sie und Ihre Mitarbeiter fest entschlossen falschen Zielen hinterhereilen. Ziele, die nicht mit dem Unternehmensauftrag übereinstimmen, können zu Verhaltensweisen führen, die nicht immer Sinn machen. (Lesen Sie hierzu auch den Abschnitt »Zielvorgaben und Zielvereinbarungen mit dem Unternehmensauftrag in Einklang bringen« weiter vorn in diesem Kapitel.)

- ✔ **Meiden Sie zu viele Wörter oder zu viele Zahlen.** Denken Sie daran: Eine Zielvorgabe ist eine weit gefasste Aussage zum Unternehmenswillen, der sich direkt aus dem Unternehmensauftrag ergibt. Zielvereinbarungen sind enger definiert und immer mit einer bestimmten Zielvorgabe verknüpft. Sie geben die Details an, den Zeitrahmen und ermöglichen, den Erfolg zu messen. Wie bereits erläutert, Zielvorgaben werden meist in Worten ausgedrückt, Zielvereinbarung mit konkreten Zahlen untermauert. Aber das ist keine feste Regel. In der Realität werden zur Definition von Zielvorgaben und Zielvereinbarungen Wörter und Zahlen vermischt. Wörter allein sind manchmal zu vage, um eine wirkliche Bedeutung zu haben, und nicht alle ersehnten Ergebnisse können auf bloße Zahlen reduziert werden.

- ✔ **Ihre Zielvorgaben und Zielvereinbarungen sollten kein Geheimnis bleiben.** Wenn es der Sinn von Zielvorgaben und Zielvereinbarungen sein soll, das Unternehmensverhalten zu konzentrieren und zu lenken, muss jeder darüber Bescheid wissen. Das ist so offensichtlich, dass die Aussage beinahe dumm klingt. Aber Sie würden erstaunt sein, wenn Sie wüssten, wie viele Geschäftsführer und Eigentümer diese Dinge definieren und sich dann alle Mühe geben, sie vor den anderen geheim zu halten. Sie schützen ihre Ziele, als ob es Juwelen wären. Aber diese Juwelen sind erst wertvoll, wenn sie allen im Unternehmen mitgeteilt und von allen akzeptiert werden. Sie sollten deshalb die Unternehmensziele im Firmen-Newsletter oder im Intranet veröffentlichen.

Richtiges Timing ist alles

Was ist der richtige Zeitrahmen für das Erlangen Ihrer Zielvorgaben und Zielvereinbarungen? Wie weit sollte Ihr Planungshorizont vorauseilen – ein Jahr, drei Jahre oder vielleicht fünf? Die Antwort ist ... das hängt von verschiedenen Faktoren ab.

In bestimmten Branchen bleibt das Schritttempo immer gleich. Viele kleine Manufakturen arbeiten noch genauso wie vor Jahrzehnten, beispielsweise einige Hersteller des berühmten Weihnachtsschmucks aus dem Erzgebirge. Die einzige Ausnahme ist dabei vielleicht, dass sie eine Internetadresse haben. Der Verbrauchergeschmack hat sich nur langsam geändert und die verwendeten Materialien und die erforderliche Handwerkskunst sind ziemlich gleich geblieben. Veränderungen zeichnen sich jedoch am Horizont ab, weil es in den sogenannten Billigländern Produzenten gibt, die den Stil kopieren und die Imitate günstiger anbieten.

Für andere Branchen dagegen ist der Wandel die einzige Konstante, zum Beispiel im medizinischen Bereich: Die Welt der Ärzte und Krankenhäuser war einst ein überschaubares Universum, in dem Zielvorgaben und Zielvereinbarungen Jahre im Voraus festgelegt werden konnten. Jetzt ist dieser Bereich ständigen Veränderungen unterworfen. Veränderungen bei Behördenauflagen, die Technologie und der Konkurrenzkampf führen dazu, dass die Voraussagen immer unsicherer werden. Wenn man heutzutage in der Krankenhausverwaltung sitzt, geht es sicher nicht mehr um Fünfjahrespläne. Die Planungszyklen sind sehr viel kürzer geworden und werden jedes Quartal überprüft.

Sie können viele Beispiele finden, bei denen Unternehmen auf der Strecke geblieben sind, weil sie sich nicht schnell genug auf Veränderungen eingestellt und neue Märkte betreten haben. Sind in Ihrem Wohnort auch die meisten Schallplatten-Läden verschwunden? Wie die Musikbranche insgesamt, haben es auch viele Inhaber der einst so angesagten Plattenläden versäumt, sich vor der Konkurrenz aus dem Internet rechtzeitig zu wappnen und ihr Angebot zu erweitern oder zu verändern. Es ist daher wichtig, dass Sie das Veränderungspotenzial der eigenen Branche kennen. Wieso kommt es zu Veränderungen? Wie schnell kommt es zu Veränderungen? In Kapitel 6 erfahren Sie, wie Sie nach Chancen und Bedrohungen Ausschau halten. Kapitel 14 enthält weitere Tipps, wie Sie sich auf Veränderungen vorbereiten können.

Veränderungen bedeuten für Unternehmensplaner, dass man bei der Vorhersage der Zukunft sich nicht zu weit und nicht zu schnell nach vorne wagen sollte. Man hat natürlich keine andere Wahl, als Zielvorgaben festzulegen und diese dann mit flexiblen Zielvereinbarungen zu befolgen, die auf einem zeitlichen Rahmen basieren, der innerhalb Ihrer Möglichkeiten liegt und eventuelle Unwägbarkeiten berücksichtigt. (Kapitel 14 hilft bei der Bewältigung von Unsicherheiten.) Bauen Sie zeitliche Puffer ein, sodass Sie Zielvorgaben und Zielvereinbarungen überprüfen und Veränderungen vornehmen können.

Teil II

Den eigenen Markt beschreiben

In diesem Teil ...

Am schnellsten kommt man zu Erfolg, wenn man sich noch vor dem Start genaue Vorstellungen davon macht, auf was man sich einlässt. Denken Sie zum Beispiel an den Garten hinter Ihrem Haus. Wenn Sie ein Fleckchen Erde in ein Schmuckstück verwandeln möchten, müssen Sie erst einmal eine Menge Hausaufgaben erledigen. Sie müssen den Boden und das Klima kennen. Ist es dort schattig oder sonnig? Wie kalt wird es nachts? Welche Art von Pflanzen gedeiht dort? Welche Pflanzen passen zusammen? Welches Unkraut wächst an diesem Standort gerne? Und welche Schädlinge gibt es? Und wer hat überhaupt gesagt, dass Gärtnern einfach ist?

Bei einem Businessplan ist es nicht viel anders. In diesem Teil werden Sie aus dem Fenster blicken und erkennen, welcher Garten zu Ihrem Unternehmen gehört. Zunächst werden wir die Branche betrachten und ermitteln, was gerade für Sie und Ihren Erfolg spricht. Sie werden Ihre Chancen einschätzen lernen und die Risiken kennenlernen, die auftauchen können. Viel Zeit werden wir damit verbringen, über Ihre Kunden nachzudenken – was sie brauchen, was sie wollen und warum sie immer wieder zu Ihnen kommen. Wir werden uns ansehen, wie man die Kunden in Gruppen mit ähnlichen Bedürfnissen und Wünschen einteilen kann, um Ihnen die Kommunikation mit ihnen zu erleichtern. Schließlich geht es um Ihre Konkurrenten: wer sie sind, worauf sie es abgesehen haben und wie Sie mit ihnen konkurrieren und dabei gewinnen können.

Das Geschäftsumfeld unter die Lupe nehmen

6

In diesem Kapitel

- Ihre wirtschaftliche Tätigkeit definieren
- Ihre Branche analysieren
- An die richtigen Daten kommen
- Erfolgsentscheidende Faktoren erkennen
- Auf Chancen und Risiken vorbereitet sein

Eine der wichtigsten Fragen, die Sie sich stellen können, wenn Sie die Erstellung eines Businessplans in Angriff nehmen, lautet: »In welchem Bereich bin ich eigentlich tätig?« Die Frage mag einfach klingen, sogar trivial und wird vielleicht gerade deshalb so oft ignoriert. Wenn Sie diese grundlegende Frage jedoch richtig beantworten können, haben Sie den riesengroßen ersten Schritt zur Erstellung eines effektiven Businessplans gemacht.

Können Sie sich noch an die Züge erinnern, mit den eleganten Speisewaggons, den komfortabel ausgestatteten, nostalgischen Wagen und den Raucher-Salons, die quer durch die USA gefahren sind und die man in den alten Wild-West-Filmen noch bewundern kann? Die Eisenbahngesellschaften in den 1930er-, 1940er- und 1950er-Jahren dachten, sie wüssten genau, in welchem Geschäft sie tätig seien: dem Eisenbahngeschäft. Man machte sich gar keine Gedanken darüber. Es stellte sich jedoch heraus, dass die Passagiere etwas anderes wollten: Sie wollten einfach nur transportiert werden. Die Eisenbahnen mussten bald mit Autobahnen, Automobilherstellern, Fluglinien und Flughäfen konkurrieren. Die im Eisenbahngeschäft bestimmenden Kräfte hatten gar nichts mehr mit Schwellen und Schienen zu tun. Aber die Eisenbahngesellschaften hatten nie einen Blick für das Geschäftsfeld Personentransport gehabt, auf dem schnell und weitverbreitet neue Konkurrenten auftauchten. Daher konnten sie ihren früheren Ruhm in den USA nie wieder zurückgewinnen.

Dieses Kapitel soll Ihnen helfen, einen Blick für das große Ganze zu bekommen, indem Sie Ihre wirtschaftliche Tätigkeit genau definieren. Wir werden Ihnen dabei helfen, Ihre Branche zu analysieren, nach erfolgsentscheidenden Faktoren zu suchen, und Ihnen dann einige Hinweise zur Vorbereitung auf Chancen und Risiken geben, die sich am Horizont abzeichnen können.

Die wirtschaftliche Tätigkeit definieren

Okay, welche wirtschaftliche Tätigkeit üben Sie denn nun *tatsächlich* aus? Sagen Sie nicht, Sie sind »Krimskrams-Hersteller«, nur weil Sie irgendwelchen Krimskrams herstellen. Zur Beantwortung der Frage reicht es nicht, anzugeben, was man tut oder was man herstellt. Sie müssen schon ein bisschen tiefer graben und sich fragen, nach welchen Spielregeln in Ihrer Branche gespielt wird:

- ✔ Welche grundlegenden Bedürfnisse erfüllen Sie?
- ✔ Welche zugrunde liegenden Kräfte sind beteiligt?
- ✔ Welche Rolle spielt Ihr Unternehmen?

Kodak – nicht mehr ganz im Bilde

1880 von dem Unternehmer George Eastman gegründet, entwickelte sich Eastman Kodak schnell zum führenden Unternehmen für Amateurfotografie. Man verkaufte Kameras, Filme und entwickelte die Fotos, die wir in irgendwelche Alben, Schubladen oder Schuhkartons gestopft haben. Womit verdiente das Unternehmen nun aber sein Geld? Die Kameras warfen nur geringe Gewinne ab. Aber Kodak wollte, dass die Menschen Kameras besitzen, damit das Unternehmen Geld durch den Verkauf von Filmen und noch mehr Geld mit der Entwicklung der Filme verdienen konnte.

Tatsächlich konnte Kodak riesige Gewinne durch die Filmentwicklung erzielen. Das Unternehmen stellte seine eigenen Fotochemikalien und sein eigenes Fotopapier her und besaß die Entwicklungslabors. Schließlich hielt sich Kodak für ein in der Fotochemie tätiges Unternehmen und erzählte dies an der Börse und jedem, der es hören wollte. Während sich die Direktoren und Manager bei Kodak gegenseitig auf die Schultern klopften, kamen neue Konkurrenten – und neue Technologien – zur Hintertür herein.

Wie sich herausstellte, waren die Kunden nicht besonders an der chemischen Seite ihrer Fotos interessiert. Niemand hatte eine spezielle Vorliebe für Fotopapier oder für die verschiedensten Chemikalien, die Kodak so gut herstellte. Was die Leute wirklich wollten, waren Erinnerungen. Sie wollten spezielle Momente einfangen und sie für immer aufbewahren. Kodak war also eigentlich im »Erinnerungsgeschäft« tätig. Und da entwickelten sich neue Methoden, um Erinnerungen zu speichern.

Zuerst kam eine japanische Firma und führte der Welt die Videokamera vor. Plötzlich wurden Erinnerungen nicht mehr chemisch, sondern elektronisch möglich gemacht. Als Nächstes kamen dann die Digitalkameras. 2004 erkannte Kodak endlich, wie groß der Zug war, der es da überrollte. Das Unternehmen verabschiedete sich von seinen traditionellen Kameramärkten in Nordamerika und Europa und baute auf die digitale Technologie. Dieser Schritt erwies sich allerdings als zu spät. Im Jahr 2012 musste Kodak Antrag auf Eröffnung des Insolvenzverfahrens stellen und beendete die Produktion von Digital- und Videokameras. 2013 konnte Kodak zwar den Gläubigerschutz abstreifen, konzentriert sich aber seither auf das Druckergeschäft.

Sie können sich absichern, damit es Ihrem Unternehmen nicht wie den amerikanischen Eisenbahngesellschaften ergeht, indem Sie die zugrunde liegenden Kräfte erkennen und verstehen, die Ihr Geschäftsumfeld formen. Analysieren Sie die Branche, in der Sie sich befinden. (In den Kapiteln 7 und 8 werden Ihre Kunden genauer unter die Lupe genommen. In Kapitel 9 geht es um Ihre Konkurrenz. Ihr eigenes Unternehmen wird dann in den Kapiteln 10 und 11 etwas näher inspiziert.)

Ihre Branche analysieren

Niemand arbeitet im luftleeren Raum. Egal in welcher Art von Unternehmen Sie tätig sind – die Welt um uns herum wird von Kräften geformt, die man erkennen, einplanen und mit denen man zurechtkommen muss, wenn man über lange Zeit erfolgreich sein will. Die Typen im Elfenbeinturm nennen diesen Vorgang *Branchenanalyse*. Unter Umständen verspüren Sie den Drang, gleich davonzulaufen, wenn irgendetwas auftaucht, das mit Analyse zu tun hat. Wir wollen diesen Schritt gar nicht schönreden, aber werden versuchen, das Ganze so schmerzlos wie möglich zu machen.

Wie viel wissen Sie denn bereits? Nehmen Sie sich einen Moment Zeit und füllen Sie den Fragebogen zur Branchenanalyse (Abbildung 6.1) aus. Wenn Sie zu einer Frage keine Antwort wissen, wählen Sie das Feld mit dem Fragezeichen.

Ihre Antworten geben einen Überblick über das, was Sie meinen, zu wissen. An den Stellen, an denen Sie das Fragezeichen angekreuzt haben, müssen Sie sich genauer informieren. Auf jeden Fall ist es jetzt Zeit, die Ärmel hochzukrempeln und sich ernsthaft mit der Branchenanalyse zu beschäftigen.

Die gute Nachricht ist, dass bereits viele intelligente Leute alle möglichen Branchen analysiert haben. Zwar sind zwei gleiche Unternehmen nie wirklich gleich, aber grundlegende Kräfte scheinen branchenübergreifend am Werk zu sein (siehe Abbildung 6.2).

In den folgenden Abschnitten werden die wichtigsten dieser Kräfte beschrieben – die, die höchstwahrscheinlich auch in Ihrer Branche eine Rolle spielen – und es werden Hinweise gegeben, wie man diese Kräfte bei der eigenen Unternehmensplanung beachtet.

Marktstrukturen

Jede Branche, vom Blumen- bis zum Antiquitätengeschäft, hat ihre eigene Struktur. Im Folgenden finden Sie Tipps, auf was Sie in Ihrem speziellen Bereich achten sollten.

Die Einordnung der Rivalen

Die Anzahl der Konkurrenten hat großen Einfluss auf eine Branche. In einer Branche kann ein *Monopol* herrschen (ein Monsterunternehmen ohne jegliche Konkurrenten), ein *Oligopol* (eine kleine Anzahl starker Konkurrenten) oder ein *Multiopol* (viele Konkurrenten). Wobei wir das Wort Multiopol gerade erfunden haben, weil wir denken, dass es ein Wort geben sollte, das den Zustand beschreibt, der in den meisten Branchen in dieser Wettbewerbswelt vorherrscht. Zusätzlich zu der bloßen Anzahl an Konkurrenten sollten Sie auch herausfinden, wie viele der Unternehmen groß und wie viele klein sind und wie sie die Märkte, in denen sie miteinander konkurrieren, aufgeteilt haben.

Fragebogen zur Branchenanalyse

Anzahl der Konkurrenten in Ihrer Branche:	☒ Viele	☐ Einige	☐ Wenige	☐ ?
Wird Ihre Branche von mehreren großen Unternehmen dominiert?	☒ Ja	☐ Nein	☐	☐ ?
Der Marktanteil der drei größten Unternehmen in Ihrer Branche beträgt:	☐ < 40%	☐ Dazwischen	☐ > 80%	☐ ?
Neue Technologien verändern die Verfahren in Ihrer Branche:	☐ Jedes Jahr	☐ Im 5-Jahres-Zeitraum	☐ Im 10-Jahres-Zeitraum	☐ ?
Die Schranken, die neuen Konkurrenten den Zutritt zu Ihrer Branche verwehren, sind:	☐ Hoch	☐ Mittel	☐ Niedrig	☐ ?
Die Schranken, die Konkurrenten davon abhalten, die Branche zu verlassen, sind:	☐ Hoch	☐ Mittel	☐ Niedrig	☐ ?
Die allgemeine Marktnachfrage in Ihrer Branche ist:	☒ Wachsend	☐ Stabil	☐ Abnehmend	☐ ?
Es gibt einen großen, ungenutzten Markt, den Ihre Branche noch erobern kann:	☐ Ja	☒ Vielleicht	☐ Nein	☐ ?
Die Auswahl an Funktionen und Optionen in den verschiedenen Produktlinien, die Ihre Branche bietet, ist:	☐ Umfangreich	☐ Durchschnittlich	☐ Begrenzt	☐ ?
Die Kunden kaufen die Produkte in Ihrer Branche fast ausschließlich aufgrund des Preises:	☐ Ja	☐ Nein	☐	☐ ?
Die Kunden können als Ersatz für die Produkte Ihrer Branche andere Alternativen finden:	☐ Leicht	☐ Schwieriger	☐ Nein	☐ ?
Die Branchenzulieferer haben bei der Festlegung der Bedingungen großen Einfluss	☐ Ja	☐ Nein	☐	☐ ?

Fragebogen zur Branchenanalyse

Die Kunden haben beim Kauf der Produkte Ihrer Branche großen Handelsspielraum:	❑ Ja	❑ Nein	❑	❑ ?
Die Händler haben in Ihrer Branche viel Macht und spielen eine wichtige Rolle:	❑ Ja	❑ Nein	❑	❑ ?
Die Gesamtkosten in Ihrer Branche waren:	❑ Abnehmend	❑ Stabil	❑ Zunehmend	❑ ?
Die Gewinnspanne in Ihrer Branche ist:	❑ Hoch	❑ Durchschnittlich	❑ Gering	❑ ?

Abbildung 6.1: Fragebogen zur Branchenanalyse

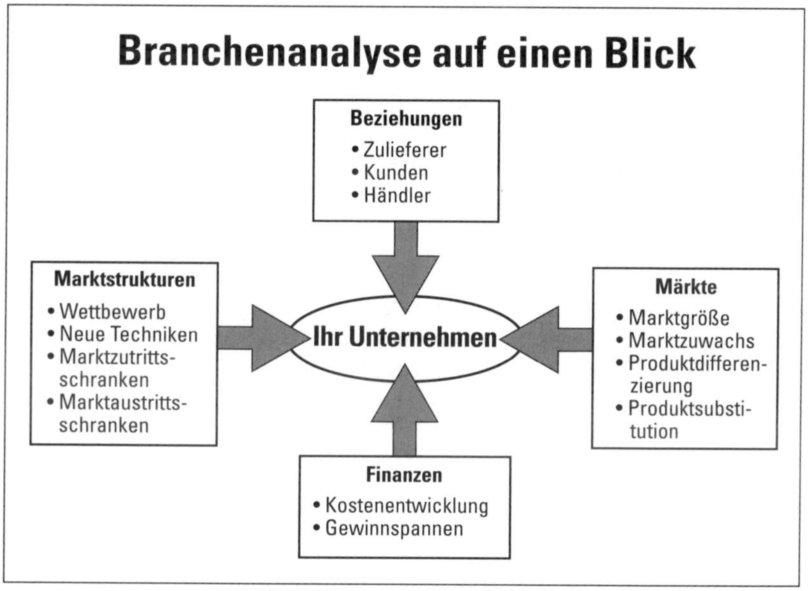

Abbildung 6.2: Die vier Hauptkomponenten der Branchenanalyse

Erstellen Sie eine Liste der wichtigsten Konkurrenten Ihrer Branche. Ermitteln Sie anhand der Einnahmen, Gewinne und anderer zur Verfügung stehender Maßzahlen ihre Größe und schätzen Sie ihren relativen Marktanteil an den Märkten, für die Sie sich am meisten interessieren.

Neue Techniken

In vielen Branchen ändert sich die Technik sehr schnell. Prüfen Sie, wie stark und wie schnell sich die Dinge in Ihrer Branche ändern. Sie müssen kein Technikspezialist sein, sollten aber doch etwas mit den zugrunde liegenden technischen Fragen vertraut sein. Sie sollten auch herausfinden, von wem technologische Veränderungen ausgehen und wie einfach neue Techniken zu haben sind.

Klären Sie, auf welche technischen Möglichkeiten Sie verzichten können, wie der aktuelle Stand ist und welche Techniken in Ihrer Branche in Zukunft eingesetzt werden. Wie lange wurde mit den alten Methoden gearbeitet, bevor sie durch neue ersetzt wurden? Versuchen Sie vorauszusehen, wann neue Techniken in Ihrer Branche unumgänglich werden. Gleichzeitig sollten Sie sich über Copyrights, Patentschutz oder spezielles Fachwissen informieren – alles Aspekte, die die Einführung einer neuen Technik beeinflussen können. Eine große Hilfe kann auch das Herumstöbern in Fachzeitschriften sein.

Zutrittsbeschränkungen

Die Eintrittskosten, die es neuen Konkurrenten mehr oder weniger schwer machen, auch auf der Party mitzutanzen, werden als *Marktzutrittsschranken* bezeichnet. Einige dieser Schranken sind offensichtlich: hohe Kapitalaufwendungen (viel Geld, das man erst einmal haben muss) oder komplexe Vertriebsstrukturen, die das Erreichen der Kunden erschweren. Andere Schranken werden leicht übersehen. Durch die *Economies of Scale* (je größer man ist, umso mehr Geld macht man) werden viele neue Wettbewerber abgeschreckt. Auch eine starke Kundenloyalität oder hohe Kundenkosten bei Produktänderungen schaffen hohe Schranken für Neulinge.

Erstellen Sie für Ihre Branche eine Liste der Marktzutrittsschranken, von denen Sie glauben, dass sie neue Wettbewerber abhalten könnten, zum Beispiel Kapitalaufwendungen, Vertrieb, Struktur, Rohstoffe, neue Techniken, Economies of Scale (Größenvorteile), Vorschriften, Patente und Kosten bei der Umstellung auf neue Kundenkreise. Ordnen Sie die einzelnen Punkte danach, wie unüberwindlich sie tatsächlich sind. Auf welcher Seite stehen Sie bei den einzelnen Schranken?

Der große Ausverkauf

Manchmal ist es gar nicht so einfach, eine Spielbank wieder zu verlassen, auch wenn man gerne möchte. Wie schwierig ist es für die Unternehmen in einer Branche, aus dem Markt herauszukommen, wenn sie das möchten? Die Bindungen, mit denen Wettbewerber gehalten werden, nennt man *Marktaustrittsschranken*. Dazu gehören zum Beispiel teure Fabrikanlagen oder Spezialeinrichtungen und -maschinen, die nicht ohne Weiteres verkauft werden können, langfristige Arbeits- oder Pachtverträge, Servicevereinbarungen und Auflagen seitens der Behörden.

Fragen Sie nach, wie viele Unternehmen die Branche in den letzten fünf Jahren verlassen haben. Finden Sie heraus, warum sie sich vom Markt verabschiedet haben und welche Schwierigkeiten sie auf ihrem Weg zum Ausgang hatten. Wie viele von ihnen haben freiwillig aufgehört und wie viele wurden dazu gezwungen und waren danach bankrott? Blättern Sie auch ruhig mal in Fachzeitschriften, Verbandsmagazinen oder den Publikationen der Industrie- und Handelskammern, die gewähren mitunter nützliche Einblicke in die Branche.

Märkte

Der Wettbewerb wird vom Kunden bestimmt, und der Kunde schafft die Märkte. Idealerweise repräsentieren die Kunden, die Sie ansprechen wollen, einen Markt, der reif für neue Waren oder Dienstleistungen ist. Lesen Sie die folgenden Tipps und urteilen Sie selbst.

Wie groß ist groß?

Die Größe eines Marktes sagt viel darüber aus, was in der Zukunft wahrscheinlich passieren wird, besonders in Bezug auf die Konkurrenzsituation. Beispielsweise sind große Märkte immer in den Schlagzeilen und ziehen automatisch viele Wettbewerber an. Kleinere Märkte ziehen nicht so viel Aufmerksamkeit auf sich und bergen oft gute Geschäftsmöglichkeiten, weil sie leichter zu überschauen sind. Sie haben das große Los gezogen, wenn Sie einen kleinen Markt in einen größeren umwandeln können, weil Sie eine *Marktlücke* entdeckt haben: ein Produkt oder eine Dienstleistung, an das beziehungsweise die vorher noch niemand gedacht hat.

Versuchen Sie aufgrund der derzeitigen Strukturen die Gesamtgröße Ihres Marktes einzuschätzen. Wenn Sie schon dabei sind, können Sie nach neuen Anwendungsmöglichkeiten suchen, die das Potenzial haben, den Markt neu zu definieren. Erstellen Sie ein paar Prognosen für die neuen Strukturen, die Sie sich ausgedacht haben.

Schrumpfend oder wachsend?

Wenn große Märkte schon gute Nachrichten bedeuten, dann sind schnell wachsende Märkte großartige Neuigkeiten, die die Konkurrenz veranlassen, aus allen Löchern zu krabbeln. Ein wachsender Markt bietet neuen Mitspielern die besten Möglichkeiten, einen guten Stand zu bekommen und die vorhandene Konkurrenz aus dem Markt zu drängen. Bei schrumpfenden Märkten können Sie sicher sein, dass die alten Konkurrenten zäher und erbitterter kämpfen werden. Die Konkurrenzsituation wird also sehr wahrscheinlich hitziger werden, wenn die Marktgröße ab- oder zunimmt.

Betrachten Sie die letzten fünf Jahre und ermitteln Sie die Größenänderungen Ihres Marktes im Hinblick auf verkaufte Einheiten sowie auf erzielte Umsatzerlöse. Wenn der Markt sich schnell ändert, suchen Sie nach Chancen und schätzen Sie ab, welchen Effekt dies wahrscheinlich auf die Zahl und Stärke der Konkurrenz haben wird. Fachzeitschriften und das Internet sind hervorragende Informationsquellen. Versuchen Sie auch mit Kunden, Zulieferern oder sogar Wettbewerbern ins Gespräch zu kommen.

Wahlmöglichkeiten

Bei einem schnellen Überblick über die Ähnlichkeiten und Unterschiede zwischen den Produkten und Dienstleistungen eines Marktes wird etwas gemessen, das man *Produktdifferenzierung* nennt. Wenn ein Produkt ziemlich genauso aussieht wie die anderen Produkte (beispielsweise Zucker oder Gipskartonplatten), dann können Sie davon ausgehen, dass dem Kunden vor allem der Preis wichtig ist. In diesem Fall haben Sie es mit einem sogenannten *Warenmarkt* zu tun. Wenn jedoch jedes Produkt anders ist und dem Kunden etwas Einzigartiges oder Besonderes bietet, wird mit großer Wahrscheinlichkeit vor allem die Produktausstattung über den langfristigen Erfolg oder Misserfolg auf dem Markt entscheiden.

Nehmen Sie die Produkte oder Dienstleistungen, die von den drei Hauptanbietern Ihres Marktes angeboten werden, genau unter die Lupe. Wie ähnlich sind sie sich? Worin unterscheiden sie sich? Überlegen Sie sich, worin sich Ihr Produkt von den anderen unterscheiden kann – besondere Ausstattung oder zusätzliche Dienstleistungen –, sodass Sie nicht einfach nur über Preiserhöhungen oder -senkungen konkurrieren müssen. Übrigens: Die Website der Konkurrenz bietet in der Regel jede Menge Insiderinformationen.

Etwas ganz anderes

Manchmal kommt plötzlich ein völlig neuer Produkttyp oder eine neue Dienstleistung auf den Markt und platzt sozusagen uneingeladen in die Party. Das Produkt kommt meistens aus einer anderen Branche und kann unter Umständen auf einer anderen Technik basieren. Das neue Produkt wird über Nacht um die Gunst der vorhandenen Kunden buhlen – so geschehen, als das Aufkommen der E-Mail die Faxgeräte arbeitslos machte oder durch die inzwischen sehr guten Kameras in den Mobiltelefonen die Digitalkameras Marktanteile verloren. Die Gefahr der *Produktsubstitution* (vorhandene Produkte werden durch neue ersetzt) ist real, besonders in sich schnell ändernden Märkten mit starkem Wettbewerb.

Überlegen Sie, was Ihre Kunden vor fünf, zehn oder sogar zwanzig Jahren getan haben. Haben sie schon damals Ihr Produkt oder ein ähnliches Produkt verwendet oder haben sie ihre Bedürfnisse mit einem völlig anderen Produkt befriedigt? Wie wird es in einem, in fünf oder in zehn Jahren sein? Welche Produkte oder Dienstleistungen werden dann die Kundenwünsche befriedigen? Auch wenn Sie nicht die Zukunft vorhersehen können, können Sie doch verschiedene Möglichkeiten in Betracht ziehen.

Beziehungen

Im Geschäftsleben dreht sich alles um Beziehungen, und dabei kommt es nicht nur darauf an, ob Sie irgendwelche Leute kennen. Es ist entscheidend, wer Ihre Rohstoffe liefert und wer Ihr Produkt vertreibt oder Ihre Dienstleistungen anbietet. Es kommt auch darauf an, wer Ihre Kunden sind und welche Beziehung Sie zu ihnen haben. Einige Tipps können Ihnen helfen, die Schlüsselbeziehungen, von denen Ihr Unternehmen abhängt, zu erkennen.

Zulieferer

Produkte und Dienstleistungen kann man auch unter dem Aspekt betrachten, wie sie letztendlich zusammengesetzt werden. Jedes Unternehmen benötigt zu irgendeinem Zeitpunkt des Fertigungsprozesses externe Zulieferer, ob diese nun Rohstoffe liefern oder bereits fertige Komponenten des Produkts. Wenn Zulieferer mit ins Spiel kommen, entscheidet oft das, was sie liefern – also wie verfügbar, komplex und wichtig es für das Produkt oder die Dienstleistung des Unternehmens ist –, darüber, wie viel Einfluss sie auf das Unternehmen ausüben können. Dies kann bei Preisen und Kreditbedingungen anfangen und bis hin zu den Zeitplänen für die Auslieferung des Produkts gehen.

Sehen Sie sich Ihre eigenen Zulieferer an. Könnten sie Ihnen den Zugriff auf kritische Komponenten beschränken oder die Preise erhöhen? Können Sie Allianzen mit den wichtigsten Zulieferern eingehen oder langfristige Verträge abschließen? Haben Sie Alternativen zu den vorhandenen Zulieferern? Sind einige der Zulieferer in der Lage, das zu tun, was Sie tun, und könnten damit zu Konkurrenten für Ihr Unternehmen werden? Wie können Sie sich schützen?

Die Kunden glücklich machen

Sie haben wahrscheinlich schon von dem Ausdruck »Käufermarkt« gehört. Je mehr Konkurrenz in einer Branche herrscht, desto mehr Macht bekommen die Kunden. Weil die Kunden eine große Auswahl an Produkten haben, können sie es sich erlauben, wählerisch zu sein. Sie stellen bei ihren Einkäufen Forderungen und üben so Druck auf die Preise aus, veranlassen die Unternehmen zu besseren Serviceleistungen oder zur Entwicklung neuer Produktfunktionen. Manche Großkunden sind sogar in der Lage, günstigere Bedingungen auszuhandeln.

Als Sie und Ihre Wettbewerber das letzte Mal die Preise angepasst haben, haben Sie da die Preise erhöht oder gesenkt? Wenn Sie die Preise gesenkt haben, werden Sie durch den Wettbewerbsdruck ohne Zweifel irgendwann wieder dazu gezwungen, noch weiter mit dem Preis herunterzugehen. Überlegen Sie sich daher andere Möglichkeiten, wie Sie konkurrenzfähig bleiben können. Wenn Sie die Preise erhöhen würden, wie viel Widerstand hätten Sie zu erwarten? Wie einfach wäre es bei höheren Preisen, dass die Kunden das, was Sie tun, selbst machen und dadurch kein Bedarf mehr nach Ihrem Produkt oder Ihrer Dienstleistung besteht?

Vertrieb

Egal wie begeistert die Kunden von Ihrem Produkt oder Ihrer Dienstleistung sind, sie können es erst kaufen, wenn sie es in einem Geschäft, Katalog, im Internet oder an der Haustür kaufen können. Die *Absatzsysteme* sorgen dafür, dass die Produkte dahin kommen, wo die Kunden sind. Als *Absatzweg* bezeichnet man den Weg, den ein bestimmtes Produkt zurücklegt – einschließlich des Großhändlers und allen anderen, die noch dazwischengeschaltet sind –, bis es in die Hände des Endkunden gelangt. Je weiter hinten Sie an dieser Kette angesiedelt sind, desto höher ist Ihr Einfluss bei der Bestimmung der Preise und der Bedingungen. Die Unternehmen am Ende der Kette haben den größten Einfluss, weil sie direkten Zugang zum Kunden haben.

Überlegen Sie sich Alternativen für den Absatz Ihres Produkts oder Ihrer Dienstleistung. Welche Absatzwege sind am effektivsten? Wer ist bei dem jeweiligen Absatzweg in der stärksten Position und wohin könnte sich diese Macht verlagern? Gibt es Möglichkeiten, wie Sie selbst näher an Ihre Kunden herankommen können, eventuell durch Mailing-Aktionen oder Vermarktung im Internet?

Finanzen

Schließlich hängt die erfolgreiche Unternehmensplanung auch davon ab, ob Sie mit dem schnöden Mammon umgehen können. Welche Kosten entstehen bei Ihrem Unternehmen? Welches Potenzial für Gewinne besteht? Ein paar Tipps werden Ihnen auf die Sprünge helfen.

Die Kostenseite

Mit ein bisschen Mühe können Sie die gesamten Geschäftskosten auf die verschiedenen Phasen aufteilen, die zur Herstellung des Produkts oder für die Dienstleistung nötig sind, also zum Beispiel in Kosten für Rohstoffe, Herstellung, Montage, Vertrieb, Marketing und Serviceleistungen. Das Kostenprofil ist bei Unternehmen derselben Branche häufig ähnlich. Sie können unter Umständen einen Kostenvorteil erzielen, wenn Sie ausmachen können, wo in Ihrem Unternehmen die meisten Kosten entstehen, und dann nach Möglichkeiten suchen, um diese Kosten zu reduzieren.

Der Effekt von Economies of Scale wird zum Beispiel wirksam, wenn größere Kosten im Voraus festgelegt werden können (beispielsweise große Fabrikationsanlagen oder teure Maschinen). Wird die Anzahl der verkauften Produkte erhöht, reduzieren sich automatisch die Kosten pro verkaufte Einheit. (Weitere Informationen zum Thema Economies of Scale finden Sie weiter vorn in diesem Kapitel im Abschnitt »Zutrittsbeschränkungen«.) *Erfahrungskurven* zeigen, dass Kosten auch verringert werden können, wenn irgendwo im Produktionsprozess neue Technologien, neue Verfahren oder Materialien eingesetzt werden. (Mehr Informationen zu Erfahrungskurven finden Sie in Kapitel 15.)

Unterteilen Sie Ihr Unternehmen in die verschiedenen Produktstadien und fragen Sie sich, wo die meisten Kosten auftreten. Gibt es irgendwelche offensichtlichen Möglichkeiten, um diese Kosten sofort oder über einen längeren Zeitraum zu verringern? Wie beeinflusst das Verdoppeln der Umsätze die Kosten pro Einheit? Welche Ideen zur Kosteneinsparung haben Ihre Konkurrenten?

Die Gewinnseite

Unternehmen haben traditionellerweise ihre eigenen Faustregeln, wenn es um die erwarteten *Gewinnspannen* geht: der Betrag, der am Ende herauskommen soll, nachdem alle Kosten zusammengerechnet wurden und von den zu erwartenden Einnahmen abgezogen wurden. In einigen Branchen bleiben diese Gewinnspannen über Jahre hinweg konstant. Ein Blick auf die Geschichte anderer Branchen zeigt jedoch, dass es Zyklen gibt, in denen sich die Rentabilität verändert. Diese Zyklen spiegeln häufig *Kapazitätsveränderungen* wider, also wie viel von einem Produkt oder einer Dienstleistung tatsächlich produziert und ausgeliefert werden kann.

Ein kurzer Blick darauf, in welchem Stadium des Zyklus von Gewinnspanne und Kapazität sich eine Branche befindet, sowie ein Blick auf die Richtung, die die Branche gerade einschlägt, sagt viel über den bevorstehenden Wettbewerbsdruck aus. Ihnen sollte heute wie morgen daran gelegen sein, in einer Branche mit möglichst geringen Überkapazitäten tätig zu sein. Versuchen Sie daher, folgende Fragen zu beantworten:

- ✔ Welche Konjunktur- und/oder Saisonzyklen gibt es in Ihrer Branche?
- ✔ Wie lange dauert dieser Zyklus im Allgemeinen?
- ✔ Wenn Sie bereits über längere Zeit im Geschäft sind, haben sich Ihre Gewinnspannen im letzten Jahr beziehungsweise in den letzten zwei oder fünf Jahren signifikant verändert?
- ✔ In welche Richtung gehen die Gewinnspannen im Moment?
- ✔ Glauben Sie, dass die Rentabilitätsveränderungen einen Einfluss auf die Anzahl der Konkurrenten oder die Intensität des Wettbewerbs in den nächsten ein bis fünf Jahren haben werden?

Hören Sie an dieser Stelle noch nicht auf. Bestimmt haben wir ein oder zwei Marktkräfte vergessen, die für Ihre eigene Unternehmenssituation wichtig und vielleicht sogar einzigartig sind. Nehmen Sie sich Zeit und versuchen Sie weitere Kräfte zu finden, während Sie Ihre persönliche Branchenanalyse erstellen.

Nachdem Sie über die verschiedenen Kräfte, die in Ihrer Branche am Werk sind, nachgedacht haben, sollten Sie dies auch schriftlich festhalten. Wenn Sie an einer Stelle nicht mehr weiterkommen, dann stellen Sie sich vor, dass jemand, der keine Ahnung von Ihrer Branche hat, wissen will, ob sich eine Investition in Ihre Branche derzeit lohnen würde. Welche Antwort hätten Sie parat? Bringen Sie diese Argumente zu Papier und Sie sind mit der Analyse Ihrer Branche einen großen Schritt weitergekommen.

Wo Sie Daten herbekommen

In vielen Fällen brauchen Sie etwas Hilfe von außen sowie harte Fakten, mit denen Sie das Unterfangen, wie die verschiedenen Kräfte Ihr eigenes betriebliches Umfeld formen, unterstützen können. Leider ist es nicht immer leicht, die richtigen Informationen über die Vorgänge in Ihrer Branche in die Hände zu bekommen.

Manchmal gibt es aber auch einfach keine Daten – vielleicht weil sich niemand darum gekümmert hat, die Daten zu sammeln und zu ordnen, oder weil die Unternehmen nicht damit herausrücken wollen, damit Außenstehende (und potenzielle Konkurrenten) die Branche nicht zu genau analysieren können.

Meistens stehen jedoch eher zu viele Daten zur Verfügung, und das Problem ist, wo man die Informationen herbekommt, die man wirklich braucht. Im Folgenden finden Sie ein paar Vorschläge, an welche Stellen Sie sich wenden können, um Informationen für eine Branchenanalyse zu erhalten.

Die gute Nachricht ist, dass die Technik helfen kann, Sie vor einer wahren Informationsflut zu retten. Sie können die derzeitige Explosion an wirtschafts- und branchenbezogenen Daten eindämmen, indem Sie die im Internet vorhandenen Dienste und Onlinesysteme nutzen, mit denen man nach den wirklich brauchbaren Informationen suchen kann. Auf viele der angegebenen Quellen kann über Computer zugegriffen werden. Täglich gehen neue Quellen online. Als Einstieg können Sie es ja einmal bei folgenden Stellen versuchen:

- ✔ **Allgemeine Internetadressen** – Eine ganze Reihe von Websites liefern Markt- und Unternehmensanalysen. Probieren Sie es einmal beim Institut für Handelsforschung an der Uni Köln (`www.ifhkoeln.de`) oder beim Zentralverband des Deutschen Handwerks (`www.zdh.de` oder `www.bis-handwerk.de`).
- ✔ **Anbieter in Online-Diensten** – Immer mehr Firmen bieten branchenspezifische Daten an. In der Regel ist dieser Dienst kostenpflichtig, aber meistens lohnt sich die Investition. Die Genios-Wirtschaftsdatenbanken bieten unter `www.genios.de` einen solchen Service an.
- ✔ **Staatliche Quellen** – Eine ganz wichtige Informationsquelle sind die statistischen Bundesämter, die Datenmaterial zu verschiedenen Branchen liefern. Sie können das Statische Bundesamt Deutschland unter `www.destatis.de` erreichen.
- ✔ **Fachverbände** – In vielen Branchen gibt es Fachverbände, die festhalten, was in ihrer Welt vor sich geht. Übergreifende Organisationen, wie zum Beispiel die Industrie- und Handelskammer, können bei der Beschaffung relevanter Informationen ebenfalls sehr nützlich sein.
- ✔ **Bibliotheken** – Die Bibliotheken der Wirtschaftsinstitute von Universitäten sind gut, aber auch in den öffentlichen Bibliotheken stehen verschiedenste Wirtschaftszeitschriften und -bücher, Verweise auf schwer auffindbare akademische Quellen, von der Industrie herausgegebene Newsletter und sogar die Geschäftsberichte von Großunternehmen für die Allgemeinheit zur Verfügung.
- ✔ **Banken mit Wertpapiergeschäft** – Deutsche Bank, Commerzbank, aber auch kleinere Institute beschäftigen Leute, die Analysten, die ausschließlich bestimmte Branchen beobachten. Allerdings ist es nicht immer leicht, an diese Studien zu kommen. Kurzfassungen davon finden sich aber für viele Aktiengesellschaften beispielsweise unter `www.aktiencheck.de`.
- ✔ **Direkte Kontakte zur Branche** – Wenn möglich, gehen Sie gleich zur Quelle. Nützliche Informationen können von überall herstammen, auch von den PR-Abteilungen der Unternehmen, von Zulieferern, Händlern und Verkäufern. Auch bei Konferenzen, Messen und Firmenbesichtigungen können Sie wertvolle Informationen erhalten.

Die erfolgsentscheidenden Faktoren erkennen

Wenn Sie Ihre wertvolle Zeit mit der Erstellung einer Branchenanalyse verbracht haben, sollten Sie dafür mit einem ziemlich vollständigen Bild all der Kräfte, die in Ihrer Branche am Werk sind, belohnt worden sein. Sie sollten jetzt Bescheid wissen über die Grundstruktur

Ihrer Branche, die Hauptmärkte, die Beziehungen zu Ihren Zulieferern, Kunden und Händlern, über Kosten und sich ändernde Gewinnspannen. Die Analyse zeigt auch die Trends auf und wie Ihr Unternehmen momentan dasteht, gemessen an der allgemeinen konjunkturellen Phase, in der sich Ihre Branche befindet.

Das ist schön und gut. Aber wie können Sie diese Branchenlandschaft interpretieren, damit Sie sie zur Verbesserung Ihrer eigenen Unternehmensplanung nutzen können? Stellen Sie sich einen Moment lang vor, Ihre Branche sei ein großer Wildwasserfluss. Die Kräfte, die Sie aufgelistet haben, sind die schnelle Strömung, gefährliche Stromschnellen, Felsen oder sogar Strudel im Fluss. Sie sitzen im Unternehmenskanu und da müssen Sie schon mehr tun, als nur auf die Dinge hinzuweisen und glücklich und zufrieden dahinzupaddeln. Ihr Job ist es, durch die gefährlichen Stellen zu navigieren. Wie jeder Kanufahrer weiß, bedeutet das, dass man herausfinden muss, was mit jedem Paddelschlag zu tun ist – welche speziellen Fähigkeiten, Ressourcen und Verbindungswege vorhanden sein müssen, damit Sie überleben und die einzelnen Strecken des Flusses meistern können.

Wieder zurück an Land sollten Sie Ihre Branchenanalyse noch einmal mit neuem Blick begutachten. Fragen Sie sich, was getan werden muss, damit Ihr Unternehmen angesichts der mächtigen Kräfte, die Sie ausfindig gemacht haben, erfolgreich sein kann. Welche speziellen Fähigkeiten, welche Organisation und welche Ressourcen müssen vorhanden sein, damit Sie überleben und erfolgreich sind? In der Geschäftswelt spricht man in diesem Fall von *erfolgsentscheidenden Faktoren*. Erfolgsentscheidende Faktoren sind die fundamentalen Bedingungen, die unbedingt vorhanden sein müssen, wenn ein Unternehmen auf dem Markt gewinnen will. Diese Faktoren sind von Branche zu Branche unterschiedlich, weil sie direkt von den verschiedenen Kräften abhängen, die in der jeweiligen Branche wirken.

Die für Ihr Unternehmen erfolgsentscheidenden Faktoren sind eine durch Ihre Branchenanalyse und die Kräfte, die Ihre Branche formen, bestimmte Menge von Bedingungen. Wahrscheinlich wollen Sie nicht mit mehr als drei oder vier erfolgsentscheidenden Faktoren gleichzeitig jonglieren. Egal wie viele Faktoren Sie als wichtig erkennen, aller Wahrscheinlichkeit nach werden sie sich in bestimmte allgemeine Kategorien einteilen lassen, die schon vorher feststellbar sind. Im Folgenden finden Sie Anhaltspunkte, mit denen Sie Ihre eigene Liste der erfolgsentscheidenden Faktoren erstellen können.

Neue Technologien

Als in den späten 50er-Jahren Düsentriebwerke auf den Markt kamen, war es schnell klar, dass die Fluggesellschaften diese Technologie einführen mussten, um wettbewerbsfähig bleiben zu können. Düsentriebwerke wurden ein erfolgsentscheidender Faktor für die Branche. Wenn Sie (oder Ihre Kinder) Flugzeuge mithilfe von Computersimulatoren steuern, wissen Sie bereits, dass auch für den Erfolg im Bereich der Computerspiele schnellere Prozessoren und Algorithmen entscheidend sind. Kleine Unternehmen können eine neue Technik wie das Internet als erfolgsentscheidenden Faktor nutzen, indem sie eine ansprechende Homepage gestalten.

Herstellungsverfahren

Für Rohstoffe wie Stahl oder Öl sind groß angelegte Fabriken beziehungsweise Raffinerien ein erfolgsentscheidender Faktor, damit die Produktionskosten gering gehalten werden können und die Unternehmen im Preis konkurrenzfähig bleiben. Hier kommen wieder die Economies of Scale ins Spiel, die bereits weiter vorn in diesem Kapitel im Abschnitt »Zutrittsbeschränkungen« erwähnt wurden. In Hightech-Industrien hingegen sind Automatisierung und effiziente Reinräume die erfolgsentscheidenden Zutaten, die die Produktion von preislich wettbewerbsfähigen Elektronikprodukten wie CD-Spieler, Digitalkameras, Mobiltelefone und so weiter ermöglichen.

Personalbeschaffung

Beratungsfirmen rekrutieren ihr Personal meist nur aus den Top-Universitäten, weil sie ihr Geschäft mit dem Fachwissen ihrer Berater machen und die Kunden häufig Fähigkeit und gute Ausbildung gleichsetzen. Ebenso sind Softwareunternehmen nur so gut, wie ihre Programmierer kreativ und erfahren sind. In beiden Fällen sind die Menschen selbst die erfolgsentscheidenden Faktoren.

Organisationstalent

Der langfristige Erfolg von Filmunternehmen, die einen großen Film nach dem anderen produzieren und viel Geld damit verdienen, hängt oft von ihrem organisatorischen Talent ab – der Fähigkeit, Autoren, Schauspieler, die Film-Crew und die Produktionsunternehmen sowie die Medien- und Verteilerstellen zu beurteilen, zu organisieren und unter einen Hut zu bringen. Selbst der Inhaber eines einfachen Antiquariats kann sich einen Vorteil dadurch verschaffen, dass er ein leicht zu handhabendes Bestandsverzeichnis, in dem der Kunde auf einen Blick sieht, was verfügbar ist, sowie ein Reservierungssystem anbietet, damit der Kunde informiert wird, sobald bestimmte Bücher ins Regal gestellt werden.

Dienstleistungen

Unternehmen, die Dienstleistungen jedweder Art anbieten, verkaufen relativ abstrakte »Produkte«, die man nicht anfassen und nur schwer mit einem Copyright oder Patent versehen kann. Erfolg ist meist den Unternehmen beschieden, die als Erste am Markt sind und sich sehr um Kundenloyalität bemühen. Wirtschaftsprüfer und Finanzberater sind darauf bedacht, einen untadeligen Ruf aufzubauen. Denn einer der Hauptgründe, warum Kunden finanziellen Rat bei ihnen suchen, liegt darin, dass sie als vertrauenswürdig gelten. Da in vielen Branchen immer mehr Wert auf die Dienstleistungskomponente gelegt wird, sind EDV-Programme und Serviceleistungen für das Kundenbeziehungsmanagement (Customer Relationship Management – CRM) ein wachsender eigenständiger Industriezweig geworden.

Standort

Es ist kein Zufall, dass rentable Mühlen sich in landwirtschaftlichen Gegenden befinden und Ziegeleien neben Steinbrüchen liegen, denn der Transport von Rohstoffen ist kostspielig. Aber es sind nicht nur die Transportkosten, die bei der Wahl eines Standorts eine Rolle spielen. Für einen Schnellimbiss oder eine Tankstelle ist die Lage von alles entscheidender Bedeutung. Der wichtigste erfolgsentscheidende Faktor für diese Art von Unternehmen ist, dass sie genau den richtigen Platz an einer stark befahrenen Straße erwischen.

Marketing

Die Hersteller von Kosmetik, Bekleidung, Parfüm und sicherlich auch von Sportschuhen verkaufen neben dem tatsächlichen Produkt auch eine Menge Hoffnung und Emotionen. In diesen Fällen gehört die Fähigkeit der Unternehmen, ein starkes Markenimage aufzubauen und aufrechtzuerhalten, mit zu den erfolgsentscheidenden Faktoren. Die Kunden kaufen zuerst den Namen, das Logo oder das Etikett und dann erst den dazugehörigen Lippenstift, die Jeans oder Turnschuhe.

Vertriebsstruktur

Abgepackte Lebensmittel, Haushaltswaren, Snacks und Getränke leben davon, wie viel Platz ihnen im Supermarktregal zugeteilt wird. Ein erfolgreiches Unternehmen für derartige Verbrauchsgüter muss hart daran arbeiten, um für jeden in der Auslieferungskette, vom Fahrer bis zum Lebensmittelhändler, Anreize zu schaffen, damit in den Regalen viel Platz für die eigene Marke vorhanden ist und eventuell andere Marken verdrängt werden können. Die Schnelligkeit der Auslieferung kann manchmal auch ein erfolgsentscheidender Faktor sein, besonders wenn es auf Frische ankommt.

Gesetzliche Vorschriften

Unternehmen, die ihre Verträge direkt mit staatlichen Stellen abschließen, zum Beispiel Recycling-Unternehmen und Baufirmen, haben oft Erfolg, weil sie so gut mit Bürokraten und gewählten Staatsvertretern umgehen können. Gesetzliche Vorschriften spielen jedoch in vielen Branchen eine Rolle, und die Fähigkeit, sich in einem Meer von Vorschriften zurechtzufinden, ist daher oft der für den Erfolg eines Unternehmens entscheidende Faktor. Pharmazeutische Unternehmen investieren beispielsweise riesige Beträge, um neue Arzneimittel zu entwickeln, und setzen all ihre Gewinn- und Erfolgschancen auf ihre Fähigkeit, diese Arzneien durch den komplexen Anerkennungsprozess der staatlichen Behörden zu bringen.

Eine letzte Sache, bevor Sie selbst Ihre Liste der erfolgsentscheidenden Faktoren erstellen: Die erfolgsentscheidenden Faktoren bestimmen, welche Unternehmen in einer bestimmten Branche mit hoher Wahrscheinlichkeit langfristig Erfolg haben werden. Leider sind die erfolgsentscheidenden Faktoren nicht immer mit den momentanen Fähigkeiten Ihres Unternehmens identisch. Kapitel 10 geht darauf ein, wie Sie die besonderen Fähigkeiten Ihres Unternehmens freisetzen und sicherstellen können, dass diese die von Ihnen gefundenen erfolgsentscheidenden Faktoren reflektieren. Und wenn Fähigkeiten und Faktoren keinen gemeinsamen Nenner finden? In diesem Fall müssen Sie wohl oder übel erkennen, dass Sie andere Fähigkeiten entwickeln müssen.

Auf Chancen und Risiken vorbereitet sein

Wenn Sie über die entscheidenden Kräfte, die Ihre Branche formen, Bescheid wissen und die erfolgsentscheidenden Faktoren kennen, die festlegen, welche Art von Unternehmen wohl am ehesten an die Spitze kommen wird, können Sie nach vorne blicken. Nutzen Sie alles, was Sie über Ihre Branche erfahren haben (lesen Sie hierzu noch einmal den Abschnitt »Ihre Branche analysieren« weiter vorn in diesem Kapitel), und fragen Sie sich, welche Chancen für Ihr Unternehmen bestehen und wo die Risiken liegen.

Diese Art von Fragen werden gemeinhin unter dem Begriff *Situationsanalyse* zusammengefasst. Wenn Sie näher darüber nachdenken, hängt die Situation Ihres Unternehmens zum Teil von Dingen ab, die in Ihrem Unternehmen ablaufen (auch als Stärken und Schwächen eines Unternehmens bezeichnet), und zum Teil von Dingen, die draußen passieren (Chancen und Risiken).

Im Moment konzentrieren wir uns erst einmal auf die bevorstehenden Chancen und Risiken (über Stärken und Schwächen wird es in Kapitel 10 gehen). Chancen und Risiken ergeben sich durch die Kräfte, Trends und Ereignisse, die jenseits Ihrer Einflussmöglichkeiten als Unternehmer liegen. Aber sie sind die Herausforderungen, mit denen sich Ihr Unternehmen auseinandersetzen muss, wenn Sie die Konkurrenz schlagen möchten.

Wunderbare Aussichten

Chancen klopfen nicht immer an. Manchmal muss man die Tür selbst finden und wissen, wann man sie öffnen sollte. Sehen Sie sich die folgenden Situationen an – alle können neue Chancen ermöglichen. Überlegen Sie also, ob irgendeine davon auch in Ihrer Branche neue Möglichkeiten eröffnen könnte.

- ✔ **Größere Veränderungen der Technik** – Wenn sich die Technik ändert, sind Unternehmen bei der Einführung häufig langsam, weil sie so viel in die alte Technik investiert haben. Neue Geschäftschancen ergeben sich ständig, angefangen bei virtuellen Flohmärkten, Internet-Shopping und Onlinebanking bis hin zu Musik- oder Filmstreaming.
- ✔ **Verfügbarkeit neuer Materialien** – Bei einer großen Anzahl von Produkten kommen mittlerweile Nanotechnologie-Materialien zum Einsatz. Das sind extrem kleine Partikel (»nano« bedeutet im Griechischen »der Zwerg«), die beispielsweise die Eigenschaften von Oberflächen verändern oder in der Chip- oder Medizintechnik die Miniaturisierung vorantreiben. Wegen der Vielzahl der potenziellen Anwendungen spricht man dabei von Querschnittstechnologie. Weit verbreitet haben sich etwa bereits Reinigungsmittel für Glas oder Lacke, die Nanopartikel enthalten, die die Oberflächen so glatt machen, dass Wasser oder Schmutz abperlen.
- ✔ **Neue Kundenkreise** – Neue Marktchancen werden geboren, wenn Sie herausfinden, dass eine Gruppe von Kunden mit dem, was auf dem Markt zur Verfügung steht, nicht zufrieden ist. Überall auf der Welt stellen Landwirte ihre Betriebe um, um die wachsende Nachfrage nach Bio-Produkten zu erfüllen. Die zunehmende Zahl von Menschen, die sich vegetarisch oder vegan ernähren oder zumindest ihren Fleischkonsum drastisch reduzieren möchten, führt dazu, dass auch Fleisch verarbeitende Betriebe ihr Sortiment um Tofu-Würstchen und Co. erweitern.

- ✔ **Plötzliches schnelles Wachstum eines Marktes** – Wenn ein Markt plötzlich boomt, haben die Unternehmen die besten Chancen, die als Erste die Produktion steigern können, um die wachsende Nachfrage zu befriedigen. Nike war zum Beispiel in der Lage, ganz nach vorne zu sprinten, weil es dem phänomenalen Anstieg der Nachfrage nach allen möglichen Arten von Sportschuhen gerecht werden konnte.
- ✔ **Neue Verwendungsmöglichkeiten für alte Produkte** – Boomende Märkte entstehen auch, wenn für alte Produkte neue Verwendungsmöglichkeiten gefunden werden. Als Forscher herausfanden, dass eine geringe Dosis Aspirin täglich das Herzinfarktrisiko reduzieren könnte, wurde Aspirin mehr als nur ein einfaches Schmerzmittel. Arzneimittelunternehmen reagierten mit neuen rezeptfreien Produkten, die speziell auf diesen neuen Anwendungsbereich und Kundenkreis zugeschnitten waren.
- ✔ **Zugriff auf hochqualifizierte Leute** – In vielen Branchen sind Fähigkeiten eine knappe und wertvolle Ressource. Geschäftschancen entstehen oft, wenn qualifizierte Arbeitskräfte zur Verfügung stehen. Beispielsweise gibt es bei Fusionen immer Mitarbeiter, die unzufrieden über die neue Konstellation sind und dann Jobofferten sehr offen gegenüberstehen. Auch bei Branchenkrisen eröffnen sich für Unternehmen, die durch solide Aussichten punkten können, Möglichkeiten, ihren Pool an qualifizierten Mitarbeitern zu erweitern.
- ✔ **Zusätzliche Standorte** – Die Lage ist entscheidend für das Geschäft. Früher wurden Kinos aus den Einkaufszentren verbannt. Heute hält man sie für wichtige Magnete, die zusätzliche Käufer anziehen, sodass man in vielen Einkaufszentren auch Kinos findet.
- ✔ **Neue Organisationsmodelle** – Neue Arten der Geschäftsführung bergen häufig auch Geschäftschancen. Der Trend zu leanen Strukturen in Unternehmen und die Notwendigkeit, Kosten zu senken, hat zum Beispiel dazu geführt, dass alle möglichen Funktionen an andere Unternehmen übertragen wurden, die jetzt nichts anderes tun, als Computersysteme zu warten, Schulungen durchzuführen oder den Newsletter für ihre Kunden zu erstellen.
- ✔ **Neue Vertriebswege** – Es gibt wirklich nichts Aufregenderes in der Geschäftswelt, als neue Möglichkeiten zu finden, an Kunden zu kommen. Der Vertrieb, ob als Discount-Warenhaus oder als Telefon-Marketing-Kampagne, schafft einen Markt. Das phänomenale Wachstum des Internets basiert auf seinem Versprechen, dass über das Internet Kunden für alle möglichen Produkte und Dienstleistungen effizient und effektiv erreicht werden können.
- ✔ **Sich ändernde Gesetze oder Vorschriften** – Der Staat (welche Überraschung) hat großen Einfluss darauf, wie Unternehmen in allen möglichen Branchen geführt werden und ihr Geld verdienen. Erst die Aufhebung des Monopols der Telekom beispielsweise ermöglichte es, dass auch private Anbieter zum Zug kommen konnten.

Dunkle Wolken am Horizont

Geschäftemachen ist Risiko. Zu jeder großen Chance, die sich in einer Branche auftut, gibt es auch ein gleichermaßen großes Risiko, das die Art und Weise Ihrer momentanen Geschäftsführung infrage stellt. Lesen Sie im Folgenden, wie gravierende Veränderungen sich auf das betriebliche Umfeld auswirken können. Überlegen Sie, ob das eine oder andere auch auf Ihre Branche zutreffen könnte.

- **Nachlassen der Nachfrage** – Ein kleiner werdender Markt, ob vorausgesagt oder unvorhergesehen, fordert seinen Tribut. Überschusskapazitäten können ein Unternehmen in die Knie zwingen, egal ob es sich dabei um plötzliche Rückgänge beim Verkauf von stationären Telefonen oder um die dauerhaft rückläufige Nachfrage nach Pelzmänteln geht. Nur wenn es sich nicht um grundsätzliche Marktveränderungen handelt, lautet die Lösung, die Produktion kurzfristig zu reduzieren, ohne dabei die Fähigkeit zu verlieren, auf ein plötzliches Ansteigen der Nachfrage schnell reagieren zu können.
- **Kostspielige Gesetzgebung** – Staatliche Programme, Gesetze und Vorschriften beeinflussen oft das Endergebnis. Unternehmen, ob groß oder klein, sollten sich darauf einstellen, alle möglichen Anforderungen erfüllen zu müssen. Unwissenheit schützt vor Strafe nicht, wie man so schön sagt, und nicht beachtete Vorschriften können sehr viel Zeit, Geld und den guten Ruf kosten. Denken Sie beispielsweise an einen großen deutschen Automobilhersteller …
- **Sich ändernde Trends** – Allgemeine Trends in der Bevölkerung können tiefgreifende Auswirkungen auf bestimmte Märkte haben. Das unausweichliche Älterwerden der geburtenstarken Jahrgänge, der »Babyboomer«, hat beispielsweise in der Tourismusbranche zu völlig neuen, noch vor wenigen Jahren kaum denkbaren Angeboten geführt. Die von jeher reise- und abenteuerlustige sowie oft musikinteressierte Bevölkerungsgruppe der Generation 50+ ist heute naturgemäß nicht mehr so gerne mit Rucksack und Zelt unterwegs. Diese Erkenntnis brachte den Reiseanbieter TUI dazu, zusammen mit den Organisatoren von Wacken (dem weltgrößten Heavy-Metal-Festival) eine Full Metal Cruise auf ihrem Schiff Mein Schiff 1 anzubieten. Das Festival, das regelmäßig in weniger als einer Stunde ausverkauft ist, findet 2016 bereits zum vierten Mal statt.
- **Neue und aggressive Konkurrenz** – Zwar müssen neue Konkurrenten erst einmal einen harten Kampf führen, aber sie bringen bei ihrem Marktdebüt fast immer den Vorteil unverbrauchter Energie, frischer Talente und den starken Wunsch zu gewinnen mit. Nach der Ölkrise in den 1970er-Jahren kamen japanische Automobilhersteller mit ihren kleinen, Benzin sparenden Autos, einer ernsthaften Marketingstrategie und dem Willen, langfristigen Erfolg zu haben, auf den Markt. Die Koreaner waren die Nächsten, die auf dem Automarkt Fuß fassten.
- **Ersatzprodukte** – Was passiert, wenn irgendein Krimskrams einen anderen Krimskrams ersetzt? Oft ist dann das andere Krimskrams-Unternehmen in großen Schwierigkeiten. Die Gefahr an Ersatzprodukten ist, dass sie oft scheinbar aus dem Nichts auftauchen. Digital- und Handykameras haben den alten Urlaubsfotos den Rang abgelaufen, CDs haben die alten Schallplatten zu Sammelobjekten gemacht und sind heute selbst ernsthaft durch Musikstreaming bedroht.
- **Heftige Kursschwankungen** – Heute kann sogar ein auf einen bestimmten Standort beschränktes Unternehmen von den globalen Wirtschaftskräften, zum Beispiel den Wechselkursen, beeinflusst werden. Stets wenn der Wert des US-Dollars ansteigt, wird der amerikanische Markt von einer Flut billiger Auslandsimporte überschwemmt. Im Gegenzug können US-Produzenten ihre Rohstoffe dank des starken Dollars günstiger einkaufen. Fällt der Dollar hingegen, profitieren US-Exporteure, weil ihre Waren im Ausland billiger werden. Entsprechend verteuern sich Rohstoff-Einfuhren.

- ✔ **Rohstoffpreise** – Die Notierungen von Rohstoffen wie Öl oder Kupfer schwanken traditionell sehr stark. In Extremfällen kommt es in diesem Bereich sogar zu Lieferengpässen. Unternehmen schließen daher oft langfristige Verträge mit den Zulieferern ab, um derlei Probleme zu vermeiden. Allerdings sind solche Verträge unflexibel und müssen daher regelmäßig überprüft werden. Viele Abnehmer zahlen zum Beispiel hohe, vorab vereinbarte Preise für Gas oder Öl, selbst wenn deren Notierungen am Weltmarkt einbrechen.
- ✔ **Verlust des Patentschutzes** – Kreativität und intellektuelles Eigentum sind im Allgemeinen durch Copyright oder Patente geschützt. Aber Patente können auslaufen, und Unternehmen müssen sich gegen die Konkurrenz, die unausweichlich folgt, wappnen. Pharmazeutische Unternehmen mussten zum Beispiel lernen, mit den billigeren Nachfolgemedikamenten zu konkurrieren, die sofort auf den Markt kommen, wenn eine erfolgreiche Marke ihren Patentschutz verliert.
- ✔ **Tarifverträge** – Gewerkschaften haben entscheidenden Einfluss auf die Kosten, die bei einer Unternehmung entstehen können, und Unternehmen in verschiedenen Branchen haben gelernt, in welchem Maße sie die Gewerkschaften in ihre Kalkulationen einbeziehen müssen.
- ✔ **Nachlässigkeit und Bequemlichkeit** – Man wird leicht nachlässig, wenn der Rubel vermeintlich verlässlich rollt. Die Liste der Unternehmen, die in die Bequemlichkeitsfalle getappt sind, ist ziemlich lang. Swiss Air, Lufthansa und Allitalia gehören zum Beispiel dazu und wurden nicht nur von Billigfliegern wie RyanAir, sondern auch den Golf-Airlines Ethiad und Emirates geschlagen.
- ✔ **Natur- und andere Katastrophen** – Ob Erdbeben, Tornado, Hurrikan, Tsunami oder Terroranschläge, ein guter Geschäftsmann/eine gute Geschäftsfrau sorgt vor. Insbesondere Unternehmen in Branchen, die stark EDV-abhängig sind, sichern sich aufwendig ab, damit keine wertvollen Daten zerstört werden. Dies hat zum Entstehen eines völlig neuen Geschäftszweiges mit Unternehmen geführt, die den Schutz der Daten gewährleisten und damit für ein ruhiges Gewissen beim Kunden sorgen.

Die Zahl der in einer Branche möglichen Chancen und Risiken ist unbegrenzt. Ein erfolgreicher Businessplan sollte auch eine Situationsanalyse beinhalten, die auf die größten Chancen und die augenfälligsten Risiken für Ihr Unternehmen hinweist, sodass Sie sich bei Ihrer Planung Mittel und Wege überlegen können, um mit beidem zurechtkommen zu können.

Den Markt in Segmente zerlegen

7

In diesem Kapitel

- Kunden in Gruppen unterteilen
- Marktsegmente definieren
- Marktsegmente erstellen
- Vorhersagen, wie sich die Marktsegmente verhalten werden

Es ist nett, sich vorzustellen, dass Kunden Menschen aus Fleisch und Blut sind – Kunden wie Peter Müller, Hans Meier und Maria Schmidt, die regelmäßig zu Ihrer Tür hereinspazieren. Aber es ist auch verlockend, sich vorzustellen, dass alle da draußen in der Welt Kunden sind. Sollte nicht die ganze Welt Ihre Produkte und Dienstleistungen kaufen wollen?

Leider ist keine dieser beiden Sichtweisen besonders hilfreich, wenn es darum geht, einen Businessplan zu erstellen, der praxisbezogen ist.

Zum Glück haben Sie eine einfache Alternative. Nehmen Sie sich einen Moment Zeit und denken Sie darüber nach, wer zu Ihren Kunden zählt. Als Erstes werden Sie feststellen, dass viele der Kunden eine ganze Menge gemeinsam haben. Eine Tatsache, die Ihnen die große Möglichkeit eröffnet, die Kunden aufgrund der Ähnlichkeiten in Gruppen einzuteilen. Indem Sie Ihr Unternehmen um diese Kundengruppen herum planen, können Sie den besonderen Bedürfnissen und Wünschen der Kunden noch besser entsprechen.

In diesem Kapitel zeigen wir, wie Sie nützliche Marktsegmente erstellen, die Sie für Ihre Geschäftsplanung verwenden können. Wir erkunden verschiedene Möglichkeiten, um Marktsegmente zu bilden: je nachdem, wer kauft, was gekauft wird und warum gekauft wird. Schließlich geht es um die Dinge, die Sie tun können, damit Ihre Geschäftsmethoden widerspiegeln, wer zu Ihren Kunden zählt und warum sie zu Ihnen kommen und nicht zur Konkurrenz gehen.

Marktsegmente definieren

Was zeichnet einen guten Kunden aus? Die besten Kunden, die sich ein Unternehmer wünschen kann, haben folgende Dinge gemeinsam:

- ✔ Sie machen viele Geschäfte mit Ihnen.
- ✔ Sie sind treu.
- ✔ Sie machen nützliche Vorschläge.
- ✔ Sie sagen nette Dinge über Sie.

Gute Kunden sind zufriedene Kunden. Sie versorgen sie genau mit den Dingen, die sie brauchen. Und die Kunden sorgen dafür, dass Sie ihre sich ändernden Bedürfnisse und Wünsche erkennen.

Wie können Sie sichergehen, dass Sie so viele potenzielle Kunden wie möglich zufriedenstellen? In einer perfekten Welt könnten Sie jeden Kunden einzeln ansprechen. Aber eine derartige individuelle Betreuung ist heutzutage nicht immer durchführbar. Zum Glück gibt es noch eine andere Lösung. Auch wenn jeder Kunde einzigartig ist, sind sich bestimmte Gruppen von Kunden oft sehr ähnlich.

Sie können sich mehr Einblick über Ihren eigenen Markt verschaffen, indem Sie die Kunden in Gruppen zusammenfassen und auf diese Weise *Marktsegmente* erstellen. Damit die Marktsegmente für Ihre Unternehmensplanung von praktischem Nutzen sind, sollten die Segmente Kundengruppen beschreiben, die Sie leicht ermitteln können und die auf Ihre Produkte und Dienstleistungen auf eine ähnliche Art und Weise ansprechen – eine, die sich von anderen Kundengruppen unterscheidet. Mit einem erfolgreichen Marktsegment können Sie die jeweiligen Bedürfnisse und Wünsche einer ganzen Kundengruppe besser erfüllen.

Eine gute Strategie zeigt nicht nur, was Ihr Unternehmen ist und wer Ihre Kunden sind, sondern auch, was Sie nicht sein wollen. Das Festlegen von Marktsegmenten ermöglicht Ihnen auch, die Kunden zu erkennen, die nicht zu Ihrem Unternehmen passen und auf die Sie daher keine Ressourcen verschwenden sollten.

Es gab eine Zeit, da waren Turnschuhe Stoffschuhe mit Gummisohle, in denen die Kinder spielten und die sie meist im Sportunterricht anhatten. Damals waren die Käufer meist die Eltern, die Träger der Schuhe waren meist Jungen. Wenn man im Turnschuhmarkt mitspielen wollte, musste man ein Auge darauf haben, was diese Jungen tragen wollten.

Wenn man sich den Markt für Sportschuhe heute ansieht, könnte der Unterschied kaum größer sein. Männliche Jugendliche tragen immer noch diese Schuhe, aber ebenso auch Mädchen, Kleinkinder, coole Teenager, ernsthafte Jogger, ältere Mitbürger und alle anderen auch. Alle verlangen nach Sportschuhen in unterschiedlichen Formen und Farben, mit verschiedenen Funktionen und Optionen und in den unterschiedlichsten Preisklassen. Es gibt Sportschuhe, in denen man spazieren geht, läuft, Tennis spielt, Skateboard fährt oder die man nur trägt, weil sie modern sind. Mittlerweile gibt es sogar welche, die haben kleine Lichter in den Absätzen, die bei jedem Schritt blinken.

Heute gibt es im Sportschuhbereich Dutzende von Segmenten, und jedes Segment ist eindeutig definiert. Für beispielsweise Adidas und Puma wäre der Versuch, den Markt mit nur einem Universal-Turnschuh zu befriedigen, schiere Dummheit und ein finanzielles Desaster. Die Sportschuhbranche und die Marktsegmente, die diese Branche formen, haben sich in den vergangenen Jahrzehnten unvorstellbar verändert.

Baut die Handys, die Kunden wirklich wollen!

Ein Beispiel aus der jüngeren Wirtschaftsgeschichte, bei dem ein Unternehmen die Bedürfnisse seiner Kunden nicht kannte, falsch einschätzte und eben keine kluge Analyse der Kundengruppen durchführte, ist Nokia. Der finnische Hersteller von Mobiltelefonen dominierte von 1998 bis 2011 den Markt für Mobiltelefone nach allen Regeln der Kunst. Nokia war die größte Firma Finnlands, der schwerste Wert im dortigen Börsen-Index, unterhielt weltweit Produktionsstätten und scheffelte Milliarden. Das ist umso beeindruckender, als Nokia früher ein einfacher Hersteller von Gummistiefeln und Papier war.

Doch 2012 hängte die südkoreanische Samsung Electronics die Finnen ab. Samsung brachte es damals international auf 25 Prozent Marktanteil und Nokia auf rund 23 Prozent. Mobiltelefon-Newcomer Apple aus Kalifornien, der erst 2007 das iPhone lanciert hatte, erreichte immerhin 9,5 Prozent. In den Jahren darauf sollte sich das Verhältnis weiter zuungunsten Nokias verschieben. 2014 verkauften die Finnen ihre angeschlagene Handy-Sparte an Microsoft aus den USA, die den einst klangvollen Namen nun weiternutzen. Nokia selbst hat sich vor allem auf das Netzwerkgeschäft konzentriert und profitiert noch etwas von den Patenten aus besseren Zeiten.

Was war passiert?

- ✔ Als ein Kardinalfehler Nokias sollte sich später ein unwichtig klingendes Versäumnis herausstellen: Vor allem Kunden in Asien fuhren absolut auf Klapp-Handys ab. Nokia hielt das für eine kurze Modeerscheinung. Als sich der Kundenwunsch als nachhaltig herausstellte, entwickelte Nokia doch ein Klapp-Modell – doch dann war der Boom wirklich vorbei.
- ✔ Kunden wünschen sich Geräte, die sie einfach in Betrieb nehmen können, am besten, ohne eine Betriebsanleitung zu studieren und die sie später problemlos bedienen können. Das hat Apple weit besser erkannt als Nokia und konsequent genutzt.
- ✔ Viel früher als die Finnen hat Apple auch auf Smartphones gesetzt. Das war ein fundamentaler technologischer Sprung, bei dem Nokia ebenfalls viel Zeit verschenkt hat.
- ✔ Beim Design – für Kunden ebenfalls extrem wichtig – hat Apple, aber auch Samsung einfach den Geschmack der Käufer besser getroffen. Die Geräte wirkten (und wirken) einfach eleganter.
- ✔ Zudem hat Nokia zu lange auf das eigene Betriebssystem Symbian gesetzt, das sich nicht etablieren konnte. Heute arbeiten die Geräte mit Microsoft-Systemen.

Möglichkeiten, Marktsegmente zu bilden

Im Gegensatz zu dem, was die Marketing-Gurus uns erzählen, gibt es eigentlich bei der Einteilung Ihres Marktes kein Richtig oder Falsch. Sie müssen Ihre Kunden von verschiedenen Blickwinkeln aus betrachten und sie aufgrund von verschiedenen Faktoren beschreiben. Je mehr Sie in diesem Bereich Ihre eigene Fantasie und Kreativität einsetzen, desto erfolgreicher werden Sie dabei sein, Marktsegmente zu finden, die einzigartig und effektiv sind. Eine Dimension reicht nicht aus. Wie Abbildung 7.1 zeigt, können Sie Marktsegmente erstellen, indem Sie die drei Grundfragen stellen:

- ✔ Wer kauft?
- ✔ Was wird gekauft?
- ✔ Warum wird gekauft?

Wer kauft?

Eine allgemeine Beschreibung, wer Ihr Produkt oder Ihre Dienstleistung kauft, ist für eine Einteilung der Kunden in Marktsegmente ein guter Ausgangspunkt. Wenn Sie sich auf einzelne Kunden konzentrieren, versuchen Sie, etwas darüber herauszufinden, wie sie leben. Wenn Ihre Kunden andere Unternehmen sind, finden Sie heraus, wie sie ihr Geschäft führen. Teilen Sie dabei die Kunden nach folgenden Gesichtspunkten ein:

- ✔ Geografie (Wo leben die Kunden?)
- ✔ Profil (Wie sind sie?)
- ✔ Lebensstil (Was tun sie?)
- ✔ Persönlichkeit (Wie handeln sie?)

Wo leben sie?

Vielleicht die einfachste und am häufigsten verwendete Art zur Beschreibung von Kunden basiert darauf, wo diese leben. Dabei werden folgende geografische Faktoren verwendet:

- ✔ Kontinent
- ✔ Land
- ✔ Region
- ✔ Bundesland
- ✔ Stadt
- ✔ Gemeinde

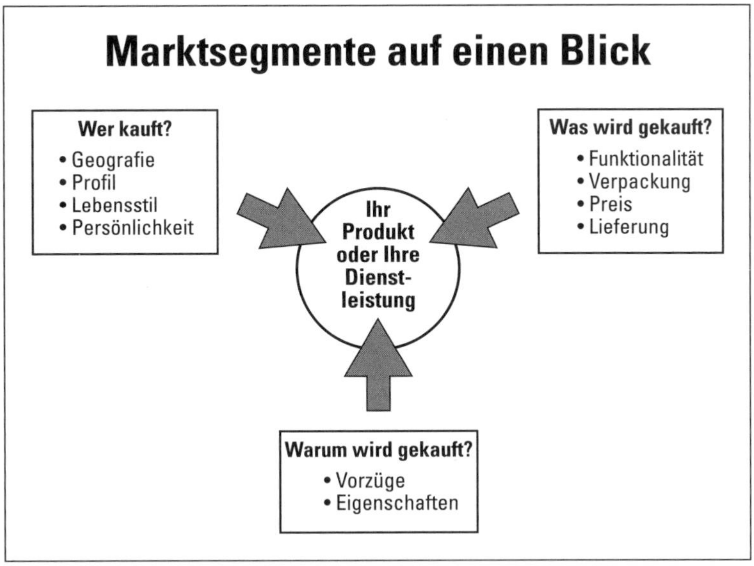

Abbildung 7.1: Sie können Marktsegmente definieren, indem Sie die drei Grundfragen stellen und diese dann aus verschiedenen Blickwinkeln beantworten.

Aber man kann bei der geografischen Einteilung auch noch viel pingeliger werden und die Kunden mithilfe folgender Faktoren beschreiben:

✔ Wie weit entfernt leben die nächsten Nachbarn?

✔ Wie heiß oder kühl ist's im Sommer?

✔ Wie lange benötigen sie, um zum nächsten Flughafen zu kommen?

Die Einteilung der Kunden mithilfe geografischer Faktoren ist besonders geeignet, wenn man regionale Vorlieben berücksichtigen möchte – was bei Vertrieb und Lieferung von Produkten oder Dienstleistungen oft ein wichtiger Faktor ist. Nahrungsmittel für bestimmte Nationalitäten verkaufen sich zum Beispiel in bestimmten Regionen besser als in anderen und in Großstädten eher als auf dem flachen Land.

Man sollte auch nicht versuchen, dicke Mäntel an jeden und jede in Europa zu verkaufen, sondern seine Verkaufsbemühungen auf die Gebiete beschränken, in denen der Winter für gewöhnlich kalt ist, und so die Marktdifferenzierung aufgrund des Wetters treffen. Wenn man die geografischen Merkmale der Kunden, die mit dem Produkt oder der Dienstleistung in Beziehung stehen, berücksichtigt, erhält man schon die ersten verwendbaren Marktsegmente.

Wie sind sie?

Ein Kundenprofil enthält all die Merkmale, die auch bei einer Volkszählung abgefragt würden. Marketing-Gurus nennen diese Merkmale *demografische Daten*. Dabei geht es um Folgendes:

- ✔ Alter
- ✔ Geschlecht
- ✔ Größe des Haushalts
- ✔ Ausbildung
- ✔ Beruf
- ✔ Einkommen
- ✔ Nationalität
- ✔ Religion

Firmenprofile sehen natürlich etwas anders aus. Diese Profile können zum Beispiel folgende Merkmale enthalten:

- ✔ Branche
- ✔ Größe des Unternehmens
- ✔ Anzahl der Mitarbeiter
- ✔ Geschäftsjahre

Sie können mithilfe von Kundenprofilen oft Markttrends erkennen und potenzielle Möglichkeiten ausmachen. Warum boomt der Markt für Gesundheitsprodukte heute? Weil die berühmten Babyboomer, also alle, die zwischen 1946 und 1964 geboren wurden, sich langsam mit ihren Zipperlein und den Belastungen des Alters auseinandersetzen müssen. Und wo lässt sich ein wachsender Markt für Kredite finden? Bei den Familien, die Kleinkinder haben.

Was tun sie?

Lifestyle oder Lebensstil ist heutzutage ein schrecklich ausgeleierter Begriff, der verwendet wird, um alles und nichts in unserer modernen Welt zu beschreiben. Aber das Wort bekommt eine neue Bedeutung, wenn es auf Ihre Kunden angewendet wird. Es bedeutet, dass Merkmale erfasst werden, die über die rein demografischen Daten hinausgehen. Zum Beispiel:

- ✔ Hobbys
- ✔ Fernsehgewohnheiten
- ✔ Soziale Aktivitäten
- ✔ Mitgliedschaft in Vereinen
- ✔ Reisezielvorlieben

Alle diese Informationen werden manchmal auch *psychografische Daten* genannt, weil sie dazu dienen, die Psychologie des Kunden zu erfassen.

Angewendet auf Kunden, die selbst Unternehmen sind, umfassen die Lebensstil-Faktoren Dinge wie:

- ✔ Umweltschutz
- ✔ Spenden für wohltätige Zwecke
- ✔ Investitionen in die Schulung der Mitarbeiter
- ✔ Beihilfen für Mitarbeiter
- ✔ Förderung von Mitarbeitern

Mit jedem dieser Merkmale kann man mehr über ein bestimmtes Marktsegment erfahren, um es dann besser bedienen zu können.

Wie handeln sie?

Ihre Kunden sind Individuen, die ihre persönliche Art haben, zu agieren und zu reagieren. Fänden Sie es nicht praktisch, wenn Sie Marktsegmente aufgrund von allgemeinen Persönlichkeitstypen erstellen könnten? Glücklicherweise müssen Sie nicht ganz von vorne beginnen. Einige Verhaltensforscher (diese etwas sonderbaren Leute, die immer ein Auge auf uns haben) sind zu dem Schluss gekommen, dass es fünf grundsätzliche Persönlichkeitstypen gibt; diese sind in Tabelle 7.1 beschrieben.

Typ	Beschreibung
Innovatoren (Innovators)	Lieben das Risiko Jung und gut ausgebildet Aufgeschlossen gegenüber neuen Ideen und Technologien Mobil und vernetzt Informieren sich über externe Quellen
Frühe Adopter (Early Adopters)	Trendsetter Sorgfältige Beurteiler Offen für gut begründete Argumente Von gleichrangigen Mitarbeitern respektiert
Frühe Mehrheit (Early Majority)	Meiden möglichst jedes Risiko Wohlüberlegt bei ihren Aktionen Versuchen neue Produkte erst, wenn diese erste Markterfolge haben
Späte Mehrheit (Late Majority)	Skeptisch Extrem vorsichtig Von anderen Produkten enttäuscht Probieren neue Produkte nur widerwillig Reagieren nur auf Druck von Freunden
Zögerer (Laggards)	Halten bis zum bitteren Ende durch Warten, bis Produkte veraltet sind Zögern dann immer noch!

Tabelle 7.1: Persönlichkeitstypen

Wie man sieht, hat der Persönlichkeitstyp eine Menge damit zu tun, wie begierig die Leute danach sind, neue Produkte und Dienstleistungen zu kaufen. Obwohl einige mutiger sind und neue Dinge ausprobieren, verwenden andere ganz im Gegensatz dazu die Dinge erst, wenn sie sich durchgesetzt haben. Die Zögerer brauchen einfach länger, um neue Ideen zu akzeptieren, als die Innovatoren. Fachsprachlich ausgedrückt nennt sich das Ganze *Verbreitung von Innovationen* oder *Innovationsdiffusion* (siehe Abbildung 7.2).

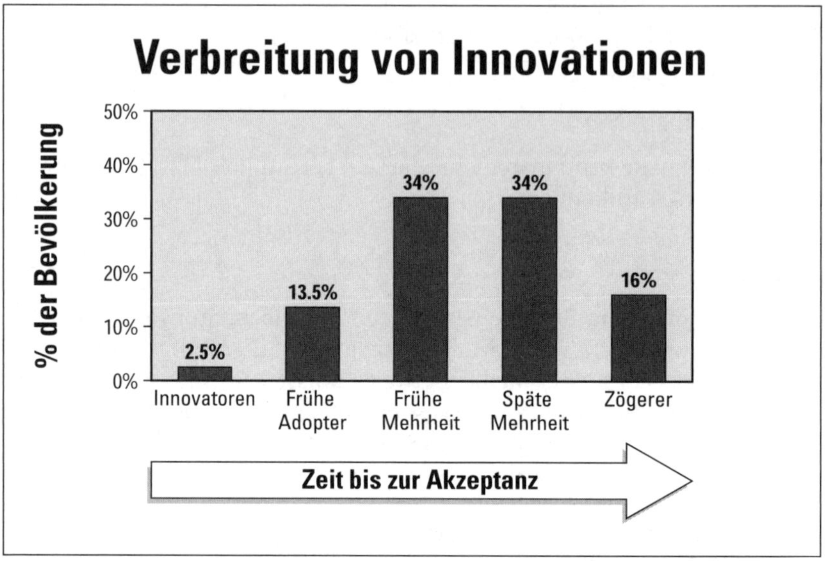

Abbildung 7.2: Die Produktakzeptanz erfolgt bei den verschiedenen Persönlichkeitstypen zu unterschiedlichen Zeitpunkten.

Über die Jahre haben die Marktforscher jede Menge Daten zu den typischen Persönlichkeiten in den einzelnen Gruppen gesammelt (siehe Tabelle 7.1). Diese Informationen können Sie für Ihre Planung verwenden. Ermitteln Sie zunächst, welche Persönlichkeitstypen mit der größten Wahrscheinlichkeit positiv auf Ihr Produkt oder Ihre Dienstleistung reagieren werden. Dann können Sie eine Beschreibung der Zielkunden zusammenstellen und einen Businessplan aufstellen, mit dem Sie diese Zielkunden effektiv und effizient erreichen können.

Was wird gekauft?

Eine Beschreibung der Kunden im Hinblick auf Geografie, Profil, Lebensstil und Persönlichkeit sagt bereits sehr viel aus. Um zu verstehen, wie Kunden auf dem Markt, in dem Sie tätig sind, ihre Entscheidungen treffen, müssen Sie nicht nur berücksichtigen, wer Ihre Kunden sind, sondern auch, was sie kaufen.

Wenn Sie die Kunden danach beschreiben können, was sie kaufen, können Sie sie von der Perspektive aus betrachten, die Ihnen sehr vertraut ist: aus der Perspektive Ihrer eigenen Produkte und Dienstleistungen. Wenn die Marktsegmente darauf basieren, was die Kunden kaufen, können Sie direkt die Bedürfnisse jeder Gruppe berücksichtigen, indem Sie bei folgenden Aspekten der Produkte oder Dienstleistungen Änderungen vornehmen:

- ✔ Funktionalität
- ✔ Verpackung
- ✔ Preis
- ✔ Lieferung

Was kann es?

All die Daten und Eigenschaften eines Produkts oder einer Dienstleistung werden *Funktionalität* genannt – Dinge also, die häufig in einer Produktbeschreibung, einem Benutzerhandbuch oder auf der Verpackung erwähnt sind. Wenn Sie die Kunden nach den Produktfunktionen, nach denen sie suchen, in Gruppen einteilen, lässt sich feststellen, dass sie ziemlich viel gemeinsam haben. Ähnlich sind sie sich zum Beispiel in folgenden Punkten:

- ✔ Wie oft sie das Produkt verwenden (selten, mittel, häufig)
- ✔ Wie geschickt sie im Umgang mit dem Produkt sind (Neuling, Fortgeschrittener, Experte)
- ✔ Was sie mit dem Produkt tun (Freizeit, Ausbildung, Beruf)
- ✔ Welche Art von Kunden sie sind (Berater, Wiederverkäufer, Benutzer)

Die asiatischen Computerhersteller Acer, Asus und Lenovo zum Beispiel verkaufen Computer der unteren Preisklasse vor allem an Käufer, die keine Technikspezialisten sind. Diese Käufer verwenden ihre Rechner wahrscheinlich ein paar Stunden pro Woche zu Hause, um die Finanzen der Familie zu erledigen, die Hausaufgaben zu machen, im Internet zu surfen oder für Computerspiele. Die Kunden von Acer, Asus und Lenovo unterscheiden sich völlig von denen von Bloomberg, einer US-Firma, die Finanzprofis Daten über eigene Terminals anbietet. Die Kunden von Bloomberg sind mit hoher Wahrscheinlichkeit Profis, die den Computer viele Stunden am Tag für die Arbeit verwenden. Man muss nur die Funktionen der Computer von Acer, Asus und Lenovo mit denen der Bloomberg-Terminals vergleichen, um festzustellen, dass die Produkte dieser Unternehmen zwei ganz unterschiedliche Kundengruppen ansprechen.

Wie wird es verkauft?

Zur *Verpackung* gehört sehr viel mehr als nur etwas Karton, Klarsichtfolie und Plastik. Zur Verpackung gehört eigentlich alles, was das Produktangebot umgibt, zum Beispiel auch:

- ✔ Produktwerbung (Internet, Radio/TV, Zeitschriften, Plakatwände, T-Shirts)
- ✔ Verkaufsaktionen (Ladenwerbung, Coupons, Verlosungen)

- Marketing (Rezensionen, Fernsehsendungen für Wohltätigkeitszwecke, Werbung durch berühmte Persönlichkeiten, Newsletter, Kundenmagazine)
- Produktservice (Garantien, Hotline, Servicecenter)

Auch hier spiegeln die aufgrund der Verpackungskriterien gefundenen Marktsegmente Kundeneigenschaften wider, die den oben bei Produktfunktionen erwähnten Eigenschaften ähnlich sind: Häufigkeit der Verwendung, Grad der Fähigkeiten, Einsatz des Produkts und Typ des Benutzers.

Weil Acer, Asus und Lenovo hauptsächlich Computer für den Heimbedarf verkaufen, wird in den Massenmedien dafür geworben, es wird gängige Software vorinstalliert und ein dichtes Servicenetz, beispielsweise über Elektromärkte angeboten. Für die gehobeneren Bloomberg-Terminals wird dagegen in Fachmagazinen geworben, sie sind nur kompatibel mit komplexeren Betriebssystemen und Serviceleistungen erfolgen über Wartungsverträge vor Ort.

Was kostet es?

Der Preis eines Produkts oder einer Dienstleistung schafft verschiedene Kundengruppen. Kunden, die auf den Preis achten, bilden ein Lager, und die, die für bestimmte Qualität auch mehr bezahlen, ein anderes. Wenn Sie je das Vergnügen hatten, einen Kurs in Mikroökonomie zu belegen, werden Sie zwei Fakten nicht mehr vergessen: Der Preis ist eine wichtige Marktvariable und das Preis-Leistungs-Verhältnis ist in jedem Markt eine fundamentale Kraft. Die Computer von Acer, Asus und Lenovo sind preisgünstig, wohingegen den Profis, die Bloomberg-Terminals mieten, mehr daran gelegen ist, ihre gehobenen Ansprüche zu befriedigen.

Im Allgemeinen ist der Massenmarkt preisgünstig, auf dem sogenannten *Markt für hochwertige Güter* wird mehr aufgrund von Qualität, ausgefeilten Funktionen und Status verkauft. Aber der Preis ist nicht der einzige Faktor, der zu verschiedenen Marktsegmenten führen kann. Weitere Kriterien sind:

- Finanzierungsmöglichkeiten (werden zum Beispiel von Möbelgeschäften angeboten)
- Leasingoptionen (werden Fluglinien angeboten, die Flugzeuge kaufen)
- Geld-zurück-Garantien (werden regelmäßig im Fernsehen angeboten)
- Inzahlungnahme (wird von Autohändlern angeboten)

Wo gibt es Ihr Produkt?

Vertrieb und Lieferung bestimmen, wie die Kunden an Ihre Produkte oder Dienstleistungen herankommen. In diesem Fall lassen sich Marktsegmente danach bilden, wo die Kunden einkaufen:

- Großhandelsketten
- Billiganbieter
- Kaufhäuser

- Einzelhandelsgeschäfte
- Katalog
- Internet

Avon Cosmetics erreicht seine Kunden über unabhängige Avon-Beraterinnen direkt zu Hause, die Produkte findet man in keinem Geschäft. Das Unternehmen glaubt, dass Schönheitsprodukte etwas sehr Persönliches sind und daher eine sehr persönliche Art des Verkaufs erfordern, um erfolgreich zu sein. Mit dem gleichen Ziel platzieren andere Kosmetikfirmen ihre Beraterinnen an strategisch günstigen Punkten in Kaufhäusern (man kann sie gut an ihren weißen Kitteln, dem perfekt geschminkten Gesicht und dem teuren Parfüm erkennen).

Für die aufgrund von Vertrieb und Lieferung gebildeten Marktsegmente gibt es auch noch weitere Kriterien:

- Ständige, von der Uhrzeit unabhängige Verfügbarkeit
- Ständige, vom Standort unabhängige Verfügbarkeit
- Garantierte Verfügbarkeit
- Zeitabhängigkeit

Warum wird gekauft?

Wenn man die Kundenwünsche über lange Zeit befriedigen möchten, muss man sich bestimmte Grundinformationen beschaffen. Vielleicht die schwierigsten – und nützlichsten – Fragen, die man sich im Zusammenhang mit den Kunden stellen kann, drehen sich darum, warum sie überhaupt kaufen. Diese Fragen sind:

- Wonach suchen die Kunden?
- Was brauchen sie?
- Was ist ihnen wichtig?
- Was motiviert sie?
- Wie nehmen sie Dinge wahr?
- Wie treffen sie ihre Wahl?

Wenn Sie die Kunden nach den Antworten, die sie auf diese Fragen geben, in Gruppen unterteilen, werden die Marktsegmente aufgrund der Vorzüge gebildet, nach denen die Kunden suchen. Weil mithilfe dieser Marktsegmente die Kunden von *ihrem* Blickwinkel aus betrachtet werden (und nicht von Ihrem als Unternehmer), bieten sie die beste Möglichkeit, um die bestimmten Wünsche einer ganzen Kundengruppe zu erfüllen.

Was bekommen sie?

Während Sie versuchen, sich genau vorzustellen, warum die Kunden Produkte und Dienstleistungen Ihres Marktes kaufen, erstellen Sie eine Liste der Vorzüge, nach denen Kunden Ihrer Meinung nach suchen. Sie denken jetzt wahrscheinlich: Produktvorzüge, das klingt ziemlich nach Produktfunktionen. Aber auf subtile und doch entscheidende Art sind die *Vorzüge* und die *Funktionen* von Produkten zwei Paar Schuhe.

Funktionen werden über das Produkt oder die Dienstleistung definiert. Ein Auto hat zum Beispiel ein manuelles Schaltgetriebe (im Gegensatz zum Automatikgetriebe) und Zubehör wie elektrische Fensterheber, Diebstahlsicherung und Bordcomputer. *Vorzüge* dagegen werden vom Kunden definiert. Je nach Kunde hat eine Gangschaltung Vorzüge, weil sie besseres Handling und bessere Reaktionsmöglichkeit erlaubt oder den Benzinverbrauch verringert. Ein Bordcomputer kann für einen Wochenendfahrer ein zusätzlicher Luxus sein, während er für den viel reisenden Vertreter eine absolute Notwendigkeit ist. Die Vorzüge werden also vom Kunden bestimmt.

Welche Vorzüge dem Kunden wichtig sind, kann sich mit der Zeit ändern. Denken Sie nur an die Autos, die mit Hybridmotoren ausgestattet sind, die sowohl mit Benzin als auch mit Strom betrieben werden können. Ein Kunde kauft vielleicht so ein Auto, weil er damit die Umwelt weniger stark belastet, und beruhigt damit sein soziales Gewissen. Wenn jedoch die Preise an den Tankstellen steigen, dann werden sich die Einsparungen beim Benzinverbrauch als der wichtigere Vorzug herausstellen.

Es ist absolut entscheidend, den Unterschied zwischen Vorzügen und Funktionen zu kennen, wenn Sie die gefundenen Marktsegmente für einen effektiven Businessplan verwenden wollen. Nehmen Sie sich einen Moment Zeit und denken Sie über die in Abbildung 7.3 skizzierten Geschäftssituationen nach.

Welche der in Abbildung 7.3 aufgeführten Vorzüge stellen für die Kunden eines Unternehmens echte Vorzüge dar? Das ist natürlich eine knifflige Frage. Nicht *Sie* sind es, der die Vorzüge definiert, sondern der *Kunde*.

Wenn Sie die Vorzüge Ihrer Produkte erkennen wollen, wählen Sie ein Produkt oder eine Dienstleistung und gehen wie folgt vor:

1. **Zeichnen Sie im Kopf ein Bild des Produkts beziehungsweise der Dienstleistung (denken Sie an seine beziehungsweise ihre Funktionen, Attribute und Optionen).**
2. **Schieben Sie das Bild einen Moment lang ganz beiseite.**
3. **Versetzen Sie sich in Ihren Kunden.**
4. **Erstellen Sie jetzt eine neue Beschreibung des Produkts/der Dienstleistung aus der Perspektive des Kunden, die sich ganz auf die Vorzüge konzentriert, nach denen der Kunde sucht.**

Wenn man Kunden aufgrund der jeweiligen Vorzüge, die sie bei der Wahl eines Produkts oder einer Dienstleistung in einem Markt suchen, zu Gruppen zusammenfasst, hat man den Schlüssel, mit dem man individuelle Kunden zufriedenstellen und über lange Zeit hinweg glücklich machen kann.

Wählen Sie als Kunde die Vorzüge

Situation	*Mögliche Vorzüge für den Kunden*
Eine Boutique bietet luxuriöse, aus Italien importierte Bade- und Schönheitsprodukte, geschmackvolle Verpackungen und problemlose weltweite Auslieferung.	❑ Ein netter Ort, um nach dem Mittagessen vorbeizuschauen, wenn man noch Zeit totzuschlagen hat ❑ Die Möglichkeit, Verwandte zu beeindrucken ❑ Eine Alternative zu einer Scheidung, nachdem man festgestellt hat, dass heute Hochzeitstag ist ❑ Aromatherapie nach einem anstrengenden Tag im Büro
In einem Copyshop kann man Kopiergeräte in Selbstbedienung benutzen und diverse Papierartikel erwerben; es wird außerdem angeboten, Flugblätter, Poster und Newsletter innerhalb von zwei Stunden zu drucken.	❑ Die Möglichkeit, wie ein großes Unternehmen zu erscheinen – wenigstens auf dem Papier ❑ Eine Geld sparende Alternative zum Kauf eines Kopierers ❑ Eine Bedrohung für das Druck- und Grafikgewerbe ❑ Erhält Jobs, wenn die gedruckten Broschüren noch rechtzeitig zur Messe erscheinen
Ein Halbleiterhersteller verkauft individuell angepasste Chips an Hightech-Unternehmen zur Verwendung in Marken-Konsumartikeln (zum Beispiel Heimelektronik, Computer und Spiele).	❑ Eine Erweiterung für die firmeninterne Forschungs- und Entwicklungsabteilung ❑ Eine einfache Möglichkeit zur Erweiterung der Produktlinie ❑ Eine Waffe im Krieg um Kosten und Preise ❑ Eine Möglichkeit, um bei einem neuen Produkt die Zeit bis zur Markteinführung zu verkürzen

Abbildung 7.3: Prüfen Sie diese Geschäftssituationen einmal sorgfältig.

Wie entscheiden sie sich?

Unterschiedliche Kundengruppen nähern sich dem Markt auf verschiedene Weise. Man kann oft Marktsegmente aufgrund von bestimmten Kundeneigenschaften bilden, die zu der jeweiligen Produkt- oder Dienstleistungskategorie in Beziehung stehen. Einige der Bedingungen, die die Kaufentscheidungen von Kunden leiten, sind:

- ✔ **Geschwindigkeit der Kaufentscheidung** – Der *Entscheidungsprozess*, den die Kunden durchlaufen, bevor sie ein Produkt oder eine Dienstleistung erwerben, variiert je nach Komplexität des Produkts und Preisschild. Kaugummi wird meist ohne viel Nachdenken gekauft. Aber bei Auto- und Immobilienhändlern ist der Entscheidungsprozess völlig anders, die Kunden entscheiden sich sehr viel langsamer zu einem Kauf. (Mehr zum Entscheidungsprozess sowie den fünf Schritten bis zur Produktakzeptanz finden Sie in Kapitel 8).
- ✔ **Tatsächlicher Entscheidungsträger** – Familien bilden eine gemeinsame *Entscheidungsinstanz*, die verschiedene Konsumgüter kauft. Aber wer hat in der Familie das letzte Wort? Wenn Sie zum Beispiel für Teenager entworfene Kleidung verkaufen, macht es einen gro-

ßen Unterschied, ob die Kids selbst das letzte Wort haben oder Mutter und Vater im Hintergrund die Fäden ziehen. Allein aufgrund dieses Unterschieds könnte man zwei Marktsegmente bilden, von denen jedes ganz eigene Anforderungen hat.

- **Kundenloyalität** – Über die Art der Beziehung zwischen Unternehmen und Kunden lassen sich eine ganze Reihe von Marktsegmenten definieren. Dienstleistungsbranchen haben keine Mühen gescheut, um Kunden aufgrund ihrer Loyalität zu identifizieren und zu Loyalität zu ermutigen. Sie haben wahrscheinlich auch schon mal Treuepunkte gesammelt, um dann für 10 Punkte Rabatt zu bekommen, oder sind am Vielflieger-Programm einer Fluggesellschaft beteiligt und bekommen irgendwann einen Flug gratis. (Mehr über Kundenloyalität erfahren Sie in Kapitel 8).
- **Grad der Produktverwendung** – In vielen Branchen wird ein großer Teil des Umsatzes nur von einem kleinen Teil der Kunden gebildet. Wenn man zum Beispiel Bier verkaufen will, kann man den Bevölkerungsanteil, der viel Bier trinkt, nicht ignorieren. In den Vereinigten Staaten kommen nur fünf Prozent der Bevölkerung für erstaunliche 87 Prozent des Bierumsatzes auf. Diese fünf Prozent zufriedenzustellen, kann in der Tat sehr gewinnbringend sein.

Die Vorzüge von Zahnpasta

Viele Jahre lang widersetzte sich der Zahnpastamarkt einer Marktanalyse, bis ein Team von Marktforschern das Konzept der Kundenvorzüge anwendete. Bei dieser Studie stellte man fest, dass es – vom Standpunkt der Zahnpastakunden aus gesehen – vier hauptsächliche Vorzüge auf dem Zahnpastamarkt gibt. Wenn Kunden ihre Kaufentscheidung treffen, suchen sie einen oder mehrere der folgenden Vorzüge:

- **Zahngesundheit** – Eine Kundengruppe sucht nach diesem offensichtlichen Vorzug für die Zähne. Mütter hoffen zum Beispiel, dass sie mit ihrem Nachwuchs den Gang zum Zahnarzt seltener antreten müssen, Erwachsene streben an, erst später in teuren Zahnersatz investieren zu müssen.
- **Guter Geschmack** – Eine weitere Gruppe sucht nach wohlschmeckender Zahnpasta. Besonders Kinder lieben das Zähneputzen nicht gerade, es sei denn, es schmeckt gut.
- **Sex-Appeal** – Die dritte Gruppe hofft verzweifelt, dem anderen Geschlecht gefallen zu können. Zu dieser Gruppe gehören natürlich die Teenager, die sich durch die Pubertät kämpfen müssen und frischen Atem haben wollen.
- **Zahnpflege** – Die letzte Gruppe sucht einfach nur nach Zahnhygiene zu einem guten Preis. Beispielsweise denken die meisten Männer, dass alle Zahnpasten gleich sind.

Die neue Studie führte dazu, dass Anbieter von Zahnpasta ihre Ware um diese Gruppen herum vermarktet haben: Blendamed (»von 9 von 10 Zahnärzten empfohlen«) zielte auf die Mütter ab, Signal wollte mehr die Teenager ansprechen und alle Billigmarken sprachen vor allem die Männer an.

Nützliche Marktsegmente ausmachen

Ein Marktsegment ist nur nützlich, wenn es Ihnen ermöglicht, diesen Kunden etwas an Wert zu liefern – und das möglichst mit Gewinn für Sie. Tatsache ist, dass nicht alle Marktsegmente, die man gefunden hat, auch geeignet sind. Wonach sollten Sie suchen, wenn Sie ein wirklich nützliches Marktsegment finden wollen? Im Allgemeinen sollte dieses Segment folgende Merkmale aufweisen:

- ✔ Überschaubare Größe
- ✔ Klar erkennbare Kundengruppen
- ✔ Gut erreichbare Kunden

Hat das Segment die richtige Größe?

Für das Erkennen nützlicher Marktsegmente muss man die Balance finden zwischen einer zu weiten Definition des Marktes, die dann bei der Planung keinerlei Orientierung bietet, und andererseits einer zu engen Definition des Marktes, die dann letztendlich unpraktisch und nicht gewinnbringend ist. Ein nützliches Marktsegment muss überschaubar sein. Die richtige Größe hängt von der jeweiligen Geschäftssituation ab, also von Ihren Ressourcen, dem Wettbewerb und den Kundenwünschen.

Die Wahl einer überschaubaren Kundengruppe bringt Sie wieder zu dem Zwillingspaar aller Geschäftsziele, zu Effektivität und Effizienz, zurück (beide detailliert in Kapitel 5 beschrieben). Sie wollen mit Ihrem Marktsegment effektiv sein, aber Sie müssen auch effizient sein. Für Siemens oder Procter & Gamble sind überschaubare Marktsegmente ziemlich groß und unterscheiden sich wesentlich von den Marktsegmenten einer kleinen Boutique, eines Hightech-Start-up-Unternehmens oder eines kleinen, umweltbewussten Produktionsbetriebs.

In den letzten mehr als sechzig Jahren ist man immer stärker dazu übergegangen, die Märkte in immer kleinere Segmente zu unterteilen. Das kann man an folgenden Credos beobachten:

- ✔ »Massenmärkte sind der letzte Schrei« (1950er-Jahre)
- ✔ »Marktsegmente werden volljährig« (1960er-Jahre)
- ✔ »Nischenmärkte sind im Kommen« (1970er-Jahre)
- ✔ »Massenindividualisierung ist in« (1980er-Jahre)
- ✔ »Mikromärkte sind der Hit« (1990er-Jahre)
- ✔ »Beziehungsmarketing (Relationship Marketing) ist der Renner« (2000er-Jahre)
- ✔ »Big Data heißt das Zauberwort zur Marktsegmentierung« (2010er-Jahre)

Klar, über die Jahre hat sich die Vorstellung davon, was ein überschaubares Marktsegment ist, verändert. Marktsegmente schrumpfen. Warum? Die Kunden werden in allen Märkten immer anspruchsvoller und fordernder, und die Unternehmen haben neue Möglichkeiten gefunden, um bei dem, was sie tun, marktsegmentspezifischer zu handeln. Wie haben sie das geschafft? Da genügt zur Erklärung ein Begriff: Big Data. Haben Sie zum Beispiel gewusst, dass Ihr Kreditkartenunternehmen ziemlich viel Geld macht, indem es Informationen über Sie an andere Unternehmen verkauft? Jedes Mal, wenn Sie mit Ihrer Karte einkaufen, zeigen Sie etwas sehr Persönliches und Einzigartiges von sich. Ausgeklügelte Softwareprogramme analysieren diese Enthüllungen (und die Ihrer Freunde, Nachbarn und aller anderen Verbraucher) mithilfe einer Vielzahl von Hightech-Werkzeugen, sodass Sie in einer bestimmten Kundenkategorie platziert werden können. Unternehmen – vielleicht ja auch Ihr eigenes – zahlen ein nettes Sümmchen für Ihren Namen, für Adresse und Kundentyp, damit sie Sie direkt mit Produkten und Dienstleistungen bombardieren können, die genau auf Ihre jeweiligen Bedürfnisse abgestimmt sind.

Sie können darauf wetten, dass Ihre eigenen Kunden mit der Zeit immer anspruchsvoller werden und Ihre Wettbewerber sich immer mehr auf kleinere Märkte spezialisieren werden. Während Sie die überschaubaren Marktsegmente wählen, in denen Sie konkurrieren wollen, sollten Sie auch darüber nachdenken, wie Sie die Informationstechnologien in Ihrem Unternehmen einsetzen können.

Können Sie Ihre Kunden identifizieren?

Während Sie ein komplettes Bild Ihrer Kunden zusammensetzen, sollten Sie all die verschiedenen Möglichkeiten nutzen, die wir aufgeführt haben, um Kunden zu beschreiben. Die Marktsegmente, die nach dem Merkmal, warum Kunden kaufen, gebildet wurden, sind oft die besten, weil sie Kundengruppen definieren, die ähnliche Bedürfnisse haben. Wenn möglich sollten Sie also Marktsegmente finden, die die Perspektive der Kunden berücksichtigen: die Vorzüge, nach denen sie suchen, sowie ihr Kaufverhalten.

Aber was dann? Leider ist es manchmal wirklich schwierig, intimes Kundenverhalten wie Motive, Wünsche, Bedürfnisse und Vorlieben von außen zu ermitteln (außer Sie sind Psychotherapeut oder mit einem Verhaltensforscher befreundet). Sie wissen vielleicht, wie diese Leute wirklich sind, aber wie stellt man es an, sie ausfindig zu machen? Wenn Sie die Kunden in Ihrem Marktsegment erkennen wollen, müssen Sie ihr Verhalten an Merkmale knüpfen, die Sie sehen können.

Angenommen, Sie stoßen bei der Suche nach einer neuen Geschäftsmöglichkeit auf eine Gruppe von Leuten, die alle dieselbe Einstellung zu ihrer Arbeit haben. Mitglieder dieser Gruppe wären gerne produktiver in ihrem Job, fühlen sich jedoch vernachlässigt und sind frustriert von ihren Arbeitsbedingungen und ihrer Büroumgebung. Vielleicht haben Sie ein potenzielles Marktsegment entdeckt. Aber wie geht man weiter vor? Wie erkennt man diese potenziellen Kunden? Vielleicht werden Sie feststellen, dass viele dieser Angestellten Linkshänder sind und gerne hätten, dass das numerische Tastenfeld auf der linken Seite der Tastatur und der Hörer auf der rechten Seite des Telefons ist. Jetzt haben Sie den entscheidenden Schritt zur Definition eines nützlichen Marktsegments gemacht, weil das Segment auf Kundenwünschen und -bedürfnissen basiert und aus Kunden besteht, die beschrieben, beobachtet und identifiziert werden können.

Aufgrund dieser Situation verspüren Sie vielleicht den Drang, eine Planungsabkürzung zu nehmen und Ihr Marktsegment ganz auf dem basieren zu lassen, was Sie beobachten: Linkshänder, die immerhin zehn Prozent der Bevölkerung ausmachen. Bingo! Sie entscheiden sich dafür, Büroausstattung zu entwickeln und zu produzieren, die ganz auf Linkshänder ausgerichtet ist. Aber immer langsam! Sie müssen sich zuerst noch eine wichtige Voraussetzung ansehen, die erfüllt werden muss, bevor Sie wirklich ein nützliches Marktsegment identifiziert haben.

Kann der Markt erreicht werden?

Nachdem Sie ein vielversprechendes Marktsegment definiert haben, das auf einem Bedürfnis basiert und dessen Kunden Sie beschreiben können, müssen Sie Wege entwickeln, um mit diesen Kunden kommunizieren zu können – Wege, die sowohl effektiv als auch effizient sind. Es reicht nicht zu wissen, dass diese Kundengruppe irgendwo da draußen im Universum der Verbraucher vorhanden ist, selbst wenn Sie sie beschreiben und sogar erkennen können. Sie müssen eine Möglichkeit finden, um über Werbung, Verkaufsaktionen oder die Art der Lieferung mit ihnen in Kontakt zu kommen.

Im Beispiel des Linkshändermarktes müssen Sie sich für Marketing und Vertrieb einen Plan ausdenken, der zu dem allgemeinen Verhalten dieser Gruppe passt. Im Idealfall wollen Sie die volle Aufmerksamkeit der Linkshänder erlangen, ohne auch noch die Kosten für die 90 Prozent Rechtshänder tragen zu müssen. Aber wie erreicht man die Aufmerksamkeit und den Zugang zu den linkshändigen Kunden? Eine einfache Methode wäre, Anzeigen in die »Neue Linkshänder-Zeitung« oder die »Bunte Welt der Linkshänder« zu setzen und die Produkte in allen Filialen der Linkshändergeschäfte anzubieten. Nur existieren diese Möglichkeiten leider nicht.

Zum Aufgeben ist es vielleicht zu früh. Wenn Sie jedoch keine kreativen Möglichkeiten finden, die linkshändigen Kunden zu erreichen und mit ihnen in Kontakt zu kommen, sind sie kein nützliches Marktsegment. Man braucht für ein nützliches Marktsegment nicht nur ähnliche Bedürfnisse, erkennbare gemeinsame Eigenschaften und eine überschaubare Größe, sondern auch realistische Möglichkeiten, um die Kunden zu erreichen. Vielleicht ist das der Grund, warum die Linkshänder so frustriert sind.

Herausfinden, wie sich Marktsegmente verhalten

Erinnern Sie sich an die Schulzeit, wo man aufgefordert wurde, seine Klassenarbeit nochmals zu prüfen, bevor man sie abgibt – besonders, wenn sie benotet wurden? Nun, der Markt ist ein schwer zu bewältigendes Fach (so schwierig wie Mathematik oder Physik) und es steht viel auf dem Spiel. Bevor Sie sich auf ein bestimmtes Marksegmentschema festlegen, sollten Sie Ihre Arbeit noch einmal durchsehen. Stellen Sie sich bei der Überprüfung folgende Fragen:

- ✔ Nach welchen Vorzügen suchen die Kunden in dem Marktsegment?
- ✔ Werden Produktfunktionen, Optionen und Verpackung die Kundenbedürfnisse zufriedenstellen?

- Ist die Größe des Segments überschaubar?
- Können Sie die Kunden beschreiben, beobachten und identifizieren?
- Können Sie die Kunden über Werbung und Marketing auf effiziente Weise erreichen?
- Sind Vertrieb und Produktservice effektiv?

Den Markt testen

An irgendeinem Punkt werden Sie eine ausgefeiltere Herangehensweise verwenden wollen, um einige dieser Fragen zu beantworten. Diese Herangehensweise wird *Markttest* genannt. Indem Sie Ihre Ideen an sorgfältig ausgewählten, potenziellen Kunden Ihres Marktsegments testen, können Sie oft einschätzen, wie gut Ihr Produkt wohl funktionieren wird – bevor Sie jede Menge Geld für weitere Schritte ausgeben. Die schlechte Nachricht ist, dass Markttests wie alle Marktstudien sehr teuer und zeitaufwendig sein können, besonders wenn man sich externe Hilfe von großen Marketing-Gurus holt. Vielleicht fangen Sie erst einmal mit Kundeninterviews an.

Durch *Kundeninterviews* erhalten Sie eine Vorstellung davon, wer Ihr Produkt kauft und was die Leute über Ihr Produkt denken. Sie können diese Interviews ganz informell führen. Zum Beispiel so:

1. **Wählen Sie Kunden aus Ihrem Marktsegment aus.**
2. **Vereinbaren Sie Einzeltreffen oder Treffen in kleinen Gruppen.**
3. **Lassen Sie die Kunden zunächst etwas über sich selbst erzählen.**
4. **Lassen Sie sie erzählen, was ihnen an Ihrem Produkt gefällt und was nicht.**
5. **Fragen Sie sie, warum sie Ihr Produkt kaufen und was sie ohne es tun würden.**

Gebrauchen Sie Ihren gesunden Menschenverstand! Diese Interviews sind keine maßgeblichen Bestandteile einer Marktstudie, Sie müssen also Vorsicht walten lassen, wenn Sie daraus irgendwelche Schlussfolgerungen über das Kundenverhalten ziehen.

Wenn Sie meinen, dass Sie ein vollständigeres und genaueres Bild Ihrer Kunden brauchen, dann sollten Sie eine Alltagsstudie durchführen. Sie bitten dazu beispielsweise eine Gruppe von Kunden, mehrere Wochen lang ein Tagebuch zu führen und dort einzutragen, was und wo sie einkaufen, wie lange sie einkaufen und wie viel sie für die Produkte und Dienstleistungen ausgegeben haben. Sie können auch für einen bestimmten Zeitraum Folgendes machen:

- sich in die Rolle des Beobachters begeben
- sich einem Kunden an die Fersen heften
- alles mit den Augen des Kunden sehen
- alles tun, was der Kunde tut

Wenn Sie Geschäfte mit anderen Unternehmen machen, dann können Sie auch eine Alltagsstudie durchführen. Fragen Sie doch einmal, ob Sie nicht etwas Zeit mit einigen Ihrer Firmenkunden an deren Arbeitsplatz verbringen können. Sehen Sie sich den Geschäftsablauf an. Sehen Sie sich einen Auftrag eines Ihrer Kunden genau an. Vielleicht finden Sie etwas Neues darüber heraus, was Ihnen hilft, diesen Kunden besser zu bedienen.

Solche Alltagsstudien bieten neue, eindrucksvolle Einblicke in das Kundenverhalten und können Ihnen Dinge verraten, die Sie bis dahin über die Person Ihres Kunden und sein Kaufverhalten nicht wussten. Toyota hat beispielsweise eine Reihe von Marktforschern beauftragt, bei ausgewählten Familien zu wohnen, bevor sie die Lexus-Reihe entworfen und gebaut haben. Sie wollten herausfinden, welches Verhältnis Familien, die teure Autos kaufen, zu ihren Luxuskarossen haben.

Persönlichkeitstypen ermitteln

Nachdem Sie sich ein Schema für die Bildung eines Marktsegments und eine brauchbare Kundendefinition zurechtgelegt haben (weitere Informationen finden Sie weiter vorn in diesem Kapitel im Abschnitt »Möglichkeiten, Marktsegmente zu bilden«), haben Sie eine gute Grundlage, um mehr über das Kaufverhalten Ihrer Kunden aussagen zu können, wenn es um die Produkte und Dienstleistungen geht, die Sie anbieten wollen. Werfen Sie also noch einmal einen Blick auf Ihre Notizen und prüfen Sie, was Sie über Ihre Kunden und ihre möglichen Persönlichkeitstypen wissen. (Falls Sie Hilfe brauchen, blättern Sie noch einmal zurück zum Abschnitt »Wie handeln sie?«.)

Warum sind Persönlichkeitstypen so wichtig? Sie haben sehr viel damit zu tun, wie empfänglich Menschen für neue Produkte und Dienstleistungen sind. Auch wenn einige von uns experimentierfreudiger sind und bereitwillig Neues ausprobieren, sind andere das genaue Gegenteil und würden etwas Neues erst kaufen, wenn es sich am Markt bewährt hat. Allgemein kann man sagen, dass die Zögerer unter uns einfach etwas länger brauchen, um neue Idee anzunehmen, als die Innovatoren (siehe Tabelle 7.1).

Experten haben dafür natürlich einen Fachausdruck und nennen diesen Vorgang *Innovationsdiffusion*. Der in Abbildung 7.2 bei den einzelnen Persönlichkeitstypen angegebene Prozentsatz ist natürlich nur ein Schätzwert. Aber man erhält auf diese Weise eine Vorstellung von der relativen Größe, die die einzelnen Persönlichkeitstypen in ihren Marktbereichen einnehmen.

Was Sie sich unbedingt in Sachen Innovationsdiffusion merken sollten, ist, dass, wenn Sie mit einem brandneuen Produkt auf den Markt gehen, die Innovatoren und frühen Adopter einfacher zu begeistern sein werden als die große Mehrheit der Konsumenten. Je länger Ihr Produkt/Ihre Dienstleistung auf dem Markt ist, umso mehr Energie müssen Sie darauf verwenden, sich auf Ihre Kunden zu konzentrieren und deren Wünsche, Bedürfnisse und Motive zu verstehen. (Lesen Sie weiter in Kapitel 8, wenn Sie hierzu mehr wissen wollen.)

Die Kunden unter die Lupe nehmen

8

In diesem Kapitel

- Sich einen Überblick verschaffen
- Gute und schlechte Kunden vergleichen
- Die Kunden der Konkurrenz durchleuchten
- Kundenverhalten näher analysieren
- Treue Kunden schaffen

Eine gute Unternehmensplanung steht und fällt damit, wie gut Sie Ihre Kunden kennen. Denn das entscheidet letztendlich darüber, wie erfolgreich Sie sein werden.

Aber es kann richtig frustrierend sein, sich über seine Kunden Gedanken zu machen. Wenn Sie es schon einmal versucht haben, werden Sie vielleicht die Hände über dem Kopf zusammenschlagen und das Ganze lieber den sogenannten Experten überlassen, den Marketing-Gurus, den Beratern oder vielleicht sogar den Astrologen. Tun Sie das lieber nicht. In diesem Kapitel wollen wir Ihnen zeigen, wie Sie Ihre Kunden besser kennenlernen können, sodass Sie ihnen mehr bieten können und dabei mehr für sie herausspringt als bei der Konkurrenz.

Wir werden in diesem Kapitel gute Kunden mit schwierigen vergleichen und Ihnen zeigen, wie Sie einen Einblick in die Kundenwelt Ihrer Konkurrenz bekommen. Wir erforschen, warum die Kunden Ihre Produkte und Dienstleistungen kaufen, und untersuchen Kundenwahrnehmungen und Entscheidungsfindungsprozesse. Außerdem betrachten wir verschiedene Möglichkeiten, sich einen treuen Kundenstamm aufzubauen, etwa durch Verbesserung des Kundendienstes. Schließlich sehen wir uns noch die Unternehmen an, die in unsere Produkte und Dienstleistungen investieren.

Den Überblick nicht verlieren

Kennen Sie das alte Sprichwort, dass man den Wald vor lauter Bäumen nicht sieht? Wenn Sie sich ein erstes Bild über Ihre Kunden verschaffen, dann sollte Ihnen das nicht passieren. Es ist manchmal verlockend, nur eine kleine Zahl von Einzelkunden zu betrachten und sich auf deren Gewohnheiten, Vorlieben und Abneigungen zu konzentrieren. Tappen Sie nicht in die Falle! Seien Sie beim Blick auf Ihre Kunden und ihre Aktivitäten nicht zu eingeschränkt. Sehen Sie sich stattdessen den Wald an: die allgemeinen Verhaltensweisen der Kunden und die Grundbedürfnisse, die Ihren Markt definieren. (Kapitel 7 enthält die Informationen, die Sie brauchen, um Marktsegmente zu definieren.)

Wenn Sie sich bei Ihrem Unternehmen nur auf die vorhandenen Kunden und aktuellen Produkte konzentrieren, verlieren Sie den Blick für die Kundenbedürfnisse – Bedürfnisse, die ein Wettbewerber ohne Zweifel irgendwann befriedigen wird. Sie haben auch nur einen kurzsichtigen Blick auf Ihre eigenen strategischen Möglichkeiten, was dazu führen kann, dass Sie Marktchancen verpassen und Ihr Geschäftsplan hinten und vorne nicht mehr passt.

Leider verlieren Unternehmen (und sogar ganze Branchen) den Blick für das Ganze. Die Märkte werden zu eingeschränkt betrachtet und Kundenbedürfnisse vernachlässigt – ein klassischer Managementfehler. Behalten Sie den Überblick und Sie werden sicherlich die strategischen Möglichkeiten Ihres Marktes erkennen. Charles Revlon revolutionierte die Kosmetikindustrie, als er feststellte: »In der Fabrik machen wir Kosmetik, im Geschäft verkaufen wir Hoffnung.« Als Gründer von Revlon erkannte er, dass er seinen Kunden etwas sehr viel Wichtigeres verkaufte als bloße Chemie: die Aussicht auf Jugend, Schönheit und Sex-Appeal. Lesen Sie auch die folgenden Beispiele von Unternehmen, die erkannt haben, dass sie mit ihren Produkten auch einen Vorteil für den Kunden verkaufen.

- Unternehmen, die Heimwerkerbedarf verkaufen, betrachten ihr Geschäft oft nur im Hinblick auf Produktkomponenten, also auf die Herstellung und den Verkauf von 4-Zoll-Bohrern. Wenn man genauer darüber nachdenkt, braucht und will eigentlich niemand 4-Zoll-Bohrer (nicht mal Ihr Zahnarzt). Wonach die Kunden wirklich suchen, sind 4-Zoll-Löcher. Dieses Grundbedürfnis schafft das Potenzial für alle möglichen Lösungen. Die vielen Baumärkte, die Heimwerkerkurse anbieten, haben einen Weg gefunden, um dieses Bedürfnis zu befriedigen und ihr Geschäft auszubauen.
- Brillenhersteller, also die Unternehmen, die Rahmen und Gläser herstellen, gehörten früher zur Optikerbranche. Neue Technologien wie die Lasertechnik versprechen heute jedoch eine lebenslange Verbesserung des Sehvermögens – keine Fehlsichtigkeit, kein Bedürfnis nach Brillen, kein Geschäft. Einige dieser Unternehmen waren jedoch weitsichtig genug, mit den Brillen ins Modegeschäft einzusteigen. Sie zapften das Talent bekannter Designer wie Ralph Lauren oder Yves Saint Laurent an. Jetzt kaufen Kunden ihre Brille nicht nur, um besser zu sehen, sondern auch um besser auszusehen.

Der springende Punkt hier ist also: Wenn Sie nicht wissen, was Ihre Kunden wirklich wollen, können Sie deren Bedürfnisse unmöglich auf effektive Weise erfüllen.

Versetzen Sie sich also in die Lage der Kunden und

- sehen Sie sich Ihre eigenen Produkte und Dienstleistungen genau an und fragen Sie sich: »Warum würde *ich* dieses Ding eigentlich haben wollen?«
- stellen Sie mehreren Leuten, die Ihr Produkt oder Ihre Dienstleistung verwenden, dieselbe Frage.
- stellen Sie sich vor, es gäbe Ihr Produkt oder Ihre Dienstleistung nicht. Durch was würden Sie es ersetzen?

Durch Beachtung grundlegender Kundenbedürfnisse erfolgreich

Der Autovermieter Sixt ist deshalb so erfolgreich, weil er sein Stammgeschäft, das Verleihen von Kraftfahrzeugen gegen Gebühr, ständig erweitert und an die sich verändernden Bedürfnisse seiner Kunden anpasst. Die Münchener haben realisiert, dass sie de facto Mobilität verkaufen. Die Folgen aus dieser Erkenntnis: Neben dem klassischen Verleih werden auch Nischen bedient, wie die Vermietung von Lastwägen oder Luxuslimousinen, für Unternehmen wird das gesamte Fuhrpark-Management übernommen und es werden umfangreiche Leasingmöglichkeiten angeboten. Das wachstumsstarke Feld »Carsharing«, das besonders bei Geschäftsreisenden und jungen Leuten beliebt ist, hat Sixt zusammen mit BMW durch das Gemeinschaftsunternehmen »Drive now« besetzt. Auch wer ganz klassisch ein Auto selbst besitzen möchte, wird bei Sixt fündig, etwa bei der Neuwagenvermittlung »Autohaus24.de« oder dem Gebrauchtwagenhandel »Carpark«.

3M hat viele neue Materialien entwickelt und patentieren lassen, darunter zum Beispiel eine revolutionäre Klebstoffsubstanz, die leicht wieder entfernt werden kann. Der Geschäftsbereich »Post-it« ist jedoch nur deshalb so erfolgreich, weil sich das Unternehmen nicht nur als Klebstoffhersteller sieht, sondern auch im Bereich »Gedächtnisstütze« tätig ist. Post-its gibt es inzwischen für alle möglichen Gelegenheiten, wo immer man etwas vergessen könnte. (Einige von Ihnen werden, so hoffen wir, mit Post-its die wichtigen Stellen dieses Buches markieren.)

Durch die Beantwortung dieser Fragen gehen Sie in die richtige Richtung, weil hierdurch Ihre Kreativität gefördert, neue Strategien entwickelt und schließlich Ihre Marktmöglichkeiten erweitert werden können.

Herausfinden, wer Ihre Kunden sind

Beim Blick auf die Kunden beginnen wir mit den Kunden, die Sie gerne sehen: die, die regelmäßig Ihre Produkte oder Dienstleistungen kaufen. Aber manchmal kann es genauso wertvoll sein, zu wissen, was ein Kunde *nicht* ist, wie zu wissen, was er *ist*. Sie können etwas über Ihr Unternehmen und über Ihre besten Kunden erfahren, indem Sie andere Kundengruppen in Ihrer Branche beobachten: schwierige Kunden, frühere Kunden und solche, die noch gar keine Kunden sind.

Der gute Kunde

Gute Kunden sind die, die ein Lächeln auf Ihr Gesicht zaubern, die Sie gerne bedienen, die Sie schätzen und die Ihr Unternehmen am Laufen halten. Es sind die Kunden, von denen Sie sich wünschen, dass sie immer wieder kommen. Wie aber all diese guten Kunden bei der Stange halten? Erfolg ist davon abhängig, dass Sie wissen, wer Ihre Kunden sind, ihren Hintergrund kennen und ihre Bedürfnisse besser erfüllen als die Konkurrenz.

Ihr Unternehmen kann seine Kunden auf verschiedene Weise beurteilen und beschreiben:

- ✔ Stellen Sie fest, wo Ihre Kunden leben, und fassen Sie sie nach Kontinenten, Ländern, Regionen, Städten oder Landkreisen zusammen.
- ✔ Finden Sie heraus, wer Ihre Kunden sind. Sie sollten etwas über Alter, Geschlecht, Beruf, Einkommen und Nationalität wissen.
- ✔ Versuchen Sie, etwas über ihre Lebensweise zu erfahren, also über Hobbys, Lieblingssportvereine, Lieblingsrestaurants und Urlaubsziele.

Wenn Sie noch genauer wissen wollen, wie Sie Ihre Kunden in Gruppen – sogenannte Marktsegmente – einteilen, dann lesen Sie Kapitel 7.

Eine gute Strategie ist auch, herauszufinden, wie andere Unternehmen vorgehen, um mehr über ihre Kunden zu erfahren. Merken Sie sich die Fragen, die andere Unternehmen Ihnen stellen. In manchen Geschäften werden Sie zum Beispiel beim Bezahlen nach Ihrer Postleitzahl gefragt. Und oft findet man auf Registrierformularen, Garantiekarten oder Kundenschreiben eine Liste mit persönlichen Fragen.

Der schlechte Kunde

»Ein schlechter Kunde? Ist das nicht ein Widerspruch in sich selbst?«, werden Sie fragen. Keineswegs. Schlechte Kunden machen nur mehr Arbeit, als sie Geld bringen und passen nicht zu den Wertmaßstäben und Strategien des Unternehmens. Schlechte Kunden machen Folgendes:

- ✔ Sie fragen Dinge nach, für deren Herstellung Ihr Unternehmen ungeeignet ist.
- ✔ Sie lenken Sie so ab, dass Sie von Ihrer Strategie und Ihrem Businessplan abkommen.
- ✔ Sie kaufen in so kleinen Mengen, dass die Kosten viel höher sind als die Einnahmen.
- ✔ Sie fordern so viel Service und Aufmerksamkeit, dass Sie sich nicht um wertvollere (und gewinnbringendere) Kunden bemühen können.
- ✔ Sie bleiben trotz all Ihrer Bemühungen unzufrieden mit dem, was Sie tun.

Experten haben ein Prinzip aufgestellt, das man hier anwenden kann: das *80/20-Prinzip*. Die Regel besagt, dass 20 Prozent Ihrer Kunden für ungefähr 80 Prozent Ihres Geschäfts aufkommen. Diese 20 Prozent sind gute Kunden, die man natürlich behalten und zufriedenstellen will. Aber sehen Sie sich auch die anderen 80 Prozent an. Sie werden höchstwahrscheinlich feststellen, dass einige darunter sind, die Sie lieber der Konkurrenz überlassen würden.

Gehen Sie im Umgang mit schlechten Kunden wie folgt vor:

1. **Finden Sie heraus, wer diese Kunden sind.**
2. **a) Wandeln Sie sie in gute Kunden um.**

   oder:

   b) Geben Sie sie an jemand anderen weiter.

Bankkonten und das 80/20-Prinzip

Eine große Bank für Privatkunden führte eine umfassende Studie durch, um Kunden mit Girokonten zu untersuchen. Als Ergebnis ergab sich die klassische 80/20-Situation: Ungefähr 19 Prozent der Kunden kamen für etwa 90 Prozent der Gesamtgewinne auf. Was war das Hauptmerkmal der anderen 81 Prozent? Die meisten dieser Kunden hatten Girokonten mit einem durchschnittlichen Kontostand von weniger als 250 Euro, hatten aber viele Buchungen. Die Bank verlor Geld mit dieser Kundengruppe, denn die internen Bearbeitungsgebühren waren höher als die Einnahmen, die durch die Geldeinlagen erzielt werden konnten.

Die Bank führte weitere Studien durch. Nicht alle dieser Konteninhaber waren schlechte Kunden. Einige von ihnen waren zum Beispiel ältere Bürger, von denen ein bestimmter Prozentsatz neu zugezogen war und in absehbarer Zeit zu gewinnbringenden Kunden werden würde. Die Bank wollte die sich entwickelnden Beziehungen fördern und schaffte Anreize, damit neue Kunden ihre Ersparnisse auf Sparkonten einzahlten. Die Bank war sich jedoch auch darüber im Klaren, dass einige der Kunden sich nicht ändern und der Bank weiterhin Verluste bereiten würden. Daher wurden Hürden eingerichtet und eine neue Gebührenstruktur entwickelt, bei der die Konten »bestraft« wurden, deren monatlicher Durchschnittskontostand unter einer bestimmten Grenze lag, sofern die Kunden nicht zusätzlich eine bestimmte Geldsumme auf einem Sparkonto angelegt hatten. Die Bank erhöhte also ihre Gebühren und verlor dadurch die Kunden, mit denen sie nur Verlust machte.

Die Kunden der Konkurrenz

Vielleicht suchen Sie die Schuld bei sich, wenn Kunden von Ihnen abwandern. Eigentlich bergen diese Kunden jedoch eine Chance. Die Tatsache, dass Sie diese Gruppe noch nicht bedienen konnten, ist eine Herausforderung, nämlich herauszufinden, was in Ihrem Markt wirklich als wichtig angesehen wird. Die Kunden der Konkurrenten sagen Ihnen, was Ihrem Unternehmen fehlt. Diese Information ist äußerst nützlich, besonders wenn Sie am Anfang Ihrer Unternehmensplanung stehen und noch definieren, wer Sie sind und wen Sie bedienen wollen.

Die Kunden der Konkurrenz kennenzulernen, ist meist schwierig, aber nicht unmöglich. Befolgen Sie einfach die folgenden Tipps:

- ✔ Gehen Sie dorthin, wo die Kunden sind. Auf Messen, Fachtagungen oder in Benutzergruppen können Sie informelle Kontakte knüpfen und mit Ihren Nicht-Kunden ins Gespräch kommen.
- ✔ Stellen Sie denjenigen, die Konkurrenzprodukte wählen, unverblümte Fragen.
    - Haben sie sich die Zeit genommen, um zu prüfen, welche Produkte es auf dem Markt gibt?

  - Haben sie von Ihrem Produkt oder Ihrer Dienstleistung bereits gehört?
  - Wenn sie bereits davon gehört haben, haben sie sich die Zeit genommen, es genauer anzugucken? Wenn nein, warum nicht? Wenn ja, was war ihr Eindruck?

- ✔ Hören Sie wirklich zu, egal wie schmerzhaft es ist. Gehen Sie nicht in die Defensive, wenn man etwas Negatives über Ihr Unternehmen oder Ihre Produkte sagt.

Informationen über die Kunden sind wertvoll, wenn nicht sogar von unschätzbarem Wert. Ein externer Berater berechnet für eben diese Informationen einige Tausend Euro, manchmal gelangen solche Berater aber auch an Informationen, die Ihnen nicht zugänglich sind. Inwieweit Sie externe Hilfe benötigen, hängt davon ab, wie viele Informationen Sie selbst beschaffen können.

Eine Bekannte von uns ging öfter mal in Supermärkte und stellte sich in den Gängen hin, in denen die Produkte ihres Unternehmens platziert waren. Wenn ein Kunde dann ein Konkurrenzprodukt aus dem Regal nahm, bot sie dem erstaunten Einkäufer an, ihm das Produkt zu einem höheren Preis als dem angegebenen abzukaufen. Zuerst bot sie einen geringfügig höheren Betrag an (vielleicht 5 Cents mehr) und ging dann höher, um zu ermitteln, wie treu der Kunde dem Konkurrenzprodukt bleiben würde. Schließlich stellte sie ihm Fragen, um den Grund herauszufinden. Als Belohnung gab sie dem Einkäufer nach dem Gespräch einen dem Preis des Produkts entsprechenden Betrag.

Kundenverhalten näher analysieren

Die vielleicht schwierigste (aber sehr nützliche) Frage, die Sie sich im Hinblick auf Ihre Kunden stellen können, ist, warum sie kaufen, was sie kaufen. Was drängt sie, sich Ihre Produkte oder Dienstleistungen auszusuchen? Was ist ihnen wichtig? Wonach suchen sie?

Bedürfnisse verstehen

Warum kaufen sich die Leute überhaupt bestimmte Dinge? Psychologen erzählen uns, dass die *Bedürfnisbefriedigung* ganz im Zentrum des Konsumentenverhaltens steht (siehe Abbildung 8.1). Jeder Mensch hat Bedürfnisse und Wünsche. Wenn ein Bedürfnis geweckt wird, schafft es die Motivation, die den Menschen zu Aktivitäten antreibt.

- ✔ Auf der untersten Ebene steht das Überleben und führt zu dem Grundbedürfnis nach Essen, Obdach und Kleidung.
- ✔ Das Streben nach Sicherheit und Stabilität erzeugt das Bedürfnis nach Bankkonten, Unfallversicherungen und Alarmanlagen.
- ✔ Der Wunsch, dazuzugehören und akzeptiert zu werden, schafft das Bedürfnis nach Polohemden mit Designerlabel, nach Clubs, in die nur Mitglieder eingelassen werden, und nach Teilnahme an teuren Fasten- oder Detox-Kuren.

- ✔ Das Streben nach Anerkennung und Wertschätzung hat das Bedürfnis nach Geschäftsessen, schnellen Autos und Medaillen geschaffen.
- ✔ Der Wunsch nach Selbstverwirklichung hat zu dem Bedürfnis nach Abenteuerreisen, Quiz-Shows und Kursen für kreatives Schreiben geführt.

Federal Express zum Beispiel macht sein Geschäft eigentlich mit der Zuverlässigkeit. Viele seiner Kunden sind Unternehmen, die die Sicherheit, und zwar die absolute Sicherheit wollen, dass ihre wertvollen Güter am nächsten Tag oder sogar noch am selben Tag ausgeliefert werden. Diesen Kunden ist die Erfüllung dieses Bedürfnisses so viel wert, dass sie sogar gewillt sind, hierfür sehr viel mehr zu bezahlen, als für andere Versandmöglichkeiten erforderlich wäre – nur um ihrer inneren Ruhe willen.

Motive erkennen

Motive sind Bedürfnisse, die sozusagen geweckt und aktiviert wurden (siehe Abbildung 8.1). Die Motive sind es, warum Leute auf dem Markt nach Produkten oder Dienstleistungen suchen, die ein bestimmtes Bedürfnis erfüllen können. Motive sind nicht immer das, was sie zu sein scheinen.

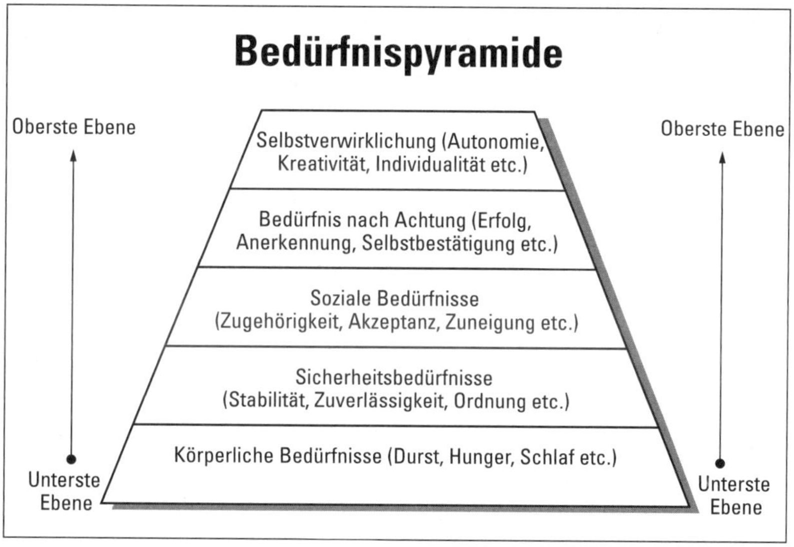

Abbildung 8.1: Ein grober Überblick über die Bedürfnisse der Menschen, wie er vor ungefähr 50 Jahren von dem Psychologen Abraham Maslow in seinem berühmten Modell der Bedürfnispyramide skizziert wurde.

- Die Hersteller von Grußkarten zum Beispiel verkaufen für exorbitante Preise nicht nur nette kleine Sprüche auf buntem Papier. Die Preise sind gerechtfertigt, weil die Unternehmen eigentlich kleine Versicherungspolicen gegen die Angst ihrer Kunden, sich schuldig fühlen zu müssen, verkaufen. Vielleicht ist es also die Furcht vor Schuld (wegen eines vergessenen Geburtstags oder Jahrestags), die die Käufer auf dem Grußkartenmarkt eigentlich antreibt.
- Was bewegt frischgebackene Betriebswirte dazu, einen bestimmten Job anzunehmen? Die Abgänger eines wirtschaftswissenschaftlichen Studiengangs sollten in einer Umfrage die Dinge angeben, die sie bei der Auswahl zwischen verschiedenen Jobangeboten am wichtigsten erachteten. Wenn sie geradeheraus gefragt wurden, setzte die überwiegende Mehrheit Lebensqualität, Bekanntenkreis und Schulen an die erste Stelle der Liste, das Anfangsgehalt stand irgendwo in der Mitte. Bei einer genaueren Studie und Analyse der Auswahlkriterien kam jedoch meistens heraus, dass für den Studienabgänger das Arbeitsentgelt die wichtigste Variable für die Annahme einer Stelle ist.
- Die meisten von uns haben das Bedürfnis, von anderen akzeptiert und gemocht zu werden. Diese mächtige Motivation schafft einen riesigen Markt an Möglichkeiten für Kosmetikgeschäfte, Fitness-Studios und Anbietern von Schönheitseingriffen.

Obwohl diese Motive offensichtlich zu Einzelkunden gehören, lässt sich damit auch Geschäfts- oder Firmenverhalten erklären. Wenn ein Unternehmen zum Beispiel für seine Mitarbeiter Fitnesstrainer organisiert, ist das Motiv des Unternehmens dann, besser für die Gesundheit der Angestellten zu sorgen? Oder will es die Kosten für Ausfälle infolge von Krankheit reduzieren, um besser mit ausländischen Firmen konkurrieren zu können (und so sein eigenes Bedürfnis nach Überleben zu sichern)?

Sie müssen natürlich über die offensichtlichen Antworten der Kunden und die Konsummuster hinaus weiterforschen und ermitteln, was beim Erwerb der Waren und Dienstleistungen in Ihrem Markt die wirklichen Motive der Käufer sind. Wenn Sie verstehen, was die Kunden wirklich antreibt, sind Sie in einer viel besseren Position und können über Ihr eigenes Produkt so reden, dass die Kunden darauf ansprechen.

Herausfinden, wie die Kunden ihre Wahl treffen

Wie treffen Kunden in einem Markt ihre Wahl? Das Wichtigste dabei ist, nicht zu übersehen, dass die Kunden sich aufgrund ihrer eigenen Sicht der Welt, ihrer eigenen Wahrnehmung der Realität zum Kauf von Dingen entscheiden. Nur wenige Kunden kaufen, ohne zu denken. Vielmehr bringen sie ihre Wahrnehmung der Welt in den Entscheidungsprozess ein, der (im Idealfall) dazu führt, dass sie Ihre Produkte oder Dienstleistungen anstelle der der Konkurrenz erwerben.

Wahrnehmungen sind Realität

Die Kundenwahrnehmungen stellen die Weltsicht in einem Markt dar und beinhalten nicht nur das, was Ihre Kunden von Ihren Produkten oder Dienstleistungen denken, sondern auch, wie sie Ihr Unternehmen und Ihre Konkurrenz sehen.

Wenn die Kunden sich dem Markt zuwenden, werden sie mit einer irrsinnigen Zahl konkurrierender Produkte konfrontiert. Viele Variablen beeinflussen die Kunden, während sie die verschiedenen Wahlmöglichkeiten abwägen: Produktwerbung, Imagewerbung, Verbrauchertests sowie Verkaufstechniken, ganz zu schweigen von den eigenen gefühlsmäßigen Reaktionen. Sie müssen wissen, wie die Kunden auf all diese Reize reagieren, wenn Sie sie für sich gewinnen und als Kunden behalten möchten.

Haben Sie sich zum Beispiel schon mal gefragt, warum es in der Männerabteilung von Kaufhäusern so wenig gelbe Pullis zu kaufen gibt oder warum es überall Damenbekleidung in Schwarz gibt? Nun, Marktforscher haben immer wieder festgestellt, dass die Mehrheit der Männer glaubt, die Farbe Gelb signalisiere Schwäche, während Frauen meinen, dass Schwarz schlank macht.

Oder ist Ihnen schon aufgefallen, dass Daniel Craig eine Omega-Uhr an seinem Handgelenk trägt? Wir wissen, dass er nicht wirklich James Bond ist, aber das Image des Agenten 007 schafft einen Hauch von Abenteuer und Sex-Appeal, den der Kunde zum Kauf dieser Armbanduhr veranlasst.

Behalten Sie immer folgendes Motto im Kopf:

Kundenwahrnehmungen sind Marktrealität.

Die Leute kaufen Waren und Dienstleistungen, weil sie an eine bestimmte Vorstellung glauben und nicht aufgrund nackter Tatsachen. Um in einem Markt erfolgreich zu sein, muss man ein gutes Gespür für Kundenwahrnehmungen haben und wissen, wie die Käufer auf Produkte und Dienstleistungen des Marktes reagieren, bevor man seinen Businessplan fertigstellt.

Die fünf Schritte bis zur Akzeptanz

Der *Entscheidungsprozess*, den Käufer durchlaufen, beinhaltet häufig eine Reihe wohl definierter Schritte, die letztendlich zur Annahme des Produkts oder der Dienstleistung führen.

Wenn Sie wissen, welche fünf wichtigen Schritte die Kunden bei der Entscheidungsfindung durchlaufen (siehe Tabelle 8.1), können Sie aus diesem Kundenverhalten Nutzen ziehen und Strategien entwickeln, um die Käufer in ihrem Prozess zu unterstützen und ihnen letztendlich bei der Wahl Ihres Produkts oder Ihrer Dienstleistung zu helfen.

Angenommen, Sie besitzen ein Softwareunternehmen, das ein ganz neues Programm zur Produktivitätssteigerung entwickelt hat. Sie haben jedoch Sorge, dass die Kunden sich scheuen könnten, das Programm auszuprobieren, weil sie meinen, dass es schwierig zu erlernen oder nicht mit ihrem Computer kompatibel sei. (Denken Sie daran, dass die Leute nach ihrer Wahrnehmung der Realität handeln und nicht danach, was wirklich Realität ist!) Wenn Sie potenzielle Kunden weg vom Abwägen und hin zum Ausprobieren des Produkts bringen wollen, können Sie eine Testversion zum Downloaden auf Ihrer Webseite zur Verfügung stellen, die mit einer Kaufoption am Ende der Testphase verbunden ist. Manche Softwarehersteller gehen sogar so weit, dass sie (Online-)Workshops anbieten, in denen sie ihre schicken Programme vorstellen und potenziellen Käufern die Möglichkeit geben, das Produkt zu testen, sich damit vertraut zu machen und es erst dann zu kaufen.

Schritte	Beschreibung des Kunden	Ihre Aufgabe
Wahrnehmung	Nimmt Produkt oder Dienstleistung wahr, detailliertes Wissen fehlt noch	Strategie entwickeln, die potenzielle Kunden informiert und anzieht
Interesse	Neugierig aufgrund von Werbung, sucht weitere Informationen	Detailliertere Produktinformationen anbieten und weiterhin Dynamik aufbauen
Abwägen	Wägt ab, ob Produkt oder Dienstleistung ausprobiert werden soll	Den Abwägungsprozess für ein Produkt so leicht und lohnend wie möglich machen
Test	Testet Produkt oder Dienstleistung	Den Test so einfach und risikolos wie möglich machen
Akzeptanz	Entscheidet sich, Benutzer zu werden	Strategien entwickeln, um gute Kunden zu behalten

Tabelle 8.1: Die fünf Schritte bis zur Akzeptanz eines Produkts

Kunden optimal bedienen

Je mehr Sie über Ihre Kunden herausfinden, umso besser können Sie sie bedienen. In Märkten mit starkem Wettbewerb kann dies der entscheidende Unterschied zwischen Erfolg und Misserfolg sein. Vergessen Sie nicht, dass die Konkurrenz jederzeit versuchen kann, Ihre Produkte zu kopieren. Allerdings wird es ihr sehr viel schwerer fallen, die Dienstleistungen zu kopieren, die Sie zur Unterstützung Ihrer Produkte anbieten.

Sehr häufig liegt der Unterschied zwischen einem Kunden und einem *zufriedenen* Kunden einzig und allein in der von Ihnen angebotenen Dienstleistung. Zufriedene Kunden werden treue Kunden. Und treue Kunden sind einer der Schlüssel zu Wachstum und Gewinn.

Warum Kunden verloren gehen

Oftmals können Sie Ihre treuesten Kunden besser verstehen, wenn Sie sich die Kunden ansehen, die Ihnen verloren gegangen sind. Ihre früheren Kunden zeichnen unter Umständen ein recht deprimierendes Bild von Ihnen, das aufzeigt, inwiefern Sie ihren Erwartungen nicht gerecht geworden sind. Doch auch wenn es bitter ist, diese Einblicke bieten wichtige Erkenntnisse.

Auch wenn verlorene Kunden eine Reihe von Enttäuschungen für Sie bedeuten, so können ihre Erfahrungen sehr wertvoll sein, wenn es um Ihre Bemühungen bei einer sorgfältigen Unternehmensplanung geht. Ergreifen Sie daher die Initiative und sprechen Sie einige dieser Kunden darauf an, warum sie gegangen sind. Die folgenden Tipps sollen Ihnen bei der Kontaktaufnahme helfen:

- ✔ **Verwenden Sie Mailinglisten oder Kundendateien.** Fragen Sie die verloren gegangenen Kunden, warum sie Ihnen den Rücken gekehrt haben und was Sie tun können, um sie zurückzugewinnen.
- ✔ **Gehen Sie dorthin, wo ähnliche Produkte oder Dienstleistungen wie die Ihren angeboten werden.** Verwickeln Sie die Kunden dort in ein Gespräch. Vielleicht waren einige von ihnen frühere Kunden und können Ihnen daher etwas Wichtiges darüber sagen, warum sie nicht mehr Ihre Kunden sind. Achten Sie darauf, dass es ihnen nicht unangenehm ist, Sie aufrichtig zu kritisieren.
- ✔ **Veröffentlichen Sie eine kostenfreie Telefonnummer oder eine E-Mail-Adresse.** Ermutigen Sie Ihre Kunden, sich mit Beschwerden egal welcher Art direkt an Sie zu wenden – 24 Stunden täglich.

Coca-Cola fand heraus, dass nur ein kleiner Teil seiner unzufriedenen Kunden sich öffentlich beschwerte, wenn sie mit dem Unternehmen oder den Produkten unzufrieden waren. Die überwiegende Zahl der Kunden wechselte einfach zu einer anderen Marke. In viel zu vielen Fällen lassen sich die Gründe für die Unzufriedenheit des Kunden beheben – wenn Sie nur nachfragen würden! Der direkte Kontakt bringt nicht nur den Kunden zurück, sondern beschafft Ihnen auch genau die Art von Informationen, die Sie brauchen, um Ihre Strategie und Ihren Businessplan zu ändern.

Den Treueeffekt ausnutzen

Wenn erfolgreiche Unternehmen gefragt werden, worauf sich ihr Erfolg gründet, kriegt man häufig zu hören, dass sie sich besonders um ihre treuen Kunden bemühen. Diese Beobachtung sollte Sie nicht überraschen: Treue Kunden sind nicht nur kostengünstig, sondern ziehen in der Regel weitere treue Kunden an.

Betrachten Sie auch die Kehrseite der Medaille: Verlorene Kunden sind teuer. Untersuchungen haben ergeben, dass Sie mit den meisten Ihrer Kunden erst dann Gewinne erwirtschaften, wenn sie Ihr Produkt oder Ihre Dienstleistung über einen Zeitraum von drei Jahren in Anspruch nehmen. Warum? Weil Sie zu Beginn sehr viele versteckte Kosten zu tragen haben: Kosten für Werbung und Verkaufsförderung, Kundentraining und unter Umständen sogar Telefonsupport oder Webseiten, um Neukunden zu gewinnen oder zu halten. Dies alles sind Kosten, die direkt mit der Bereitstellung eines Produkts oder einer Dienstleistung in Zusammenhang stehen.

Kundenbeziehungsmanagement (Customer Relations Management, CRM)

Kundenbeziehungsmanagementsysteme, kurz CRM-Systeme, sind der Renner in der heutigen Geschäftswelt, weil sie versprechen, aus jedem Kunden einen treuen Kunden zu machen. Um was es bei diesem System geht? Es handelt sich um komplizierte Softwareprogramme, die alle möglichen Informationen über Ihre Kunden sammeln, diese ordnen, analysieren und Ihnen dann ein aktuelles und vollständiges Bild Ihrer gesamten Kundenbeziehungen liefern. Das hört sich zu schön an, um wahr zu sein.

Und hier liegt der Hase im Pfeffer: Erfolgreiche Kundenbeziehungsmanagementsysteme müssen weit über die schicken neuen Technologien hinausgehen, die sie so einfach aussehen lassen. Für ein erfolgreiches Kundenbeziehungsmanagement muss man sich meistens eine ganz neue Sichtweise über den Kunden aneignen und ihn als die zentrale Figur aller Geschäftstätigkeiten sehen. Das bedeutet, dass Ihre gesamten Unternehmensfunktionen um den Kunden herum angeordnet werden müssen – nicht nur die Marketing- und Vertriebsabteilung. Es bedeutet aber auch, dass Sie die Kunden in das Zentrum Ihrer gesamten Unternehmensstrategie und -planung stellen. Den Kunden als Mittelpunkt der Planung zu sehen, ist eine sehr weise Entscheidung. Wenn Ihr Unternehmen jedoch bis jetzt anders aufgebaut war, dann ist ein Kundenbeziehungsmanagement mit sehr viel Arbeit und Zeit verbunden.

Ein typisches Unternehmen verliert jährlich 15 bis 20 Prozent seines Kundenstamms. Außerdem waren die Kunden, die dem Unternehmen den Rücken gekehrt haben, häufig in der Vergangenheit gute Kunden und hielten dem Unternehmen länger als drei Jahre die Treue. Die Haltung vieler Unternehmen ist in dieser Hinsicht ziemlich arrogant: »Wissen Sie, Kunden kommen, Kunden gehen. So ist das Leben. Wir treiben Werbung und Verkaufsförderung, stellen Vertriebsleute ein, um neue Kunden anzuziehen und unsere Märkte weiter auszubauen.«

Und welche Art von Kunden kommt daraufhin? Neukunden natürlich! Teure Kunden. Kunden, die erst noch ihre »Anschaffungskosten« reinbringen müssen. Und wer bleibt? Größtenteils solche Kunden, die sich bereits amortisiert haben, die Gewinn bringen. Branchenübergreifende Untersuchungen zeigen, dass es fünfmal mehr kostet, einen neuen Kunden zu gewinnen, als einen bestehenden zu halten. Und es kann sechzehnmal mehr kosten, bis ein Neukunde denselben Gewinn erbringt wie ein treuer Altkunde.

Diese Erkenntnisse sprechen wohl für sich. Wenn Sie überlegen, wo und wie Sie Ihr Geld und Ihre Zeit aufteilen sollen, dann sollten Sie einen größeren Teil Ihrer Ressourcen auf die Kunden verwenden, die Sie bereits haben – und diese glücklich machen.

Ein besonderer Fall: Kunden, die selbst Unternehmen sind

Viele Beispiele, die in diesem Buch enthalten sind, handeln von Unternehmen, die Produkte und Dienstleistungen in erster Linie an Endverbraucher verkaufen. Wir wollen aber nicht die Unternehmen vergessen, die in den *Business-to-Business-Märkten* (B2B) tätig sind. In diesem Abschnitt finden Sie Informationen darüber, wie Unternehmen, Institutionen und staatliche Stellen agieren, wenn sie selbst Kunden sind. Wodurch unterscheiden sie sich von den einzelnen Kunden? Lesen Sie weiter, um es herauszufinden.

Secondhand-Nachfrage

Die Nachfrage nach Waren und Dienstleistungen in diesem speziellen Markt ist fast immer eine *abgeleitete Nachfrage*. Mit anderen Worten, die Unternehmen kaufen nur die Waren und Dienstleistungen, die sie benötigen, um ihre eigenen Kunden besser bedienen zu können.

Stahl ist zum Beispiel ein Produkt, das kein Endverbraucher kauft. Die Käufer von Stahl sind Automobilhersteller, Baufirmen, Hersteller von Haushaltsgeräten und dergleichen. Wenn diese Unternehmen den Stahl zur Herstellung ihrer Produkte verwendet haben (Autos, Bürogebäude und Kühlschränke), treten Sie als möglicher Kunde in Erscheinung.

Welche Folgen hat das für die Stahlverkäufer? Wenn ein Stahlhersteller zum Beispiel seine Preise pauschal reduziert, kann er dann eine riesige Zunahme an Aufträgen erwarten? Nicht unbedingt. Die Stahlkäufer werden erst dann mehr kaufen, wenn sie mehr von den Dingen verkaufen können, die *sie selbst* herstellen, und das wiederum kann außer vom Stahlpreis von vielen anderen Faktoren abhängen. Wie viele von uns sind losgestürzt, ein neues Auto zu kaufen, als der Stahlpreis das letzte Mal um zehn Prozent runterging?

Wenn Sie Produkte oder Dienstleistungen im B2B-Markt anbieten, sollten Sie genau überprüfen, was Ihre Planungsentscheidungen für die Unternehmen bedeuten, die bei Ihnen kaufen. Und das bedeutet, dass Sie auch über die Kunden Ihrer Kunden nachdenken müssen.

- ✔ Werden die Umsätze bei Ihren Kunden – und in Ihrem Unternehmen – steigen, wenn Sie die Preise senken?
- ✔ Werden Ihre Kunden (und deren Kunden) davon profitieren, wenn Sie Ihnen zusätzlichen Schnickschnack anbieten und dadurch die Kosten erhöhen?
- ✔ Suchen Ihre Geschäftskunden Kontinuität und Preisstabilität?

Entscheidungsfindung als formale Angelegenheit

Kaufentscheidungen im B2B-Markt sind formaler, rationaler und professioneller als in den meisten Konsumentenmärkten. Viele Mitarbeiter aus verschiedenen Bereichen des Zielunternehmens sind am *Entscheidungsprozess* beteiligt. Eine Abteilung des Unternehmens befürwortet Ihr Produkt oder Ihre Dienstleistung, eine andere erwirbt sie und wieder eine andere zahlt dafür, und alle zusammen erledigen die Arbeit für ein separates Kundenzentrum, das dann das Produkt tatsächlich verwendet. Alle diese Abteilungen zusammen bilden die *Entscheidungsinstanz*.

In Tabelle 8.2 werden drei Wege beschrieben, wie sich die Entscheidungsinstanz eines Unternehmens verhalten kann, wenn sie über den Kauf eines Produkts oder einer Dienstleistung nachdenkt. Unternehmen ändern im Laufe der Zeit häufig ihr Kaufverhalten, deshalb ist es hilfreich zu wissen, in welcher Phase ihres Entscheidungsprozesses sie sich befinden. Sie können dann entsprechend planen, wann und wie Sie den Verkauf realisieren wollen.

Kaufverhalten	Entscheidungsprozess des Firmenkunden
Business as usual	Bestellt weiterhin Produkte oder Dienstleistungen bei Ihnen, automatisiert den Vorgang sogar, damit immer eine bestimmte Menge des Inventars vorhanden ist.
Ja, aber ...	Bittet um Änderung der bestehenden Vereinbarung, wobei eine oder mehrere Kaufbedingungen verändert werden (Preis, Finanzierung, Menge und Zusatzoptionen) und mehrere Leute, die Teil der Entscheidungsinstanz sind, beteiligt sind.
Eine Geschäftsmöglichkeit winkt	Kauft ein Produkt oder eine Dienstleistung zum ersten Mal, vielleicht nachdem er bei verschiedenen Zulieferern ein Angebot eingeholt und dann eine bewusste, umfassende Entscheidung getroffen hat, an der alle Teile der Entscheidungsinstanz beteiligt sind.

Tabelle 8.2: Wie Unternehmen sich verhalten, wenn sie einkaufen.

Kräfte, mit denen man rechnen muss

Wenn Sie mit Kunden zusammenarbeiten, die selbst Unternehmen sind, müssen Sie sich sehr wahrscheinlich mit einigen mächtigen Kräften auseinandersetzen, denen man auf Konsumentenmärkten nur selten begegnet. Wenn Ihre Strategien in diesem Markt langfristig Erfolg haben sollen, müssen Sie diese Kräfte bei Ihren Geschäftsplänen einberechnen. Sehen Sie sich die folgenden Fragen an:

- ✔ In welchem Zustand ist das Unternehmen des Kunden?
  - Boomt das Unternehmen des Kunden, veraltet sein Angebot oder ist die Firma gar im Niedergang begriffen?
  - Muss es mit vermehrtem Wettbewerb kämpfen oder fährt es Rekordgewinne ein?
  - Lagert es einzelne Geschäftszweige durch Outsourcing aus und ergeben sich dadurch neue Geschäftsmöglichkeiten für Sie?
  - Droht es, ein Konkurrent zu werden?
- ✔ Wie wird das Unternehmen des Kunden geführt?
  - Kauft der Kunde zentral ein oder hat er überall im Land verteilt verschiedene Einkäufer?

- Gibt es mehrere Ebenen, die vor einer Entscheidung zustimmen müssen?
- Sind es die Führungskräfte in den oberen Etagen (die mehr oder weniger gut über das Produkt Bescheid wissen), die bei einem Kauf die letzte Entscheidung treffen?

✔ Wer ist wichtig für wen?

- Sind die Hauptentscheidungsträger des Kunden Ingenieure oder Marketing-Leute?
- Arbeitet der Kunde sowohl mit kleinen als auch mit großen Zulieferern?
- Ist es Geschäftspolitik, dass in kritischen Bereichen mehr als ein Zulieferer beauftragt wird?

Bei der Entwicklung von Strategien für Firmenkunden sollten Sie die Kräfte beachten, die nur beim Verkauf von Unternehmen zu Unternehmen herrschen.

✔ Gehen Sie hin und sprechen Sie mit den Unternehmen, die mögliche Kunden werden könnten.

✔ Lesen Sie Informationen zu der Organisationsstruktur des Kunden und über dessen Branche.

✔ Gehen Sie zu Konferenzen und Tagungen, die der Kunde abhält, und hören Sie, welche kritischen Ereignisse und Kräfte sein Denken formen.

All diese Aktivitäten kosten natürlich Zeit und Ressourcen, aber Sie werden für die Investition mit einem Vielfachen entschädigt, wenn Sie die Erkenntnisse in Ihrer Planung berücksichtigen.

9

Die Konkurrenz durchleuchten

In diesem Kapitel

- Den Wert des Wettbewerbs erkennen
- Die wahren Konkurrenten ausmachen
- Strategische Gruppen bilden
- Die Aktionen der Konkurrenz verfolgen
- Die nächsten Schritte der Konkurrenz vorhersehen
- Daten über Wettbewerber sammeln

Man beschäftigt sich nicht nur so zum Spaß mit der Konkurrenz. Glauben Sie, dass die hinter Ihnen her sind und Sie kriegen wollen? Darauf können Sie wetten! Je mehr Sie über die Konkurrenz wissen, desto besser können Sie sich vorstellen, was die Konkurrenz vorhat, und eine Strategie entwickeln, wie Sie ihr immer einen Schritt voraus sind.

Wenn Sie sich bisher noch nicht viele Gedanken über die Konkurrenz gemacht haben, sind Sie in guter Gesellschaft. Viele Unternehmen versäumen es, diesen Teil der Planung ernst zu nehmen. Hier zwei typische Entschuldigungen:

Man kann unmöglich jeden Konkurrenten kennen oder wissen, was sie vorhaben.

Oder:

Wir wissen bereits alles, was es über sie zu wissen gibt. Wir stehen jeden Tag mit ihnen in Wettbewerb.

Firmeneigner oder Geschäftsführer der ersten Gruppe sind ganz verzweifelt, weil es nicht einfach ist, etwas über die Konkurrenz herauszufinden. Die in der zweiten Gruppe machen die Augen zu und glauben, dass nichts Schlimmes passieren wird, wenn sie nur nicht allzu genau hinsehen. Beide Gruppen machen einen großen Fehler. Ein Konkurrent, den Sie kennen, ist viel weniger gefährlich als ein unbekannter Feind.

Als sich chinesische Unternehmen um das Jahr 2007 entschieden, den Weltmarkt für Solarmodule aufzurollen, war westlichen Anbietern wie der deutschen Solarworld oder Q-Cells noch nicht klar, wie massiv das ihr Geschäft bedrohen würde. Doch die Konkurrenz aus dem Reich der Mitte hatte den Markt genau studiert, umfangreiches Know-how in der Produktion aufgebaut, einen Masterplan entwickelt, Endkundenwerbung geschaltet – und wurde nicht zuletzt von ihrem Staat unterstützt.

Diese akribische Vorbereitung – natürlich kombiniert mit den nach wie vor niedrigeren Lohnkosten in China – ermöglichte den dortigen Solarzellen-Bauern den rasanten Einstieg in die westlichen Märkte. Sie kamen dabei viel schneller voran, als sie selbst es sich in ihren kühnsten Plänen ausgemalt hatten. Schon 2013 installierte China weltweit die meisten Solaranlagen.

Die westlichen Wettbewerber, von denen die meisten ums Überleben kämpfen, obwohl auch sie zumeist hohe staatliche Subventionen erhalten hatten, haben nie so richtig verstanden, was da eigentlich passiert ist. Sie wähnten sich als unangreifbarer Technologieführer und hatten es schlicht versäumt, ihre Konkurrenz im Auge zu behalten und sie ernst zu nehmen.

In diesem Kapitel zeigen wir zunächst, warum es überhaupt so wichtig ist, Konkurrenten zu haben. Dann sollen Sie erkennen, wer momentan Ihre Konkurrenten sind und wer ein potenzieller Konkurrent ist. Wir betrachten den Wettbewerb aus der Perspektive der Kunden und der Kaufentscheidungen, die sie auf dem Markt treffen. Und wir erkunden Ihre Wettbewerber im Hinblick auf ihre Strategien und Unternehmensstruktur, wobei wir den Begriff strategische Gruppen einführen. Wenn Sie wissen, wer Ihre Konkurrenten sind, sollten Sie sie noch besser kennenlernen, indem Sie sich ansehen, was sie tun und wohin sie gehen. Dazu prüfen wir ihre Fähigkeiten, Strategien, Ziele und Annahmen.

Erkennen, welchen Wert Konkurrenz hat

Die Konkurrenten werden fast immer als die bösen Jungs dargestellt. Bestenfalls ist es ärgerlich, dass es sie gibt. Schlimmstenfalls nehmen sie die Kunden weg und das Geld aus der Kasse. Kurz, sie machen Ihnen Ihr Geschäftsleben schwer. Sie finden das unfair? Natürlich ist es das!

Legen Sie eine kurze Kampfpause ein, und wir zeigen Ihnen, welche andere Seite der Wettbewerb hat: Die Konkurrenten sind die, die neue Techniken und Technologien entwickeln, die Marktmöglichkeiten erweitern und manchmal ganze Industriezweige schaffen ... und glauben Sie es oder nicht, sie holen auch das Beste aus Ihnen heraus. Wettbewerber zwingen Sie, Ihre Strategien zu verbessern, an Ihrer Unternehmensplanung zu feilen, und nehmen lange Wege auf sich, wenn es darum geht, Kunden zufriedenzustellen.

Die Macht des Wettbewerbs ist eine Kraft, die staatliche Regulierungsstellen weltweit überzeugt hat, ihren Griff in den großen Branchen mehr und mehr zu lockern, zum Beispiel in den folgenden Branchen:

- ✔ Fluglinien
- ✔ Bahn
- ✔ Post
- ✔ Telekommunikation
- ✔ Versorgungsunternehmen

In jeder dieser Branchen hat der neue Wettbewerb auf dem Markt zu mehr Produkten, mehr Serviceleistungen, mehr Kunden geführt – und zu mehr Auswahl für die Kunden. Gut geführte Unternehmen sind stärker geworden, durch die Markterweiterung wurde Platz für neue Mitspieler geschaffen. Die größten Nutznießer sind Menschen, die viel reisen, wichtige Dokumente sicher versenden wollen, viel telefonieren, das Internet nutzen oder ganz einfach einen hohen Stromverbrauch haben.

Der Wettbewerb ist eine Kraft, die wegen der Macht der Kunden nicht unterschätzt werden darf. (Wenn Sie einen Auffrischungskurs über Kundenbedürfnisse, Vorzüge und Marktverhalten benötigen, lesen Sie die Kapitel 7 und 8.) Die Kunden da draußen treffen ihre Auswahl auf dem Markt, entscheiden aufgrund ihrer Bedürfnisse und ihrer Zahlungsbereitschaft, was sie kaufen und wofür sie ihr Geld ausgeben. Wie machen sie das? Der Vorgang, den sie durchlaufen, basiert auf einer *Wertgleichung*, die wie folgt aussieht:

Kundenwert = Vorzüge/Preis

Abbildung 9.1 veranschaulicht diese Gleichung.

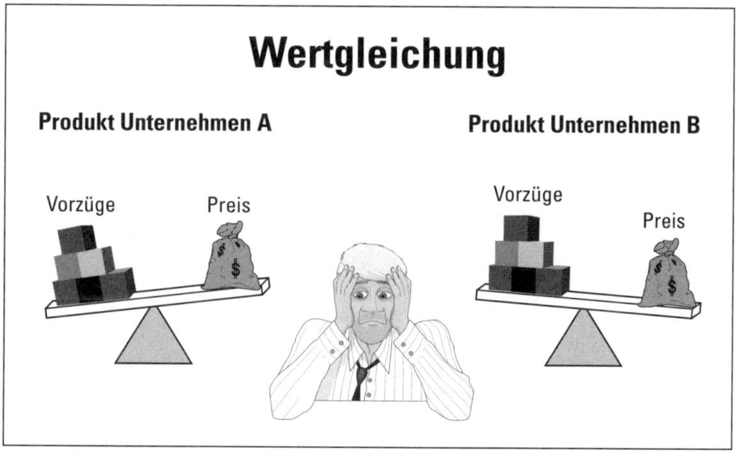

Abbildung 9.1: Die Kunden treffen ihre Auswahl auf dem Markt, indem sie mithilfe der Wertgleichung den Wert konkurrierender Produkte abwägen.

Die Gleichung sieht auf den ersten Blick kompliziert aus, birgt aber eine einfache Wahrheit in sich: Heutige Kunden sind gut darin, ihre Auswahl zu treffen. Wie war es denn, als Sie das letzte Mal beim Einkaufen waren? Sie haben wahrscheinlich beim Lebensmittelhändler vorbeigeschaut, wo Sie mithilfe der Wertgleichung alle möglichen Kompensationskäufe getätigt haben. Sie haben eine bestimmte Sorte Fleisch ausgewählt und dabei berücksichtigt, worauf Sie Lust haben, was frisch aussieht und wo das Preis-Leistungs-Verhältnis stimmt. Vielleicht haben Sie entschieden, dass Sie keine Zeit mehr haben, um zum Supermarkt zu fahren, und deshalb die teurere Kleinpackung Müsli gekauft. Auf dem Weg nach draußen haben Sie biologisch angebaute Tomaten für den Salat ausgewählt, die dreimal so teuer waren wie herkömmliche Tomaten. Und schließlich haben Sie an der Tankstelle um die Ecke gehalten, auch wenn dort das Benzin etwas teurer ist.

Der Wettbewerb zwingt jeden in Ihrer Branche dazu, sich zu überlegen, wie man den Kunden den bestmöglichen Wert bieten kann. Wettbewerb erzeugt eine Situation, bei der beide Seiten (Kunden und Unternehmer) gewinnen, Sie sollten daher Ihre Konkurrenten nicht einfach ignorieren. Glauben Sie auch nicht, dass Sie immun gegen das alles sind. Stattdessen sollten Sie den Wettbewerb mit all dem, was er für Ihr Unternehmen tun kann, zu Ihrem Vorteil nutzen. Lernen Sie, mithilfe des Wettbewerbs zur vollen Entfaltung zu kommen.

Soll es Coke sein?

Coca-Cola ist in so vielen Ländern präsent wie kein anderes Unternehmen und führt den Markt für Erfrischungsgetränke eindeutig an, hat aber trotzdem immer noch Konkurrenz. Man kann mit ziemlicher Sicherheit davon ausgehen, dass die meisten Coke-Trinker auch schon mal Pepsi probiert haben. Pepsi-Cola ist zwar bedeutend kleiner, holt aber in manchen Segmenten auf. Aber welche anderen Getränke konkurrieren sonst noch mit Coke? Die folgende Liste zeigt weitere offensichtliche Konkurrenten:

- ✔ Andere Cola-Getränke
- ✔ Andere Limonaden
- ✔ Bio-Limonaden
- ✔ Säfte und Fruchtsaftgetränke
- ✔ Isotonische Getränke
- ✔ Eistees
- ✔ Eiskaffees
- ✔ Mineralwasser mit Geschmack
- ✔ Mineralwasser
- ✔ Bier und Wein

Und natürlich Leitungswasser. Aber konkurriert Coke wirklich mit Wasser aus dem Wasserhahn? Höchstwahrscheinlich ja. Wasser ist das Getränk, das am häufigsten statt Coke getrunken wird. Aber irgendwo muss Coca-Cola eine Linie ziehen, wenn es darum geht, seine wichtigsten Konkurrenten zu identifizieren, also die, die über die Jahre hinweg wirklichen Einfluss auf das Geschäft haben. Doch wo und wie man diese Trennung vornehmen muss, hängt davon ab, ob man weiß, wonach die Kunden suchen. Für Coca-Cola heißt das, dass folgende Faktoren, die die Wahl der Kunden beeinflussen, berücksichtigt werden müssen:

- ✔ Cola oder keine Cola
- ✔ Diät oder nicht Diät
- ✔ Bio oder nicht
- ✔ Viele oder wenige Kalorien
- ✔ Koffeinhaltig oder koffeinfrei
- ✔ Viel oder wenig Kohlensäure
- ✔ Alkoholhaltig oder ohne Alkohol

Wie wichtig diese Kriterien sind, ist von Markt zu Markt verschieden und ändert sich mit der Zeit. Dementsprechend muss Coca-Cola seine Konkurrenz immer wieder neu taxieren.

Erkennen, wer Ihre wahren Konkurrenten sind

Zwei Jungen laufen durch den Wald. Auf einmal stoßen sie auf einen Bären. Einer der Jungen setzt sich sofort hin und bindet seine Schuhbänder fester. Der andere schaut zu ihm herunter und sagt: »Wir können unmöglich schneller laufen als der Bär.« Der andere antwortet: »Ich will gar nicht schneller als der Bär sein. Ich will nur schneller laufen als du.« Es ist zu Ihrem Besten, wenn Sie wissen, wer Ihre wahren Konkurrenten sind.

Sie können Listen Ihrer möglichen Konkurrenten aufstellen und dabei die verschiedensten Faktoren berücksichtigen. Das Problem besteht darin, herauszufinden, welche Methode die erfolgreichste ist, um die Wettbewerber zu erkennen, mit denen Sie wirklich in Konkurrenz stehen.

Damit Sie Ihre Konkurrenten ausmachen können, müssen Sie Folgendes wissen:

- ✔ Wie Kunden ihre Auswahl treffen
- ✔ Wie Kunden Produkte verwenden
- ✔ Das Potenzial der Konkurrenz
- ✔ Die Strategien der Konkurrenz
- ✔ Wo die zukünftige Konkurrenz herkommen wird

Wettbewerb aufgrund der Wahl des Kunden

Kunden entscheiden sich zum Kauf bestimmter Produkte mithilfe einer Wertgleichung, bei der sie die Vorzüge verschiedener Produkte gegenüber dem Preis abwägen. Aber welche Produkte vergleichen die Kunden? Wenn Sie wissen wollen, wer Ihre wirklichen Konkurrenten sind, müssen Sie wissen, wie viele Produkte – und welche Produkte – sich Ihre Kunden ansehen, bevor sie ihre Kaufentscheidung treffen.

Wenn Sie wissen, wer Ihre Kunden sind, und ihre *Auswahlkriterien* kennen (also wissen, wonach die Kunden bei einem Produkt oder einer Dienstleistung suchen), können Sie eine Liste der Konkurrenten erstellen und diese in Gruppen einteilen, die darauf basieren, wie stark sie mit Ihnen in Konkurrenz stehen.

- ✔ **Marktherausforderer** – Diese Unternehmen sind Ihre stärksten Konkurrenten. Deren Produkte scheinen bei den Kunden immer in der engeren Wahl zu sein, die Kunden fordern Sie dazu auf, Ihre Funktionen, Vorzüge und Preise mit denen der Konkurrenz zu vergleichen. Über diese direkten Wettbewerber sollten Sie so viel wie möglich wissen. Im Zeitschriftenbereich liefern sich beispielsweise Frauenzeitschriften und Lifestyle-Magazine einen harten Konkurrenzkampf um Leserinnen und Werbeetats – und beide Genres zusammen stehen in erbittertem Wettbewerb zu Onlinemedien, die ihren Kunden ebenfalls Werbung verkaufen.

- **Nischenbearbeiter** – Diese Unternehmen konkurrieren auch direkt mit Ihnen, aber unter Umständen nur in bestimmten Bereichen oder bei bestimmten Kundentypen. Sie dürfen diese Gruppe jedoch nicht zu lange ignorieren, weil einige der Unternehmen vielleicht den Wunsch und die Fähigkeit haben, Sie einzuholen und ein Mitbewerber zu werden. Frauenzeitschriften bearbeiten beispielsweise auch Themen rund um die Gesundheit und konkurrieren in diesem Bereich direkt mit medizinischen Zeitschriften. Lifestyle-Magazine stehen im Wettbewerb mit Architektur- und Design-Blättern.
- **Mitläufer** – Das sind Wettbewerber, über die Sie nicht allzu viel nachdenken. Deren Produkte dienen nur gelegentlich als Alternative zu Ihren eigenen. Sie haben für gewöhnlich wichtigere Wettbewerber, um die Sie sich kümmern müssen. Aber auch diese Gruppe verdient, gelegentlich genauer unter die Lupe genommen zu werden, weil indirekte Konkurrenten immer das Potenzial haben, Sie aus heiterem Himmel mit konkurrierenden Produkten zu überraschen. Viele medizinische Zeitschriften konkurrieren mit Seiten im Internet, die teilweise dieselben aktuellen medizinischen Informationen liefern.

Sie sollten die Konkurrenten, mit denen Sie um die Marktführung streiten, an einer Hand abzählen können. Vielleicht haben Sie zweimal so viele Nischenkonkurrenten und genauso viele Mitläufer. Die Anzahl der Konkurrenten, die Sie kritisch beäugen, sollte aber überschaubar bleiben. Die direkten Konkurrenten verdienen natürlich sehr viel mehr Aufmerksamkeit als die indirekten. Vielleicht können Sie ja in einem Zeitplan festlegen, wann Sie jeweils die Überprüfung der Unternehmen in den einzelnen Gruppen wiederholen wollen. Beginnen Sie damit, Ihre Marktherausforderer wöchentlich zu analysieren, die Nischenwettbewerber einmal im Monat und die Mitläufer einmal im Vierteljahr. Dieses Muster können Sie dann der Geschwindigkeit entsprechend, mit der in Ihrer Branche Änderungen vor sich gehen, anpassen.

Eine Möglichkeit, um das Ausmaß des Wettbewerbs in Ihrer Branche festzustellen, besteht darin, potenzielle Kunden zu bitten, den Produktauswahlprozess noch einmal von Anfang an für Sie durchzuspielen. Manchmal können Sie diese Art von Informationen auch von Verkäufern oder Kundendienstmitarbeitern erhalten.

1. **Fragen Sie die Kunden, welche Produkte sie in die engere Wahl nehmen und ernsthaft begutachten.**

   Das sind höchstwahrscheinlich die Produkte Ihrer direkten Konkurrenten.

2. **Fragen Sie die Kunden, welche Produkte zu dem Zeitpunkt, als sie damit begonnen haben, sich auf dem Markt umzusehen, in der weiteren Auswahl waren.**

   Diese Produkte werden wahrscheinlich von den Nischenkonkurrenten angeboten.

3. **Fragen Sie die Kunden nach den Produktnamen, die ihnen spontan einfielen, als sie sich entschlossen hatten, zum Einkaufen zu gehen.**

   Unter diesen Produkten können auch die der Mitläufer sein.

Wettbewerb aufgrund der Produktverwendung

Wenn man sich ansieht, wie Produkte und Dienstleistungen von den Kunden verwendet werden, ist das eine weitere Perspektive, unter der die Konkurrenz betrachtet werden kann. In diesem Fall sollten Sie folgende Schritte unternehmen:

1. **Fragen Sie die Kunden, in welchen Situationen oder zu welchen Gelegenheiten sie wahrscheinlich Ihr Produkt verwenden würden.**
2. **Fragen Sie die Kunden, welche anderen Produkte oder Dienstleistungen auch geeignet und in derselben Situation genauso zufriedenstellend wären.**

Parabel von Corvette und Sundancer

Die Corvette ist noch immer ein Auto mit einem gewissen Image. General Motors baut diesen Zweisitzer bereits seit 1953. In den vergangenen zwanzig Jahren hat die Corvette jedoch zunehmend Konkurrenz erhalten, sodass General Motors sich zum Ziel gesetzt hat, den Ursachen hierfür auf den Grund zu gehen.

Nun, Sie glauben vielleicht, dass der typische Corvette-Käufer ein abenteuerlustiger junger Mann ist, der sich nach einem coolen, schnellen Auto sehnt – und wenn er es sich leisten könnte, dann hätten Sie wahrscheinlich recht. GM fand jedoch heraus, dass der typische Corvette-Käufer ein Mann mittleren Alters ist. Dieser Käufertyp, der in den 1960er- und 1970er-Jahren aufwuchs, verfügt jetzt über ein ausreichendes Einkommen, ein paar graue Haare und seine Kinder sind schon beinah aus dem Haus.

Als das Unternehmen diese Corvette-Käufer danach befragte, welche anderen Modelle noch infrage gekommen wären, so lautete die Antwort für gewöhnlich: ein sportiver BMW, ein agiler Audi, vielleicht ein Porsche der unteren Preisklasse. Doch noch ein anderes Fahrzeug wurde erstaunlicherweise erwähnt: Sea Ray Sundancer. Wie bitte? Ist das nicht ein Boot? Nun ja, die Sundancer ist eine schnelle, sportliche Motoryacht mit Platz für sechs Personen. In Europa wäre so ein Boot der Begierde vermutlich eine italienische Riva. Aber wie um alles in der Welt kann ein Boot mit einer Corvette, einem BMW, Audi oder Porsche konkurrieren?

Um dies herauszufinden, fragte GM die Kunden danach, wie sie denn ihre Corvettes nutzen wollten, also bei welchen Gelegenheiten und zu welchem Zweck. Die Antworten machten deutlich, dass eine Corvette ihr Geld wert war, denn sie war für diese Käufer wie eine Fahrkarte zurück in die Jugend, ein Weg, mit dem Älterwerden fertig zu werden. Und diese Fahrkarte konnten sie ebenso gut auf einer Sundancer wie in einer Corvette einlösen. Beide Fahrzeuge erfüllten denselben Zweck, nämlich anzugeben, für ein Wochenende sich vom schnöden Alltag abzukoppeln oder sich einfach nur wieder jung zu fühlen. Dadurch, dass GM die richtigen Fragen zu den Kaufabsichten der Kunden stellte, kam das Unternehmen einem indirekten Konkurrenten auf die Spur.

Coca-Cola-Trinker assoziieren unter Umständen sportliche Aktivitäten im Freien (wie Fußball) mit dem Genuss von Coke. Sie werden vielleicht alkoholfreies Bier oder sogar Mineralwasser als Alternative angeben, um sich zu erfrischen und nach einem Spiel zu erholen. In diesem Kontext hat Coke eine genau definierte Menge an Konkurrenten, während in einem anderen Kontext andere Konkurrenten eine Rolle spielen.

Indem Sie die Konkurrenten aus der Perspektive des Marktes betrachten (wie wählen die Kunden Produkte und welche Alternativen verwenden sie), werden Sie mit einem relativ vollständigen Bild Ihrer Wettbewerbslandschaft belohnt.

Wettbewerb aufgrund von Strategie

Wenn Sie sich einmal Zeit nehmen und sich die Wettbewerber um sich herum ansehen, dann werden Sie erstaunt sein, wie unterschiedlich sie sein können. In bestimmten Branchen konkurrieren zum Beispiel Unternehmen, die eine vollständige Produktlinie anbieten, mit Unternehmen, die nur ein Produkt haben. In anderen Branchen konkurrieren Unternehmen, die für ihre innovative Forschung und Entwicklung bekannt sind, mit Unternehmen, die selbst überhaupt nichts entwickeln.

Aber wie kann das sein? Wie können Konkurrenten, die in derselben Branche sind, so unterschiedlich sein? Überlegt sich nicht jedes Unternehmen mit der Zeit die besten Strategien und die effizienteste und effektivste Weise, Geschäfte zu machen? Sollten nicht alle Unternehmen am Ende ziemlich ähnlich aussehen? Gute Fragen. Hier zwei Antworten:

- ✔ Es gibt nicht immer die bestmögliche Art, Dinge zu tun. Märkte und Branchen sind komplex, und es können verschiedene Möglichkeiten, Geschäfte zu machen, nebeneinander existieren, die gleichermaßen erfolgreich sind.
- ✔ Es ist nicht immer so einfach für ein Unternehmen, das seine Geschäfte auf eine bestimmte Art betreibt, sich zu ändern und alles anders zu machen.

Die Konkurrenten aufgrund ihrer einzigartigen Fähigkeiten und Strategien zu identifizieren, hat viel gemeinsam mit dem, was in Kapitel 6 über die Branchenanalyse steht. Manchmal kann man bei der Analyse noch einen Schritt weitergehen und die Unternehmen Ihrer Branche danach, was sie tun und wie sie vorgehen, in Gruppen unterteilen. Sie teilen die Konkurrenz quasi in »Marktsegmente« ein, wie wir sie in Kapitel 7 vorgestellt haben, nur dass Sie es diesmal nicht auf Einzelkunden anwenden, sondern auf Unternehmen.

Die Unternehmen in einer bestimmten Branche, die sich sehr ähnlich sind und sich auf ähnliche Weise verhalten, werden als *strategische Gruppe* bezeichnet. Firmen, die in der gleichen strategischen Gruppe sind, haben folgende Gemeinsamkeiten:

- ✔ Sie haben ähnliche Charakteristika (Größe, Geografie, Wachstumsrate).
- ✔ Sie werden auf ähnliche Weise geführt (Risikobereitschaft, Aggressivität).
- ✔ Sie weisen ähnliche Potenziale auf (Mitarbeiter, Fähigkeiten, Image, Bankguthaben).
- ✔ Sie verfolgen ähnliche Strategien (Vertrieb, Marketing und Entscheidungen hinsichtlich der Produktlinie).

Man kann alle möglichen Geschäftskriterien anwenden, um nützliche strategische Gruppen zu finden. Auch wenn sich die einzelnen Branchen voneinander unterscheiden, kann man folgende allgemeinen Variablen beachten:

- ✔ Unternehmen, die den größten Teil ihrer Produktkomponenten selbst fertigen, versus Unternehmen, die Produkte nur montieren oder wiederverkaufen
- ✔ Unternehmen, die Produkte mit Markennamen produzieren, versus Unternehmen, die markenlose Produkte oder Händlermarken herstellen
- ✔ Unternehmen, die auf ihrer Forschungs- und Entwicklungsabteilung beruhen, versus Unternehmen, die Lizenznehmer sind oder Technik kaufen
- ✔ Unternehmen, die eine vollständige Produktlinie haben, versus Unternehmen, die nur einige oder spezialisierte Produkte haben
- ✔ Unternehmen, die Wert auf entsprechendes Marketing legen, versus Unternehmen, die sich auf die Produktion konzentrieren
- ✔ Unternehmen, die eine breite Produktpalette anbieten (diversifizierte Unternehmen), versus Unternehmen, die nur in einer Branche tätig sind

Strategische Gruppen liegen irgendwo in der Mitte zwischen einem Einzelunternehmen und der gesamten Branche. Wettbewerber in Gruppen zusammenzufassen, ist hilfreich, weil alle Unternehmen in einer strategischen Gruppe von den Änderungen auf dem Markt auf ähnliche Weise betroffen sind und ähnlich reagieren. Aber das Einteilen funktioniert nur, wenn diese Unternehmen in der Gruppe, der sie zugeordnet wurden, lange genug bleiben, um analysiert werden zu können. Glücklicherweise tun sie das meistens.

Bei Ihrer eigenen Branchenanalyse haben Sie wahrscheinlich schon einige *Marktzutrittsschranken* erkannt: Dinge, die den Eintritt in Ihre Branche erschweren, wie zum Beispiel hohe Kapitalkosten, teure Vertriebssysteme, neue Technologien und gesetzliche Vorschriften. Sie werden auch einige *Marktaustrittsschranken* entdeckt haben: Dinge, die die Wettbewerber davon abhalten, die Branche zu verlassen, wie teure Fabrikanlagen, Spezialausrüstungen und langfristige Verträge. Strategische Gruppen können dieselben *Mobilitätsschranken* haben, die die Wettbewerber meist in der Gruppe halten, in der sie gerade sind.

Strategische Gruppen können bei der Unternehmensplanung wirklich Zeit sparen. Sie wissen dann nämlich, worauf Sie Ihre Energien konzentrieren müssen, wenn Sie alle Konkurrenten in strategische Gruppen eingeteilt haben. Sie können die meiste Zeit damit verbringen, die Unternehmen in Ihrer eigenen strategischen Gruppe zu analysieren. Die restlichen Unternehmen können Sie als gesamte Gruppe begutachten und müssen sich nicht über jedes einzelne Unternehmen informieren.

Gehen Sie wie folgt vor, wenn Sie Ihre Wettbewerber in strategische Gruppen einteilen:

1. **Teilen Sie die Wettbewerber auf eine kleine Anzahl von Gruppen auf, je nachdem wie ähnlich sie sich Ihrer Meinung nach sind.**
2. **Ordnen Sie Ihr eigenes Unternehmen einer der Gruppen zu.**

3. **Sehen Sie sich jede der Gruppen sorgfältig an und überlegen Sie, welche Hauptkriterien Sie für Ihre Einteilung verwendet haben.**

4. **Sehen Sie sich die Gruppe, der Sie Ihr eigenes Unternehmen zugeordnet haben, besonders kritisch an.**

   Stehen diese Wettbewerber im Hinblick auf ihre Eigenschaften und im Hinblick auf die erkannten Kriterien Ihnen wirklich am nächsten?

5. **Bitten Sie ein paar vertrauenswürdige Kunden, sich Ihre Gruppeneinteilung anzusehen, und bitten Sie sie um ihre Meinung.**

   Es kann nie verkehrt sein, sich die Welt mit den Augen Ihrer Kunden anzusehen. Manchmal kann dies Augen öffnen.

6. **Verändern Sie die Gruppen, wenn nötig, und erarbeiten Sie zusätzliche Kriterien, die zu anderen strategischen Gruppierungen führen könnten.**

Strategische Gruppen sind in vielen Branchen relevant und nützlich. Sie bieten oft eine Möglichkeit, um die Wettbewerber einzuteilen und so die Wettbewerbslandschaft zu vereinfachen. Aber bedenken Sie, dass nicht in allen Branchen nach denselben Regeln gespielt wird. Wenn die Mobilitätsschranken zum Beispiel nicht sehr hoch sind, können die Unternehmen ihre Fähigkeiten anpassen und Strategien schnell verändern, wodurch die strategischen Gruppen langfristig nur beschränkt nützlich bleiben. Ferner kann sich die Zusammensetzung der Gruppen sehr schnell ändern, wenn es zu Aufkäufen oder Zusammenschlüssen von Unternehmen kommt. Prüfen Sie, ob es wirklich der Realität entspricht, was Sie als Gruppen in Ihrer eigenen Branche ausgemacht haben, und die Gruppen sich nicht wieder auflösen werden, bevor Sie sie überhaupt analysieren konnten.

Zukünftiger Wettbewerb

Denken Sie immer daran, dass Konkurrenten aus dem Nichts auftauchen können. Werfen Sie also zumindest einen Blick auf die potenziellen Konkurrenten. Wer sind sie? Können sie Ihnen gefährlich werden? Im Folgenden ein paar Aspekte, wodurch neuer Wettbewerb entstehen kann:

- ✔ **Markterweiterung** – Ein Unternehmen, das über Jahre außerhalb Ihres geografischen Bereichs erfolgreich war, entscheidet sich, in Ihr Territorium einzudringen, und wird über Nacht zum Konkurrenten. Denken Sie an das erfolgreiche Eindringen chinesischer Hersteller von Solaranlagen auf den europäischen Markt, der vorher von deutschen Anbietern dominiert worden war, in den 2010er-Jahren. Andererseits kann auch ein Unternehmen, das mit einem marktführenden Produkt ein anderes Marktsegment dominiert, eine Gelegenheit sehen, auch Ihre Kunden als Zielgruppe anzusprechen.
- ✔ **Produkterweiterung** – Ein Unternehmen entscheidet sich, seinen guten Markennamen, seine Technik und sein Vertriebssystem zu nutzen und eine neue Produktlinie auf die Beine zu stellen, die in direkter Konkurrenz zu Ihrer eigenen steht. Denken Sie nur an Apples Erfolg im Markt der Mobiltelefone, der Anbieter wie Nokia oder Samsung plötzlich ganz schön alt aussehen ließ.

- **Rückwärtsintegration** – Einer Ihrer wichtigsten Kunden entscheidet sich, dass er tun kann, was Sie können – und das besser und preiswerter. Der Kunde rüstet daher sein Unternehmen dementsprechend um und übergibt das Geschäft, das einst Sie für ihn erledigt haben, einer Gruppe im Haus. Plötzlich ist Ihr alter Kunde ein neuer Konkurrent. Hauseigene Lebensmittelmarken großer Warenketten sind ein gutes Beispiel für einen direkten Wettbewerber von Anbietern in Sachen Markenverbrauchsgüter.
- **Vorwärtsintegration** – Ihr Unternehmen kauft viele Dinge von Zulieferern. Eines Tages entscheidet sich einer der Zulieferer, dass er genauso gut wie Sie alle Teile zusammenbauen kann. Er richtet einen neuen Geschäftszweig ein und erstellt eine Produktlinie, die plötzlich mit Ihrer in Konkurrenz steht.
- **Änderung der Vermögenssituation** – Aus dem Nichts wird plötzlich ein kleinerer Konkurrent von einer großen Firma aufgekauft. Mit dem Zugang zu neuen Ressourcen (Finanzen, Marketing und Vertrieb) wird der kleine Konkurrent plötzlich zum wichtigen Mitspieler. Auf diese Konkurrenten sollten Sie wirklich achten. Wenn sie plötzlich aus heiterem Himmel auftauchen, treffen sie Sie wahrscheinlich völlig unvorbereitet und sind deshalb umso gefährlicher.

Es ist mindestens genauso wichtig, die Wettbewerber im Auge zu behalten, die in der Zukunft eine Rolle spielen könnten, wie die, die im Moment Wettbewerber sind. Halten Sie Augen und Ohren offen und scheuen Sie sich nicht, Kunden und Lieferanten immer mal wieder nach der Konkurrenz zu fragen.

Die Aktionen Ihrer Konkurrenten verfolgen

Angenommen, Sie sind mit einer ganz frischen, aktuellen Liste Ihrer Konkurrenten bewaffnet. Vielleicht haben Sie schon festgelegt, welche Wettbewerber Sie am sorgfältigsten beobachten müssen, und die Konkurrenten in die verschiedenen Gruppen eingeteilt. Vielleicht sind Sie auch schon so weit und haben strategische Gruppen gebildet und die Wettbewerber ausgemacht, die sich in Ihrer Gruppe befinden und daher besonderer Aufmerksamkeit bedürfen.

Und was kommt jetzt? Sie sollten zuallererst festlegen, welchen Konkurrenten auf der Liste Sie mehr Zeit widmen wollen. Denken Sie daran: Sie werden wahrscheinlich nicht in der Lage sein, über jeden Wettbewerber alles, was es zu wissen gibt, in Erfahrung zu bringen. Die Aktionen eines Konkurrenten zu verfolgen, bedeutet, dass man sich sowohl ansieht, zu welchen Aktionen das Unternehmen fähig ist, als auch sich darüber informiert, welche Aktionen es plant.

Das Potenzial des Konkurrenten ermitteln

Die Dinge, die Sie wirklich über Ihre Wettbewerber herausfinden sollten, sind die Dinge, die Sie auch über Ihr eigenes Unternehmen wissen müssen. Es erstaunt also nicht, dass Sie im Hinblick auf Ihre Konkurrenten dieselben Fragen stellen, die Sie sich bei einem Gesamt-Check-up Ihres Unternehmens selbst stellen (siehe Kapitel 10 und 11). Wir beschreiben hier die Grundlagen, all die Details finden Sie dann in den beiden anderen Kapiteln.

Die Fähigkeiten, die Sie am meisten interessieren, sagen Ihnen etwas darüber, wie die Konkurrenten auf Branchenänderungen reagieren können. Wie sie reagieren können – und die Bereitschaft, sich selbst zu ändern –, sagt viel darüber aus, wie gefährlich die anderen als Konkurrenten sind.

Die folgende Liste mit wichtigen Geschäftsfunktionen und -bereichen sollte erst einmal ausreichen, um die Fähigkeiten Ihrer Wettbewerber zu ermitteln. Die angegebenen Fragen sollten Sie auf den richtigen Weg bringen. Sie können jedoch auch in Kapitel 10 nachlesen, wenn Sie mehr Hilfe brauchen, oder weiter hinten in diesem Kapitel den Abschnitt »Tatsachen und Zahlen strukturieren« lesen.

- ✔ **Management** – Was wissen Sie über den Hintergrund und die Erfahrung der Oberbosse des Unternehmens? Aus welchen Funktionsbereichen (Marketing, Finanzen, Produktion) kommen sie? Was ist mit der Geschäftsleitung? Wie viele gute Leute sind an der Spitze oder nahe dran? Kommen davon irgendwelche Leute aus anderen Branchen? Wenn ja, wie sieht ihr Lebenslauf aus?
- ✔ **Unternehmensstruktur** – Wie ist die Organisation des Unternehmens strukturiert? Gibt es strenge Kontrollmechanismen oder werden Befugnisse über die verschiedenen Organisationsebenen nach unten delegiert? Werden die eigenen Mitarbeiter befördert oder Leute von außerhalb neu eingestellt? Wie würden Sie die Unternehmenskultur beschreiben?
- ✔ **Kundenbestand** – Welchen Anteil hat das Unternehmen am Markt? Wächst es? Wie loyal sind die Kunden des Unternehmens? Sind die Kunden konzentriert auf ein Segment oder sprechen die Produkte des Unternehmens mehrere Segmente an?
- ✔ **Forschung und Entwicklung** – Ist das Unternehmen für Innovation und Technologie bekannt? Ist es an der Forschung und Entwicklung beteiligt? Wie oft werden in dem Unternehmen neue Produkte entwickelt und auf dem Markt eingeführt? Hat es Patente und Copyrights? Wie verlässlich und engagiert sind die technischen Mitarbeiter? Holt sich das Unternehmen auch Fachwissen von außen?
- ✔ **Betriebliche Prozesse** – Wie modern sind die Betriebsanlagen? Wie hat die Automatisierung den Betrieb beeinflusst? Wenn es sich bei dem Unternehmen um einen Herstellungsbetrieb handelt, wie flexibel sind die Produktionsmöglichkeiten? Wie sieht es mit der Kapazität aus? Wie zuverlässig sind die Zulieferer? Wie ist die allgemeine Einstellung der Arbeiterschaft? Gab es in dem Unternehmen in der Vergangenheit mehrfach Streiks?
- ✔ **Marketing und Verkauf** – Wie stark sind die Produkte des Unternehmens? Wie breit ist die Produktlinie? Hat das Unternehmen den Ruf, Qualität zu liefern? Wie sieht es mit dem Wiedererkennen von Markennamen aus? Gibt das Unternehmen einen hohen Anteil seiner Ressourcen für Werbung und Verkaufsförderung aus? Ist es für seinen Kundendienst bekannt? Sind die Verkäufer aggressiv und gut ausgebildet?
- ✔ **Vertrieb und Lieferung** – Über wie viele Vertriebswege verkauft das Unternehmen? Hat es eine gute Beziehung zu den Händlern? Nutzt es neue Vertriebsmöglichkeiten schnell?
- ✔ **Finanzielle Lage** – Nimmt der Umsatz des Unternehmens zu? Wie steht es mit den Gewinnen? Kommt das Unternehmen gut mit den Kosten zurecht? Sind die Gewinnspannen stabil oder zunehmend? Wie sieht es mit dem Cashflow aus? Sind langfristige Verbindlichkeiten zu bewältigen? Hat das Unternehmen schnellen Zugriff auf Bargeld?

Notieren Sie für jeden Konkurrenten eine etwa halbseitige Unternehmensbiografie. Die Biografie sollte die hauptsächlichen Wesensmerkmale des Unternehmens enthalten:

- ✔ Fähigkeit, schnell zu reagieren
- ✔ Bereitschaft zu Änderungen
- ✔ Entschlossenheit, zu konkurrieren
- ✔ Wachstumspotenzial

Die Strategien der Konkurrenten einschätzen

Das Potenzial Ihrer Konkurrenten sagt etwas Wichtiges über ihre Fähigkeit aus, sich in Ihre Geschäfte einzumischen. Aber was planen die Konkurrenten?

Um diese Frage beantworten zu können, müssen Sie lernen, die Fähigkeiten der Konkurrenten zu beurteilen. (In Kapitel 15 geht es ganz ausführlich darum, wie man strategisch denkt; alle Einzelheiten erfahren Sie also dort.) Hier diskutieren wir drei grundsätzliche Strategien, mit denen etwas Licht auf die Planungsvorhaben der Konkurrenz geworfen werden soll. Die folgenden drei Strategien werden manchmal auch als *generische Strategien* bezeichnet, weil sie in fast allen Märkten und Branchen ausprobiert wurden und funktioniert haben.

- ✔ **Geringe Kosten** – Die erste generische Strategie leitet sich von einem ökonomischen Prinzip ab: Wenn man ein Produkt oder eine Dienstleistung auf dem Markt zum geringsten Preis anbieten kann, werden die Kunden wie selbstverständlich bei dem günstigsten Anbieter kaufen. Bei dieser Strategie wird natürlich vorausgesetzt, dass man das Produkt zu so geringen Kosten produzieren kann, dass das Unternehmen auf lange Sicht Gewinne macht. Außerdem wird davon ausgegangen, dass das Produkt den Konkurrenzprodukten so ähnlich ist, dass ein niedrigerer Preis die Kunden zum Kauf verleiten wird.
- ✔ **Der gewisse Unterschied** – Diese Strategie basiert auf der einfachen Annahme, dass Ihre Produkte oder Dienstleistungen etwas anderes oder Einzigartiges bieten und die Kunden daher vor Ihrer Tür Schlange stehen werden. Diese Kunden werden mit hoher Wahrscheinlichkeit gute und treue Kunden sein, die nicht allzu sehr auf den Preis achten, weil sie spezielle Vorzüge angeboten bekommen, die sie nirgendwo sonst finden können.
- ✔ **Konzentration** – Bei der letzten Strategie geht es darum, welchen Kundentyp Sie bedienen wollen. Statt sich nämlich überall am Markt zu positionieren und zu versuchen, jedem seine Produkte und Dienstleistungen zu verkaufen, kann man die Kunden auch sorgfältig auswählen. Sie gewinnen dann diese Kunden als Gruppe, indem Sie sich darauf konzentrieren, ihre Bedürfnisse besser zu verstehen, als dies die Konkurrenz tut, und ihnen genau die Vorzüge anbieten, nach denen sie suchen – sei es nun der Preisvorteil oder dass Sie etwas Besonderes, Einzigartiges bieten.

Ein Konkurrent muss nicht nur eine dieser generischen Strategien anwenden. In Kapitel 15 wird gezeigt, dass die Strategien häufig kombiniert werden. Ein Unternehmen, das die Strategie der Konzentration befolgt, ist in einem bestimmten Marktsegment erfolgreich, weil sich seine Produkte von denen der Konkurrenz unterscheiden.

Erstellen Sie eine kurze Zusammenfassung darüber, was die Konkurrenten Ihrer Meinung nach strategisch vorhaben. Sehen Sie sich noch einmal ihr Potenzial an und das, was sie in der Vergangenheit getan haben, und überdenken Sie die folgenden Fragen:

- ✔ Welche generischen Strategien haben die Konkurrenten jeweils in der Vergangenheit verfolgt?
- ✔ Waren sie damit erfolgreich?
- ✔ Werden die Konkurrenten durch Branchenänderungen gezwungen, ihre Strategie zu ändern?
- ✔ Zu welchen Änderungen sind die einzelnen Konkurrenten fähig?
- ✔ Wie schnell kann ein Konkurrent jeweils Veränderungen vornehmen?

Meistens werden Sie feststellen, dass eine langfristige Strategie Zeit und ein hundertprozentiges Engagement vonseiten des Unternehmens erfordert. Deshalb ist es sehr nützlich, die Geschichte der Konkurrenten wenigstens in groben Zügen zu kennen, um ihre Strategien besser zu verstehen. Es hilft auch dabei, abschätzen zu können, wozu die Konkurrenten in der Zukunft fähig sein könnten. Denken Sie daran, dass Sie das Konzept der strategischen Gruppenbildung anwenden können, um diesen Prozess zu vereinfachen. (Lesen Sie hierzu den Abschnitt »Wettbewerb aufgrund von Strategie« weiter vorn in diesem Kapitel.)

Die Schachzüge der Konkurrenten vorhersehen

Natürlich ist es nicht einfach, vorherzusehen, wohin sich die Konkurrenz auf den Weg macht. Der Blick in die Zukunft ist nie einfach. Aber wo Ihre Konkurrenten in der Zukunft stehen wollen, hängt davon ab, wo sie heute sind, und außerdem von ihren Fähigkeiten und den Strategien, die sie eingeschlagen haben.

Viele Unternehmen senden beabsichtigt oder unbeabsichtigt Marktsignale über ihre Vorgehensweisen aus. Manche Unternehmen senken beispielsweise immer die Preise als Antwort auf einen Konkurrenten. Ein Blick auf die letzten Aktionen der Wettbewerber kann also einen Hinweis auf ihre nächsten Schritte ergeben. Für das Vorhersehen von Aktionen ist es auch erforderlich, dass Sie Einblick in die Denkweise Ihrer Konkurrenten haben – also etwas über die Ziele wissen, nach denen sie streben, und ihre Vermutungen zur Branchenentwicklung kennen.

Die Ziele der Konkurrenz herausfinden

Der Unternehmensauftrag, die Wertmaßstäbe und die Unternehmensphilosophie der Konkurrenten sagen eine Menge darüber aus, was diese von sich in der Zukunft erwarten (siehe Kapitel 4 und 5). Diese Dokumente sind nicht topsecret, sondern sollen allen Interessengruppen eines Unternehmens mitteilen, welche Absichten das Unternehmen verfolgt. Sie können sich das zunutze machen. Sie müssen also nicht die Gedanken Ihrer Konkurrenten lesen, sondern einfach nur das, was sie über sich selbst und ihr Tun sagen. (Lesen Sie hierzu den Abschnitt »Tatsachen und Zahlen strukturieren« weiter hinten in diesem Kapitel.)

Als Jack Welch, einer der erfolgreichsten Manager aller Zeiten und weltweit anerkannter Managementguru, 1981 CEO von General Electric wurde, gab er sehr schnell die neuen Ziele dieses Riesenunternehmens an seine oberste Führungsriege aus: Marktanteile, Marktanteile und nochmals Marktanteile. Er wollte, dass General Electric Erster oder Zweiter in den jeweiligen Branchen werden sollte – ansonsten ... Allen war klar, was Jack Welch mit »ansonsten« meinte.

Die Konkurrenten von General Electric hätten Welchs Ziele hören können (und sollen), denn das Unternehmen äußerte sich ganz deutlich, wie es beabsichtigte, in Zukunft Wettbewerb zu betreiben. General Electric ließ sich nicht von seinem Weg abbringen, Köpfe rollten und Bereiche, die die Zielvorgaben nicht erfüllten, wurden verkauft. Alle Unternehmen, die mit General Electric um Marktanteile rangen, hatten hart zu kämpfen. Die Unternehmen, die diese Tatsache früh erkannt hatten, waren gewarnt und hatten die Gelegenheit, ihre Strategien so anzupassen, dass sie in einer veränderten Wettbewerbslandschaft existieren konnten.

Gehen Sie wie folgt vor, um Informationen über Pläne eines Konkurrenten zu erhalten:

1. **Nehmen Sie einige der Konkurrenten in die engere Auswahl.**

2. **Graben Sie neben den Unternehmensleitwerten, -philosophien und -aufträgen sowie möglichen Zielvorgaben und Zielvereinbarungen der einzelnen Konkurrenten so viele Informationen aus, wie Sie finden können.**

   Wenn ein Unternehmen an der Börse notiert ist, finden Sie die Informationen im jährlichen Geschäftsbericht, der den Aktionären zur Verfügung gestellt wird.

3. **Fragen Sie Kunden, Lieferanten, Ihre Vertriebsleute und eventuell ehemalige Angestellte Ihrer Konkurrenten nach Informationen über mögliche langfristige Pläne dieser Konkurrenten.**

   Das hat nichts mit Industriespionage zu tun. Sie suchen ja nicht nach Patentdaten, Handelsgeheimnissen oder sonstigen firmeneigenen Informationen. Sie wollen nur wissen, was die Konkurrenz so plant ...

4. **Schreiben Sie die finanziellen und strategischen Ziele der Konkurrenten auf.**

   Vergessen Sie nicht, auch zwischen den Zeilen zu lesen. Suchen Sie vor allem nach Folgendem:

   - zu erzielende Marktanteile
   - zu erzielende Einnahmen
   - zu erzielende Rentabilität
   - im Hinblick auf Technologien gesetzte Meilensteine
   - Kundendienstziele
   - Vertriebsziele

Die Annahmen der Konkurrenten aufdecken

Was Ihre Wettbewerber planen, steht im Allgemeinen mit den Vermutungen in Zusammenhang, die sie über sich selbst und ihre Branche anstellen – wie sie denken und wie sie die Welt sehen. Manchmal kann man entscheidende Hinweise über die Annahmen der Konkurrenz erhalten, wenn man noch einmal ihre Zielvorgaben und Zielvereinbarungen ansieht. Es ist für Ihre Konkurrenten schwer, eine Aussage darüber zu treffen, wo sie hinwollen, ohne gleichzeitig etwas davon preiszugeben, wo sie glauben, heute zu stehen. Man erhält oft unschätzbare Einsichten, wenn man die Vermutungen der Konkurrenz im Hinblick auf die Branche mit dem vergleicht, was sich dann später als richtig herausgestellt hat.

Als Martin Cooper, ein Erfinder und Geschäftsführer bei Motorola, 1973 zum ersten Mal seinen Konkurrenten bei AT & T Bell Labs von einem Mobiltelefon aus anrief, ahnten weder diese beiden Männer noch ihre Unternehmen, dass sie bald gegen eine finnische Papierfabrik um die weltweite Herrschaft auf dem gerade entstehenden Markt für mobile Telekommunikationstechnik antreten würden. Bis diese beiden US-Unternehmen aufwachten, war der Schaden bereits entstanden. (Zur Aufmunterung sollten Sie noch einmal den Abschnitt »Zukünftiger Wettbewerb« weiter vorn in diesem Kapitel lesen.) Mit einer Reihe von Firmenkäufen, vorwiegend in Skandinavien, legte Nokia den Grundstein für seinen Eintritt in diesen neuen Markt. Und bereits in den 1980er-Jahren war Nokia der weltweit größte Hersteller von Mobiltelefonen und konnte diese Position viele Jahre verteidigen. Ironie der Geschichte: Auch Nokia verschlief wichtige Trends und wurde nach der Jahrtausendwende von den Mobilfunk-Newcomern Samsung und Apple abgehängt.

Vermutungen entsprechen also nicht immer der Realität, deswegen werden sie ja auch Vermutungen genannt. Und wie das Beispiel Nokia zeigt, können falsche Vermutungen für Unternehmen sehr gefährlich sein, besonders wenn daraus landläufige Meinungen werden oder wenn sie zu »blinden Flecken« bei der Konkurrenz führen.

- **Landläufige Meinungen** – Die in einer Branche vorherrschenden Vermutungen sind oft so tief verwurzelt, dass sie für die reine Wahrheit gehalten werden. Als Anfang des 21. Jahrhunderts beispielsweise üblicherweise angenommen wurde, dass erstklassige Solartechnik selbstverständlich aus Deutschland oder zumindest aus Europa stamme, bewiesen chinesische Unternehmen, dass dies ein Irrtum war. Landläufige Meinungen werden meist dann als falsch entlarvt, wenn ein unkonventioneller Wettbewerber auftaucht. Halten Sie bei Ihren Konkurrenten Ausschau nach Anzeichen dafür, ob sie ihre eigenen Vermutungen zu ernst nehmen und dabei vergessen, wie wichtig es ist, immer nach dem Warum zu fragen.
- **Blinde Flecken** – Nur zu leicht übersieht man die Bedeutung von bestimmten Ereignissen oder Trends in einer Branche, besonders wenn sie im Gegensatz zu vorherrschenden oder landläufigen Meinungen stehen. Die Weltanschauungen eines Konkurrenten diktieren oft, was das Unternehmen sehen wird und was nicht. Nokias Aufkäufe auf dem Technologiesektor waren auf Motorolas Radarschirmen nicht zu sehen, weil Nokia eine europäische

Firma für forstwirtschaftliche Produkte war. Halten Sie bei der Suche nach Informationen über Ihre Wettbewerber auch Ausschau nach Aktionen und Reaktionen, die auf blinde Flecken oder auf eine Fehlinterpretation dessen, was auf dem Markt wirklich passiert, hinweisen könnten.

Erfolgreich im Konkurrenzkampf

Je mehr Sie über Ihre Konkurrenten wissen, desto besser ist Ihre Position, wenn es darum geht, die Aktionen der Konkurrenz zu verstehen und ihre nächsten Schachzüge vorherzusehen.

Aber denken Sie daran: Je mehr Sie über Ihre Konkurrenten erfahren, desto mehr lernen Sie wahrscheinlich über sich selbst. Man kann mit Sicherheit sagen, dass Ihr Unternehmen ebenso viele Informationen über sich und seine Absichten preisgibt, wie es die Konkurrenz tut. Deshalb ist es nicht nur wichtig, den Konkurrenten zuzuhören, sondern genauso wichtig, sich selbst zuzuhören. Setzen Sie sich selbst auf die Liste Ihrer Konkurrenten. Beurteilen Sie Ihre eigenen Aktionen aus der Sicht der Wettbewerber. Genauso gut, wie Sie das Verhalten der Wettbewerber verstehen, verstehen Sie dann auch, welche Auswirkungen Ihr eigenes Wettbewerbsverhalten auf die Branche hat.

Wenn Sie die Konkurrenz ernst nehmen, können Sie diese ganzen Analysen nicht alle an einem Tag erledigen, sich dann entspannt zurücklehnen und fertig ist die Sache. Sie müssen Ihre Konkurrenten systematisch überwachen. Wenn Sie sie gut beobachten, sind Sie in der beneidenswerten Lage, die mit der Konkurrenz zu führenden Schlachten, die Sie gewinnen wollen, selbst zu wählen, und geraten nicht in einen Hinterhalt, aus dem Sie doch nur als Verlierer hervorgehen würden.

Tatsachen und Zahlen strukturieren

Sie müssen Daten aus allen möglichen Quellen nutzen (siehe auch Kapitel 6), wenn Sie herausbekommen wollen, was in Ihren Konkurrenten vorgeht. Beginnen Sie mit Ihrer Suche, in dem Sie die Stärke des Internets als Suchmaschine ausnutzen. In der Regel erhalten Sie Zahlen und Fakten zur Konkurrenz auch aus folgenden Quellen:

- ✔ Wirtschafts-, Handels- und technische Publikationen
- ✔ Messen
- ✔ Firmenunterlagen
- ✔ Öffentliche Eintragungen
- ✔ Börsen-Analysten
- ✔ Reden der Geschäftsführung
- ✔ Zulieferer und Händler
- ✔ Feedback der Kunden
- ✔ Eigene Mitarbeiter

Der letzte Eintrag in der Liste verdient besondere Beachtung. Ihre eigenen Mitarbeiter sind im Hinblick auf Informationen über die Konkurrenz eine unschätzbare Datenquelle. Beginnen Sie zum Beispiel mit den Verkäufern, die in der Mitte des Informationsstroms stehen. Sie sprechen mit Kunden, verhandeln mit Händlern und treffen sich gelegentlich auch mit Ihren Konkurrenten. Sie sind die Ersten, die all den Klatsch, die Gerüchte und Neuigkeiten, die in Ihrer Branche die Runde machen, mitbekommen. Nutzen Sie die Vernetztheit sowie das Wissen Ihrer Mitarbeiter und überlegen Sie sich, wie Sie ihr Wissen anzapfen können.

Sie müssen vorsichtig sein, wenn Sie Informationen von Mitarbeitern aus anderen Bereichen als dem Verkauf einholen. In vielen Branchen wechseln die Leute von Job zu Job und von Unternehmen zu Unternehmen. Es ist nichts Schlechtes dabei, wenn man unter seinen Mitarbeitern ein Brainstorming macht und Informationen einholt, was die Konkurrenz so vorhat. Aber die Alarmglocken sollten schrillen, wenn jemand Dokumente hervorholt, die mit »Streng geheim« gekennzeichnet sind. Es ist sogar illegal, eine bestimmte Art von Wissen zu verwenden, die ein früherer Mitarbeiter über die Konkurrenz gesammelt hat. Alles, was als urheberrechtliche Informationen oder Geschäftsgeheimnis aufgefasst werden kann, ist tabu. Hightech-Unternehmen drohen sich gegenseitig ständig mit Gerichtsverfahren wegen angeblicher Verletzungen von Firmengeheimnissen. Wenn Sie glauben, dass Sie sich auf unsicherem Terrain bewegen, lesen Sie in Kapitel 4 den Abschnitt über Unternehmensleitwerte und sprechen Sie mit der Rechtsabteilung Ihres Unternehmens.

Sie müssen die Zahlen und Fakten, die Sie aus den unterschiedlichsten Quellen gesammelt haben, sichten, sortieren und strukturieren, sodass sie zu Informationen über die Konkurrenz werden, die für Sie von echtem Nutzen sind. Aktenschränke und Aktenordner sind in Ordnung, aber vielleicht können Sie ein Computersystem und eine Analysesoftware einsetzen, um die Daten aufzuzeichnen. Wenn Sie das System einrichten, dürfen Sie nicht vergessen, dass Daten über die Konkurrenz Ihnen nicht von heute auf morgen in den Schoß fallen werden. Eher werden sie in den nächsten Wochen, Monaten oder Jahren hereintröpfeln.

Wahrscheinlich haben Sie ja auch schon hier und dort Daten über die wichtigsten Konkurrenten gesammelt. Sie müssen nur noch ein Verfahren entwickeln, damit auch weiterhin Informationen eingehen und Sie diese so zusammenstellen können, dass ein nützliches, aktuelles Profil der Konkurrenz entsteht. Die folgende Anleitung soll helfen, dieses Verfahren zu entwickeln.

1. **Richten Sie zunächst ein Pilotprojekt zur Aufzeichnung der Informationen über die Konkurrenz ein.**

   Beginnen Sie mit dem Vertrieb (oder mit sich selbst, wenn Sie selbstständig sind) und richten Sie ein Versuchssystem ein, mit dem die über den Vertriebsweg gewonnenen Wettbewerbsdaten aufgezeichnet werden. Legen Sie außerdem fest, dass in regelmäßigen Abständen Berichte auf Papier in einem Standardformat erstellt werden, und automatisieren Sie, wenn möglich, den Vorgang.

2. **Richten Sie nun unternehmensweit ein System ein, mit dem Informationen über die Wettbewerber aufgezeichnet werden.**

   Formalisieren Sie den Vorgang der Informationsgewinnung im ganzen Unternehmen, sodass exakte Informationen über die Konkurrenz zur Verfügung stehen, wann und wo sie benötigt werden. Die Konkurrenzanalyse ist zu wichtig, als dass Sie sie willkürlich und planlos erledigen könnten oder sich nur im Krisenfall darum kümmern. Denken Sie daran, mit Informationen, die Sie von Angestellten außerhalb Ihrer Vertriebsabteilung bekommen, vorsichtig umzugehen.

3. **Bestimmen Sie jemanden, der für die Konkurrenzanalyse verantwortlich ist.**

   Übertragen Sie einem leitenden Angestellten (oder sich selbst) die Verantwortung für diese Analyse. Dann weiß jeder, dass die Konkurrenzanalyse wichtig ist. Die Mitarbeiter haben so auch einen Ansprechpartner, wenn sie Informationen über die Konkurrenz liefern oder erfahren wollen.

4. **Machen Sie es zu Ihrer vordringlichen Sache, sich darum zu kümmern, dass das System ausgeführt wird.**

   Achten Sie darauf, dass die Konkurrenzanalyse in Ihrem Unternehmen ernst genommen wird, indem Sie sie zu einem Teil des Businessplans machen. Werden Sie zum Verfechter der Konkurrenzanalyse, der darauf besteht, dass in jedem Planungsdokument, das über Ihren Schreibtisch geht, auch auf die Konkurrenz eingegangen wird. Aktualisieren und überprüfen Sie Ihre Konkurrenzanalyse in regelmäßigen Abständen zusammen mit Außenstehenden, wie Kunden, Lieferanten oder sogar einem externen Berater.

Die Schlachten auswählen, an denen Sie teilnehmen wollen

Je besser Sie Ihre Konkurrenten kennen und verstehen (und darüber Bescheid wissen, was sie in der Vergangenheit getan haben, was sie jetzt tun und was sie wahrscheinlich in der Zukunft tun werden), umso besser können Sie die Wettbewerbsschlachten planen und auswählen, an welchen Sie sich beteiligen wollen.

Natürlich bemühen Sie sich um die Märkte, für die Sie eine Strategie entwickelt haben und in denen Sie gewinnen können. Aber in keinem Markt sind Sie lange allein. Indem Sie die Konkurrenz einbeziehen, anstatt sie zu ignorieren, ergibt sich der weitere Vorteil, dass Sie wissen, wo die Konkurrenz am schwächsten ist. Wählen Sie Ihren Kampfplatz, indem Sie Ihre Stärken mit den Schwächen der Konkurrenten kombinieren. Dann haben Sie die Schlacht schon halb gewonnen, bevor sie überhaupt angefangen hat.

Teil III

Die Aussichten Ihres Unternehmens einschätzen

In diesem Teil …

Immer wenn man etwas Neues beginnt, etwa noch einmal in die Schule geht, ein Haus kauft, den Job wechselt oder ein Unternehmen gründet, drängen sich einem Fragen auf. Ist das wirklich die richtige Entscheidung? Bin ich der Aufgabe gewachsen? Wird alles gut ausgehen? Das sind gute Fragen, weil sie uns dazu zwingen, die eigenen Fähigkeiten und Qualitäten ehrlich einzuschätzen.

In diesem Teil sollen Sie in den Spiegel sehen und ehrlich beurteilen, was Sie da sehen. Wir wollen Ihr Potenzial und die Ressourcen, über die Sie verfügen, aufdecken. Wir werden ermitteln, was davon Stärken und was Schwächen sind, indem wir uns ansehen, was Sie für den Erfolg in Ihrer Branche benötigen. Außerdem werden wir ermitteln, welche Chancen und welche Risiken vor Ihnen liegen. Wir werden Ihnen helfen, sich auf das zu konzentrieren, was Sie am besten können, indem wir uns die Bereiche ansehen, in denen Sie Ihren Kunden den größten Wert bieten. Außerdem werden Sie erfahren, wie Sie den Wettbewerbsvorteil, den Sie bereits auf dem Markt haben, beibehalten und weiter ausbauen können. Schließlich wenden wir uns den Finanzen zu und helfen Ihnen dabei, ein objektives Porträt Ihres Unternehmens zu zeichnen, was Einnahmen, Gewinne, Aktiva und Liquidität betrifft. Außerdem werden Sie eine Finanzprognose und ein Budget erstellen.

Ihre Startposition finden

10

In diesem Kapitel

- Stärken und Schwächen des Unternehmens ausmachen
- Eigene Fähigkeiten und Ressourcen entdecken
- Erfolgsentscheidende Faktoren abschätzen
- Chancen und Risiken erkennen
- Mit der SWOT-Analyse die Unternehmenssituation bewerten

Wir haben alle schon einmal einen Schnappschuss von uns selbst betrachtet oder der eigenen Stimme auf dem Anrufbeantworter zugehört und dann verkündet:

Das soll ich sein?

Oder:

Klinge ich wirklich so?

Wir wissen eigentlich nicht, wie andere unser Aussehen oder unsere Stimme empfinden. Das erklärt, warum es für manche so schwer ist, ein objektives Bild von sich selbst zu haben – ob es nun darum geht, sein Äußeres und seine Stimme richtig einzuschätzen, oder darum, objektive Aussagen über die eigenen Stärken und Schwächen zu machen.

Selbsteinschätzung ist harte Arbeit. Stärken und Schwächen müssen in Bezug zu den jeweiligen Situationen gesehen werden, denn eine Fähigkeit, die sich in einer Situation als Stärke erweist, kann in einer anderen eine Schwäche sein. Führungsqualitäten und Entscheidungsfreudigkeit können in Notfällen extrem wichtig sein. Dieselben Eigenschaften können jedoch eine Belastung darstellen, wenn man Teil eines Teams ist und Beziehungen auf einem fein ausgewogenen System von Geben und Nehmen beruhen.

Wenn Sie Ihr Unternehmen bereits gegründet haben und die Geschäfte schon angelaufen sind, dann werden Sie ähnliche Probleme haben, wenn es darum geht, die Stärken und Schwächen Ihres Unternehmens klar und objektiv einzuschätzen. Falls Sie sich gerade in der Gründungsphase befinden, dann bietet Ihnen dieses Kapitel einen Ausblick auf das, was bald auf Sie zukommen wird. Eine erfolgreiche Unternehmensplanung erfordert unbedingt, dass Sie immer genau wissen, in welcher Situation Sie sich gerade befinden.

In diesem Kapitel helfen wir Ihnen dabei, die Stärken und Schwächen Ihres Unternehmens gegenüber den vor Ihnen liegenden Chancen und Risiken einzuschätzen. Zuerst werden wir mögliche Stärken und Schwächen aufdecken, indem wir eine Liste Ihrer Fähigkeiten und Ressourcen erstellen. Als Nächstes zeigen wir Ihnen, wie die erfolgsentscheidenden Faktoren zum Einsatz kommen, mit denen Sie ermitteln werden, welche der Fähigkeiten und Ressourcen Stärken und welche Schwächen sind. Dann helfen wir Ihnen dabei, alle Teile des Puzzles wieder zusammenzusetzen (Stärken, Schwächen, Chancen, Risiken) und ein komplettes Bild zu erstellen. Wir erstellen auch eine strategische Bilanz, damit Sie auf dem Laufenden bleiben, wo Sie gerade stehen, was Sie tun sollten und wann Sie es tun sollten.

Situationsanalyse

Es ist eigentlich nicht weiter verwunderlich, dass viele Unternehmen an einer objektiven Selbstanalyse scheitern. Sie halten an einem verzerrten Bild der Ressourcen und Fähigkeiten fest, die sie in den Markt einbringen. Damit Sie nicht in dieselbe Falle tappen, sollten Sie Ihre Unternehmenssituation anhand einer anerkannten Methode – der SWOT-Analyse – beurteilen. *SWOT* kommt aus dem Englischen und steht für *Strengths, Weaknesses, Opportunities, Threats*, also für Stärken, Schwächen, Chancen und Risiken.

Die Stärken und Schwächen Ihres Unternehmens können nicht in einem luftleeren Raum ermittelt werden. Ihre Situation hängt nicht nur von Ihren eigenen Fähigkeiten und Ressourcen ab, sondern auch von den Chancen und Risiken, die außerhalb Ihrer Einflussmöglichkeiten liegen. (Blättern Sie zurück zu Kapitel 6, wenn Sie noch einmal etwas über Situationen nachlesen wollen, die Chancen oder Risiken darstellen können.) Je nach Situation treten Chancen oder Risiken auf, verschwinden wieder oder ändern sich; und mit ihnen ändern sich auch die Stärken und Schwächen Ihres Unternehmens.

Da die Situationsanalyse Ihres Unternehmens ein derart wichtiger Bestandteil eines Unternehmensplans ist, sollten Sie eine gründliche SWOT-Analyse häufiger durchführen. Im Grunde genommen sollten Sie eine SWOT-Analyse sogar in regelmäßigen Abständen durchführen, je nachdem wie schnell sich das Geschäftsumfeld, die Branche oder Ihr Unternehmen ändert. (Im letzten Abschnitt dieses Kapitels erfahren Sie, wie Sie eine SWOT-Analyse durchführen.)

Stärken und Schwächen erkennen

Stärken sind die Fähigkeiten, Ressourcen und Kenntnisse, die Ihnen zur Verfügung stehen, wenn Sie Strategien ausführen, Pläne implementieren und die Ziele erreichen, die Sie sich gesetzt haben. Die *Schwächen* Ihres Unternehmens sind die im Vergleich zum Wettbewerb mangelnden Kenntnisse oder Defizite an Fähigkeiten oder Ressourcen, die Sie daran hindern, Strategien oder Pläne auszuführen und Ihre Ziele zu erreichen.

Um einen ersten Eindruck von Ihrem Unternehmen zu gewinnen, füllen Sie den Fragebogen zu den Stärken und Schwächen aus (siehe Abbildung 10.1). Schätzen Sie auf der rechten Seite des Fragebogens Ihre Fähigkeiten und Ressourcen in den einzelnen Bereichen ein. Geben Sie auf der linken Seite an, wie wichtig der jeweilige Bereich für Ihre Branche ist.

Fragebogen zu Unternehmensstärken und -schwächen

Wichtigkeit für die Branche			*Geschäftsbereich*	*Ihre Fähigkeiten und Ressourcen*			
unwichtig	*mittel*	*sehr wichtig*		*gering*	*mittel*	*gut*	*hervorragend*
❑	❑	❑	Management	❑	❑	❑	❑
❑	❑	❑	Organisation	❑	❑	❑	❑
❑	❑	❑	Kundenbestand	❑	❑	❑	❑
❑	❑	❑	Forschung & Entwicklung	❑	❑	❑	❑
❑	❑	❑	Produktion/Fertigung	❑	❑	❑	❑
❑	❑	❑	Marketing & Verkauf	❑	❑	❑	❑
❑	❑	❑	Vertrieb & Auslieferung	❑	❑	❑	❑
❑	❑	❑	Finanzen	❑	❑	❑	❑

Abbildung 10.1: Füllen Sie den Fragebogen aus, um einen ersten Blick auf die Stärken und Schwächen Ihres Unternehmens in den Hauptgeschäftsbereichen zu werfen.

Apple – sogar bei den Stärken innovativ

Als Steve Wozniak und Steve Jobs in den 1970er-Jahren Apple Computer gründeten und den »Apple I« auf den Markt brachten, lagen der Fokus und die Stärken der Firma eindeutig in den Bereichen Technologie und Innovation. Das blieb viele Jahre lang so und führte zu bahnbrechenden Produkten wie dem »Macintosh«, der in vielerlei Hinsicht die Basis für den modernen PC bildete. Apple bewahrte sich die Innovationskraft auch, als das Unternehmen stark wuchs. Mit der Zeit kam aber die Betonung des Designs seiner Produkte dazu sowie die Verstärkung des Marketings, um eine schlagkräftige Marke aufzubauen. Zum Beispiel wurden später vom »Macintosh« Varianten in verschiedenen Farben lanciert, was – weil dies bei Computern eine Neuheit darstellte – auch ein großes mediales Echo hervorrief. Seither wird vor wichtigen Branchenmessen vor allem darüber gerätselt, was Apple wohl diesmal vorstellen wird. Heute baut Apple weiterhin auf seine Stärke, Innovationen hervorzubringen, wird aber auch sehr stark als designorientiert wahrgenommen und als Medienunternehmen, das gesamte Geschäftsfelder neu aufrollen kann. Sowohl der Musikplayer iPod als auch das spätere iPhone sowie das iPad sind dafür hervorragende Beispiele.

Blickwinkel

Wenn Sie den Fragebogen in Abbildung 10.1 ausgefüllt haben, haben Sie einen ersten Eindruck von den Stärken und Schwächen Ihres Unternehmens. Um ein objektives Bild zu erhalten, sollten Sie jedoch über den ersten Eindruck hinausgehen und Ihre Fähigkeiten von mehr als einem Blickwinkel aus betrachten. Verschiedene Perspektiven bieten den Vorteil, dass man systematische Fehler glätten kann, die sich bei einer Betrachtungsweise meist automatisch einschleichen. Außerdem hat man bei mehreren Blickwinkeln die beste Chance, dass die Liste so komplett wie möglich wird.

- **Blick von innen** – Nutzen Sie die Führungserfahrung in Ihrem Unternehmen (beziehungsweise Ihre eigene Erfahrung oder die von Freunden und früheren Kollegen, wenn Sie selbstständig sind), um zu einem Konsens über die Stärken und Schwächen Ihres Unternehmens zu kommen. Vielleicht können Sie sich mit denselben Leuten auch darüber austauschen, was in der Vergangenheit passiert ist. Ein kurzer Rückblick in die Geschichte kann zeigen, wie sich die Stärken und Schwächen im Laufe der Zeit verändert haben – und wie leicht die Organisation in einen anderen Gang wechselt.
- **Blick von außen** – Vielleicht haben Sie Unternehmensstärken gefunden, die nur deshalb wertvoll sind, weil die Konkurrenz noch nicht reagiert hat, oder Sie ignorieren echte Schwächen, weil alle anderen diese auch haben. Von Zeit zu Zeit brauchen Sie eine objektive Einschätzung davon, was in Ihrem Geschäft passiert. Das ist der Moment, in dem Berater durchaus nützlich sind. Wenn Sie sich diese Art von Rat nicht leisten können, sollten Sie wenigstens die jeweilige Fachpresse lesen, um zu erfahren, was Experten über die wichtigsten Mitspieler in Ihrer Branche sagen.
- **Blick nach außen** – Sie sollten sich bei dieser Analyse nicht zu sehr mit sich selbst beschäftigen. Es ist wichtig, einen Schritt zurückzutreten, sich umzuschauen und, wenn möglich, die Konkurrenz als Maßstab zu nehmen. All Ihre Konkurrenten betreiben ihr Geschäft in derselben Branche und auf demselben Markt wie Sie, und sie sind in all den für Sie interessanten Schlüsselbereichen stark oder schwach. Wenn Ihre Liste bei der Anwendung auf Ihre Geschäftssituation irgendeine Bedeutung haben soll, müssen Ihre Stärken und Schwächen an denen der Konkurrenten gemessen werden (in Kapitel 9 finden Sie mehr Informationen über die Konkurrenz).

Wenn Ihnen zur Durchführung dieser Situationsanalyse kein Führungsteam zur Verfügung steht, sollten Sie eine informelle Gruppe zusammenstellen, die vielleicht auch schon andere Planungsaufgaben übernommen hat. Bitten Sie die Gruppenmitglieder, sich Zeit zu nehmen und die Stärken und Schwächen zu analysieren. Dabei sollte die Gruppe die Unternehmenssituation unter den oben genannten verschiedenen Blickwinkeln betrachten.

Fähigkeiten und Ressourcen

Wenn Sie eine Liste der Fähigkeiten und Ressourcen Ihres Unternehmens erstellen, so sollten Sie Ihr Netz so weit wie möglich auswerfen. Betrachten Sie die Fähigkeiten und Ressourcen systematisch, indem Sie die einzelnen Geschäftsbereiche (siehe Fragebogen in Abbildung 10.1) durchgehen. Versuchen Sie, in jedem Bereich so viele Fähigkeiten und Ressourcen wie möglich zu finden, und berücksichtigen Sie dabei verschiedene Perspektiven. Beurteilen Sie gleichzeitig, wie relevant die einzelnen Fähigkeiten und Ressourcen für das Ausführen Ihrer Pläne und das Erreichen Ihrer Ziele sind. Diese Liste werden Sie als Grundlage verwenden, um dann später die Stärken und Schwächen Ihres Unternehmens zu erkennen.

Management: von oben die Richtung vorgeben

Im Leitungsteam sind Fähigkeiten, Talent und Engagement vereinigt. Die Teammitglieder sollen ihre Richtung aufgrund des Unternehmensauftrags, der Wertmaßstäbe und der Unternehmensphilosophie sowie aufgrund der Zielvorgaben und Zielvereinbarungen, die Sie zu erreichen erhoffen, finden. Erstklassige Manager und Unternehmer sind besonders wichtig in Branchen, die wachsender Konkurrenz und sich schnell ändernden Technologien ausgesetzt sind. Man kann sich kaum eine Branche vorstellen, die nicht in eine dieser beiden Kategorien fällt.

Das Management ist dazu da, festzulegen, was das Unternehmen tun wird. Die Geschäftsleitung hat offiziell die Aufgabe, die Richtung und Strategie für ein Unternehmen festzulegen, aber alle leitenden Angestellten geben indirekt einen Ton an, der zu bestimmten Aktivitäten ermutigt und andere verhindert. 3M, einer der Marktführer für Büroprodukte, erlaubt seinen Managern beispielsweise, eigenständige Unternehmer zu sein, was dem Unternehmen ermöglicht, neue Geschäftschancen mit der Geschwindigkeit und der Flexibilität kleinerer konkurrierender Unternehmen zu erkennen und in diese dann zu investieren. Procter & Gamble gehört schon seit Jahren zu den Unternehmen, die für ihr soziales Management bekannt sind. Das Unternehmen wird von gut ausgebildeten Männern und Frauen favorisiert, die in einer Geschäftsumgebung arbeiten wollen, in der sowohl persönliche als auch soziale Verantwortlichkeit geschätzt wird. Diese Fähigkeiten verdeutlichen die großen Stärken beider Unternehmen.

Im Folgenden finden Sie einige Schlüsselfragen, die man sich im Hinblick auf die Geschäftsleitung und -führung stellen kann:

- ✔ Wie lange sind die Manager schon in den verschiedenen Ebenen des Unternehmens tätig? (Welche Vielzahl an Erfahrungen haben Sie als Eigentümer?)
- ✔ Werden in Ihrem Unternehmen neue Mitarbeiter von außen angeworben oder die eigenen Mitarbeiter befördert?
- ✔ Wie ist der allgemeine Ton, der von Ihnen oder der Geschäftsleitung angegeben wird?
- ✔ Gibt es bei Ihnen Weiterbildungsprogramme für Führungskräfte? (Wie planen Sie, Ihre eigenen Fähigkeiten weiterzuentwickeln, wenn Sie alleiniger Eigentümer sind?)
- ✔ Welchen Hintergrund haben Sie beziehungsweise Ihre Manager?
- ✔ Wie wird die Leistung der Manager in Ihrem Unternehmen gemessen?
- ✔ Wie würden Sie die allgemeine Qualität Ihrer eigenen Leistungen beziehungsweise der Ihres Leitungsteams beurteilen?

Organisation: Leute zusammenbringen

Die Menschen, aus denen sich Ihr Unternehmen und seine Arbeitskraft zusammensetzen, stellen eine extrem wichtige Ressource dar, und zwar sowohl im Hinblick darauf, wer sie sind, als auch, wie es strukturiert ist. Obwohl die Mitarbeiter in jedem Unternehmen wichtig sind, sind sie in Unternehmen der Dienstleistungsbranchen ganz besonders entscheidende Faktoren, weil dort die Menschen einen großen Teil des Produkts ausmachen. (In Kapitel 17, wo es um die praktische Umsetzung der Unternehmensplanung geht, werden wir Ihre Firmenstruktur und Organisation genauer betrachten.)

Ihre Organisation beginnt damit, wer Ihre Mitarbeiter sind, und das hängt zunächst davon ab, wie gut Sie sie auswählen und schulen. Darüber hinaus bestimmen die Arbeitsumgebung und das Prämiensystem in Ihrem Unternehmen, aus welchen Mitarbeitern engagierte, hart arbeitende Mitarbeiter werden und wer frustriert ist und schließlich aufgibt. Die Struktur Ihres Unternehmens kann genauso wichtig sein wie die Mitarbeiter selbst, wenn es darum geht, ein Mitarbeiterteam (sei es auch noch so klein) zu bilden, das jahraus, jahrein auf höchster Ebene Leistungen erbringt.

Unternehmen, die im Wertpapierhandel tätig sind, werben beispielsweise Tausende von neuen Maklern an, was sie jährlich Millionen kostet. Wachsen diese Unternehmen wirklich so schnell? Natürlich nicht. Aber die Branche verliert routinemäßig bis zu 70 Prozent der Neueinstellungen nach dem Ende des dritten Jahres, nachdem viel Geld in Schulung und Training investiert wurde. Warum? Morgan Stanley wollte eine Erklärung dafür finden. Das Unternehmen entdeckte, dass ein entscheidendes Problem im Selektionsprozess begründet ist: Zu viele der neuen Makler waren dem Stress und den Anforderungen beim Verkauf von Wertpapieren nicht gewachsen. Das Unternehmen überprüfte seine Auswahlkriterien (Werbung, Interview und Test der Kandidaten) und hat daraufhin bereits Verbesserungen bei Leistung und Beständigkeit der Makler feststellen können.

Im Folgenden finden Sie einige Schlüsselfragen zur Organisation, über die es sich nachzudenken lohnt:

- ✔ Mit welchen Worten lässt sich die Gesamtstruktur Ihres Unternehmens am besten beschreiben?
- ✔ Wie viele Ebenen zwischen einem Mitarbeiter an vorderster Front und dem obersten Chef des Unternehmens gibt es?
- ✔ Wie oft wird in Ihrem Unternehmen umstrukturiert?
- ✔ Wie könnte man die allgemeine Einstellung der Mitarbeiter zu ihrem Job und ihrem Verantwortungsbereich beschreiben?
- ✔ Wie lange bleibt ein Mitarbeiter durchschnittlich in Ihrem Unternehmen?
- ✔ Gibt es in Ihrem Unternehmen Möglichkeiten, Einstellung und Arbeitsmoral der Mitarbeiter zu messen und zu beobachten?
- ✔ Was tut Ihr Unternehmen, um eine gute Arbeitsmoral und positive Einstellung zum Job aufrechtzuerhalten?

Kundenbestand: den Massen gefallen

Das Geschäft Ihres Unternehmens hängt zu einem großen Teil von der Zufriedenheit und der Treue Ihrer Kunden ab. In Kapitel 7 und 8 haben Sie untersucht, wer Ihre Kunden sind und wie Sie möglichst viel über sie herausfinden können, weil es für die Zukunft Ihres Unternehmens von größter Bedeutung ist, möglichst viel über die Kunden zu wissen und ihre Bedürfnisse und Wünsche befriedigen zu können.

Nordstrom ist eine Warenhauskette, die ihren Sitz in Seattle hat und vor allem Verbraucher höherer Einkommensschichten bedient. Der Ruf des Unternehmens basiert auf der einfachen Annahme, dass der Kunde immer recht hat. Und das Unternehmen steht voll und ganz dahinter. Eines Tages stürmte nun ein verärgerter Kunde in die Auslieferung eines Nordstorm-Kaufhauses und verlangte sofortigen Ersatz für schadhafte Reifen, die er vor Kurzem gekauft hatte. Die Geschäftsführer waren sehr höflich. Sie fanden schnell heraus, dass der Mann in der Tat einer ihrer besten Kunden war, und sie sorgten dafür, dass er den vollen Kaufpreis für seine Reifen erstattet bekam. Da die Verärgerung des Mannes nun wie weggeblasen war, beschloss er, sich gleich einen neuen Satz Reifen montieren zu lassen. Als er fragte, wohin er seinen Wagen fahren solle, teilten ihm die Geschäftsführer mit, dass Nordstrom gar keine Reifen verkauft. Offensichtlich wurde aus diesem Herrn ein zufriedener Kunde, der immer wieder zu Nordstrom ging.

Ob das eine wahre Geschichte ist? Nun, vielleicht ja, vielleicht nein. Tatsache ist, dass diese Geschichte die kundenorientierte Mentalität der Kaufhauskette unterstreicht. Nordstrom-Kunden erhalten Dankeschön-Karten für ihre Einkäufe. Ungewöhnliche Anfragen werden sofort von ausgebildeten Verkaufsmitarbeitern bearbeitet. Angestellte liefern Aufträge direkt beim Kunden zu Hause ab oder besorgen spezielle Waren bei der Konkurrenz, um die Kunden zufriedenzustellen. Und wenn Waren zurückgegeben werden, die eindeutig nicht von Nordstrom stammen, dann wird darum kein Aufhebens gemacht.

Im Folgenden finden Sie einige Schlüsselfragen, die Sie beachten sollten, wenn Sie Ihren eigenen Kundenbestand unter die Lupe nehmen:

- ✔ Was tut Ihr Unternehmen, um treue Kunden zu gewinnen?
- ✔ Wie viel Mühe geben Sie sich, um etwas über Kundeneinstellungen, Zufriedenheit und Loyalität herauszufinden?
- ✔ Was bieten Sie Ihren Kunden, damit sie wiederkommen?
- ✔ Wie leicht und wie wirtschaftlich ist es für Ihr Unternehmen, neue Kunden zu gewinnen?
- ✔ Wie viele Jahre bleibt ein typischer Kunde bei Ihrem Unternehmen?
- ✔ Wie viele Märkte bedient Ihr Unternehmen?
- ✔ Sind Sie entweder Nummer eins oder Nummer zwei in den Märkten, in denen Sie konkurrieren?

Forschung und Entwicklung: die Zukunft erfinden

Forschung und Entwicklung (F&E) spielen für den langfristigen Erfolg eines Unternehmens oft eine entscheidende Rolle. Besonders entscheidend ist F&E in den Branchen, in denen ständig neue und bessere Produkte auf den Markt kommen. Aber Forschung und Produktentwicklung müssen mit den anderen Kräften, die in Ihrem Markt eine Rolle spielen, im Gleichgewicht sein. F&E ist ein Geschäftsbereich, in dem sich die Bemühungen eines erstklassigen Teams nicht unbedingt automatisch auszahlen.

Die Hersteller von integrierten Schaltkreisen und Mikroprozessoren, den Computergehirnen, haben auf der anderen Seite keine andere Wahl, als aggressive Forschung und Entwicklung zu betreiben. Intel, AMD oder Samsung aus Südkorea haben erstklassige F&E-Abteilungen, weil ihre Branche durch kontinuierliche Produktinnovationen angetrieben wird. Diese Unternehmen drängen nach höherer Prozessorgeschwindigkeit und Leistung in immer kleineren Abmessungen. Für diese Unternehmen könnte es zu einer Katastrophe führen, wenn sie bei der Forschung nicht mehr ganz oben mit dabei sind. Das gilt natürlich für eine ganze Reihe von Unternehmen – von der Pharmazie bis hin zur Telekommunikation.

Die folgenden Schlüsselfragen helfen, die Rolle von Forschung und Entwicklung in Ihrem Unternehmen zu ermitteln:

- ✔ In welchem Ausmaß wird Ihre Branche von neuen Techniken und Technologien angetrieben?
- ✔ Holen Sie genug aus Ihrem investierten Geld heraus, sodass sich Forschung und Entwicklung überhaupt lohnen?
- ✔ Haben Forschung und Entwicklung in Ihrem Unternehmen eine stetige, seit Langem bestehende Tradition?
- ✔ Wie viel Geld geben Sie für Grundlagenforschung aus und wie viel für angewandte Forschung?
- ✔ Wie lange sind die wichtigsten Mitarbeiter im Forschungsteam bereits in Ihrem Unternehmen beschäftigt?
- ✔ Schützt Ihr Unternehmen, was es besitzt, durch Copyright und Patente?
- ✔ Bestehen Partnerschaften mit Universitäten oder externen Forschungslabors?
- ✔ Gibt es Technologieabkommen mit anderen Unternehmen Ihrer Branche?

Produktion/Fertigung: die Dinge am Laufen halten

Die betriebliche Seite Ihres Unternehmens ist natürlich entscheidend, wenn Sie einen Fertigungsbetrieb haben. Die Produkte, die Sie herstellen (und die Art und Weise, wie sie funktionieren, welche Lebensdauer sie haben und was sie kosten), hängen völlig von den Fähigkeiten und Ressourcen Ihrer Produktionsmittel und der Belegschaft ab – so sehr, dass man leicht vergessen kann, dass die betrieblichen Prozesse in einem Dienstleistungsunternehmen gleichermaßen wichtig sind. Die Kunden fordern heute in allen Märkten einen Wert und sind in keinem Geschäft gewillt, für Ineffizienz zu zahlen. Ob Sie nun Autos oder Anoraks, Müslischachteln oder serielle Anschlüsse herstellen, eine Bank leiten oder ein Hotel führen, die betriebliche Seite ist das Herz Ihres Unternehmens.

In Ihrem Unternehmen ist der Betrieb wahrscheinlich zu einem gewissen Maß durch Kosten einerseits und Produkt- oder Dienstleistungsqualität andererseits bestimmt. Die Spannung zwischen Kostenkontrolle und Qualitätsverbesserung hat viele Unternehmen Wege erforschen lassen, um die Kosten zu reduzieren und gleichzeitig die Qualität zu steigern. Eine Möglichkeit ist zum Beispiel, für bestimmte betriebliche Aspekte Zulieferer einzusetzen, wenn diese Zulieferer über Ressourcen verfügen, mit denen Sie nicht mithalten können. Eine weitere Möglichkeit, beide Ziele zu erreichen, besteht darin, Teile des Betriebs zu rationalisieren (zum Beispiel durch Automation).

Automatisierung kann auch eine Quelle für Wachstum sein und sogar neue Geschäftsmöglichkeiten in Ihrem Unternehmen erschließen. Die Fluggesellschaften sind nur wegen der revolutionären Erfindung des Computers so groß geworden. Mithilfe von Computern können sie Millionen von Reservierungen und Flugstrecken gleichzeitig bearbeiten. Stellen Sie sich die Schlangen an den Flughäfen vor, wenn die Fluggesellschaften die Tickets immer noch per Hand ausstellen und die Passagierlisten mit zwei Durchschlägen ausfüllen würden.

Meistens ist der Betrieb der Schlüssel zum Erfolg großer Unternehmen. Der unaufhaltsame Aufstieg von Wal-Mart zum weitaus größten stationären Einzelhandelsunternehmen basiert größtenteils auf kontinuierlichen Verbesserungen bei der Abwicklung, Lieferung und Beschaffung von Waren. Wal-Mart setzt diese betriebliche Effizienz für ein strategisches Ziel ein: den Kunden den niedrigsten Preis zu bieten.

Fluggesellschaften haben ihre betrieblichen Prozesse rationalisiert, indem sie Online-Reservierungssysteme und Automaten zum eigenständigen Einchecken zur Verfügung stellen. Sie haben sogar das für die Airlines kostenintensive Papierticket überflüssig gemacht, indem der Kunde sein Ticket direkt auf dem Mobiltelefon speichern kann. Für vorsichtige Kunden bieten sie elektronische Tickets an, die sich der Kunde selbst ausdrucken kann.

Im Folgenden finden Sie einige Fragen zu der betrieblichen Seite Ihres Unternehmens, die Sie sich durch den Kopf gehen lassen sollten:

- ✔ Gibt es in Ihrem Unternehmen Programme zur Kostenkontrolle und Qualitätsverbesserung?
- ✔ Nutzt Ihr Unternehmen die neuen Technologien in vollem Umfang?
- ✔ Sind Ihre Produktionskosten in etwa so hoch wie bei anderen Unternehmen Ihrer Branche?
- ✔ Wie schnell können Sie die Produktion steigern oder Ihre Dienste erweitern, falls neuer Bedarf besteht?
- ✔ Arbeitet Ihr Unternehmen mit externen Zulieferern zusammen?
- ✔ Sind die im Betrieb arbeitenden Mitarbeiter flexibel, gut ausgebildet und auf Änderungen vorbereitet?
- ✔ Können Sie und Ihre Mitarbeiter das eigene betriebliche Fachwissen auch in anderen Teilen des Unternehmens anwenden?

Marketing und Verkauf: eine gute Geschichte erzählen

Die besten Produkte oder Dienstleistungen werden es nicht weit bringen, wenn sie nicht erfolgreich vermarktet werden und an all die potenziellen Kunden da draußen verkauft werden können. Ihre Verkaufs- und Marketingleute (oder Sie selbst, wenn Sie Ihr kleines Unternehmen alleine betreiben) sind die Augen und Ohren und sagen Ihnen, was die Kunden denken und wonach sie suchen. Diese Leute sind außerdem Ihre Stimme, denn sie erzählen die Geschichte Ihres Unternehmens und setzen Ihre Produkte in einen Kontext, in dem sie Lösungen liefern und Bedürfnisse und Wünsche des Marktes erfüllen.

Was könnte eine Marketingabteilung bloß tun, um ein langweiliges altes chemisches Produkt wie Natriumbikarbonat zu verpacken und zu bewerben? Eine ganze Menge, wie Arm & Hammer zeigt, eine in den USA sehr bekannte Traditionsfirma, die das einfache Produkt in Form von Arm-&-Hammer-Natron vermarktet. Mit ihrer Marketingstrategie schufen sie ein unentbehrliches Produkt zum Backen, Reinigen, Baden, ja sogar für medizinische Zwecke. Natron fand Einzug in Tausenden von Kühlschränken, wo es unangenehmen Gerüchen den Garaus machte. Das Unternehmen schuf auch einen erfolgreichen Markt für Zahnpasta auf Natronbasis. Auf diesen Zug und diese Vermarktungsstrategie ist Dr. Oetker einst aufgesprungen. Längst waschen europäische Hausfrauen ihre Gardinen strahlendweiß mit Natron und von Blasenentzündung geplagte Mädchen und Frauen trinken mehrmals täglich ein Glas Wasser, in dem ein Teelöffel Natron eingerührt wurde.

In letzter Zeit erzählen sogar Arzneimittelhersteller Erfolgsgeschichten über ihre Produkte, um ihr Image aufzupolieren und Patienten zu ermutigen, ihren Arzt nach diesen speziellen Arzneimitteln zu fragen. Sie machen deutlich, wie ihre Präparate das Leben der Patienten erleichtern. Die Unternehmen zeigen glückliche Familien bei einem unbeschwerten Sommerpicknick dank neuer Allergiemittel oder Seniorinnen, die aufgrund einer Schmerzsalbe wieder tanzen können.

Im Folgenden finden Sie einige Schlüsselfragen, die Sie sich zur Vermarktung Ihrer Produktlinie stellen sollten:

- ✔ Wie breit ist die Produktlinie oder das Dienstleistungsspektrum Ihres Unternehmens?
- ✔ Identifizieren sich die Kunden mit den Markennamen Ihres Unternehmens?
- ✔ Investieren Sie in Marktforschung und erhalten Sie kontinuierlich ein Feedback der Kunden?
- ✔ Verwenden Sie alle Marketingressourcen, die Ihnen zur Verfügung stehen? (Schlagen Sie in den Kapiteln 7 und 8 nach, wenn Sie mehr Informationen zu Märkten und Kunden erhalten möchten.)
- ✔ Verfügt das Verkaufspersonal Ihres Unternehmens über viel Wissen, ist es tatkräftig und überzeugend?

Vertrieb und Auslieferung: den Kreis schließen

Wenn Sie erfolgreich sein wollen, müssen Sie dafür sorgen, dass Ihre Produkte und Dienstleistungen auch tatsächlich an ihr Ziel und in die Hände der Kunden gelangen. Hier sind Vertriebs- und Auslieferungssysteme gefragt. Egal wie gut Ihre Produkte sind, es ist entscheidend, dass die Kunden sie kaufen können, wo und wann immer sie wollen.

Momentan wird Ihr Unternehmen seine Produkte oder Dienstleistungen zum Teil wahrscheinlich noch über *traditionelle Absatzwege* vertreiben – altbewährte Wege, die Sie und Ihre Konkurrenten nutzen, um die Kunden zu erreichen. Zudem werden die Vertriebskosten einen bedeutenden Teil Ihrer Gesamtkosten ausmachen. Die Standardkosten beinhalten oft Lagerhaltung, Transport und Produktrücksendungen. Wenn Sie im Einzelhandel tätig sind, müssen Sie unter Umständen auch für den teuren Platz in den Regalen bezahlen. Schließlich wird in den Supermärkten gesteuert, was die Kunden sehen (und kaufen), wenn sie in Eile, mit Kind und Kegel im Schlepptau, durch die Gänge hetzen.

Wie – und wo – die Kunden einkaufen ist oft genauso wichtig wie das, was sie kaufen, deshalb ist es nicht erstaunlich, dass bei Entwicklung neuer Vertriebsmöglichkeiten ein Markt oder sogar ein ganzer Wirtschaftszweig revolutioniert wird. Das Internet sorgt dafür, dass Unternehmen ihre Kunden direkter erreichen können. Dadurch wird die Position der Unternehmen gestärkt und gleichzeitig können die Vertriebskosten verringert werden. Ziehen Sie ausnahmslos alle denkbaren Absatzwege in Betracht, wenn Sie Ihre Vertriebs- und Auslieferungsstrategie planen.

Viele innovative Produkte versprechen Erfolg, weil sie die Kosten für den Vertrieb senken oder andere Hürden bei der Lieferung aus dem Weg räumen. Die Idee von E-Books zum Beispiel war von Anfang an bestechend. Bücher mussten nicht mehr aufwendig gedruckt werden, was viel Papier, Druckfarbe und Energie spart. Die Kunden müssen nicht mehr zum Buchladen laufen, wo sie ihr gewünschtes Druckwerk vielleicht sogar erst bestellen müssen, sondern können bequem von zu Hause aus unter Zigtausenden Angeboten wählen und es dann einfach am Computer herunterladen. Nicht zuletzt müssen die Verleger keine teuren Lager vorhalten, wodurch die E-Book-Preise niedriger sein können.

Allerdings dauerte es eine geraume Zeit, bis sich das Konzept in der Praxis durchsetzte. Anfangs waren die Datenleitungen zu langsam, das Angebot an elektronischen Büchern war einfach zu klein und vor allem gab es als Lesegeräte überwiegend stationäre Computer oder bestenfalls Laptops – und die wollte niemand an den Strand oder sonst wohin mitnehmen, um ein Buch zu lesen.

Doch das änderte sich schlagartig, als spezielle, handliche Lesegeräte mit langer Akkulaufzeit und anderen Vorteilen auf den Markt kamen wie der »Kindle« von Amazon und die flachen, leichten Tablet-Computer, wie das iPad von Apple. Zudem sind jetzt sogar in vielen Hotels und an öffentlichen Orten schnelle Datenverbindungen kostenlos und das Angebot an E-Books wächst rasant. Jeder kann sich also auch auf einer Reise zu jedem beliebigen Zeitpunkt neuen Lesestoff organisieren – was immer mehr Menschen regelmäßig tun.

Im Folgenden finden Sie einige Schlüsselfragen zu Vertrieb und Auslieferung Ihres Produkts oder Ihrer Dienstleistung:

- ✔ Welche Kosten sind mit dem Lagersystem Ihres Unternehmens verbunden?
- ✔ Können Sie die Lagerbestände reduzieren, indem Sie die Art und Weise ändern, in der Bestellungen verarbeitet werden?
- ✔ Wie lange dauert es, bis eine Kundenbestellung ausgeführt ist, und kann diese Zeit verkürzt werden?
- ✔ Wie viele Absatzwege nutzt Ihr Unternehmen?
- ✔ Wie hoch sind die Kosten bei den jeweiligen Absatzwegen und welche Absatzwege sind am effektivsten?
- ✔ Wie viel Kontrolle haben die Lieferanten über Ihr Unternehmen?
- ✔ Können Sie neue Absatzwege benutzen, um die Kunden direkter zu erreichen?

Der einsame Einkaufswagen

Stellen Sie sich vor, Sie gehen einkaufen, füllen Ihren Einkaufswagen mit allerlei Dingen und gehen dann plötzlich weg, lassen den Wagen stehen und verlassen den Laden, ohne auch nur ein einziges Teil gekauft zu haben. Sie finden das merkwürdig? Nun, das kommt von Zeit zu Zeit in fast jedem Lebensmittelmarkt oder Kaufhaus vor. Und es passiert *ständig* in Internetläden. Bei Amazon beispielsweise stöbern die Kunden meistens in den Online-Gängen, wählen dies und das, laden ihren Einkaufswagen voll und verschwinden dann plötzlich. Puff!

Ob Sie's nun glauben oder nicht, es wurde sogar eine neue Forschungsabteilung an der Vanderbilt Universität eingerichtet, um herauszufinden, warum Online-Einkaufswagen so oft einfach stehen gelassen werden. Es stellte sich heraus, dass die Forscher gar nicht so richtig wussten, wie Menschen mit Websites interagieren, wenn sie im Internet surfen. Hier trat nun eLab auf den Plan. Diese neue Abteilung erstellt Websites und beobachtet dann das Verhalten der Besucher. Auf den eLab-Seiten kann man sogar Produkte verkaufen, damit die Forscher mehr über das Verhalten der elektronischen Verbraucher erfahren – auch warum Käufer ihre Wagen voll laden und dann einfach wieder im Cyberspace verschwinden.

Während die Leute im Elfenbeinturm noch ihre Studien durchführten, haben Unternehmen in der stark umkämpften Welt des Wettbewerbs längst das Phänomen des verlassenen Einkaufswagens bemerkt und Wege gefunden, daraus Geld zu machen. Viele der größten Internethändler haben ihre Systeme jetzt so umgestellt, dass, wenn Sie Ihren Einkaufswagen füllen und sich dann ausloggen, ohne etwas zu kaufen … Na? Genau! Ihr gefüllter Einkaufswagen auf Sie wartet, bis Sie sich das nächste Mal anmelden. Bei einigen Händlern können Sie diesen Einkaufswagen verwalten und Dinge wieder herausnehmen oder andere für einen späteren Zeitpunkt reservieren. Sie können sogar Einkaufswagen mit »Wunschlisten« erstellen, die Dinge enthalten, die Sie – oder jemand anderes für Sie – zu einem späteren Zeitpunkt kaufen.

Finanzen: das Geld im Auge behalten

Die langfristige finanzielle Gesundheit eines Unternehmens bestimmt die Gesundheit eines Unternehmens – Punkt. Sie können in keiner Branche lange überleben, wenn die Finanzen nicht in Ordnung sind. Wenn man genauer darüber nachdenkt, unterscheiden sich die Dinge, die Sie im Zusammenhang mit den Unternehmensfinanzen beachten müssen, nicht so sehr von denen, die im eigenen Haushalt geregelt werden müssen.

Wenn Sie Ihr Unternehmen gerade erst gegründet haben, ist es für das Überleben entscheidend, dass Sie möglichst viel Geld im Voraus (als *Startkapital*) bekommen können. (Genauso ist es doch auch, wenn man das erste Haus kauft und einrichtet.) Wenn Ihr Unternehmen schon eine Zeit lang läuft, ist es wichtig, dass mehr Geld eingeht, als ausgegeben wird (*positiver Cashflow*), damit Sie alle Rechnungen bezahlen können. (Können Sie sich noch daran erinnern, als Hypothekenrate und Stromrechnung fällig wurden, Zahltag für das Gehalt aber erst Wochen später war?)

Sich zu überlegen, wie Sie Ihr Unternehmen in finanzieller Hinsicht fit halten können, ist für die Unternehmensplanung entscheidend. Wenn Sie sich Zeit nehmen und in bestimmten Abständen die wichtigen Abschlüsse durchsehen, hat dies den Vorteil, dass die Finanzlage Ihres Unternehmens regelmäßig überprüft wird. Die Kontrolle ist meistens Routine, aber hie und da werden Sie ein alarmierendes Zeichen entdecken: zum Beispiel Gewinne, die niedriger als erwartet sind, oder zu hohe Ausgaben für die Verkaufsförderung. Dann war all die Wachsamkeit ihren Preis wert.

Die folgende Liste enthält Fragen zur finanziellen Gesundheit Ihres Unternehmens. (Wenn Sie nicht wissen, wie Sie diese Fragen beantworten sollen, verbringen Sie etwas Zeit mit der Lektüre von Kapitel 12 und 13.)

- ✔ Nehmen Einnahmen und Gewinne zu?
- ✔ Überwachen Sie die Liquidität des Unternehmens sorgfältig?
- ✔ Hat Ihr Unternehmen schnellen Zugriff auf Barreserven?
- ✔ Ist für Ihr Unternehmen – und für die einzelnen Geschäftseinheiten beziehungsweise -bereiche – ein Budget aufgestellt worden?
- ✔ Überprüfen Sie regelmäßig die wichtigsten betriebswirtschaftlichen Kennzahlen Ihres Unternehmens?
- ✔ Wie steht Ihr Unternehmen im Vergleich zur Konkurrenz finanziell da?

Erfolgsentscheidende Faktoren

Nicht alle Ihre Fähigkeiten sind gleichermaßen wichtig. Von einigen kann allerdings der Erfolg des Unternehmens abhängen. Andere wiederum mögen ganz nett sein, sind aber für Ihr Unternehmen nicht besonders entscheidend. Es ist daher wichtig zu prüfen, ob die Fähigkeiten und Ressourcen Stärken darstellen, auf die Sie sich verlassen können, oder Schwächen, die Sie bei der Planung für die Zukunft korrigieren müssen. Für diese Entscheidung müssen Sie genau wissen, was in Ihrer Branche und auf Ihrem Markt an Fähigkeiten und Ressourcen verlangt wird. Die *erfolgsentscheidenden Faktoren* sind die Fähigkeiten und Ressourcen, die garantiert vorhanden sein müssen, wenn Ihr Unternehmen langfristig Erfolg haben will.

Sie haben unter Umständen schon eine Liste der erfolgsentscheidenden Faktoren erstellt (wenn nicht, werfen Sie einen Blick in Kapitel 6). Außer dieser Liste benötigen Sie eine Aufstellung der Fähigkeiten und Ressourcen Ihres Unternehmens. Mithilfe dieser zwei Listen können Sie eine Matrix konstruieren, mit der Sie die Fähigkeiten und Ressourcen mit dem vergleichen können, was in Ihrer Branche für wichtig gehalten wird. Im Idealfall sind beide Listen identisch, aber das ist eher selten. Mit der Matrix können Sie die momentanen Stärken und Schwächen Ihres Unternehmens erkennen (siehe Abbildung 10.2).

Abbildung 10.2: Vergleichen Sie Ihre Fähigkeiten und Ressourcen mit den Fähigkeiten und Ressourcen, die in Ihrer Branche als erfolgsentscheidende Faktoren gelten, und ermitteln Sie so Ihre Stärken und Schwächen.

Berücksichtigen Sie Folgendes, wenn Sie eine Matrix wie die in Abbildung 10.2 gezeigte erstellen möchten:

- ✔ Die Fähigkeiten und Ressourcen, die Sie auf der linken Seite der Matrix anordnen, sind die, die in Ihrer Branche unbedingt vorhanden sein müssen. Das sind die erfolgsentscheidenden Faktoren.
- ✔ Die Fähigkeiten und Ressourcen, die Sie in die obere linke Ecke der Matrix setzen, sind die erfolgsentscheidenden Faktoren, in denen Ihr Unternehmen gut oder hervorragend ist. Das sind die Stärken Ihres Unternehmens.
- ✔ Die Fähigkeiten und Ressourcen, die Sie in die linke untere Ecke der Matrix setzen, sind erfolgsentscheidende Faktoren, in denen Ihr Unternehmen nur mittelmäßig oder sogar schlecht ist. Das sind die Schwächen Ihres Unternehmens.

Es ist einfach, Fähigkeiten als wertvoll einzuschätzen, in denen sich Ihr Unternehmen auszeichnet, und genauso leicht ist es, die Bedeutung von Dingen zu unterschätzen, in denen Ihr Unternehmen nicht so gut ist. Es fällt nicht leicht, zuzugeben, dass man wertvolle Ressourcen für die Dinge vergeudet, die eigentlich nicht wichtig sind, und genauso hart ist es, zuzugeben, dass man wichtige Geschäftsbereiche vernachlässigt. Versuchen Sie, so objektiv wie möglich zu sein.

Chancen und Risiken erkennen

Sie müssen vorbereitet sein und die Stärken Ihres Unternehmens nutzen, die Schwächen dagegen minimieren. Das bedeutet, dass Sie wissen müssen, wie man sich bietende Chancen erkennt und wie man sich auf Risiken vorbereitet, bevor sie einen überraschen. Die richtige Zeitplanung ist hier alles und stellt eine dritte wichtige Dimension dar, an die man denken muss.

In Kapitel 6 ging es darum, von wo größere Chancen oder aber ernsthafte Risiken kommen können. Überraschungen können von beinahe jeder Quelle und aus jeder Richtung auf Sie zukommen. Oft ändern solche unvorhergesehenen Ereignisse die Spielregeln und können sogar die erfolgsentscheidenden Faktoren ändern, von denen Sie angenommen haben, dass sie immer Teil der Branche sein würden. Viele Chancen und Risiken sind das direkte Ergebnis von Änderungen (lesen Sie Kapitel 14, wenn Sie uns nicht glauben). Andere entstehen durch Konkurrenten und die Verunsicherung, die von ihnen ausgeht.

Ein Blick auf die Konkurrenz

Es ist eine gute Idee, eine Stärken-Schwächen-Analyse für zwei oder drei Ihrer härtesten Konkurrenten zu erstellen. (Blättern Sie zu Kapitel 9 zurück, wenn Sie noch einmal nachlesen wollen, wer Ihre Konkurrenten sind und welche Informationen Sie über sie haben, und sehen Sie sich Abbildung 10.1 und Abbildung 10.2 an.) Sie werden natürlich nicht genauso viel über Ihre Konkurrenten wissen wie über sich selbst, deshalb werden die jeweiligen Matrizen nicht so vollständig sein wie die für Ihr eigenes Unternehmen. Aber das, was Sie wissen, wird auch eine Menge aussagen.

Der Vergleich der Stärken und Schwächen der Konkurrenz mit Ihren eigenen kann Ihnen bei der Erkenntnis helfen, wo Wettbewerbschancen oder Risiken liegen können. Chancen entstehen oft, wenn Ihr Unternehmen über eine Stärke verfügt, die Sie in einem kritischen Bereich, in dem der Konkurrent schwach ist, nutzen können. Und manchmal können Sie ein Risiko vorhersehen, wenn die Situation sich umgekehrt darstellt: Ein Konkurrent nutzt eine wichtige Stärke und macht einen Zug in einem Bereich, in dem Sie nicht stark sind. Da sich die Wettbewerbslandschaft immer wieder ändert, sollten Sie die Matrizen der Konkurrenten regelmäßig überprüfen.

Eine SWOT-Analyse erstellen

Mit einer SWOT-Analyse (einer Analyse Ihrer Stärken, Schwächen, Chancen und Risiken) können Sie für Ihr Unternehmen eine Strategiebilanz erstellen. In der Analyse bringen Sie alle internen Faktoren, also die Stärken und Schwächen, zusammen. Diese stellen Sie den Faktoren gegenüber, die Sie als externe Kräfte erkannt haben, also den Chancen und Risiken, denen sich Ihr Unternehmen aufgrund der Wettbewerbskräfte oder aufgrund von Trends in Ihrer Geschäftsumgebung stellen muss. Wie diese Faktoren ausbalanciert sind, entscheidet darüber, was Ihr Unternehmen tun sollte und wann es dies tun sollte. Mit den folgenden Schritten können Sie eine SWOT-Analyse erstellen (sehen Sie sich dabei Abbildung 10.1 und Abbildung 10.2 an):

1. **Teilen Sie die Stärken, die Sie gefunden haben, in zwei Gruppen ein: in Stärken, die mit möglichen Chancen in Ihrer Branche verbunden sind, und in solche, die mit latenten Risiken verbunden sind.**
2. **Teilen Sie auch die Schwächen in zwei Gruppen ein: eine Gruppe, die mit den Chancen assoziiert wird, eine Gruppe, die eher mit Risiken assoziiert wird.**
3. **Erstellen Sie eine Matrix mit vier Quadraten.**
4. **Setzen Sie die Stärken und Schwächen Ihres Unternehmens, die Sie mit Chancen und Risiken in Verbindung gebracht haben, jeweils in eines der vier Felder (siehe Abbildung 10.3).**

Die SWOT-Analyse bietet nützliche Hilfe für die strategische Planung. Das meiste dabei ist gesunder Menschenverstand. Zuerst müssen Sie das reparieren, was nicht in Ordnung ist. Dann müssen Sie aus den Geschäftschancen, die Sie erkannt haben, das meiste herausholen. Erst dann können Sie sich den Luxus erlauben und sich anderen Geschäftsfragen und Bereichen zuwenden. Sie sollten jeden der folgenden Schritte bei Ihrer Unternehmensplanung berücksichtigen.

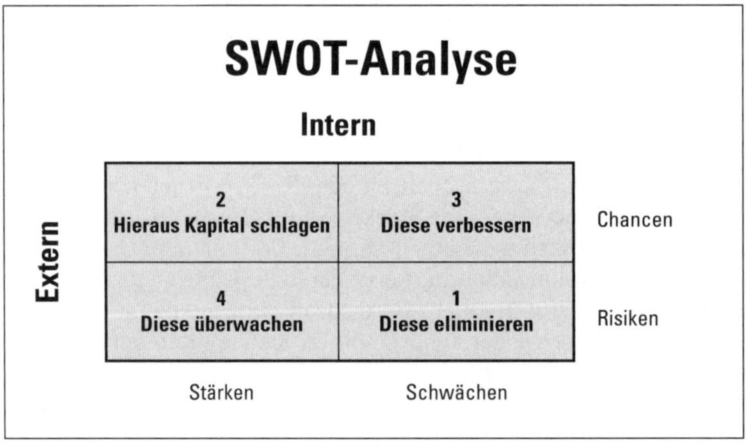

Abbildung 10.3: Bei der SWOT-Analyse werden die in Ihrem Unternehmen vorhandenen Stärken und Schwächen den von außen auf Sie zukommenden Chancen und Risiken gegenübergestellt.

1. **Eliminieren Sie die Schwächen in den Bereichen, in denen ernsthafte Risiken durch Konkurrenten oder durch ungünstige Trends in einer sich wandelnden Geschäftsumgebung drohen.**
2. **Schlagen Sie Kapital aus den Geschäftschancen, für die Ihr Unternehmen wirkliche Stärken, Ihre Konkurrenten aber Schwächen aufzuweisen haben.**
3. **Versuchen Sie, Schwächen zu verbessern, die Sie in Bereichen gefunden haben, die mögliche Geschäftschancen beinhalten könnten.**
4. **Überwachen Sie die Geschäftsbereiche, in denen Sie heute stark sind, damit Sie nicht von verborgenen Risiken, die auftreten könnten, überrascht werden.**

Der Wandel ist in Ihrem Unternehmen, Ihrer Branche und auf Ihrem Markt die einzige Konstante. Konstante Änderungen bedeuten, dass es nicht reicht, die SWOT-Analyse nur einmal zu erstellen. Sie müssen die Matrix regelmäßig überprüfen, während Ihr Unternehmen wächst und sich Ihre Geschäftsumgebung ändert. Eine SWOT-Analyse ist ein kontinuierlicher Vorgang, etwas, das Sie als wichtigen Teil Ihres Planungszyklus regelmäßig wiederholen sollten.

11 Sich auf das konzentrieren, was man am besten kann

In diesem Kapitel

- Eigene Fähigkeiten entdecken
- Wertkette für das Unternehmen erstellen
- Wettbewerbsvorteil suchen (und finden)
- Kernkompetenzen des Unternehmens erkennen
- Wettbewerbsvorteile erhalten
- Mithilfe der Wertkette Ressourcen zuordnen

Wenn Sie das Haus verlassen, um zum Einkaufen zu gehen, dann denken Sie sicherlich nicht viel darüber nach. Und doch werden Sie bald darauf eine komplexe Menge an Entscheidungen treffen. Sie werden beschließen, dass Sie in dem einen Geschäft Ihren Großeinkauf tätigen und in einem anderen noch Kleinigkeiten fürs Wochenende holen werden. Falls Sie zum Tanken fahren müssen, werden Sie überlegen, ob Sie an der Tankstelle halten werden, die auf dem Heimweg liegt, oder ob Sie lieber den Umweg zur billigeren Tankstelle in Kauf nehmen. Haben Sie schon einmal festgestellt, dass dieser Entscheidungsprozess in der Weihnachtszeit noch schwerer zu sein scheint – weil einfach noch mehr als sonst einzukaufen ist? Denken Sie an einen typischen Tag, an dem Sie Ihre Weihnachtseinkäufe erledigen wollen, und was damit zusammenhängt. Während Sie beim morgendlichen Kaffee die Einkaufsliste überfliegen, müssen schon die ersten Entscheidungen getroffen werden:

Geschäfte im Stadtzentrum oder außerhalb liegendes Einkaufszentrum

Spezialgeschäfte oder Kaufhaus

Kleidung, Krimskrams, Spielzeug oder Küchengeräte

Designerware oder normale Marken

Limit bei 100, 150 oder 200 Euro

Wenn Sie ein Einzelhandelsgeschäft besitzen, dann entscheidet die Wahl des Kunden über Erfolg oder Misserfolg Ihres Unternehmens. Wie treffen Käufer ihre Wahl? Warum gehen sie in dieses Geschäft und nicht in ein anderes? Was entscheidet darüber, wo sie sich umgucken und welchen Dingen sie einen zweiten Blick schenken? Was veranlasst sie dazu, die Geldbörse zu zücken und die Kreditkarte herauszunehmen? Egal in welcher Branche Sie tätig sind, es sind immer dieselben Fragen, die entscheidend sind. (Blättern Sie zurück zu den Kapiteln 7 und 8, wenn Sie mehr über den Kunden an sich erfahren wollen.)

Während die Kunden ihre Entscheidung treffen, was und wo sie einkaufen, wägen sie ständig verschiedene Kombinationen von Produkt-/Dienstleistungsvorzügen gegenüber dem Preis ab. Wenn die Kunden den aufgrund ihrer eigenen Berechnungen besten Wert auf dem Markt gefunden haben und ihre Entscheidung treffen, tun sie dies mithilfe einer *Wertgleichung*. (In Kapitel 9 finden Sie mehr Informationen zu dieser Gleichung.) Aber was bedeutet es tatsächlich, den besten Wert zu haben? Wenn Sie einer der Wettbewerber sind, müssen Sie genau wissen, wo und wie Ihre Produkte in den Augen der Kunden mehr Wert erhalten.

In diesem Kapitel beschäftigen wir uns damit, wie Sie Ihren Produkten oder Dienstleistungen in den Augen der Kunden Wert geben können. Diese Herangehensweise wird von den Leuten, die einfache Dinge schwierig erscheinen lassen wollen, *Wertkette* genannt. Wir verwenden diesen Begriff, um herauszufinden, welche Teile Ihres Unternehmens dafür verantwortlich sind, dass die Kunden von ihrem Standpunkt aus gesehen den größten Wert erhalten. Wir zeigen Ihnen, wie Sie mithilfe Ihrer Wertkette erklären können, warum Sie einen Wettbewerbsvorteil auf dem Markt haben. Anhand der Wertkette zeigen wir auch die Kernkompetenz Ihres Unternehmens auf. Wir erläutern, wie Sie Ihren Wettbewerbsvorteil langfristig halten können. Und zuletzt zeigen wir Ihnen, wie Sie das Wissen über Ihre Wertkette und Kernkompetenz nutzen können, um bei der Erstellung Ihres Businessplans das meiste aus den menschlichen und finanziellen Ressourcen herausholen zu können.

Eigene Fähigkeiten ermitteln

Sie denken vielleicht, es sei ganz einfach, zu beschreiben, was Ihr Unternehmen tut. Man muss nur die wichtigsten Tätigkeitsbereiche in ein paar gut formulierten Sätzen oder einer anschaulichen Grafik zusammenfassen. Aber so einfach ist es nicht. Wenn man vom Inneren eines Unternehmens nach draußen schaut, ist es sehr viel schwieriger, die alltäglichen Details beiseitezulassen, um zum Kern dessen zu gelangen, was einen tagtäglich im Geschäft hält.

Das ist der Grund, warum es so viele Unternehmensberater gibt. Viele von ihnen würden nichts lieber tun, als Ihnen bei der Beschreibung dessen, was Sie tun, zu helfen. Ihr kleines Geheimnis ist natürlich, dass sie in Wirklichkeit gar nicht klüger sind als Sie. Sie haben nur meist einen klareren Blick, weil sie Ihr Unternehmen von außen betrachten.

Aber es ist auch gut möglich, dass Sie tief im Inneren ganz gut wissen, was Sie tun und warum Ihr Unternehmen erfolgreich ist – Sie müssen das, was Sie bereits wissen, nur entsprechend formulieren.

Eine typische Wertkette konstruieren

Ein Unternehmen konstruiert seine *Wertkette* aus der Abfolge der Aktivitäten, mit denen es den Wert der Produkte oder Dienstleistungen für die Kunden erhöht (siehe Abbildung 11.1). Die Kette verbindet Sie mit dem Markt und gewährleistet, dass Sie sich nicht zu weit von den Kunden, die Sie bedienen, entfernen.

Die Glieder in einer Wertkette helfen Ihnen bei der Beurteilung der einzelnen Funktionen des Unternehmens.

Kernprozesse in der Wertkette sind die Funktionen, die das Herz Ihres Unternehmens bilden. Kernprozesse sind meist sequenziell angeordnet. Sie bezeichnen die Stadien, die zum Entwickeln, Herstellen und Vermarkten von Produkten unbedingt erforderlich sind. Meist sind dies:

- ✔ Forschung und Entwicklung
- ✔ Produktion
- ✔ Marketing und Verkauf
- ✔ Vertrieb und Auslieferung
- ✔ Kundendienst

Unterstützende Funktionen in der Wertkette tragen zum Gesamterfolg des Unternehmens bei, indem sie die Kernprozesse stärken. Unterstützende Funktionen sind oft über die gesamte Unternehmensstruktur verteilt. Sie unterstützen und verbinden die einzelnen Kernprozesse. Zu diesen Funktionen zählen:

- ✔ Management
- ✔ Organisation
- ✔ Strategie und Planung
- ✔ Finanzen

Abbildung 11.1: Die Wertkette eines Unternehmens hat zwei Arten von Gliedern: Kernprozesse und unterstützende Funktionen.

Das große Rätsel um U. S. Steel

1901 wurde U. S. Steel aus den beiden Holdings von J. P. Morgan und Andrew Carnegie gegründet und war damit vom ersten Tag an ein Riesenunternehmen. Das Unternehmen produzierte 70 Prozent des in den USA benötigten Stahls und wurde weltweit das erste Unternehmen, das Umsätze in Milliardenhöhe verzeichnete. In den folgenden 50 Jahren ging der Marktanteil von U. S. Steel jedoch immer weiter zurück, bis es Mitte der 1960er-Jahre nur noch einen Anteil von 20 Prozent hatte. Und nun das Rätsel: Wie hat es das Unternehmen in diesen 60 Jahren geschafft, seine Gewinne konstant hoch zu halten, während es auf der anderen Seite fast drei Viertel seines Marktanteils verloren hat?

Die Antwort lautet: Der Marktanteil von U. S. Steel war nicht ausschlaggebend.

Sie werden jetzt sicherlich den Kopf schütteln und sich fragen, wie das denn nun sein könne. Nun, der erste Vorstand von U. S. Steel, Judge Elbert Gary, war zu Beginn auch besorgt um den Marktanteil seines Unternehmens – allerdings fürchtete er, dass er zu groß sei. Er hatte Angst, dass U. S. Steel bei Präsident Roosevelt und der US-Regierung den Anschein eines Monopols erwecken könnte und dass diese das Unternehmen in kleinere Bereiche aufspalten würden.

Judge Gary war jedoch ein cleverer Kapitalist. Auch wenn es damals dafür noch keinen Namen gab, erstellte er eine Wertkette für U. S. Steel. Er entdeckte, dass eines der wichtigsten Glieder in seiner Stahl produzierenden Wertkette der Abbau von Rohstoffen war: Eisenerz, Kohle und Kalkstein. Zufällig verfügte U. S. Steel über sehr großen Grundbesitz und kontrollierte dadurch so ziemlich alle Abbaustätten dieser Rohstoffe. Also beschloss der gute Judge Gary, sich Mitwettbewerber ins Boot zu holen, je mehr desto besser. Er verlangte geradezu nach Konkurrenz und die Branche zollte ihm damals Anerkennung für seine Verdienste um die Stahlindustrie. Natürlich machte er weiterhin Riesengewinne mit U. S. Steel. Er wusste, dass der echte Wert seines Unternehmens darin lag, der Konkurrenz Rohstoffe zu fairen Preisen zu verkaufen.

Eine eigene Wertkette schmieden

Damit Sie für Ihr Unternehmen eine Wertkette erstellen können – eine Abfolge von Aktivitäten, die Sie unternehmen, um den Wert Ihrer Produkte oder Dienstleistungen zu erhöhen –, benötigen Sie eine Liste der Fähigkeiten und Ressourcen Ihres Unternehmens. Weitere Informationen hierzu erhalten Sie in Kapitel 10.

Sie können mit einem Raster, das Ihr Unternehmen in die wertgebenden Bereiche unterteilt, ein Grundgerüst für Ihre Wertkette konstruieren (siehe Abbildung 11.2). Dann ordnen Sie die Aktivitäten den jeweiligen Bereichen des Rasters zu, und zwar je nachdem, ob sie Teil der Kernprozesse sind oder zu den unterstützenden Funktionen gehören.

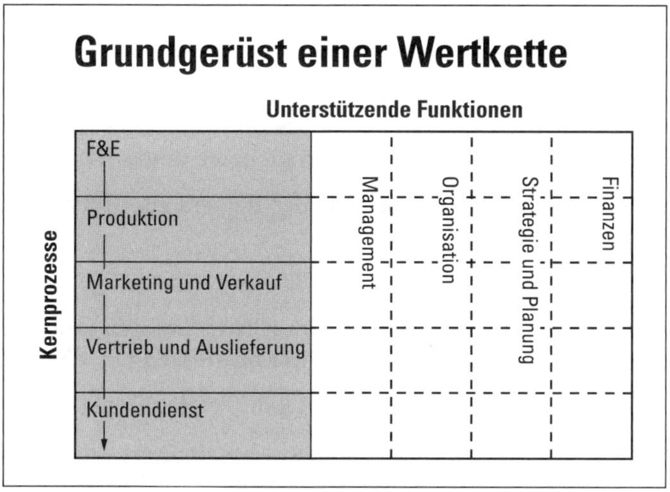

Abbildung 11.2: Grundgerüst einer Wertkette

Gehen Sie wie folgt vor, um das Raster für Ihre Wertkette zu erstellen:

1. **Listen Sie alle wichtigen Geschäftsbereiche auf, die direkt daran beteiligt sind, die Produkte oder Dienstleistungen Ihres Unternehmens zusammenzustellen und zu den Kunden zu bringen.**

   Dazu gehören zum Beispiel F&E, Produktion, Marketing, Verkauf, Vertrieb, Auslieferung und Kundendienst. (Kapitel 10 enthält weitere Informationen zu diesem Thema.)

2. **Sortieren Sie die Liste der Geschäftsbereiche – von der ersten guten Idee in der Forschungsabteilung bis hin zum fertigen Produkt.**

3. **Listen Sie die allgemeinen Geschäftsbereiche auf, die die Kernprozesse unterstützen.**

   Dazu gehören Management, Organisation (Personal), Strategie und Planung sowie Finanzen.

4. **Erstellen Sie mit Ihrer eigenen Liste der Kernprozesse und unterstützenden Funktionen ein Raster wie in Abbildung 11.2.**

Ihre Wertkette sieht vielleicht nicht genauso aus wie all diese Organisationsdiagramme, die in den Unternehmen gern verteilt werden. Die Kernprozesse und unterstützenden Funktionen, mit denen mehr Kundenwert geschaffen wird, können je nachdem, wen Sie fragen, anders zusammengesetzt sein. Deshalb ist es wichtig, mit Kunden und mit Kollegen zu sprechen. Bitten Sie die Kunden, Ihr Unternehmen so zu beschreiben, wie sie es sehen. Ihre Kunden haben vielleicht einen besseren Überblick.

Füllen Sie das Raster der Wertkette, indem Sie alle wertsteigernden Aktivitäten eintragen, also alle Fähigkeiten und Ressourcen, mit denen Ihr Unternehmen den Wert der Produkte oder Dienstleistungen in den Augen der Kunden erhöht. Gehen Sie dabei wie folgt vor:

1. **Sehen Sie sich die Liste der Fähigkeiten und Ressourcen an, die Sie in Kapitel 10 erstellt haben, und unternehmen Sie einen ersten Versuch, sie in das Raster einzutragen.**
2. **Tragen Sie in die Felder auf der linken Seite des Rasters die wertsteigernden Aktivitäten ein, die direkt zu den Kernprozessen beitragen.**

   Diese Aktivitäten stellen in der Wertkette die Kernprozesse dar.
3. **Tragen Sie die wertsteigernden Aktivitäten, die zu den jeweiligen unterstützenden Funktionen gehören, in die Rasterfelder neben den Kernprozessen ein, die sie unterstützen.**

   Diese Aktivitäten sind in der Wertkette die unterstützenden Funktionen.
4. **Geben Sie im Raster auch eine Beschreibung des Kundenwerts an, der bei jeder Aktivität hinzugefügt wird, und geben Sie an, wie der Wert gesteigert wird.**

Die Wertkette ermöglicht einen Blick auf Ihr Unternehmen, und zwar durch die Brille der Kunden. Jedes Glied in der Wertkette stellt etwas dar, was Sie als Unternehmen tun. Jedes Glied ist eine Aktivität, für die Sie Geld ausgeben. Die Wertkette ermöglicht, genau zu ermitteln, welchen Wert die Kunden durch die einzelnen Glieder erhalten. Mithilfe der Wertkette erhalten Sie ein relativ klares Bild davon, warum Sie im Geschäft bleiben und wo Sie sich noch mehr engagieren könnten.

Ein Wertangebot erstellen

Während einer Geschäftsreise kam kürzlich eine Kollegin in eine Kleinstadt und suchte nach einer Tankstelle. Es gab nur zwei und die Preise waren bei beiden identisch. Bei der einen Tankstelle standen mehrere Autos an den Zapfsäulen, die andere war leer. Als sie den Besitzer fragte, wie er sich erklären könnte, dass seine Tankstelle so viel beliebter sei als die auf der anderen Straßenseite, traf er den Nagel auf den Kopf:

> *Oh, wissen Sie, die drüben sind in einem anderen Bereich tätig – die haben eine Tankstelle, wir eine Service-Station.*

Dieser gewitzte Geschäftsmann hatte ein gutes Gefühl dafür, warum er bei seiner Sache so erfolgreich war. Mit etwas Anleitung können Sie vielleicht auch so aus dem Bauch heraus sagen, um was es bei Ihrem eigenen Unternehmen geht, und eine Kette der Aktivitäten knüpfen, die zeigt, welche Vorteile Sie Ihren Kunden bieten und welchen Wert sie tatsächlich von Ihnen erhalten.

Unternehmer bezeichnen Aussagen wie die des Tankstellenbesitzers gerne als *Wertangebot* – ein schickes Wort für ein simples Konzept. Ein Wertangebot kann sich mit dem Unternehmensauftrag decken (mehr dazu in Kapitel 5), allerdings konzentriert sich das Wertangebot sehr viel stärker auf den Kunden – was Sie ihm bieten können und welchen Nutzen er von Ihnen hat.

Auf den ersten Blick ist das Wertangebot eines Unternehmens ziemlich offensichtlich:

- ✔ Aldi bietet die günstigsten Preise bei einem großen Warenangebot.
- ✔ Rolex bietet Luxus, solide, wertbeständige Zeitmesser und das ultimative Gefühl, erfolgreich zu sein.
- ✔ Fluege.de bietet billige Flugtickets zu Reisezielen auf der ganzen Welt.

Häufig bieten Unternehmen Ihren Kunden jedoch einen größeren Wert, als auf den ersten Blick ersichtlich ist, ja sogar einen größeren Wert, als die Unternehmen selbst meinen.

Zeit für Veränderungen

Ein Architektur- und Bauingenieurbüro im Nordosten der USA – nennen wir es N.A.E. – rühmte sich damit, ein Bauträger mit Allroundservice zu sein. Zu seinem Team gehörten Bauingenieure ebenso wie Innenarchitekten. Das Unternehmen rechnete alle Projekte selbst ab und verfügte über eine eigene Gruppe, die die Baupläne erstellte. Sämtliche Anfragen von kleineren externen Unternehmen, die sich anboten, kleinere Aufgaben zu übernehmen, wurde kategorisch abgelehnt. Das Geschäft boomte, das Unternehmen wuchs und die Kunden konnten zufriedener nicht sein.

Dies alles sollte sich in den 1990er-Jahren ändern. Ein starker Einbruch auf dem Immobilienmarkt traf N.A.E. hart und mangelnde Umsätze zwangen das Unternehmen dazu, sich zum ersten Mal Gedanken über Kosteneinsparungen zu machen. Im Zuge der Umstrukturierungsmaßnahmen sah sich N.A.E. die Arbeit seiner Bauzeichner etwas genauer an und stellte fest, dass es die Angebote externer Anbieter hätte ernster nehmen sollen. Unabhängige Unternehmen konnten die Qualität und Zuverlässigkeit bieten, die N.A.E. verlangte, und damit die Kosten des Unternehmens in diesem Bereich erheblich senken.

Als das Unternehmen seine wichtigsten Kunden fragte, was sie von den geplanten Veränderungen hielten, bekam es verblüffende Antworten. Die Kunden entschieden sich nicht für das Unternehmen, weil seine Pläne so hervorragend waren, sondern wegen des breit gefächerten Fachwissens seiner Mitarbeiter. Mit der Überprüfung seiner Wertkette hatte N.A.E. die Gelegenheit, seine Ressourcen und Energie auf die Prozesse und Funktionen in der Kette zu konzentrieren, die für den Kunden den größten Wert bedeuten.

Denken Sie einmal an Amazon. Das Internetunternehmen verkauft neben preisgebundenen Büchern sehr viele andere Waren mit einem erheblichen Preisabschlag. Das Unternehmen gründet also einen Teil seines Wertangebots auf niedrigen Preisen. Doch die Käufer besuchen Amazon noch aus ganz anderen Gründen. Amazon verfügt außerdem weltweit über den größten Bestand an Buch- und Musiktiteln. Also ist auch die große Auswahl Teil des Wertangebots. Doch der Reiz für die Buch- und Musikliebhaber hat damit noch kein Ende. Der Online-Händler lädt die Käufer ein, die Bücher und Musiktitel zu rezensieren und zu bewerten – ein Angebot, von dem viele Kunden so angetan sind, dass sie nirgendwo anders einkaufen würden. Die Kunden können außerdem die jüngsten Rezensionen aus Zeitschriften, Zeitungen und sonstigen Medien mit einem

Mausklick abrufen. Sie können das erste Kapitel von vielen der angebotenen Bücher lesen oder sich Audioclips von Musikaufnahmen anhören. Jedes dieser Angebote stellt für den Kunden einen zusätzlichen Wert dar. Mit jeder Erweiterung seines Angebots erweitert Amazon auch seinen Wert. Ganz bequem vom Wohnzimmer aus können Sie Ihren Einkaufswagen mit einer Fülle von Artikeln beladen: angefangen bei Büchern bis hin zu Haushaltsgeräten.

Ein Geschäftsmodell basteln

Als Kind haben Sie sicherlich einmal eine Zeit gehabt, in der Sie nichts lieber gemacht haben, als ein Flugzeug, ein Boot oder ein Auto aus dem Modellbaukasten, den Sie zum Geburtstag bekommen haben, zusammenzubauen. Leider ist das Zusammenstellen eines funktionierenden Geschäftsmodells etwas ganz anderes und es gibt auch keinen Bausatz dazu.

Geschäftsmodelle müssen weder kompliziert noch ausgefeilt sein. Wenn sich Geschäftsleute über ihre Geschäftsmodelle unterhalten, dann wollen sie eigentlich ganz konkret wissen, auf welche Weise der andere sein Geld verdient. Die Antwort sollte im Businessplan zu finden sein und sich in allen seinen Bereichen widerspiegeln.

Wo wird Geld verdient?

Ob Sie es nun wollen oder nicht, aber irgendwann müssen Sie sich einmal eingehender mit den Finanzen Ihres Unternehmens beschäftigen, also mit Gewinn-und-Verlust-Rechnungen, Bilanzen, Cashflows, Budgetplanung und dem ganzen anderen Kram. In den Kapiteln 12 und 13 versuchen wir Ihnen diesen Bereich möglichst schonend näher zu bringen. Im Moment müssen Sie sich nur Gedanken um etwas ganz Grundlegendes machen: Woher kommt das Geld? Sie müssen wissen, mit welchen Bereichen Ihres Unternehmens Sie Geld verdienen wollen.

Ganz einfach, sagen Sie. Ihre Kunden geben Ihnen ja schließlich Geld für Ihre wertvollen Waren und Dienstleistungen. Nun, ebenso wie die Wertketten, die alles zusammenhalten (mehr dazu weiter vorn in diesem Kapitel im Abschnitt »Eigene Fähigkeiten ermitteln«), sind auch die Geschäftsmodelle nicht so ganz einfach gestrickt. Unternehmen machen häufig Gewinne in Bereichen, die mit dem Hauptprodukt nichts zu tun haben. Diese Bereiche können aber sehr erfolgreich sein. Hier einige erstaunliche Beispiele:

- ✔ Angesichts der Tatsache, dass Essengehen ziemlich teuer ist, sind Sie wahrscheinlich der Ansicht, dass ein gut gehendes Restaurant eine Goldgrube sein muss. Restaurants machen jedoch den Großteil ihrer Gewinne nicht mit den wohlschmeckenden Vorspeisen und Süppchen, sondern mit Mixgetränken und Weinen, die sie vor, während und nach dem Essen servieren.
- ✔ Timesharing ist bei vielen Urlaubern, die (fast schon) im Rentenalter sind, beliebt. Die Preise hören sich bezahlbar an und wer hätte nicht gerne einen Anteil an einem Apartment mit Blick auf einen tropischen Sandstrand? Diese Timesharing-Firmen machen aber ihre Gewinne nicht mit dieser erstklassigen Immobilie, sondern mit den Wartungs- und Erhaltungskosten, die ihnen vertraglich zustehen. Diese Kosten muss jeder Timesharer regelmäßig bezahlen.

- ✔ Manche Unternehmen verkaufen ihre Produkte zum Selbstkostenpreis und machen ihre eigentlichen Gewinne mit den sogenannten *Verbrauchsgütern*. Die meisten Hersteller verkaufen ihre Drucker so gerade eben kostendeckend, machen aber ihre tatsächlichen Gewinne mit den Tinten- und Laserpatronen. Ähnliches gilt auch für Gillette und Co., die am Nachkauf von Rasierklingen ihr Geld verdienen.

Wie steht's mit dem Timing?

Wie Sie Ihr Geld verdienen wollen, ist nur ein Teil des Geschäftsmodells. Genauso wichtig ist es jedoch zu wissen, *wann* Sie Ihr Geld bekommen. Es wäre schön, wenn die bunten Scheinchen gleich morgen hereinwehten. Die Realität zeigt jedoch, dass Ihrem Unternehmen Kosten entstehen und Sie Geld ausgeben – und das monatelang (oder gar jahrelang) –, bevor der Einnahmenfluss überhaupt einsetzt. Im Arzneimittelbereich kann ein Unternehmen jahrelang Millionen für die Entwicklung und Erprobung ausgeben, bevor der erste Patient auch nur einen Cent dafür ausgibt. Wenn Ihr Unternehmen auch zunächst investieren muss, bevor es Rechnungen verschicken kann, dann muss Ihr Geschäftsmodell auch eine Zeitlinie enthalten, die folgende Faktoren berücksichtigt:

- ✔ Die Investitionskosten, die bei der Unternehmensgründung entstehen (Kapitel 13 enthält detaillierte Informationen zur Budgeterstellung)
- ✔ Die Geldquellen, aus denen diese Investitionskosten bezahlt werden (Kapitel 2 und 3 enthalten Tipps zur Finanzierung von Unternehmensneugründungen)
- ✔ Ein Zeitplan, der aufzeigt, wann Sie mit ersten Zahlungseingängen rechnen können (Kapitel 13 enthält einen Abschnitt zur Liquiditätsplanung)

Die Frage des richtigen Timings ist für kleine Unternehmen genauso wichtig wie für große. Viele Einzelhändler, die das ganze Jahr über tätig sind, haben ihre größten Einnahmen während eines bestimmten Zeitraums (beispielsweise in der Weihnachtszeit). Einige machen im November und Dezember die Hälfte ihres Jahresumsatzes. Das Timing ist also für diese Geschäfte überlebenswichtig.

Und so funktioniert das Geschäftsmodell

Unternehmen bleiben nicht zufällig Jahr um Jahr im Geschäft. Vielleicht kommt es vor, dass ein Manager irgendwo Glück hat und einen brillanten Schachzug macht, ohne zu wissen, warum dieser so brillant ist. Aber diese Art von Glück hält nie lange vor, besonders nicht bei starkem Wettbewerb. Unternehmen haben über lange Zeit hinweg Erfolg, weil sie wissen, worauf ihre Kunden den meisten Wert legen, und dieses Wissen in Produkte und Dienstleistungen umsetzen, die die Erwartungen der Kunden erfüllen oder übertreffen – häufig auf Kosten von arglosen Wettbewerbern. Wenn Sie diese Informationen in Ihren Businessplan einfließen lassen, dann haben Sie gute Chancen, dass Ihr Geschäftsmodell auch in Zukunft noch funktionieren wird.

Eine Boutique in der Innenstadt konzentriert sich auf die Vorteile ihrer guten Lage, ihrer exzellenten und persönlichen Beratung sowie die exklusiven Veranstaltungen, zu denen die Stammkunden eingeladen werden. Ein Bekleidungshaus am Stadtrand sieht seinen Wert für die Kundschaft darin, dass es eine große Auswahl in allen Größen und vielen Preisklassen hat. Außerdem schätzt so mancher Kunde die bequemen Parkmöglichkeiten.

Nehmen Sie sich Zeit und sehen Sie sich genau an, was es bedeutet, einen Marktvorteil gegenüber der Konkurrenz zu haben, woher dieser Vorteil kommt und wie Sie diesen Vorteil in Ihr Geschäftsmodell einfließen lassen können.

Nach dem Wettbewerbsvorteil suchen

Jeder kennt Leute, die gerne Ausflüge mit dem Auto unternehmen: an Winterwochenenden vielleicht zu einem Skiort, oder, wenn das Wetter schön ist, zum Wochenendhaus der Familie. Wenn man sie fragt, wo sie auf dem Weg anhalten, kennen sie immer eine Raststätte, ein gutes Restaurant oder ein Eis-Café, bei dem sie unbedingt einen Stopp einlegen müssen. Warum haben Reisende eine solche Vorliebe für bestimmte Plätze auf ihrer Route, wo es auf dem Weg doch auch noch Hunderte anderer Möglichkeiten gäbe? Was macht bestimmte Einrichtungen so einzigartig?

Wenn man die Reisenden fragt, bekommt man alle möglichen Begründungen zu hören. Sie erzählen einem vielleicht, dass sie schon seit Jahren dort haltmachen, dass sie das Essen für gut halten, die Atmosphäre genießen, die Besitzer kennen, sich auf den Service verlassen können und so weiter. Zweifellos sind alle diese Dinge richtig. Aber wenn man sich die Wertkette von vielen dieser Unternehmen ansieht, fällt ein wichtiger Aspekt sofort ins Auge, und das ist die Lage. Entfernungen und Fahrtzeiten sind höchstwahrscheinlich die Hauptgründe, warum viele der Kunden überhaupt auf diese Haltepunkte stoßen. Die Eingangstür scheint zur rechten Zeit am rechten Ort zu sein. Auf diesem Markt stellt Lage einen entscheidenden Wettbewerbsvorteil dar.

Wettbewerbsvorteil bedeutet, wie der Name schon sagt, dass ein Unternehmen einen bestimmten Vorteil gegenüber den Wettbewerbern hat. Wie kommt es zu dem Vorteil? Meistens aufgrund des individuellen und ganz besonderen Wertes, den das Unternehmen seinen Kunden bieten kann – und aufgrund der Tatsache, dass die Kunden diesen Wert hoch einschätzen. Stellen Sie sich selbst folgende grundlegende Frage:

> *Warum wählen die Kunden mein Unternehmen und seine Produkte, wenn die anderen Konkurrenten in der Branche mehr oder weniger ähnliche Produkte anbieten?*

Die Antwort finden Sie bei den stärksten Gliedern Ihrer Wertkette. Die Glieder, die den größten Kundenwert erzeugen (seien es nun Lage, Kundendienst, Image oder Produktfunktionen), sind die Glieder, die für den Wettbewerbsvorteil auf dem Markt verantwortlich sind.

1975 bestand Microsoft aus zwei Partnern: Bill Gates und Paul Allen. Sie begannen, gegen ein Heer von klugen, jungen Unternehmern zu konkurrieren, und fanden sich schließlich Kopf an Kopf mit IBM wieder. Heute hat Microsoft mehr als 100.000 Angestellte und erzielt einen Jahresumsatz von etwa 90 Milliarden

US-Dollar. Das Unternehmen bietet von Textverarbeitung über Tabellenkalkulation bis zu Sprachentools und Betriebssystemen eine riesige Palette an Softwareprodukten. Allein von jeder neuen Version des Betriebssystems Windows werden regelmäßig mehr als 200 Millionen verkauft. Worin liegt der Wettbewerbsvorteil von Microsoft begründet?

✔ **Standards** – Die Programme von Microsoft setzen in der PC-Welt Standards. Microsoft bietet das Standardbetriebssystem und die Standard-Suite der Office-Applikationen. Obwohl andere Unternehmen hier und da bessere Produkte verkaufen, werden Microsofts Produkte als die sichere und vernünftige Lösung angesehen.

✔ **Kompatibilität** – Die Programme von Microsoft arbeiten versprochenermaßen untereinander und mit dem Betriebssystem zusammen. Man braucht keine Sorge zu haben, dass die bevorzugte Anwendung zum Außenseiter wird oder sich irgendwie sonst auf dem Computer falsch benimmt.

✔ **Produktauswahl** – Sie sagen, was Sie möchten, und Microsoft hat höchstwahrscheinlich ein Produkt, das es für Sie erledigt. Das Unternehmen ist aggressiv und kontinuierlich dabei, für die sich schnell ändernden Märkte neue Software zu entwickeln.

✔ **Kundendienst und Support:** Mit Microsoft weiß man, was man hat. Wenn etwas nicht funktioniert, setzt das Unternehmen alles daran, das Problem zu beheben. Microsoft steckt viel Geld in seinen Produktsupport und bietet jede Menge an Serviceleistungen, wie Online-Knowledge-Bases, Newsgroups, Chatrooms und natürlich Telefonsupport.

Hertz ist einer der größten Autovermieter der Welt. Das Unternehmen hat über 8.500 Vermietungsstellen in mehr als 160 Ländern. Aber Hertz hat auf allen Ebenen Konkurrenten, seien es nun die Verleiher, die ihr Geschäft an beliebten Ferienorten machen, regionale Agenturen oder andere weltweit tätige Unternehmen wie Avis. Welchen Wettbewerbsvorteil hat Hertz?

✔ **Einfache Reservierungen** – Mit einem Anruf bei Hertz kann man schnell und einfach die gewünschte Art von Fahrzeug buchen und angeben, wann und wo man es haben will. Wenn man seine Meinung ändert, genügt auch wieder ein Anruf.

✔ **Internationale Präsenz** – Es spielt keine Rolle, wo man das Auto benötigt – ob für eine Safari in Afrika, eine Reise durch Italien oder eine Geschäftsreise nach Dresden. Man kann sicher sein, dass Hertz das Gewünschte zur Verfügung stellen kann.

✔ **Seelenfrieden** – Mit Hertz braucht man sich keine Gedanken zu machen, ob das Auto auch da sein wird, dass der Preis sich verdoppeln könnte oder man für ein altes, verbeultes Auto bezahlen muss. Außerdem stellt das Unternehmen Navigationssysteme zur Verfügung, damit Sie auch da ankommen, wo Sie hinwollten.

✔ **Belohnung für Loyalität** – Als treuer Hertz-Kunde werden Sie Mitglied in einem Club und erhalten im Rahmen des Loyalitätsprogramms kostenlose Miettage und andere Vergünstigungen.

Sich auf die Kernkompetenz konzentrieren

Ihr Wettbewerbsvorteil wird auf dem Markt geschaffen. Dieser Vorteil ist ganz und gar durch die Kunden begründet und durch den Wert, den diese Ihren Produkten und Dienstleistungen geben, sowie durch die Kaufentscheidungen, die sie letztendlich treffen. Aber was ist mit Ihrem Unternehmen, mit dem Sie diesen Wettbewerbsvorteil erreichen? Welche internen Fähigkeiten und Ressourcen haben Sie und welche Geschäftsaktivitäten führen direkt zu Ihrem Wettbewerbsvorteil? Das alles müssen Sie in Ihrem Businessplan festhalten.

Sie kennen wahrscheinlich bereits die Antwort. Gehen Sie zurück zur Wertkette Ihres Unternehmens und konzentrieren Sie sich auf die Aspekte, auf die sich Ihr Wettbewerbsvorteil stützt. Dabei werden Sie etwas erblicken, was man auch als Kernkompetenz bezeichnet. Die Kernkompetenz ist die spezielle Fähigkeit Ihres Unternehmens, mit der es den Wettbewerbsvorteil auf einem Markt erringt. In fast allen Fällen findet man diese Fähigkeit nur bei dem jeweiligen Unternehmen. Es ist sozusagen die DNS des Unternehmens. Im Gegensatz zum genetischen Code kann man jedoch auf die Kernkompetenz aufbauen oder sie wieder verlieren – je nachdem, wie sorgfältig man mit den Märkten und mit seinem Geschäft umgeht.

Im Abschnitt »Nach dem Wettbewerbsvorteil suchen« weiter vorn in diesem Kapitel haben wir zwei wohl jedem bekannte Unternehmen vorgestellt. Können Sie die Kernkompetenz erkennen, die hinter dem Wettbewerbsvorteil von Microsoft beziehungsweise von Hertz steht?

Die Kernkompetenzen von Microsoft:

- ✔ **Führungskräfte mit klarer Vision** – Die Führungskräfte haben eine klare Vision für die Zukunft des Unternehmens, mit der das Unternehmen die Softwarestandards von heute schmieden und die von morgen formen kann.
- ✔ **Erstklassiges Entwicklungsteam** – Das Unternehmen beschäftigt ein erstklassiges Team von Entwicklern und Programmierern, dessen Aufgabe es ist, eine auf dem neuesten Stand der Technik beruhende Produktlinie zu schaffen und zu erhalten.
- ✔ **Fähigkeit zur Komplexität** – Microsoft führt eine komplexe, miteinander verbundene Menge an Softwareprodukten, die alle zusammenpassen und zusammenarbeiten müssen.
- ✔ **Fähigkeit zur schnellen Richtungsänderung** – Das Unternehmen hat die Fähigkeit, Ressourcen und Energien umzuleiten, wenn der sich schnell verändernde Markt eine andere Richtung einschlägt und sich die Spielregeln plötzlich ändern.

Die beiden ersten Kernkompetenzen von Microsoft führen unweigerlich zu den anderen, da Erfolg und Gewinn Raum für weitere Fähigkeiten und Werte geben.

Die Kernkompetenzen von Hertz:

- ✔ **Informationssysteme** – Mit einem ausgeklügelten Datenmanagement kann das Unternehmen Kundenprofile erstellen und hat so eine Basis, um dem sich ständig ändernden Bedarf an Mietautos weltweit gewachsen zu sein.
- ✔ **Logistik** – Das Unternehmen hat die Fähigkeit, eine riesige Flotte von Fahrzeugen in allen Größen und Formen weltweit zu verwalten, zu verteilen, einzurichten und wieder neu anzuordnen.

- **Größe** – Das Unternehmen nutzt seine Größe und sein Geschäftsvolumen, um bei Neukäufen oder bei Versicherungsvereinbarungen günstige Bedingungen auszuhandeln.
- **Beziehungen und Verbindungen** – Hertz hat die Ressourcen, um eng mit den Reisebüros und der Reisebranche zusammenzuarbeiten, und schafft neue Geschäftsmöglichkeiten, indem es die Vermietoptionen erweitert.

Manchmal kann die Kernkompetenz eines Unternehmens den Weg zu neuen Marktmöglichkeiten weisen. Zum Beispiel nutzte Honda seine Kernkompetenz beim Entwickeln von Motoren, um seine Märkte zu erweitern. Das Unternehmen baute Motoren für Rasenmäher, Schneekanonen, Pistenraupen und Geländefahrzeuge, um nur einige seiner Aktivitäten im Motorbereich zu nennen. Honda profitiert in jedem dieser Märkte von einem gemeinsamen Wettbewerbsvorteil. Sehen Sie sich also nochmals die Kernkompetenz Ihres Unternehmens an und prüfen Sie, ob sich nicht aufgrund der Dinge, die Sie bereits sehr gut können, neue Geschäftsbereiche entwickeln lassen.

Einen Wettbewerbsvorteil über Jahre hinweg erhalten

Jedes Unternehmen, das einen um den anderen Monat im Geschäft bleibt, hat irgendeinen Wettbewerbsvorteil und eine Kernkompetenz. Andernfalls würde es nicht überleben. Aber die große Frage ist, wie man diesen Vorteil über Jahre und sogar Jahrzehnte hinweg erneuert und aufrechterhält. Die Kunden und ihre Bedürfnisse ändern sich, die Konkurrenz wird härter und neue Branchen entwickeln sich, weshalb es keine Garantie dafür gibt, dass der Wettbewerbsvorteil und die zugrunde liegende Kernkompetenz erhalten bleiben. Man mietet sie, aber besitzt sie nicht. Aber am besten geht man mit beiden einen langfristigen Mietvertrag ein.

Nachhaltiger Wettbewerbsvorteil bezeichnet die Fähigkeit eines Unternehmens, seinen Wettbewerbsvorteil auch angesichts einer sich ständig ändernden Geschäftsumgebung und eines sich ändernden Marktes immer wieder zu erneuern. Aber wenn Sie einen Wettbewerbsvorteil über lange Zeit aufrechterhalten wollen, brauchen Sie eine langfristige Strategie. In Kapitel 9 ging es um drei Basisstrategien, mit denen Sie eine Vorstellung davon bekommen haben, was Ihre Konkurrenten im Schild führen könnten. In Kapitel 15 wollen wir uns genauer mit Ihren eigenen Strategiemöglichkeiten beschäftigen.

Denken Sie über die Dinge nach, die Ihr Unternehmen langfristig tun kann, damit Ihre Kernkompetenz erhalten bleibt. Wie können Sie den Wettbewerbsvorteil, den Ihr Unternehmen bereits hat, beibehalten? Nehmen Sie ein Blatt Papier und beantworten Sie folgende Schlüsselfragen:

- Von wo werden in Ihrem Geschäft mit hoher Wahrscheinlichkeit Änderungen kommen?
- Wie werden diese Änderungen den Wettbewerbsvorteil Ihres Unternehmens möglicherweise beeinflussen?
- Was kann Ihr Unternehmen tun, um seine Kernkompetenz angesichts von Veränderungen zu halten?

Konzentrieren Sie sich auf die Hauptkräfte, die Änderungen in Ihrer Branche antreiben:

- ✔ auf Ihre Kunden und ihre sich ändernde Wünsche und Bedürfnisse
- ✔ auf Ihre Konkurrenten und ihre sich ändernde Fähigkeiten, Strategien und Ziele
- ✔ auf Ihr Unternehmen, seine Wertkette und seine sich verlagernden Stärken und Schwächen

Achten Sie darauf, dass Sie bei der Erstellung des Businessplans diese Kräfte berücksichtigen, damit sie die Kernkompetenz, für die Sie so hart gearbeitet haben, nicht gefährden.

Ressourcen zuordnen

Die Wertkette zeichnet ein Porträt Ihres Unternehmens, wie es Ihre Kunden sehen. Die Glieder der Kette zeigen den Wert, den die Kunden einzelnen Aspekten Ihrer Produkte oder Dienstleistungen geben. Die stärksten Glieder bilden den Wettbewerbsvorteil auf dem Markt und definieren die Kernkompetenz. Weil die Wertkette so gut geeignet ist, die Bedeutung der Dinge, die Ihr Unternehmen tut, einzuschätzen, kommt sie auch recht, wenn es darum geht, die spärlich vorhandenen Ressourcen den einzelnen Geschäftsbereichen zuzuordnen.

Waren Sie schon einmal bei einem Pferderennen? Wenn ja, wissen Sie, dass dort ein Stammpublikum an den Boxen und Zäunen zu finden ist. Diese Leute betreiben das Pferderennen ernsthaft. Sie verbringen Zeit damit, Rennaufstellungen und Zeitungen zu studieren, kreisen dies ein, prüfen jenes, laufen hin und her.

Wenn sie dann endlich auf ein Pferd setzen, verlassen sie sich nicht allein auf ihr Glück. Sie nutzen stattdessen alle zur Verfügung stehenden Informationen – die Bedingungen auf der Rennstrecke, die Gesundheit des Pferdes, die Statistik des Jockeys und die Quoten – und setzen ihr Geld dann nur auf die Pferde, die höchstwahrscheinlich die besten Ergebnisse und die größten Gewinne erzielen werden.

Das Wetten ist für diese Experten ein ernsthaftes Geschäft. Vielleicht kann man von ihnen etwas darüber lernen, wie man sein Kapital am geschicktesten aufteilt. Ist es vernünftig, die beschränkten Ressourcen gleichmäßig auf alle Bereiche des Unternehmens zu verteilen? Wahrscheinlich nicht. Jedes Mal, wenn Sie Zeit und Geld für eine bestimmte Geschäftsaktivität aufwenden, gehen Sie eine Wette ein. Sie wetten, dass die eingesetzten Ressourcen zu Ihrem Geschäft beitragen werden, dass sie den Wert dessen, was Sie tun, steigern und letztendlich zu Einnahmen und Gewinnen führen werden.

In Kapitel 12 und 13 wird es um Zahlen gehen (Jahresabschlüsse, Kennzahlen, Budgets), aus denen Sie ersehen können, wo das Geld ausgegeben wurde und ob Sie dabei gewinnen. Ihre Jahresabschlüsse sagen also sehr viel darüber aus, wie Sie Ihr Geld verwalten, auf welches Pferd Sie setzen und wie gut Sie dabei sind. Aber sie sagen Ihnen nicht, was Sie tun sollen.

Woran erkennen Sie also, auf welches Pferd Sie setzen sollen? Sie haben es bereits geahnt: Man geht zurück zur Wertkette. Denken Sie an diese einfache Möglichkeit und nehmen Sie die Ressourcenverteilung aufgrund Ihrer eigenen Wertkette vor.

1. **Sehen Sie sich an, wo Ihr Unternehmen derzeit Geld ausgibt.**

   Nehmen Sie eine grobe Schätzung vor, wie die jährlichen Ausgaben zwischen den einzelnen Geschäftsbereichen aufgeteilt werden (von F&E über Lieferung bis hin zum Kundendienst), und tragen Sie die Zahlen in das Raster Ihrer Wertkette (siehe Abbildung 11.2) ein. Verwenden Sie der Einfachheit halber Prozentzahlen und prüfen Sie, ob alles zusammen 100 Prozent ergibt.

2. **Sehen Sie sich an, wo Sie nach Ansicht der Kunden Wert bieten.**

   Nehmen Sie den Gesamtwert, den Sie nach Ansicht der Kunden bieten, und teilen Sie ihn zwischen den einzelnen Geschäftsaktivitäten auf. Wenn die Kunden zum Beispiel 100 Euro für Ihren Krimskrams bezahlen, wie viel davon bezahlen sie dann für Ausstattung, wie viel für den Kundendienst und wie viel für Bequemlichkeit? Verwenden Sie auch hier Prozentsätze und tragen Sie die Zahlen in das Wertkettenraster ein. Alles zusammen muss wieder 100 Prozent ergeben.

3. **Markieren Sie die Felder im Wertkettenraster, die Ihre Kernkompetenz repräsentieren und Ihren Wettbewerbsvorteil auf dem Markt begründen.**

4. **Analysieren Sie das fertige Raster.**

   Wenn die Prozentzahlen vor allem in den markierten Feldern auftauchen, stehen Sie gut da. Aber wenn Sie feststellen, dass Sie Ihr Geld nicht für Ihre Kernkompetenz ausgeben und nicht dafür, was nach Ansicht Ihrer Kunden Ihre Produkte am wertvollsten macht, ist es höchste Zeit, neu zu bewerten, wo die Ressourcen Ihres Unternehmens hinfließen.

Die Finanzlage ermitteln

12

In diesem Kapitel

- Gewinn-und-Verlust-Rechnungen richtig lesen
- Bilanzen interpretieren
- Cashflow im Auge behalten
- Finanzwirtschaftliche Kennzahlen auswerten

Zahlen wecken die unterschiedlichsten Gefühle. Manche Menschen lieben sie, andere finden sie langweilig und manche beginnen sogar zu zittern, bekommen Schweißausbrüche oder zeigen andere Symptome von Stress, wenn sie mit Zahlen zu tun haben. Unabhängig davon, ob sie Zahlen mögen oder nicht, stimmen die meisten Menschen zu, dass man mit Zahlen Dinge wie Fußballergebnisse, den Cholesterinspiegel, die Börse und das neueste Unternehmensprojekt verfolgen kann. Mit Zahlen kann man wesentlich mehr tun, als sie am Ende des Spiels oder beim Abschluss des DAX zusammenzuzählen. Wenn sie auf die richtige Weise zusammengefügt werden, können Zahlen ein detailliertes Bild abgeben und ganze Bände von der Laufbahn eines Fußballspielers bis zu dem wirtschaftlichen Zustand einer Nation erzählen.

Sie sind vielleicht bereits mit den Unterlagen vertraut, die eine Bank benötigt, wenn Sie einen Kredit für größere Anschaffungen benötigen. Diese Dokumente beinhalten immer eine Gewinn-und-Verlust-Rechnung und irgendeine Art von Bilanz. Die Gewinn-und-Verlust-Rechnung sagt der Bank, woher Sie Ihr Geld erhalten und wofür Sie es ausgeben. In der Bilanz wird der Wert Ihres Vermögens Ihren Schulden gegenübergestellt, also Ihren Konsumentenkrediten, Hypothekendarlehen, Überziehungskrediten und sogar Ihren privaten Schulden bei Schwager, Bruder, Schwester.

Durch solche Finanzaufstellungen erfährt die Bank eine Menge über Sie, und das steigert sich sogar noch, wenn die Bank mit Ihren Zahlen ein paar Kennziffern berechnet. Die Bank summiert beispielsweise alle Ihre monatlichen Kreditzahlungen und teilt die Gesamtsumme durch Ihr monatliches Einkommen. Das Resultat wird dann mit dem Durchschnitt anderer Kreditnehmer verglichen. Anhand des Ergebnisses kann die Bank relativ gut Ihre Möglichkeiten zum Zurückzahlen des Kredits einschätzen. Die Jahreserfolgsrechnungen und die von der Bank errechneten Kennzahlen ergeben ein Porträt Ihrer Finanzlage und bieten der Bank Aufschluss über Ihre Verhältnisse. Und je besser die Bank Sie kennt, desto einfacher fällt ihr die Entscheidung, Ihnen Geld zu leihen. Dies gilt auch, wenn Sie versuchen, Geld für eine Unternehmensneugründung aufzunehmen.

Für kleine Unternehmen mit einfachen und gut überschaubaren Geschäftsabläufen ist als Jahreserfolgsrechnung eine Einnahmen-Überschuss-Rechnung ausreichend. Hierzu zählen Freiberufler, Einzelunternehmer, die keine Bilanzen erstellen müssen, sowie Gewerbetreibende, wenn ihr Umsatz unter 350.000 Euro oder ihr Gewinn unter 30.000 Euro liegt. Eine GuV plus Bilanz ist für alle Unternehmen zwingend, die von Haus aus zur doppelten Buchführung verpflichtet sind. Dies sind in der Regel alle Personengesellschaften, Kapitalgesellschaften, ins Handelsregister eingetragene Kaufleute sowie Gewerbetreibende, deren Umsatz über 500.000 Euro oder deren Gewinn über 50.000 Euro liegt.

In diesem Kapitel stellen wir Ihnen die grundlegenden Finanzausweise und Kennzahlen vor, die in der Finanzplanung eines Unternehmens eingesetzt werden. Sie entsprechen in etwa denen, die Sie auch im privaten Bereich nutzen. Sie sind nur ein bisschen komplizierter. Wir erklären, was eine Einnahmen-Überschuss-Rechnung ist, wie Sie Gewinn-und-Verlust-Rechnungen und Bilanzen lesen und was Kapitalflussrechnungen sind, bei denen es im Wesentlichen um das geht, was der Name besagt: woher das Geld kommt, wohin es geht und wie viel überbleibt. Zum Schluss erkunden wir einige Kennzahlen, die Sie einsetzen können, um den Erfolg Ihres Unternehmens zu bewerten.

Die Einnahmen-Überschuss-Rechnung

Die *Einnahmen-Überschuss-Rechnung* ist eine einfache Gegenüberstellung Ihrer betrieblichen Einnahmen und Ausgaben. Sie haben einen Überschuss oder Unternehmensgewinn erwirtschaftet, wenn die Einnahmen höher sind als die Ausgaben. Für die Erstellung Ihrer Einnahmen-Überschuss-Rechnung müssen Sie einen amtlichen Vordruck verwenden, den Sie bei den Finanzämtern erhalten oder beim BMWA-Gründerportal (`www.existenzgruender.de`) finden. Die Einnahmen-Überschuss-Rechnung können Sie beliebig gliedern, solange Ihre Einnahmen die Grenze von 17.500 Euro nicht übersteigen. Darüber hinaus sollten Sie sich an der Gliederung orientieren, die Sie auch für die einfache Buchführung verwenden.

Gewinn-und-Verlust-Rechnungen lesen

Eine *Gewinn-und-Verlust-Rechnung* (GuV) präsentiert das Jahresergebnis. Dazu werden alle Erträge addiert, die sich aus dem Verkauf von Waren oder Dienstleistungen ergeben, und die gesamten Aufwendungen Ihres Unternehmens davon subtrahiert. Die GuV weist also den *Reingewinn* aus – das heißt, die Summe, die das Unternehmen in einem bestimmten Zeitraum als Überschuss oder Fehlbetrag erwirtschaftet hat. Als Funktion ausgedrückt berechnet sich der Gewinn folgendermaßen:

Reingewinn = Erträge – Aufwendungen

Wichtig ist die Tatsache, dass der Gewinn-und-Verlust-Rechnung ein einfaches Konzept zugrunde liegt. Egal wie Ihre Buchhalter dies nennen – Erfolgsrechnung, Ergebnisrechnung, Gewinn-und-Verlust-Rechnung oder Aufwands- und Ertragsrechnung – oder wie kompliziert das Rechnungswesen sie aussehen lässt, die Grundlage ist immer das Prinzip, die Aufwendungen von den Erträgen zu subtrahieren, um den Gewinn zu ermitteln.

Gewinn-und-Verlust-Rechnungen sollten eine Abrechnungsperiode abdecken, die sich mit Ihren Geschäftsabläufen deckt, und daher monatlich, vierteljährlich oder jährlich erfolgen. (Beim Finanzamt müssen Sie die GuV mindestens einmal im Jahr vorlegen.) Sie erhalten eine bessere Übersicht über die finanzielle Situation Ihres Unternehmens und dessen Entwicklung, wenn Sie die GuVs mehrerer Abrechnungsperioden, eventuell sogar über mehrere Jahre hinweg, miteinander vergleichen. In Kapitel 13 erstellen Sie eine Pro-forma-Gewinn-und-Verlust-Rechnung, also eine Prognose über Ihre künftigen Gewinne, die auf den geschätzten Erträgen und Aufwendungen beruhen.

Betrachten Sie die verschiedenen Bestandteile der Gewinn-und-Verlust-Rechnung für das Unternehmen Global Krimskrams (siehe Abbildung 12.1). Die GuV enthält einen Zweijahresvergleich, der aufzeigt, wie sich die Erträge, Aufwendungen und Gewinne im Laufe der Zeit verändert haben. Global Krimskrams ist ein kleines Unternehmen. Wenn Sie daraus ein großes Unternehmen machen möchten, brauchen Sie nur an jede Zahl drei Nullen anzuhängen. Die Gewinn-und-Verlust-Rechnung funktioniert bei allen Unternehmen gleich.

Gewinn-und-Verlust-Rechnung auf einen Blick

Global Krimskrams

Gewinn- und Verlustrechnung vom 1.1. bis 31.12.

		Geschäftsjahr	Vorjahr
1	**Umsatzerlöse**	€ 810.000	€ 750.000
2	Umsatzaufwendungen	– 560.000	– 520.000
	Rohertrag	250.000	230.000
3	Allgemeine Betriebsaufwendungen	– 140.000	– 140.000
	Abschreibungsaufwand	– 30.000	– 25.000
	Betriebsergebnis	80.000	65.000
4	Dividenden und Zinserträge	+ 3.000	+ 2.000
	Zinsaufwendungen	– 13.000	– 14.000
	Gewinn vor Steuern	70.000	53.000
5	Steuern	– 20.000	– 18.000
	Bilanzgewinn (Jahresüberschuss)	**€ 50.000**	**€ 35.000**

Abbildung 12.1: Bei einer Gewinn-und-Verlust-Rechnung werden die Aufwendungen aus den verschiedenen Geschäftstätigkeiten von den Umsatzerlösen subtrahiert, um den Gewinn des Unternehmens festzustellen.

Erträge erwirtschaften

Als Erträge werden die Einnahmen bezeichnet, die ein Unternehmen als Ergebnis seiner Geschäftstätigkeit erhält. Die wichtigste Einnahmequelle (normalerweise der Verkauf von Waren oder Dienstleistungen) erscheint immer an erster Stelle – bei Global Krimskrams sind dies die Umsatzerlöse (siehe Abbildung 12.1). Erträge, die sich nicht aus den Umsätzen ergeben, beispielsweise Zinserträge oder sonstige Erträge, die nicht aus Warenverkäufen stammen, werden normalerweise weiter unten aufgeführt.

Umsatzerlöse

1 *Umsatzerlöse* errechnen sich aus der Stückzahl der verkauften Güter während eines bestimmten Zeitraums, die mit dem Verkaufspreis multipliziert wird. Global Krimskrams verkaufte 32.400 Produkte zu einem Stückpreis von 25 Euro, woraus sich Umsatzerlöse von 810.000 Euro ergaben. Es gibt natürlich noch wesentlich komplexere Beispiele. Ihr Unternehmen kann zum Beispiel verschiedene Produkte oder Arten von Dienstleistungen anbieten oder die Preise können sich im Lauf der Zeit verändern. Möglicherweise müssen Sie auch Retouren zulassen. Alle diese Überlegungen tragen zur Berechnung der Umsatzerlöse bei.

Dividenden und Zinserträge

4 Ihr Unternehmen kann neben seinen Umsätzen noch andere Einnahmequellen haben, beispielsweise Erträge aus Sparguthaben oder anderen Wertpapieren. Weil Sie Kapital brauchen, um Ihren Betrieb zu führen, ist Ihnen daran gelegen, dass sich dieses Geld vermehrt, während es herumliegt. Sie sollten diese Einnahmen aus Kapitalanlagen von Ihren Umsatzerlösen trennen, damit Sie immer wissen, wie hoch die Erträge sind, die das Unternehmen selbst erwirtschaftet. In Ihrer Gewinn-und-Verlust-Rechnung werden die Einnahmen aus Beteiligungen und Finanzanlagen sowie Zinserträge deshalb getrennt aufgeführt.

Aufwendungen erfassen

Leider müssen Sie Geld ausgeben, um welches einzunehmen. Die Aufwendungen, die erforderlich sind, um Ihr Unternehmen zu betreiben, werden normalerweise in allgemeine Kategorien unterteilt, die die verschiedenen Geschäftstätigkeiten Ihres Unternehmens und die dabei auftretenden Arten von Ausgaben widerspiegeln. Dazu gehören die Umsatzaufwendungen, allgemeine Betriebsaufwendungen, Abschreibungen, Zinsaufwendungen und – nicht zu vergessen – die Steuern. Jedes Element erfordert einen eigenen Eintrag in der Gewinn-und-Verlust-Rechnung.

Umsatzaufwendungen

2 Die Umsatzaufwendungen beinhalten alle direkten Herstellungskosten, die auf Ihre Produkte oder Dienstleistungen entfallen. Roh-, Hilfs- und Betriebsstoffe sowie die Arbeit, die beim Zusammenbau beziehungsweise der Herstellung der Produkte aufgewendet werden müssen, sind alle Bestandteile der Umsatzaufwendungen. Das Gleiche gilt für Strom, Wasser und Gas, die bei der Produktion eingesetzt wurden, und für die Kosten, um die Produktions-

stätte zu unterhalten. Wenn Sie zum Beispiel einen Hundeausführdienst für Tierbesitzer anbieten, die in Urlaub fahren, gehen die Kosten für diesen Dienst – Hundefutter, Wasser, Leinen – in die Summe der Umsatzaufwendungen ein.

Es ist häufig eine Frage der Bewertung, was Bestandteil dieser Aufwendungen ist und was nicht. Achten Sie jedoch darauf, konsistent zu sein.

Allgemeine Betriebsaufwendungen

3 Zu den *allgemeinen Betriebsaufwendungen* gehören alle Kosten, die mit der Unterstützung Ihres Produkts oder Ihrer Dienstleistung zusammenhängen. Wenn Ihr Unternehmen nur aus Ihnen selbst, einem Telefon und einem kleinen gemieteten Büro im Hinterhof besteht, sind die Kosten nicht so hoch. Bei größeren Unternehmen jedoch scheinen diese Kosten kein Ende zu nehmen. Diese Kostenart umfasst Gehälter sowie alle indirekten Kosten für das Vertriebspersonal, die Rezeption, das Sekretariat und den Chef. Außerdem gehören hierzu die Kosten für Werbung und Verkaufsförderung, Reisen, Telefonate, Buchhaltung, Bürobedarf, Zeitschriftenabonnements und die beliebten sonstigen Ausgaben.

Die allgemeinen Betriebsaufwendungen werden separat aufgeführt, weil sie nicht direkt mit den Erträgen verbunden sind und leicht außer Kontrolle geraten können, ohne dabei zusätzliche Erträge für das Unternehmen zu erwirtschaften.

Abschreibungsaufwand

3 Als *Abschreibung* bezeichnet man die Möglichkeit, sowohl die Kosten als auch die Nutzung von teuren Anschaffungen über einen bestimmten Zeitraum zu verteilen. Ob Sie nun ein Gebäude, einen Lastwagen oder einen Computer kaufen, beinah jedes langlebigere Gut verliert aufgrund von Verschleiß allmählich an Wert oder weil der Gegenstand durch eine neue Technik veraltet ist. Es gibt verschiedene Abschreibungsverfahren. Alle ermöglichen Ihnen, einen Teil des Kaufpreises jedes Jahr als Betriebsaufwand geltend zu machen, um den Wertverlust widerzuspiegeln. (Übrigens können Sie Grundstücke nicht abschreiben.)

Zinsaufwendungen

4 Zinsaufwendungen bezeichnen das Geld, das Sie an diejenigen bezahlen, die Ihnen Betriebskapital für Ihr Unternehmen geliehen haben. Sie sollten diese Kosten nicht übersehen. Möglicherweise haben Sie Vereinbarungen mit Banken oder anderen Investoren getroffen und müssen Zinsen nach einem fest vereinbarten Plan zurückbezahlen. Zinsen werden in der GuV separat betrachtet, weil sie definitiv Jahr für Jahr bezahlt werden müssen.

Steuern

5 Selbst Albert Einstein schaffte es nicht, seine Steuern zu berechnen. Aber Steuern sind ein Bestandteil des Lebens und stellen eine weitere Kostenquelle dar. Sie können die Steuern jedoch gering halten, wenn Sie sorgfältig Buch über alle anderen Aufwendungen führen, insbesondere solche, die Ihren Gewinn und damit Ihre Steuern reduzieren.

Gewinne betrachten

Der *Gewinn* ist das Gold, das am Ende des Regenbogens liegt. Wenn Sie Ihr Unternehmen gut führen, sind die Ausgaben geringer als die Einnahmen. Ihr Gewinn stellt natürlich die Differenz dar. Aber es ist nützlich, die verschiedenen Gewinnarten in den unterschiedlichen Phasen der GuV zu betrachten. Sie können über den Rohertrag, das Betriebsergebnis, den Gewinn vor Steuern sowie den Bilanzgewinn oder den Jahresüberschuss Buch führen. Ein Vergleich der Gewinne der verschiedenen Stufen bietet Ihnen ein klareres Bild davon, in welchen Bereichen Ihr Unternehmen am effizientesten arbeitet und wo Sie Ihre Mittel besser einsetzen könnten.

Rohertrag

2 Der Rohertrag gibt an, wie viel Geld Ihrem Unternehmen noch zur Verfügung steht, nachdem alle direkten Kosten zur Herstellung Ihrer Produkte oder Dienstleistungen (Umsatzaufwendungen) vom Gesamtumsatz abgezogen wurden. Indirekte Kosten, die beim Betrieb Ihres Unternehmens anfallen, sowie andere Einnahmequellen als die Umsatzerlöse werden nicht berücksichtigt.

Betriebsergebnis

3 Beim Betriebsergebnis werden alle allgemeinen Betriebsaufwendungen (beispielsweise für Vertrieb und Verwaltung) eingerechnet, die aufgrund Ihrer Geschäftstätigkeit entstehen. Der Abschreibungsaufwand für kostspielige Anschaffungen ist hiervon bereits abgezogen. Das Betriebsergebnis spiegelt also den Gewinn wider, den Sie mit all Ihren Geschäftstätigkeiten erwirtschaften.

Gewinn vor Steuern

4 Im Gewinn vor Steuern ist alles Weitere eingerechnet, beispielsweise Ihre Finanztransaktionen. Ihre Einnahmen aus anderen Quellen wie Dividenden und Zinsen sind hier ebenso enthalten wie Ihre Zinszahlungen an Gläubiger.

Bilanzgewinn/Jahresüberschuss

5 Der Bilanzgewinn oder *Jahresüberschuss* steht in der letzten Zeile, nachdem sich der Staat seinen Anteil genommen hat. Global Krimskrams hat also im letzten Geschäftsjahr wirklich Gewinne gemacht (super!).

Bilanzen interpretieren

Während eine Gewinn-und-Verlust-Rechnung sämtliche Erträge und Aufwendungen für Ihr Unternehmen während einer Abrechnungsperiode wiedergibt, ermittelt eine *Bilanz* den Erfolg eines Unternehmens durch Gegenüberstellung von Vermögen und Kapital zu einem bestimmten Stichtag. Die Gewinn-und-Verlust-Rechnung (GuV) führt Ihre Erträge, Aufwendungen und den Gewinn auf, den Sie (hoffentlich) machen. Die Bilanz dagegen widmet sich dem, was Ihr Unternehmen besitzt, was es anderen schuldet und was es in einem bestimmten Augenblick wert ist. Im Idealfall erfahren Sie aus der Bilanz, wie viel Geld Ihnen noch bleibt, wenn Sie alles verkauft und Ihre gesamten Schulden bezahlt haben. Ihre Kapitalgeber, insbesondere die Banken, sind sehr interessiert an Ihrer Bilanz, da sie ihnen einen Anhaltspunkt liefert, was ihr Anteil an Ihrem Unternehmen tatsächlich wert ist.

Die Besitztümer Ihres Unternehmens werden als *Vermögen* oder auch *Aktiva* bezeichnet. All das, was Sie anderen schulden, nennt man *Verbindlichkeiten* oder auch *Passiva*. Die Differenz zwischen diesen beiden Größen stellt das *Reinvermögen* dar. Dieses entspricht dem auf der Passivseite ausgewiesenen *Eigenkapital*. Denken Sie bei Reinvermögen immer an die folgende Gleichung:

Reinvermögen = Aktiva – Passiva

Sie müssen zugeben, dass die Gleichung sehr einfach ist. Leider haben unsere Buchhalterfreunde sich eine andere, kompliziertere Betrachtungsweise ausgedacht:

Aktiva = Passiva + Reinvermögen

Eine Bilanz besteht immer aus zwei Teilen. Die linke Hälfte befasst sich mit den Aktiva eines Unternehmens und die rechte führt die Passiva und das Eigenkapital auf. Wegen der zweiten Gleichung sind die beiden Hälften immer ausgeglichen und müssen die gleiche Summe ausweisen. Obwohl die beiden Summen immer übereinstimmen, sagen die einzelnen Einträge sehr viel über die finanzielle Gesundheit des Unternehmens aus.

Wegen der Steuererklärungen stellen Sie die Bilanz häufig auf den letzten Tag des Jahres aus. (Sie können Bilanzen aber auch vierteljährlich erstellen, wenn das erforderlich ist. Manche Unternehmen, deren Geschäft saisonabhängig ist, brauchen meistens nur eine Bilanz im Jahr.) Abbildung 12.2 zeigt die Gliederung einer verkürzten Bilanz.

Wissenswertes über Aktiva

Die *Aktiva* Ihres Unternehmens enthalten absolut alles, was sich in Ihrem Besitz befindet und einen Wert hat, der sich in Zahlen ausdrücken lässt. Wenn Sie Ihre Bilanz aus Sicht der Aktiva betrachten, dann sollten Sie nur daran interessiert sein, wie viel jeder Aktivposten wert ist und wie schnell man ihn verkaufen kann. Aktiva werden entsprechend ihrer Liquidität in zwei Kategorien unterteilt: Es wird beurteilt, wie schnell und leicht sie sich in harte, kalte Währung umwandeln lassen. Das *Umlaufvermögen* umfasst alle Dinge, über die Sie innerhalb einer kürzeren Zeitspanne (zum Beispiel ein Jahr) verfügen können, wenn Sie müssen. Zum Anlagevermögen gehören die *Sachanlagen*, die häufig wesentlich schwieriger umzuwandeln sind, sowie das *immaterielle Anlagevermögen*, das sich möglicherweise niemals zu Geld machen lässt.

Gliederung einer verkürzten Bilanz		
Aktiva		
A.	Anlagevermögen	
	I.	Immaterielle Vermögensgegenstände
	II.	Sachanlagen
	III.	Finanzanlagen
B.	Umlaufvermögen	
	I.	Vorräte
	II.	Forderungen und sonstige Vermögensgegenstände
	III.	Wertpapiere
IV.	Kassenbestand, Bundesbankguthaben, Guthaben bei Kreditinstituten und Schecks	
V.	Immaterielle Vermögensgegenstände	
C.	Rechnungsabgrenzungsposten	
Summe Aktiva (Bilanzsumme)		
Passiva		
A.	Eigenkapital	
	I.	Gezeichnetes Kapital
	II.	Kapitalrücklage
	III.	Gewinnrücklagen
	IV.	Gewinn- / Verlustvortrag
	V.	Jahresüberschuss/-fehlbetrag
B.	Rückstellungen	
C.	Verbindlichkeiten	
D.	Rechnungsabgrenzungsposten	
Summe Passiva (Bilanzsumme)		

Abbildung 12.2: Kleine Kapitalgesellschaften können nach § 267 Abs. 1 HGB verkürzte Bilanzen erstellen.

Anlagevermögen

Zum Anlagevermögen zählen die Sachanlagen, die immateriellen Anlagewerte und die Finanzanlagen.

- ✔ **Immaterielle Vermögensgegenstände:** Auch wenn Sie keinen dieser Aktivposten in der Hand halten oder auf einem Regal lagern können, so können die immateriellen Vermögensgegenstände doch sehr wichtig für Ihr Unternehmen sein. In diese Kategorie fallen Patente für bestimmte Herstellungsverfahren, Langzeitverträge oder exklusive Dienstleistungskonzessionen. Immaterielle Anlagen können auch das beinhalten, was man guten Willen (Goodwill) nennt. Obwohl das aus dem Namen nicht hervorgeht, repräsentiert der »Goodwill« das Geld, das Sie für einen Aktivposten über seinen eigentlichen Marktwert hinaus bezahlen, weil es für Ihr Unternehmen mehr wert ist als für alle anderen.

✔ **Sachanlagen:** Sachanlagen sind fest gebunden und können nicht einfach in Bargeld umgewandelt werden. Es handelt sich normalerweise um größere Anschaffungen, die eine Menge Geld kosten und deren Investition auf mehrere Jahre angelegt ist.

In der Bilanz basiert der Wert einer Sachanlage auf ihren Anschaffungs- und Herstellungskosten abzüglich der akkumulierten Wertminderung über einen bestimmten Zeitraum. Die Zahlen müssen nicht unbedingt den realen Markt- oder den aktuellen Wiederbeschaffungswert widerspiegeln. Zu den Sachanlagen gehören:

- **Grundstücke:** Die Grundstücke, die Ihr Unternehmen besitzt, werden in der Bilanz separat ausgewiesen, weil sie keinen Wertverlust erleiden. Ihr Buchwert verändert sich über die Jahre nicht.
- **Gebäude, Maschinen, Betriebs- und Geschäftsausstattung:** Dieser Aktivposten repräsentiert die Anschaffungs- und Herstellungskosten aller größeren Anschaffungen, in die Sie für Ihren Betrieb investiert haben. Der Eintrag sollte alles beinhalten, was Sie gekauft haben, um es länger als ein Jahr zu nutzen.

✔ **Finanzanlagen:** Zu den Finanzanlagen zählen Beteiligungen an anderen Unternehmen, Wertpapiere sowie Ausleihungen, die eine Gesamtlaufzeit von mindestens vier Jahren haben.

Umlaufvermögen

Das Umlaufvermögen repräsentiert die sofort verfügbaren Reserven Ihres Unternehmens. Mit diesen finanzieren Sie das Tagesgeschäft und greifen darauf in finanziellen Notlagen zurück. Zum Umlaufvermögen gehören:

✔ **Vorräte:** Es kann sehr schwierig sein, den Geldwert Ihres Lagerbestands zu berechnen, aber er sollte die Kosten der Roh-, Hilfs- und Betriebsstoffe, den Wert der unfertigen Produkte und den der fertigen Güter widerspiegeln.

✔ **Forderungen aus Lieferungen und Leistungen:** Dies sind Gelder, die Kunden Ihnen für Waren und Dienstleistungen schulden, die Sie bereits geliefert haben. Sie können Ihren Kunden zum Beispiel Zahlungsziele von 30, 60 oder 90 Tagen einräumen. Diesen Aktivposten sollten Sie überwachen. Möglicherweise müssen Sie den Posten um einen bestimmten Prozentsatz reduzieren, wenn Kunden zahlungsunfähig werden und Sie Ihr Geld nicht erhalten.

✔ **Wertpapierbestand:** Wertpapiere sind normalerweise auch liquide Aktivposten. Zum Wertpapierbestand gehören Sparkonten, kurzfristige Staatsanleihen und andere Anlagen, in die Sie investieren, damit Ihr Geld etwas zu tun hat, solange Sie es nicht benötigen.

✔ **Kassenbestand:** Es gibt nichts Liquideres als Bargeld. Es handelt sich bei diesem Punkt um genau das, was Sie erwartet haben: Geldscheine, Münzen, das Geld in der Portokasse und Bankeinlagen.

Rechnungsabgrenzungsposten

Aktive Rechnungsabgrenzungsposten entstehen, wenn Sie irgendwelche Vorauszahlungen auf Güter oder Dienstleistungen leisten. Diese Ausgaben können zum Beispiel Versicherungsprämien oder Vorschüsse für noch nicht ausgeschöpfte Werbekontingente sein.

Wissenswertes über Passiva und Eigenkapital

Die *Passiva* Ihres Unternehmens umfassen alle Schulden und Zahlungsverpflichtungen, die Sie während Ihrer Geschäftstätigkeit eingegangen sind. Wie Aktivposten werden auch Passivposten in Kategorien aufgeteilt, und zwar gemäß ihrer Fälligkeit. *Kurzfristige Verbindlichkeiten* müssen innerhalb eines Jahres beglichen werden. *Langfristige Verbindlichkeiten* können sich wesentlich länger in den Büchern halten. Wenn diese Verbindlichkeiten von der Summe der Aktivposten subtrahiert werden, bleibt das *Eigenkapital* übrig. Das Eigenkapital ist ein Maß für den tatsächlichen Wert eines Unternehmens.

Eigenkapital

Wie sich die Eigentumsverhältnisse eines Unternehmens gestalten, kann von ganz unterschiedlicher Form und Größe sein. Die Eigentumsanteile an einem Unternehmen können auf verschiedene Arten gestaltet und verteilt sein und können sich ungemein komplex gestalten. Das gilt insbesondere, wenn es sich um Kapitalgesellschaften handelt. Aber lassen Sie sich nicht verwirren. Diese ganze Komplexität lässt sich auf zwei wesentliche Quellen des Eigenkapitals reduzieren: Geld und Ressourcen, die von außen in das Unternehmen fließen, und Gewinne, die die Eigentümer zurückhalten, um sie in das Unternehmen zu reinvestieren. Insgesamt gehören zum Eigenkapital die folgenden Kategorien:

- ✔ **Gezeichnetes Kapital:** Das Geld, das in Ihr Unternehmen investiert wird, kann verschiedene Formen haben. Es kann zum Beispiel direkt als Bargeld seitens der Eigentümer eingebracht werden, die im Unternehmen arbeiten. Es kann aber auch aus dem Verkauf von Aktien stammen, bei dem kleine Einheiten des Unternehmens an Kapitalgeber veräußert werden. Das gezeichnete Kapital repräsentiert die Summe dieses ganzen Geldes, egal woher es stammt. Bei Aktiengesellschaften wird dies als Grundkapital, bei GmbHs als Stammkapital bezeichnet.
- ✔ **Gewinnvortrag:** Ihr Unternehmen erwirtschaftet jedes Jahr einen Gewinn (zumindest hoffen wir das), und Sie können wählen, was mit dem überschüssigen Geld geschehen soll. Sie können es an die Eigentümer ausschütten (daher stammen die Dividenden) oder einen Teil zurückhalten, um ihn in das Unternehmen zu reinvestieren. Wenn Sie Gewinne in das Unternehmen fließen lassen, kann es wachsen. Und wenn Ihr Unternehmen wächst, können Sie sein Reinvermögen und das Eigenkapital erhöhen (zumindest hoffen wir das). Die Gewinnvorträge repräsentieren den Gewinn, den Sie Jahr für Jahr in das Unternehmen zurückgeben.

Rückstellungen

Rückstellungen sind Verbindlichkeiten, die im vergangenen Geschäftsjahr entstanden sind, aber deren Höhe und Fälligkeit noch nicht bestimmt werden können. Meistens werden Rückstellungen für Steuerschulden, für Verbindlichkeiten aus schwebenden Prozessen oder für künftig fällige Pensionszahlungen an Mitarbeiter gebildet.

Langfristige Verbindlichkeiten

Als langfristige Verbindlichkeiten werden normalerweise größere Geldbeträge bezeichnet, die Sie über mehrere Jahre zurückbezahlen. Diese Verbindlichkeiten bilden häufig das Herz der Unternehmensfinanzierung. Sie haben möglicherweise Obligationen an Kapitalgeber ausgegeben oder Sie sind direkt zu Ihrer Bank gegangen und haben ein Darlehen aufgenommen, bei dem Sie mit dem Anlagevermögen Ihres Unternehmens bürgen. Egal woher Sie das Geld erhalten haben, Sie werden es wahrscheinlich verwenden, um in das langfristige Wachstum Ihres Unternehmens zu investieren, indem Sie neue Maschinen und Geräte kaufen oder eine neue Produktionshalle bauen, neue Produkte entwickeln oder in neue Märkte expandieren.

Kurzfristige Verbindlichkeiten

Kurzfristige Verbindlichkeiten sind Schulden, bei denen sich Ihr Unternehmen auf eine kurze Rückzahlungsfrist festgelegt hat, zum Beispiel auf ein Jahr. Sie müssen folglich in der Lage sein, diese Verbindlichkeiten mit Ihrem Umlaufvermögen zu bestreiten. Was davon übrig bleibt (die Differenz zwischen dem Umlaufvermögen und den kurzfristigen Verbindlichkeiten) ist so wichtig, dass es sogar einen Namen hat: *Nettoumlaufvermögen*. Es handelt sich um das Geld, mit dem Sie wirklich kurzfristig arbeiten können.

- ✔ **Verbindlichkeiten aus Lieferungen und Leistungen** stehen für den Geldbetrag, den Sie Ihren Geschäftspartnern für ihre Lieferungen und Leistungen schulden. Sie werden immer Verbindlichkeiten gegenüber Zulieferern und Personen, die Dienstleistungen für Ihr Unternehmen erbringen, haben und sicherlich auch gegenüber Händlern oder sogar Versorgungsunternehmen, mit denen Sie täglich zu tun haben.
- ✔ **Verbindlichkeiten gegenüber Kreditinstituten** sind Kontokorrentkredite, Akkreditive und so weiter.

Rechnungsabgrenzungsposten

Ihr Unternehmen schuldet seinen Mitarbeitern Gehälter und Löhne, den Banken Schuldzinsen und vielleicht den Versicherungen Prämien – nicht zu vergessen die Steuern gemäß der Steuererklärung, die Sie noch nicht eingereicht haben. Verbindlichkeiten, die zum Zeitpunkt der Bilanzerstellung noch nicht bezahlt sind, aber in die alte Rechnungsperiode fallen, müssen als passive Rechnungsabgrenzungsposten aufgeführt werden.

Kapitalflussrechnungen unter der Lupe

Wenn Sie den Wert Ihres Unternehmens kennen und wissen, wie viel Gewinne jedes Jahr erzielt werden, dann könnten Sie sich doch einfach ausruhen und davon ausgehen, dass Ihr Finanzplan schon in Ordnung ist, oder? Was müssen Sie denn sonst noch wissen?

Wie Sie bald merken werden, ist es äußerst wichtig, dass Sie einen sehr guten Überblick über eine andere absolut unerlässliche Ressource behalten: die Barmittel. Egal wie gut die Lage auf dem Papier aussieht, egal wie hervorragend Ihre Bilanz ist und wie rosig Ihre Gewinn-und-Verlust-Rechnung wirkt: Sie benötigen trotzdem Barmittel, um Rechnungen zu bezahlen. Die Tatsache, dass Sie Gewinne machen, bedeutet nicht automatisch, dass Sie Geld auf der Bank haben. Barmittel können in manchen Situationen wesentlich wichtiger sein als Einnahmen, Gewinne, Vermögen und Verbindlichkeiten zusammen. Das gilt insbesondere im Anfangsstadium eines Unternehmens.

Die *Kapitalflussrechnung* überwacht Veränderungen Ihrer Liquiditätslage während eines bestimmten Zeitraums. Die Kapitalflussrechnung ist in Staffelform zu erstellen und um die Vergleichswerte der Vorperiode zu ergänzen. Die Darstellung gliedert sich in drei Aktivitätsformate:

- ✔ Cashflow aus laufender Geschäftstätigkeit (operativer Cashflow)
- ✔ Cashflow aus Investitionstätigkeit
- ✔ Cashflow aus Finanzierungstätigkeit

Die Kapitalflussrechnung ergänzt die Bilanz und die Gewinn-und-Verlust-Rechnung. Sie zählt aber nur für börsennotierte Mutterunternehmen zu den Pflichtbestandteilen des Jahresabschlusses, aufgrund ihrer Aussagekraft stellt sie jedoch für Banken und Kapitalgeber eine wichtige Informations- und Entscheidungsgrundlage dar und wird daher von Wirtschaftsprüfern empfohlen. Auch unternehmensintern ist sie eine hilfreiche Grundlage bei der Liquiditätsanalyse und -planung. Tabelle 12.1 zeigt ein Beispiel für eine Kapitalflussrechnung (direkte Methode).

Gliederungsschema für eine Kapitalflussrechnung	
+	Einzahlungen von Kunden für den Verkauf von Erzeugnissen, Waren und Dienstleistungen
–	Auszahlungen an Lieferanten und Beschäftigte
+	Sonstige Einzahlungen, die nicht der Investitions- oder Finanzierungstätigkeit zuzuordnen sind
–	Sonstige Auszahlungen, die nicht der Investitions- oder Finanzierungstätigkeit zuzuordnen sind
+/–	Ein- und Auszahlungen aus außerordentlichen Posten
=	**Cashflow aus laufender Geschäftstätigkeit**
+	Einzahlungen aus Abgängen von Gegenständen des Sachanlagevermögens
+	Einzahlungen aus Abgängen von Gegenständen des immateriellen Anlagevermögens
–	Auszahlungen für Investitionen in das Sachanlagevermögen

Gliederungsschema für eine Kapitalflussrechnung	
–	Auszahlungen für Investitionen in das immaterielle Anlagevermögen
+	Einzahlungen aus Abgängen von Gegenständen des Finanzanlagevermögens
–	Auszahlungen für Investitionen in das Finanzanlagevermögen
+/–	Einzahlungen und Auszahlungen aus dem Erwerb und dem Verkauf von konsolidierten Unternehmen und sonstigen Geschäftseinheiten
=	**Cashflow aus der Investitionstätigkeit**
+	Einzahlungen aus Eigenkapitalzuführungen
–	Auszahlungen an Unternehmenseigner und Minderheitsgesellschafter (Dividenden, Erwerb eigener Anteile, Eigenkapitalrückzahlungen, andere Ausschüttungen)
+	Einzahlungen aus der Begebung von Anleihen und der Aufnahme von (Finanz-)Krediten
–	Auszahlungen aus der Tilgung von Anleihen und (Finanz-)Krediten
=	**Cashflow aus der Finanzierungstätigkeit**
	Zahlungswirksame Veränderungen des Finanzmittelbestandes
+/–	Wechselkurs-, konzernkreis- und bewertungsbedingte Änderungen des Finanzmittelbestandes
+	Finanzmittelbestand am Anfang der Periode
=	**Finanzmittelbestand am Ende der Periode**

Tabelle 12.1: Eine Kapitalflussrechnung überwacht die Veränderungen der Liquidität eines Unternehmens in einem bestimmten Zeitraum.

Das Geld fließt rein und raus

Für die Erstellung der Kapitalflussrechnung wird keine Vorgehensweise bevorzugt; in der Regel wird der Cashflow aus laufender Geschäftstätigkeit indirekt ermittelt. Die Mittelzuflüsse und -abflüsse aus der laufenden Geschäftstätigkeit (auch operativer Cashflow genannt) spiegeln wider, von wem das Unternehmen Kapital erhält und wofür es eingesetzt wird. Die Kapitalflussrechnung ist etwas aufrichtiger als die GuV, weil sie nur dann einen Mittelzufluss verzeichnet, wenn tatsächlich Mittel einbezahlt werden. Ein Mittelabfluss wird ebenfalls nur dann vermerkt, wenn Sie tatsächlich Geld überweisen.

Mittelzufluss/-abfluss aus laufender Geschäftstätigkeit

Woher stammt das ganze Geld und wohin fließt es? Weil die Kapitalflussrechnung angibt, wie viel Geld das Unternehmen tatsächlich erwirtschaftet, und zwar unabhängig von seiner Herkunft, unterscheiden sich die Einträge leicht von den Umsatzerlösen in der Gewinn-und-Verlust-Rechnung.

Der *Cashflow aus der laufenden Geschäftstätigkeit* oder auch *operativer Cashflow* stammt aus der auf Ertragserzielung ausgerichteten Tätigkeit des Unternehmens. Die wichtigsten Bereiche bei der direkten Methode sind im Wesentlichen Einzahlungen von Kunden für den Verkauf von Erzeugnissen, Waren und Dienstleistungen, die Auszahlungen an Lieferanten und Beschäftigte sowie Einzahlungen und Auszahlungen, die nicht der Investitions- oder Finanzierungstätigkeit zugeordnet werden können.

Bei der indirekten Methode sieht es etwas komplizierter aus. Hier werden neben Abschreibungen und Zuschreibungen auf das Anlagevermögen noch die Zunahmen und Abnahmen der Rückstellungen sowie der Vorräte und der Forderungen beziehungsweise Verbindlichkeiten aus Lieferungen und Leistungen berücksichtigt.

Ist der operative Cashflow positiv, so stehen Ihnen ausreichende liquide Mittel zur Verfügung. Ein negativer operativer Cashflow zeigt eine Unterdeckung und bedeutet, dass Sie Mittel aus anderen Finanzierungsquellen brauchen.

Mittelzufluss/-abfluss aus Investitionstätigkeit

Der *Cashflow aus der Investitionstätigkeit* erfasst die Zahlungsströme, die aus der Investitionstätigkeit entstehen und mit denen langfristig – also meistens länger als ein Jahr – gewirtschaftet werden soll. Hierzu zählen Eingänge/Abgänge aus Wertpapieren oder Geldanlagen, Anzahlungen bei der Beschaffung von Anlagevermögen, Zahlungen zur Tilgung von Lieferantenkrediten, wenn dafür Anlagevermögen gekauft wurde, oder Auszahlungen für Forschung und Entwicklung.

Ein negativer Cashflow aus der Investitionstätigkeit besagt, dass das Unternehmen beispielsweise aufgrund von einem Ausbau von Produktionskapazitäten mehr investiert. Werden hingegen Kapazitäten abgebaut oder weniger Innovationen eingebracht, dann übersteigen die frei werdenden Mittel häufig die Erhaltungsinvestitionen und der Cashflow fällt positiv aus.

- ✔ **Investitionen in Sachanlagen:** Wenn Ihr Unternehmen größere Anschaffungen tätigt, erscheinen diese in der Gewinn-und-Verlust-Rechnung nicht als Ausgaben, weil Sie eigentlich nur Zahlungsmittel gegen einen anderen Aktivposten tauschen. Stattdessen nehmen Sie jedes Jahr Abschreibungen vor, um den langsamen Wertverfall dieses Aktivpostens widerzuspiegeln. Wenn Sie ein Gebäude, einen Lastwagen et cetera erwerben, müssen Sie dafür bezahlen. Die Kapitalflussrechnung führt diese Kosten auf.

Mittelzufluss/-abfluss aus Finanzierungstätigkeit

Dem *Cashflow aus der Finanzierungstätigkeit* sind stets die Zahlungsströme zuzuordnen, die sich aus Mittelzuflüssen und -abflüssen mit den Unternehmenseignern sowie aus der Aufnahme oder Tilgung von Krediten ergeben. Hier zeigt sich, in welcher Höhe langfristige Finanzmittel aufgenommen wurden oder an die Kapitalgeber zurückgezahlt wurden.

- ✔ **Einzahlungen aus Eigenkapitalzuführungen:** Das Geld, das Sie in das Unternehmen investieren, erscheint in der Bilanz als Eigenkapital. Das gezeichnete Kapital repräsentiert keine Umsätze und taucht deshalb nicht in der Gewinn-und-Verlust-Rechnung auf. Dies kann jedoch eine Geldquelle des Unternehmens sein.
- ✔ **Tilgung der langfristigen Verbindlichkeiten:** Es kostet Sie Geld, alle langfristigen Verbindlichkeiten zu tilgen, die Ihr Unternehmen haben mag, und diese Ausgaben werden nicht in der Gewinn-und-Verlust-Rechnung aufgeführt.
- ✔ **Dividendenausschüttung an die Eigentümer:** Der Anteil des Unternehmensgewinns, den Sie an die Eigentümer ausschütten möchten, stammt direkt aus Ihrer Kasse. Auch dieser Eintrag erscheint nicht als Ausgabe in der Gewinn-und-Verlust-Rechnung, kostet Sie jedoch trotzdem Geld.

Ein negativer Cashflow zeigt, welche liquiden Mittel den anderen Bereichen (aus laufender Geschäftstätigkeit, aus Investitionstätigkeit) entzogen wurden, beispielsweise zur Tilgung von Krediten. Ist der Cashflow positiv, so zeigt sich, in welcher Höhe Finanzierungsmittel den beiden anderen Bereichen zugeflossen sind.

Was übrig bleibt

Der Kapitalfluss in und aus Ihrem Unternehmen ist wie Wasser, das in einen Stausee hinein- und wieder herausfließt. Wenn mehr Wasser hinein- als herausfließt, steigt der Wasserspiegel und umgekehrt. Wenn sich die liquiden Mittel Ihres Unternehmens erhöhen, fließt das Geld auf eines Ihrer Konten für liquide Mittel. Am Schluss der Kapitalflussrechnung werden die Veränderungen während des Betrachtungszeitraums erfasst.

Veränderung der flüssigen Mittel und Finanzmittelbestand

Die Summen aus den Cashflows aus der laufenden Geschäfts-, Investitions- und Finanzierungstätigkeit (Netto-Cashflow) werden ermittelt, und es wird die positive oder negative Veränderung angegeben. Der Bestand der flüssigen Mittel zum Anfang und der zum Ende des Abrechnungszeitraums werden betrachtet und gegenübergestellt.

Wie man Gewinne machen und gleichzeitig Pleite gehen kann

Betrachten Sie das Schicksal von Franz Finanz, einem klassischen Beispiel für einen Geschäftsführer und Unternehmensinhaber, der in eine weitverbreitete Finanzfalle tappte. Herr Finanz war früher Angestellter bei Global Krimskrams. Aber eines Tages beschloss er, sich selbstständig zu machen, und gründete ein kleines Unternehmen. Herr Finanz entwickelte einen Businessplan, um einen kleinen Apparat zu verkaufen, den er während seiner Schulzeit entwickelt hatte. Er rechnete sich aus, dass er den Apparat für 75 Cent produzieren und für einen Euro verkaufen kann. Um sein Konzept zu testen, nahm Herr Finanz alle seine Ersparnisse zusammen und ließ 2.000 Apparate produzieren. 1.000 Exemplare verkaufte er wie im Flug.

Gerüstet mit einem Produkt, einem Markt und einem Plan eröffnete er am 1. Januar sein Unternehmen. Seine Aktivposten waren 1.000 Euro Bargeld, 1.000 Apparate auf Lager und 1.000 Euro Forderungen bei seinen ersten Kunden.

Der Businessplan von Herrn Finanz war relativ einfach aufgebaut. Er gewährte seinen Kunden 30 Tage Zeit, um zu bezahlen (Zahlungsziel = 30 Tage), sein Lagerbestand reichte immer für 30 Tage aus und er bezahlte seine eigenen Rechnungen sofort. Und sein Unternehmen florierte. Er verkaufte im Januar weitere 1.000 Apparate. In den Folgemonaten stiegen die Verkaufszahlen um jeweils 500 Apparate an, und alle seine Kunden bezahlten innerhalb der 30-Tage-Frist. In nur sechs Monaten lag sein Gewinn schon bei 2.500 Euro.

Aber das spielt jetzt alles keine Rolle mehr, weil Franz Finanz pleite ist.

Wie konnte das passieren? Werfen wir einen Blick in die Bücher:

Gewinn-und-Verlust-Rechnung	Januar €	Februar €	März €	April €	Mai €
Umsatzerlöse	1.000	1.500	2.000	2.500	3.000
Umsatzaufwendungen	750	1.125	1.500	1.875	2.250
Monatlicher Bruttogewinn	250	375	500	625	750
Jährlicher Bruttogewinn (aktuell)	250	625	1.125	1.750	2.500

Kapitalflussrechnung	Januar €	Februar €	März €	April €	Mai €
Mittelzuflüsse	1.000	1.000	1.500	2.000	2.500
Mittelabflüsse	750	1.500	1.875	2.250	2.625
Veränderung der flüssigen Mittel	250	–500	–375	–250	–125
Finanzmittelbestand	1.250	750	375	125	0

Der arme Herr Finanz wusste nicht, dass ein wachsendes Unternehmen das gesamte Kapital verschlingen kann, auch wenn das Unternehmen Gewinne macht. Herr Finanz nahm jeden Monat die Umsätze des Vormonats (seine Forderungen) und bezahlte damit die Kosten, die im nächsten Monat anfielen (seinen Lagerbestand). Der Unterschied zwischen den beiden Größen wuchs mit der Ausweitung seines Unternehmens. Herr Finanz hatte vergessen, in seinen Businessplan ein Finanzpolster einzubeziehen, mit dem er das Wachstum finanzieren konnte.

Machen Sie es nicht wie Franz Finanz. Glauben Sie nicht, dass Sie immer Geld auf der Bank haben, nur weil Ihr Unternehmen gut läuft. Das muss nicht so sein.

Finanzwirtschaftliche Kennzahlen

Ausgerüstet mit einer Gewinn-und-Verlust-Rechnung, einer Bilanz und einer Kapitalflussrechnung haben Sie ein relativ vollständiges Bild der Finanzsituation Ihres Unternehmens vor sich. Aber was verraten Ihnen denn nun diese ganzen Zahlen? Geht es Ihrem Unternehmen nun gut oder schlecht? Was sollten Sie in Zukunft anders machen, um Ihren Erfolg zu steigern?

Aus Ihrer Finanzanalyse erfahren Sie zum Beispiel, dass Sie Ihre Rechnungen immer prompt bezahlen, dass Sie sich ein Finanzpolster zulegen oder mehr Gewinne machen sollten. Aber könnte Ihr Unternehmen nicht erfolgreicher arbeiten? Es wäre prima, wenn Sie die Finanzanalyse über mehrere Jahre verfolgen und mit einem oder mehreren Wettbewerbern oder sogar mit der gesamten Branche vergleichen könnten. Da Unternehmen jedoch die unterschiedlichsten Formen und Größen haben können, ist es sehr schwierig, die Zahlen zweier Unternehmen direkt zu vergleichen und ein sinnvolles Ergebnis zu erhalten.

Deshalb werden finanzwirtschaftliche Kennzahlen eingesetzt, bei denen verschiedene Werte im Verhältnis zueinander betrachtet werden. Wenn Sie eine Zahl durch eine andere dividieren und dadurch ein Verhältnis erzeugen, umgehen Sie viele der Probleme, die beim Vergleich von Dingen mit verschiedenen Maßstäben entstehen.

Nehmen Sie Ihre persönlichen Finanzen als Beispiel. Sie sehen sich nach jemandem um, der Sie bei der Kapitalanlage beraten kann. Einer Ihrer Freunde brüstet sich damit, dass er im letzten Monat 5.000 Euro am Aktienmarkt gewonnen hat. Ein anderer hat dagegen nur 1.000 Euro gewonnen. Wen fragen Sie nun um Rat? Das hängt ganz davon ab. Wenn der eine Freund 500.000 Euro, der andere dagegen nur 20.000 Euro investiert hat, wer ist dann der bessere Kapitalanleger?

Eine Kennzahl gibt Ihnen die Antwort. Der erste Freund hatte eine Kapitalrendite von nur einem Prozent (5.000/500.000), während der zweite Freund eine Kapitalrendite von immerhin fünf Prozent erzielte (1.000/20.000).

Ein Vergleich zweier Unternehmen unterschiedlicher Größe funktioniert auf die gleiche Weise. Wenn Sie die finanzwirtschaftlichen Kennzahlen Ihres Unternehmens mit denen der Hauptwettbewerber oder mit dem Branchendurchschnitt vergleichen möchten, benötigen Sie einige externe Daten. Ihre Bank, Ihre Finanzberater und Ihr Steuerberater sind ganz gute Adressen hierfür, weil Finanzinstitute immer die Standardkennzahlen der verschiedenen Branchen verfolgen. Aber Sie sollten auch Finanzdatendienste nutzen, die Publikationen zu Industrienormen und Standardkennzahlen anbieten.

Mit diesen ganzen Daten in der Hand können Sie sehen, wie Ihr Unternehmen abschneidet. Das sollten Sie auf jeden Fall wissen, denn selbst wenn Sie das nicht interessiert, wird es auf jeden Fall für Ihre Investoren, Gläubiger und Konkurrenten wichtig sein.

In der Praxis haben sich einige wenige Kennzahlen als sinnvoll erwiesen, mit denen vorwiegend gearbeitet wird. Sie umfassen die drei großen Bereiche Liquidität, Verschuldung und Rentabilität. Bei den beiden ersten Bereichen werden die lebenswichtigen Unternehmensdaten betrachtet, um zu beurteilen, ob das Unternehmen zahlungsfähig bleibt. Bei der einen Kennzahlengruppe geht es um die Fähigkeit des Unternehmens, seinen kurzfristigen Verbindlichkeiten nachzukommen, bei der anderen um die langfristigen. Die dritte Kennzahlengruppe gibt Auskunft darüber, wie stark und lebensfähig Ihr Unternehmen tatsächlich ist, indem seine Rentabilität aus verschiedenen Blickwinkeln betrachtet wird.

Kurzfristigen Verbindlichkeiten nachkommen

Die absolute Wichtigkeit, jeden Monat die Rechnungen bezahlen zu können, ist der Hauptgrund, warum das Umlaufvermögen und die kurzfristigen Verbindlichkeiten in der Bilanz gesondert ausgewiesen werden. Die Differenz zwischen den beiden – Ihr Nettoumlaufvermögen – stellt das Sicherheitsnetz dar, das Sie vor der beinahe sicheren finanziellen Katastrophe schützt.

Wie hoch muss das Nettoumlaufvermögen sein, um das Überleben zu sichern? Als *Liquidität* wird der Zustand bezeichnet, bei dem Sie ausreichend liquide Mittel zur Verfügung haben, um kurzfristige Verbindlichkeiten zu begleichen. Die Liquidität Ihres Unternehmens können Sie anhand von verschiedenen Kennzahlen prüfen. Die folgenden Kennzahlen können Sie Jahr für Jahr überwachen und mit denen Ihrer Wettbewerber oder dem Branchendurchschnitt vergleichen.

Liquidität 3. Grades oder Liquidität auf mittlere Sicht

Liquidität 3. Grades = Umlaufvermögen / kurzfristige Verbindlichkeiten * 100

Sie ermitteln diese Kennzahl, die auch als *Current Ratio* bezeichnet wird, indem Sie sich die Bilanz vornehmen und dann das Umlaufvermögen durch die kurzfristigen Verbindlichkeiten dividieren. Die Zahl gibt an, zu welchem Anteil das kurzfristige Fremdkapital durch das Umlaufvermögen gedeckt ist. Eine Barliquidität in Höhe von 80 Prozent sagt aus, dass lediglich 80 Prozent der kurzfristigen Verbindlichkeiten durch das Umlaufvermögen gedeckt sind. Ein Teil des langfristigen Anlagevermögens ist somit nur kurzfristig finanziert.

Wie die meisten finanzwirtschaftliche Kennzahlen ist die Liquidität kein besonders präzises Maß. Es ist also nicht sehr sinnvoll, mit Dezimalstellen zu arbeiten.

Wie lautet die magische Zahl, die angestrebt werden sollte? Wenn die Barliquidität unter 100 Prozent fällt, sind Sie in großer finanzieller Gefahr. Meistens wird eine langfristige Liquidität größer als 200 Prozent angestrebt, was bedeutet, dass Sie mehr als das Zweifache verfügbar haben, um die kurzfristigen Verbindlichkeiten zu erfüllen. Aber auch hier ist die Einschätzung branchenabhängig. Unternehmen, die ihre Waren sehr schnell umschlagen, können mit einer geringeren Liquidität zurechtkommen, weil der Lagerbestand selbst etwas liquider ist als bei Unternehmen mit längeren Verkaufszyklen. Die Liquidität sollte aber auch nicht zu hoch werden, ansonsten würden Sie Zahlungsmittel horten, die eigentlich wieder in das Unternehmen reinvestiert oder in andere Anlageformen investiert werden sollten.

Liquidität 2. Grades oder Liquidität auf kurze Sicht

Liquidität 2. Grades = kurzfristige Forderungen und flüssige Mittel / kurzfristige Verbindlichkeiten * 100

Bei dieser Kennzahl bleiben Vorräte unberücksichtigt, da diese, vor allem im Notfall, nicht so schnell zu Geld gemacht werden können. Dies gilt insbesondere für Branchen, in denen Produkte sehr schnell veralten oder durch neue Technologien rasch ersetzt werden.

Die Liquidität 2. Grades (auch *Quick Ratio* genannt) gibt an, wie hoch der Anteil der Forderungen und der flüssigen Mittel am kurzfristigen Fremdkapital ist. Eine Kennzahl in Höhe von 70 Prozent sagt aus, dass 70 Prozent der kurzfristigen Verbindlichkeiten durch flüssige Mittel und Kundenforderungen gedeckt sind. Im Idealfall sollte die Kennzahl größer 100 Prozent sein; ziehen Sie aber auch die Standardwerte Ihrer Branche zum Vergleich heran.

Liquidität 1. Grades oder Barliquidität

Liquidität 1. Grades = Flüssige Mittel / kurzfristige Verbindlichkeiten * 100

Diese Kennzahl gibt an, wie hoch der Anteil der flüssigen Mittel am kurzfristigen Fremdkapital ist. Eine Liquidität 1. Grades (auch *Cash Ratio* genannt) in Höhe von 20 Prozent sagt aus, dass lediglich 20 Prozent der kurzfristigen Verbindlichkeiten mit den flüssigen Mitteln beglichen werden können.

Lagerumschlagsgeschwindigkeit

Diese Kennzahl gibt an, wie oft ein Lagerbestand bezogen auf einen bestimmten Zeitraum verkauft wird. Sie wird berechnet, indem die Umsatzerlöse (aus der GuV) durch den durchschnittlichen Lagerbestand geteilt werden. Wenn Sie den Durchschnitt nicht kennen, können Sie ihn schätzen, indem Sie die Zahl verwenden, die zum Ende des letzten Geschäftsjahrs in der Bilanz ausgewiesen wurde.

Je größer die Lagerumschlagsgeschwindigkeit, desto geringer ist das im Lager gebundene Kapital und desto geringer sind die Lagerhaltungskosten. Der durchschnittliche Lagerumschlag schwankt von Branche zu Branche stark. Manche Discounter können einen Lagerumschlag von 40-mal pro Jahr erreichen, Einzelhändler aus der Möbelbranche meist nur einen von circa dreimal. Juweliere erzielen einen noch niedrigeren Lagerumschlag – oft schlagen sie ihr Lager weniger als einmal pro Jahr um.

Da Automatisierung, Computer und IT-Systeme Unternehmensabläufe branchenübergreifend effizienter machen, steigt auch die Lagerumschlagsgeschwindigkeit, und die durchschnittliche Anzahl Tage, die Lagerbestände gehalten werden, sinkt kontinuierlich. Für Sie ist entscheidend, dass Sie wissen, wie schnell Sie Ihren Lagerbestand im Verhältnis zur Konkurrenz umschlagen, und dass Sie nicht mehr produzieren, als erforderlich ist.

Langfristige Verbindlichkeiten berücksichtigen

Die Liquidität Ihres Unternehmens sorgt dafür, dass Sie im Alltagsgeschäft zahlungsfähig bleiben, aber wie steht es mit Ihrer Fähigkeit, langfristige Verbindlichkeiten Jahr für Jahr abzutragen? Zwei finanzwirtschaftliche Kennzahlen spiegeln wider, in welcher Verfassung sich Ihr Unternehmen langfristig befindet. Die erste gibt an, wie einfach Ihr Unternehmen Zinszahlungen für Darlehen aufbringen kann, die zweite zeigt, ob der Darlehensbetrag gefährdet ist.

Wenn Sie dieses Kapitel schon von Anfang an lesen, dann werden Sie die finanzwirtschaftlichen Kennzahlen allmählich langweilen, aber Ihre Kapitalgeber – egal ob Banken oder Anleihegläubiger – finden diese langfristigen Kennzahlen unglaublich spannend, schließlich besitzen Sie ihr Geld.

Zinsdeckung

Für die sogenannte EBITA-Zinsdeckung (EBITA = Earnings Before Interests, Taxes, Depreciation and Amortisation, also das Betriebsergebnis vor Zinsen, Steuern, Abschreibungen auf Sachanlagen und Abschreibungen auf immaterielle Vermögenswerte) wird das Ergebnis der Betriebstätigkeit vor Abschreibungen durch den Zinsaufwand des Unternehmens geteilt. Die Zinsdeckung misst das finanzielle Polster eines Unternehmens. Kapitalgeber könnten ziemlich nervös werden, wenn diese Kennzahl gegen 1,0 geht, denn dann müssen Sie jeden Cent, den Sie Gewinn machen, dazu verwenden, Ihre langfristigen Schulden zurückzuzahlen.

Verschuldungsgrad oder Eigenkapitalquote

Verschuldungsgrad = Fremdkapital / Eigenkapitel * 100

Der Verschuldungsgrad sagt viel über die allgemeine finanzielle Situation Ihres Unternehmens aus. Sie können Ihr Unternehmen auf zweierlei Art finanzieren: Entweder Sie leihen sich Geld und versprechen, es mit Zinsen zurückzuzahlen, oder Sie verkaufen Teile Ihres Unternehmens und versprechen, alle Erlöse wieder ins Unternehmen fließen zu lassen. Die erste Methode ist Fremdkapital, die zweite ist Eigenkapital. Ein Verschuldungsgrad von 25 Prozent bedeutet, dass ein Unternehmen sich viermal so viel aus Eigenkapital wie aus Fremdkapital finanziert.

Gläubiger mögen es, wenn den Schulden des Unternehmens viel Eigenkapital gegenübersteht, denn dann wissen sie, dass das Geld, das sie dem Unternehmen geliehen haben, sicherer ist. Wenn etwas mit dem Unternehmen schiefgeht, dann können die Gläubiger sich an das Geld des Eigentümers halten. Eine Quote von mindestens 1:5 wird daher als ideal angesehen.

Wird jedoch bei der Beurteilung des Verschuldungsgrades beziehungsweise der Eigenkapitalquote eines Unternehmens der sogenannte Leverage-Effekt berücksichtigt, so zeigt sich, dass unter bestimmten Voraussetzungen aus Rentabilitätsgründen ein höherer Verschuldungsgrad beziehungsweise eine geringere Eigenkapitalquote positiv beurteilt werden kann. Folglich dürfen die Kennzahlen Verschuldungsgrad und Eigenkapitalquote nie isoliert betrachtet werden, sondern sollten in Verbindung mit der Ertragslage der Unternehmung beurteilt werden. Generell lässt sich festhalten, dass einem höheren Ertragsrisiko durch einen höheren Eigenkapitalanteil Rechnung getragen werden sollte, da bei höherem Eigenkapitalanteil die finanzielle Stabilität eines Unternehmens größer ist.

Rentabilität

Wenn Ihr Unternehmen Gewinne macht, muss Rentabilität das oberste Ziel sein. Die *Rentabilität* sagt Ihnen, wie gut Sie abschneiden, wenn es darum geht, finanziellen Gewinn aus Ihrem Unternehmen zu ziehen. Anhand der Rentabilitätskennzahlen können Sie die Leistungsfähigkeit Ihres Unternehmens über mehrere Jahre hinweg verfolgen. Sie können außerdem die Leistungsfähigkeit Ihres Unternehmens mit der anderer Wettbewerbsteilnehmer, anderer Branchen und sogar mit anderen Möglichkeiten, Ressourcen zu investieren, vergleichen.

Sie könnten das Geld, das in Ihr Unternehmen fließt, auch in andere Unternehmen, in Bankkonten, Immobilien oder Staatsanleihen investieren. Jede dieser Kapitalanlagen beinhaltet ein gewisses Risiko. Durch den Vergleich der Rentabilitätskennzahlen erfahren Sie, ob Ihr Unternehmen gut abschneidet und den finanziellen Gewinn bringt, der das vorhandene Risiko rechtfertigt.

Rentabilitätskennzahlen gibt es in verschiedenen Geschmacksrichtungen. Bei der ersten Art wird der Gewinn relativ zu den Umsätzen gemessen. Beim zweiten Typ wird der Gewinn in ein Verhältnis zum Gesamtkapital gesetzt. Bei der letzten Kennzahl wird der Gewinn ins Verhältnis zum Eigenkapital gesetzt. Jede dieser Kennzahlen spiegelt wider, wie attraktiv Ihr Unternehmen für einen Kapitalanleger ist.

Umsatzrentabilität

Nettoumsatzrendite = Jahresüberschuss / Umsatz * 100

Die Umsatzrentabilität entspricht Ihrem Gewinn dividiert durch die Umsatzerlöse. Diese Kennzahl sagt eigentlich mehr über Ihre Kosten in Relation zu den Preisen aus. Wenn Ihre Umsatzrentabilität im Vergleich zu anderen Unternehmen in Ihrer Branche gering ist, sind entweder Ihre Preise im Allgemeinen niedriger oder Ihre Kosten sind zu hoch. Geringere Margen sind akzeptabel, wenn sich dadurch die Verkaufszahlen, der Marktanteil oder der Gewinn zu einem späteren Zeitpunkt erhöhen. Sie sollten diesen Wert jedoch genau beobachten. Eine hohe Umsatzrentabilität kann dazu führen, dass andere Wettbewerber in den Markt eintreten.

Global Krimskrams (siehe Abbildung 12.1) hat eine Umsatzrentabilität von 6,2 Prozent (50.000 Euro/810.000 Euro). Dieses Ergebnis stellt gegenüber den 4,6 Prozent vom Vorjahr einen entscheidenden Anstieg dar. Es stiegen also nicht nur die Umsätze bei dem Unternehmen, sondern es hat auch einen höheren Gewinn gemacht.

Wenn Sie die Umsatzrentabilität berechnen, sollten Sie auch die Gewinnspanne betrachten, die auf Ihrem Betriebsergebnis und Ihrem Rohertrag basiert. Anhand dieser Werte erhalten Sie einen besseren Eindruck davon, wodurch die Rentabilität Ihres Unternehmens verursacht wird.

Kapitalrendite oder Return on Investment (ROI)

Return on Investment = Gewinn / Gesamtkapital

Das Verhältnis von Gewinn zu Aktiva bietet Ihnen einen Wert für den Ertrag, den Sie mit den Aktiva Ihres Unternehmens erzielen können. Dieser Wert wird auch als Gewinn in Prozent des investierten Kapitals bezeichnet. Weil die Aktiva mit der Summe aus Verbindlichkeiten und Eigenkapital übereinstimmen, misst diese Kennzahl auch den durchschnittlichen Ertrag des gesamten in Ihr Unternehmen investierten Kapitals. Was bedeutet diese Kennzahl nun? Der ROI gibt an, welche Rendite das gesamte im Unternehmen eingesetzte Kapital innerhalb einer Periode erwirtschaftet hat beziehungsweise wie hoch der prozentuale Anteil des Gewinns am Gesamtkapital ausfällt. Diese Kennzahl wird sehr häufig eingesetzt, um die Rentabilität eines Unternehmens zu prüfen, weil Sie den Wert mit anderen Investitionsobjekten vergleichen können, in die Kapitalanleger ihr Geld investieren könnten.

Der Wert der Aktiva, der bei der Berechnung des ROI verwendet wird, wird der Bilanz des Unternehmens entnommen und kann vom Bezugswert ziemlich weit entfernt sein. Wenn zum Beispiel Sachanlagen bereits älter sind, spiegeln die Zahlen nicht unbedingt den wirklichen Wiederbeschaffungswert wider, und wenn die Aktiva unterbewertet sind, ist der Wert des ROI etwas zu hoch.

Ob der ROI Ihres Unternehmens als gut einzuschätzen ist, hängt zum großen Teil von Ihrer Branche und der allgemeinen wirtschaftlichen Lage ab.

Eigenkapitalrentabilität (ROE = Return on Equity) (ROE

Eigenkapitalrentabilität = Gewinn / Eigenkapital * 100

Die Eigenkapitalrentabilität gibt an, welcher Anteil vom Gewinn auf das eingesetzte Eigenkapital entfällt. Die Eigenkapitalrentabilität zeigt somit die Verzinsung des Eigenkapitals an und ist aus diesem Grunde vor allem aus der Sicht der Aktionäre wichtig. Denken Sie daran, dass Sie Ihre Banken und sonstigen Gläubiger bereits berücksichtigt haben, indem Sie deren Rendite – der Zinssatz auf Ihr Darlehen – von Ihren Gewinnen bezahlt haben. Was übrig bleibt, geht an die Eigentümer und repräsentiert deren Eigenkapitalrentabilität.

Ihre Gläubiger erhalten ihre Bezahlung immer zuerst, und sie erhalten einen festen Betrag. Alles andere geht an die Eigentümer. Und hier kommt das Verhältnis von Eigen- zu Fremdkapital zum Tragen. Je stärker Sie Ihr Unternehmen über Fremdkapital finanzieren, desto stärker nutzen Sie das Geld anderer Leute, um selbst Geld zu verdienen. Fremdfinanzierung funktioniert so lange gut, solange Sie das Geld gut anlegen und Renditen erzielen, die Ihre Zinsraten übertreffen. Ansonsten könnte es Ihnen passieren, dass Ihre Kapitalgeber in den Besitz Ihres Unternehmens gelangen.

Ohne Fremdfinanzierung würde die Eigenkapitalrendite dem ROI entsprechen. Eine stärkere Fremdfinanzierung könnte die Eigenkapitalrentabilität noch erhöhen, aber mit ihr steigt auch das Risiko. Kurz, die Fremdfinanzierung verbessert die guten Jahre für die Eigentümer, verschlechtert aber auch die schlechten Jahre.

13 Finanz- und Budgetplanung

In diesem Kapitel

- Finanzsituation analysieren
- Pro-forma-Gewinn-und-Verlust-Rechnungen aufstellen
- Vermögen und Verbindlichkeiten einschätzen
- Liquiditätsplan erstellen
- Alternative Finanzplanungen erkunden
- Budget erstellen

Wie oft haben Sie schon am Küchentisch gesessen und einen Haushaltsplan aufgestellt? Das Geld war knapp und jeder Cent musste dreimal umgedreht werden, um alle Rechnungen bezahlen zu können. Jeder weiß natürlich, was ein Plan oder ein Budget ist, nämlich eine Möglichkeit, herauszufinden, wie viel Geld Sie für die grundlegenden Dinge (Miete, Strom, Gas, Kreditraten) und wie viel für die nebensächlichen Dinge (alles, was Spaß macht) ausgeben dürfen. Naturgemäß ist ein Budget ein Plan für die Zukunft und eine Richtlinie, wofür das Geld ausgegeben werden soll.

Wie Sie vielleicht aus Erfahrung wissen, ist es wesentlich einfacher, ein Budget zu erstellen, wenn Sie einige grundlegende Informationen über Ihre Finanzen verfügbar haben, mit denen Sie arbeiten können. Es ist zum Beispiel sehr nützlich zu wissen, wie hoch die Einnahmen sind und wann der Geldeingang erfolgen wird. Es ist auch sehr wichtig, die Auszahlungen im Auge zu behalten, die auf jeden Fall pünktlich vorgenommen werden müssen, wie zum Beispiel die Raten für Hypotheken und den Autokredit. Erst dann können Sie sehen, was übrig bleibt. In einem Unternehmen wird dies als *Betriebskapital* bezeichnet.

Bei Ihrem Unternehmen finden sich derartige Finanzinformationen in den Jahresabschlüssen. (Mehr Informationen hierzu finden Sie in Kapitel 12.) Diese Abschlüsse, die aus der Gewinn-und-Verlust-Rechnung, der Bilanz und Anlagen mit finanzwirtschaftlichen Kennzahlen bestehen, lassen sich relativ einfach erstellen, weil sie auf dem basieren, was das Unternehmen in den Vorjahren geleistet hat. Leider lassen sich Finanzinformationen nicht so leicht zusammenfügen und benutzen, wenn Sie eine Planung für das nächste Jahr oder die nächsten drei oder sogar fünf Jahre aufstellen müssen.

Warum sollten Sie überhaupt die Mühe auf sich nehmen, die benötigten Informationen zusammenzutragen? Die Antwort ist einfach: Obwohl die Schätzungen und Prognosen nicht direkt zu Ihrem Businessplan gehören, sind sie bei der Planerfüllung sehr hilfreich. Ohne diese Zahlen laufen Sie Gefahr, dass Ihre finanzielle Situation – also Ihr Geld (oder das nicht vorhandene Geld) – die Kontrolle über Ihren Businessplan übernimmt oder diesen sogar ersetzt.

In diesem Kapitel helfen wir Ihnen dabei, eine Finanzplanung für Ihr Unternehmen inklusive einer Pro-forma-Gewinn-und-Verlust-Rechnung, einer Bilanzschätzung und eines Liquiditätsplans zu erstellen. Weil nichts, was in der Zukunft liegt, sicher ist, können Sie in diesem Kapitel auch etwas über die Planung von Szenarien und Was-wäre-wenn-Analysen als Möglichkeiten lesen, alternative Finanzplanungsansätze zu betrachten. Zum Schluss geht es darum, wie Sie diese Prognosen nutzen können, um ein Budget zu erstellen.

Finanzplanungen aufstellen

Bis heute hat noch niemand einen Weg gefunden, die Zukunft bis ins letzte Detail vorherzusagen. Das Einzige, was wir sicher wissen, ist die Tatsache, dass wir einer unsicheren Zukunft entgegengehen.

Wir alle treffen Tag für Tag Entscheidungen, die auf unserer persönlichen Einschätzung der Zukunft basieren. Obwohl die Dinge häufig einen überraschenden Ausgang nehmen, bieten uns unsere Annahmen über die Zukunft wenigstens ein Gerüst, um unser Leben zu planen. Unsere Erwartungen ermutigen uns, uns Ziele zu setzen, vorwärtszugehen und unsere Ziele irgendwann zu erreichen.

Dies gilt auch für die Zukunft Ihres Unternehmens. Annahmen über Ihre Branche und den Markt – zum Beispiel, dass keine neuen Konkurrenten hinzukommen werden, dass eine neue Technologie den Durchbruch schaffen wird oder dass Ihre Kunden Ihnen treu bleiben – bieten einen Rahmen, um den herum Sie planen können. Ihre Erwartungen von dem, was vor Ihnen liegt, beeinflussen Ihre geschäftlichen Ziele und die langfristigen Ziele, die Sie für Ihr Unternehmen aufstellen.

Sie müssen also wissen, von welchen Annahmen Sie für Ihr Unternehmen ausgehen und woher sie stammen, weil Ihre Annahmen genauso wichtig sind wie die Zahlen selbst, wenn es darum geht, Voraussagen zu machen. Wenn Sie überzeugt davon sind, dass keine neuen Konkurrenten in den Markt eintreten werden, sollten Sie auch sagen können, wie Sie zu dieser Annahme kommen. Wenn Sie eine Periode rapider technologischer Veränderungen vor sich sehen, sollten Sie die Gründe dafür erklären können. Versuchen Sie nicht, Ihre geschäftlichen Annahmen irgendwo in eine Fußnote zu packen. Weisen Sie darauf klar und deutlich im Abschnitt *Finanzplanung* des Businessplans hin. (Lesen Sie in Kapitel 1 nach, welche Bestandteile ein Businessplan hat, oder sehen Sie sich den Beispielplan im Anhang an.) Nur so kann Ihre Finanzplanung ehrlich, anpassungsfähig und nützlich sein. Wenn Sie alle Ihre Annahmen offenlegen, kann keiner sie versehentlich übersehen.

- Jeder, der Ihre Prognose betrachtet, weiß genau, worauf sie basiert.
- Sie wissen genau, wo Sie ansetzen müssen, wenn Ihre Annahmen geändert werden müssen.

Wie Sie sich vielleicht bereits gedacht haben, ist es nicht immer leicht, Vorhersagen zu machen, an die Sie tatsächlich glauben. Manchen Zahlen (den Absatzzahlen für das kommende Jahr) trauen Sie vielleicht mehr als anderen (der Größe eines ganz neuen Marktes). Einige Ihrer Vorhersagen sind einfach nur Schätzungen. Zu anderen sind Sie vielleicht über ausgereifte Berechnungen gelangt. Wenn Sie sich mehr damit befassen, beginnen Sie jedoch festzustellen, welch umfassendes und leistungsfähiges Planungswerkzeug eine Finanzplanung sein kann. Sie werden dann damit beginnen, Antworten auf wichtige Fragen wie die folgenden zu suchen:

- ✔ Wie hoch müssen die Barmittel Ihres Unternehmens im nächsten Jahr sein?
- ✔ Kann Ihr Unternehmen seinen Zahlungsverpflichtungen in den nächsten drei Jahren nachkommen?
- ✔ Wird Ihr Unternehmen in diesem Jahr Gewinne machen?
- ✔ Erfüllt Ihr Unternehmen alle finanziellen Ziele?
- ✔ Halten Kapitalgeber Ihr Unternehmen für attraktiv?

Wenn so viele wichtige Fragen auf dem Spiel stehen, ist eine Finanzplanung alle Zeit und Mühe wert, die Sie dafür erübrigen können. Wenn Sie nicht sorgfältig arbeiten, kann die Prognose allerdings völlig danebenliegen. Wenn nämlich oben nur Müll reinkommt, kommt unten auch nur Müll raus. Das Gleiche gilt für die Finanzplanung. Die ist auch nur so gut wie die Zahlen, auf denen sie basiert. Wenn diese Zahlen weit danebenliegen, hat das meistens einen der folgenden Gründe:

- ✔ Die Erwartungen waren unrealistisch.
- ✔ Die Annahmen waren nicht objektiv.
- ✔ Die Vorhersagen wurden nicht überprüft.

In den folgenden Abschnitten werden die Aussagen geprüft, auf denen eine Finanzplanung basiert. Nachdem wir Ihnen erklärt haben, wie Sie die einzelnen Elemente zusammenfügen, zeigen wir Ihnen, welche Zahlen am wichtigsten sind und welche am empfindlichsten auf Veränderungen reagieren.

Schritt für Schritt zur Pro-forma-Gewinn-und-Verlust-Rechnung

Das *pro forma* bezieht sich auf etwas, das Sie im Voraus beschreiben oder abschätzen. (Es kann auch bedeuten, dass etwas bloß eine Formalität ist und ignoriert werden kann – machen Sie sich jedoch keine Hoffnung, es geht um einen wichtigen Teil eines Businessplans.) Wenn Sie Ihre Finanzplanung erstellen, sollten Sie *Pro-forma-Gewinn-und-Verlust-Rechnungen* einbeziehen. Es handelt sich dabei um Dokumente, die zeigen, woher Ihr Geld kommen soll und wofür Sie es ausgeben möchten. Diese GuVs sollten einen Zeitraum von bis zu fünf Jahren, mindestens aber drei Jahre, umfassen. Für die ersten beiden Jahre sollten Sie alle drei Monate Pro-forma-GuVs anfertigen. Für die darauf folgenden Jahre, wenn die Gewinne und Verluste immer schwieriger einzuschätzen sind, reichen auch jährliche Prognosen aus. (In Kapitel 12 können Sie einen Blick auf eine Gewinn-und-Verlust-Rechnung werfen.)

Die Pro-forma-Gewinn-und-Verlust-Rechnungen für Ihr Unternehmen bieten Aufschluss darüber, welche Arten von Gewinn Sie in Zukunft erwarten. Dazu müssen Sie Ihre Umsatzerlöse schätzen und davon die zu erwartenden Kosten abziehen.

Folgendes sollte Ihnen dabei behilflich sein:

- ✔ Wenn Sie Ihr Unternehmen schon länger betreiben und Finanzdaten haben, auf die Sie sich stützen können, sollten Sie sich alle alten Gewinn-und-Verlust-Rechnungen besorgen. Sie können diese hervorragend für Ihre Prognosen verwenden.
- ✔ Wenn Sie Ihr Unternehmen gerade erst gegründet haben oder planen, eines zu gründen, dann können Sie noch nicht auf Daten zurückgreifen. Sie müssen daher andere Wege finden, um die benötigten Informationen zu erhalten. Sprechen Sie mit Leuten, die in der gleichen Branche tätig sind, setzen Sie sich mit Ihren Ansprechpartnern bei der Bank und mit Ihrem Steuerberater zusammen, besuchen Sie Unternehmerverbände und lesen Sie Fachzeitschriften und Zeitungen.

Die Pro-forma-GuV besteht aus zwei Teilen: den geplanten Umsatzerlösen und den zu erwartenden Aufwendungen.

Geplante Umsatzerlöse

Die geplanten Umsatzerlöse basieren im Wesentlichen auf Ihrer Absatzprognose, das heißt auf den geplanten Absatzzahlen für Ihr Produkt oder Ihre Dienstleistung. Sie müssen dabei zwei Dinge im Auge behalten: wie viel Sie glauben, verkaufen zu können, und welchen Verkaufspreis Sie erzielen möchten. Leider können Sie diese beiden Dinge nicht vollständig voneinander trennen, weil Preisänderungen sich auch in den Absatzzahlen niederschlagen können.

Die Absatzprognose wird vermutlich die wichtigste Vorhersage sein, die Sie je machen werden. Wenn Sie danebenliegen, kann das zu Bergen nicht verkaufter Lagerbestände oder einem Heer unglücklicher, unzufriedener Kunden führen. Eine drohende finanzielle Katastrophe. Ein Unternehmen, das Souvenir-T-Shirts herstellt und den Bedarf an FC-Bayern-Shirts überschätzt, wird auf einer Riesenmenge wertloser Ware sitzen bleiben. Aus dem gleichen Grund wird das Spielwarengeschäft um die Ecke, das den Bedarf für das neueste Playmobil-Schiff oder Barbie-Kleid unterschätzt, die Fragen vieler frustrierter Eltern und unglücklicher Kinder beantworten müssen – und wird natürlich unter den nicht getätigten Absätzen leiden.

Wie kommen Sie zu einer vernünftigen Absatzplanung? Beginnen Sie, indem Sie die folgende Formel betrachten:

Absatzprognose = Größe des Marktes x Wachstumsrate x geplanter Marktanteil

Folgende Werte sind also für diese Gleichung zu berücksichtigen:

- ✔ **Größe des Marktes:** Hier schätzen Sie die ungefähre Anzahl Ihrer potenziellen Kunden.
- ✔ **Wachstumsrate:** Hier schätzen Sie, wie schnell der Markt wachsen wird.
- ✔ **Geplanter Marktanteil:** Hier schätzen Sie, wie hoch der Marktanteil sein wird, den Sie sich schnappen wollen.

Weil Ihre Absatzprognose einen solch großen Einfluss auf den Rest Ihrer Finanzplanung hat – ganz zu schweigen vom Einfluss auf das Unternehmen selbst –, sollten Sie versuchen, so viele Fakten für Ihre Einschätzung zu sammeln wie möglich. (Verlieren Sie hierbei auch nicht die Unternehmensphilosophie und den Unternehmensauftrag aus den Augen, die in den Kapiteln 4 und 5 vorgestellt werden.) Je nach Ihrer Situation können Sie auch nach folgenden Richtlinien vorgehen:

Erfahrungswerte aus dem Unternehmen – Wenn Sie in einem Markt bereits einiges an Erfahrung vorzuweisen haben, können Sie die Absatzzahlen der letzten Jahre nutzen, um die zukünftigen Absatzzahlen zu planen. Aber denken Sie daran, dass Ihre Absatzzahlen immer eine Kombination aus der Größe des Marktes und Ihrem eigenen Marktanteil darstellen. Sie werden möglicherweise weitere Datenquellen benötigen (die in den folgenden Absätzen aufgeführt werden), um den Markt und Ihren Marktanteil besser abschätzen zu können. Wenn Sie externe Daten verwenden, nutzen Sie alle Wachstumsmöglichkeiten, die verfügbar sind.

Daten aus der Branche – Branchendaten zur Größe des Marktes und Schätzwerte für das zukünftige Wachstum können Sie überall erhalten, wie zum Beispiel bei der IHK, Handelsvereinigungen, Investment-Unternehmen und Marktforschungsinstituten. Sie können auch Informationen von Zulieferern und Großhändlern erhalten.

Externe Trends – In bestimmten Märkten sind die Absatzzahlen eng mit Trends in anderen Märkten, sozialen oder wirtschaftlichen Trends (einem Phänomen, das in Kapitel 14 näher beschrieben wird) verbunden. Absatzzahlen für Autos verschieben sich mit der allgemeinen wirtschaftlichen Lage. Wenn Autohändler beispielsweise verfolgen, wie sich das Bruttoinlandsprodukt (BIP) entwickelt, erhalten sie eine gute Einschätzung für die Höhe der Absatzzahlen ihrer Autos.

Wenn ein Produkt ganz neu ist, können Sie manchmal einen Ersatzmarkt finden, den Sie als Referenz nutzen können. Als zum ersten Mal Joghurt auf den Markt kam, aus dem man auch Eis machen konnte, orientierten sich die Hersteller an den Absatzzahlen für Eiscreme, um ihre Absatzprognosen zu untermauern.

Apropos Eiscreme: Sie sollten auch daran denken, Verkaufszyklen in Ihre Planung einzubeziehen. Die Verkaufszahlen von Eiscreme stagnieren in den Monaten Januar und Februar. In anderen Märkten gibt es vielleicht andere Zyklen. Manche Einzelhändler machen ihren größten Umsatz in den sechs Wochen vor Weihnachten und Fluggesellschaften machen in den Sommermonaten das größte Geschäft.

Für Ihre Absatzprognose multiplizieren Sie als Nächstes Ihre geplanten Verkaufszahlen mit dem Preis, den Sie erzielen möchten. Das Ergebnis ist der geplante Umsatz:

Geplanter Umsatz = Geplanter Absatz x Durchschnittspreis

Wie kommt der Durchschnittspreis zustande? Der Durchschnittspreis basiert auf dem Wert, den Ihre Kunden Ihrer Meinung nach bereit sind, zu bezahlen. Der Preis, den Ihre Konkurrenten verlangen, spielt ebenfalls eine Rolle. Benutzen Sie dabei die Informationen, die Ihnen über Ihre Branche und die Kunden zur Verfügung stehen. Beim Verkaufspreis sollten Sie auch Ihre Kosten und die finanzielle Gesamtsituation Ihres Unternehmens berücksichtigen.

Setzen Sie nun alle Zahlen entsprechend ein und schauen Sie, was dabei herauskommt. Nehmen Sie das Unternehmen Global Krimskrams als Beispiel. Klara Klug, die Produktmanagerin des Unternehmens, stellt die Umsatzschätzungen für die nächsten drei Jahre zusammen. Sie verwendet dazu Branchen- und Marktdaten sowie die Absatzzahlen des Unternehmens der vergangenen Jahre. Frau Klug kommt zu der Einschätzung, dass der Markt um zehn Prozent pro Jahr wachsen wird und dass sich der Marktanteil von Global Krimskrams um ungefähr zwei Prozent pro Jahr erhöhen wird. Der Preisanstieg wird ihrer Meinung nach bei ein bis zwei Euro pro Stück liegen. (Dies ist eine sehr positive Einschätzung, da Sie keineswegs immer davon ausgehen können, dass der Marktanteil sich vergrößern und die Preise sich erhöhen werden.) Sie trägt diese Zahlen in einer Tabelle zusammen, sodass sie leicht auf die zugrunde liegenden Einschätzungen und Annahmen zugreifen kann (siehe Tabelle 13.1).

Umsatzschätzungen	1. Jahr	2. Jahr	3. Jahr
Marktgröße (in Stückzahlen)	210.000	231.000	254.100
Marktanteil (in Prozent)	20	22	24
Absatz (in Stückzahlen)	42.000	50.820	60.980
Preis	26 €	27 €	29 €
Umsatz	1.092.000 €	1.372.140 €	1.768.420 €

Tabelle 13.1: Umsatzschätzungen für Global Krimskrams

Erwartete Aufwendungen

Sie sind mit Ihrer Ertragsvorschau noch nicht fertig. Denn Sie müssen von den geschätzten Umsätzen noch die erwarteten Aufwendungen abziehen. Um sich das Leben etwas zu erleichtern, können Sie die erwarteten Aufwendungen in die Hauptkategorien unterteilen, die in einer Pro-forma-Gewinn-und-Verlust-Rechnung vorkommen: die Umsatzaufwendungen, die allgemeinen Betriebsaufwendungen, die Zinsaufwendungen, den Abschreibungsaufwand sowie die Steuern. Die folgenden Abschnitte definieren diese Kategorien:

✔ **Umsatzaufwendungen** – Die Umsatzaufwendungen enthalten alle direkten Kosten, die bei der Produktion Ihres Produkts oder der Dienstleistung entstehen. Dieser Posten wird vermutlich Ihre größten Ausgaben enthalten. Wenn Sie Erfahrung in Ihrer Branche haben, haben Sie einen günstigen Ausgangspunkt für die Einschätzung Ihrer zukünftigen Umsatzaufwendungen.

  Auch wenn die folgende Formel hässlich aussehen mag, lassen sich mit ihr sehr leicht die erwarteten Umsatzaufwendungen berechnen, vorausgesetzt, das Verhältnis Ihrer Kosten zu den Umsätzen ändert sich nicht:

  Erwartete Umsatzaufwendungen = (lfd. Umsatzaufwendungen / lfd. Umsatzerlöse) * erwartete Umsatzerlöse

  Wenn Sie noch keine Erfahrung haben oder das Unternehmen erst gegründet haben, haben Sie keinen Zugriff auf derartige Informationen. Aber Sie können die Umsatzaufwendungen schätzen, indem Sie Branchendurchschnittswerte einsetzen oder Werte, die Sie in anderen Unternehmen finden, die ein ähnliches Produkt oder eine ähnliche Dienstleistung vertreiben.

Auch wenn die Methode den Vorteil hat, sehr einfach zu sein, sollten Sie die erwarteten Umsatzaufwendungen nicht nur anhand einer Methode berechnen. Sie sollten wenigstens noch die wichtigsten produktbezogenen Aufwendungen (Grundstoffe, Arbeit, Hilfsmittel, Einrichtungen) schätzen, um sicherzugehen, dass die erwarteten Umsatzaufwendungen Sinn machen. Diese Methode ist schwieriger, aber sie ermöglicht Ihnen, Annahmen und Prognosen für jede der zugrunde liegenden Aufwendung einzeln zu betrachten. Sie werden vielleicht angenehm überrascht sein, wenn Sie feststellen, dass je länger Sie im Geschäft sind, sich Ihre Umsätze schneller entwickeln als Ihre Aufwendungen. Dieser Effekt wird *Kostenerfahrungskurve* genannt (siehe Kapitel 15) und bedeutet, dass das Verhältnis der Umsatzaufwendungen zu den Umsatzerlösen in den kommenden Jahren sinken wird.

- **Allgemeine Betriebsaufwendungen** – Die allgemeinen Betriebsaufwendungen beinhalten die Gemeinkosten Ihres Unternehmens: die Ausgaben für Vertrieb, Werbung, Reisen, Buchführung, Telefon und alle anderen Kosten, die beim Betrieb Ihres Unternehmens anfallen. Wenn Sie Ihr Unternehmen neu gegründet haben, sollten Sie versuchen, ein Gefühl für die Höhe Ihrer Betriebsaufwendungen zu bekommen. Sie können dazu Branchenkenner, Fachverbände oder Handelskammern fragen. Sie sollten sich jedoch auch selbst Gedanken zu den Zahlen machen. Dazu sollten Sie schätzen, in welcher Höhe die größten Posten der Betriebsaufwendungen anfallen werden.

  Wenn Sie bereits eine Weile im Geschäft sind, können Sie den Rahmen für die allgemeinen Betriebsaufwendungen anhand von zwei Berechnungen schätzen. Die erste Methode geht von einem konstanten Ausgabenniveau aus, auch wenn die Umsatzzahlen des Unternehmens ansteigen. Das heißt also, Sie gehen davon aus, dass die verkaufsunterstützenden Maßnahmen effizienter werden und dadurch das zusätzliche Wachstum kompensieren können, ohne dass die verkaufsunterstützenden Maßnahmen selbst umfangmäßig gesteigert werden müssten. Die andere Methode geht von einem konstanten Verhältnis der allgemeinen Betriebsaufwendungen zu den Umsatzerlösen aus. Sie nehmen also an, dass die allgemeinen Betriebsaufwendungen bei gleich bleibender Effizienz in gleichem Maße zunehmen wie die Umsätze. Da Ihre geplanten Betriebsaufwendungen höher sind, ist dies ein eher konservativer Ansatz. Eine genaue Prognose der allgemeinen Betriebsaufwendungen liegt vermutlich irgendwo dazwischen. Leiten Sie aus Ihrer Kenntnis der Geschäftsaktivitäten Schätzwerte ab.

- **Zinsaufwendungen** – Ihre Zinsaufwendungen sind das Ergebnis von Entscheidungen, die Sie über die langfristige Finanzierung Ihres Unternehmens treffen. Solche Entscheidungen sind ihrerseits von der Fähigkeit beeinflusst, Ihre Zinsaufwendungen aus den Gewinnen zu bezahlen. Denken Sie dabei an die Art der Finanzierungen, die Ihr Unternehmen in der Zukunft brauchen wird, sowie an die Zinssätze, die für Sie bezahlbar sind. Hieraus müssen Sie einen realistischen Schätzwert errechnen. Weitere Informationen über mögliche Finanzierungsquellen finden Sie in Kapitel 2.

- **Steuern und Abschreibungen** – Steuern beeinflussen natürlich das, was unter dem Strich herauskommt, und Sie sollten diese Ausgaben unbedingt in Ihre Gesamtplanung einbeziehen. Es ist normalerweise ziemlich einfach, zukünftige Steuerzahlungen aus den aktuellen Werten abzuleiten. Wenn Sie ein Unternehmen gründen, sollten Sie sich genau über die steuerlichen Aspekte informieren.

  Abschreibungen bieten Buchhaltern eine Möglichkeit, den Wertverlust von Gütern im Zeitverlauf auszudrücken. Bei Abschreibungsaufwendungen handelt es sich um Aufwendungen, die Sie nicht jedes Jahr aus Ihrer eigenen Tasche leisten müssen. Sie können die Zahlen schätzen, aber halten Sie sich damit nicht zu lange auf. In der Zukunft werden diese Abschreibungsaufwendungen einen Teil der großen Anschaffungen beinhalten, die Sie tätigen, um Ihrem Unternehmen ein gesundes Wachstum zu ermöglichen (zum Beispiel, indem Sie Computer, Autos oder Gabelstapler anschaffen).

Wenn Sie Ihre Pro-forma-Gewinn-und-Verlust-Rechnung erstellen und Ihren Jahresüberschuss berechnen, sollten Sie auf einen Schock vorbereitet sein. Sie werden unter Umständen feststellen, dass sich der Gewinn, den Sie für das erste Jahr erwartet haben, in einen Verlust verwandelt hat. Geraten Sie jedoch nicht in Panik. Neue Unternehmen schreiben häufig über einen bestimmten Zeitraum hinweg rote Zahlen, bis die Produkte am Markt Fuß fassen und ein Teil der Gründungskosten wieder eingespielt werden kann. Was auch immer Sie tun, Sie sollten nicht versuchen, durch Zahlenspiele einen voraussichtlichen Verlust in einen Gewinn zu verwandeln. Es geht nicht darum, auf dem Papier Geld zu machen, sondern Sie sollten die Gewinn-und-Verlust-Rechnung als Werkzeug einsetzen, mit dessen Hilfe Sie feststellen können, welche Ressourcen und Reserven Sie benötigen, um so lange zu überleben, bis sich Gewinne anstelle von Verlusten abzeichnen. Und machen Sie sich keine Gedanken um Ihre Geldgeber: Die wissen am besten, dass Jungunternehmen Zeit zum Reifen brauchen.

Schritt für Schritt zur Pro-forma-Bilanz

Ein weiterer Bestandteil Ihrer Finanzplanung ist die *Pro-forma-Bilanz* oder *Planbilanz*, die wie eine richtige Bilanz (siehe Kapitel 12) eine Momentaufnahme der Situation Ihres Unternehmens zu einem bestimmten Zeitpunkt ist. Der Bilanz können Sie entnehmen, was das Unternehmen besitzt, was es anderen schuldet und was es wert ist. Über die Jahre füllen diese Momentaufnahmen (oder Bilanzen) dann ein Fotoalbum und belegen, wie sich Ihr Unternehmen im Laufe der Zeit verändert hat. Ihre Pro-forma-Bilanzen beschreiben, wo Sie Ihr Unternehmen gerne sehen würden und was Sie planen, um dies zu erreichen. Die Pro-forma-Bilanzen, die Sie zu einer Finanzplanung zusammenfassen, sollten mit dem laufenden Geschäftsjahr beginnen und sich über drei bis fünf Jahre erstrecken.

Während die Pro-forma-Gewinn-und-Verlust-Rechnungen in Ihrer Finanzplanung zukünftige Umsatzerlöse, Aufwendungen und Gewinne voraussagen, zeigen die Bilanzen genau, wie Ihr Unternehmen wachsen wird, damit es diese Planung erfüllen kann. Als Erstes werden Sie betrachten wollen, wie Ihr Vermögen (oder Ihre *Aktiva*) auszusehen hat, um die geplante Größe und den geplanten Umfang Ihres Unternehmens erreichen zu können. Danach müssen Sie einige Entscheidungen treffen, wie Sie die Vermögenswerte finanzieren wollen. Sie müssen auch überlegen, wie Sie Ihr Unternehmen finanzieren möchten, das heißt, wie viel Schulden Sie machen möchten *(Verbindlichkeiten)* und wie viel des Unternehmerkapitals *(Eigenkapital)* eingesetzt werden kann.

Aktiva

Zu den geplanten Aktivposten Ihres Unternehmens zum Jahresende gehören neben dem Bargeld, das in der Kasse klingeln soll, auch die Gebäude und Maschinen, die Sie anschaffen wollen. Einige dieser Aktivposten gehören zum Umlaufvermögen und lassen sich folglich schnell in flüssige Mittel umwandeln. Andere dagegen gehören zum Anlagevermögen und sind etwas schwieriger unter die Leute zu bringen. (In Kapitel 12 können Sie Details hierzu nachlesen.)

- ✔ **Umlaufvermögen** – Der Kassenbestand, das Guthaben bei Kreditinstituten, Wertpapiere, Forderungen und der Lagerbestand bilden das Umlaufvermögen. Wie viel sollten Sie dafür einplanen? Das hängt zum einen von der Liste der Verbindlichkeiten ab, die Sie erwarten, weil Sie kurzfristige Verbindlichkeiten aus dem Umlaufvermögen bezahlen müssen. Was übrig bleibt, ist Ihr *Betriebskapital* oder auch *Nettoumlaufvermögen*.

  Die geschätzten Forderungen (das Geld, das Kunden Ihnen schulden) hängen von den Zahlungszielen ab, die Sie einräumen, sowie von den Umsätzen, die Sie auf dieser Kreditbasis gewähren.

  Die Vorräte (der gesamte Lagerbestand) hängen davon ab, wie schnell Ihr Unternehmen Produkte oder Dienstleistungen fertigstellen und an die Kunden ausliefern kann. Je länger es dauert, ein Produkt zu produzieren, desto größer muss Ihr Lagerbestand sein.

- ✔ **Anlagevermögen** – Grundbesitz, Gebäude, Ausrüstung, Maschinen und alle anderen Anlagen, die sich nicht leicht veräußern lassen, bilden das Anlagevermögen Ihres Unternehmens. Ihre Pro-forma-Bilanzen sollten die größeren Anschaffungen enthalten, die Sie erwerben oder verkaufen werden. Ihre Hauptanschaffungen (wie zum Beispiel zusätzliche Gebäude, weitere Ausrüstungsgegenstände und neuere Maschinen) können einen wesentlichen Beitrag zum Wachstum Ihres Unternehmens leisten und sowohl Ihre Umsatzerlöse erhöhen als auch die Skala Ihrer Geschäftstätigkeiten erweitern.

Verfolgen Sie genau, wie sich der Erwerb der einzelnen Maschinen und Geräte auf Ihren Gewinn/Verlust auswirkt. Wenn Sie eine größere Anschaffung planen, sollten Sie kurz die *Amortisationszeit* berechnen (das heißt, wie lang es dauern wird, um die Anschaffungskosten aus den zusätzlichen Gewinnen, die Sie mit dem Gerät oder der Maschine machen werden, zurückzubezahlen). Beträgt die Amortisationszeit mehrere Monate, Jahre oder sogar Jahrzehnte? Wenn dieser Zeitraum länger als vorgesehen ist, dann sollten Sie eventuell ein Anlagenleasing als Alternative zum Kauf in Erwägung ziehen.

Bei der Planung sollten Sie auch die erwartete Gesamtkapitalrentabilität (auch Kapitalrendite oder ROI), das heißt das Verhältnis von Gewinn oder Verlust zum Gesamtkapital, im Auge behalten. Diese Zahl zeigt, wie ertragreich Ihr Unternehmen für die Kapitalgeber insgesamt arbeitet. Vergleichen Sie Ihren Wert mit Branchendurchschnittswerten und sogar mit anderen Arten von Investitionen. Lesen Sie hierzu auch Kapitel 12.

Eine bessere Eigenkapitalrentabilität erzielen

Ein kleines, aufstrebendes Unternehmen (namens Die Kluge Küche) hat sich im Bereich der Küchenausstattung einen großen Namen gemacht. Die Kluge Küche produziert alle Arten von neuartigen Apparaten und Utensilien für den Chefkoch – alles von der Nudelzange bis zum Melonenportionierer. Weil viele der Produkte aus Plastik sind, müssen die Inhaber eine Entscheidung über den Kauf einer zweiten Spritzgussmaschine treffen. Sie wissen, dass die Investition vernünftig ist, weil die neue 20.000 Euro teure Maschine dem Unternehmen weiteres Wachstum ermöglichen wird, und sie erwarten, damit jährlich einen zusätzlichen Gewinn von 4.000 Euro zu erzielen. Daraus resultiert eine geschätzte Amortisationszeit von fünf Jahren (20.000 Euro/4.000 Euro). Die Frage ist nun, ob die Maschine über Kredite oder die Eigenkapitalreserven des Unternehmens finanziert werden soll.

Die Eigentümer wissen, dass Kredite eine Möglichkeit darstellen, das Unternehmen fremdzufinanzieren. Die Bank hat bereits zugestimmt, dem Unternehmen 75 Prozent der Investitionssumme von 20.000 Euro zu einem Zinssatz von acht Prozent zur Verfügung zu stellen. Aber was besagen diese Zahlen?

Die Eigenkapitalrentabilität (ROE) bietet ein Maß dafür, wie viel Geld die Firma mit dem Geld machen kann, das investiert wird (Eigenkapitalrentabilität = (Zusatzgewinn – Zinsaufwand)/Eigenkapital × 100). Wenn die Eigentümer einen Kredit aufnehmen, erwarten sie, zusätzlich 2.800 Euro für ihre Investition von 5.000 Euro in die neue Maschine zu verdienen. Die Eigenkapitalrentabilität beträgt 56 Prozent. Diese Zahl ist fast dreimal so hoch wie die Eigenkapitalrentabilität, die die Eigentümer durch eine Eigenfinanzierung erhalten würden.

Diese Hebelwirkung der Fremdfinanzierung erlaubt dem Unternehmen, das Geld anderer Leute einzusetzen, um für sich selbst Gewinne zu erzielen. Das Risiko ist natürlich auch etwas höher, weil die Eigentümer die Zinszahlungen leisten müssen, um die Maschine oder sogar das gesamte Unternehmen nicht zu verlieren. Unter den gegebenen Voraussetzungen sollte Die Kluge Küche das Kapital leihen, weil die Belohnung das Risiko wirklich wert ist.

Zusätzliche Spritzgussmaschine	Eigenfinanzierung	Fremdfinanzierung
Verbindlichkeiten	0 €	15.000 €
Eigenkapital	20.000 €	5.000 €
Zusätzlicher Nettogewinn	4.000 €	4.000 €
Zusätzliche Fremdkapitalzinsen	0 €	1.200 €
Zusatzgewinn minus Fremdkapitalzinsen	4.000 €	2.800 €
Eigenkapitalrentabilität	20 %	56 %

Passiva und Eigenkapital

Die Pro-forma-Bilanz muss natürlich ausgeglichen sein, und Ihre geplanten Aktivposten müssen am Ende jedes Planungsjahrs mit der Summe der Passiva oder Verbindlichkeiten (langfristig wie kurzfristig) sowie des Eigenkapitals übereinstimmen. Überlegen Sie, in welchem Maße Sie *fremdfinanziert* sein möchten. Ihr zukünftiger Einsatz von Fremdkapital sagt sehr viel über Ihr Unternehmen aus. Er zeigt, wie viel Vertrauen Sie in Ihre zukünftigen Gewinne haben. Er besagt auch laut und deutlich, wie hoch Ihre Bereitschaft ist, für zukünftige Gewinne Risiken einzugehen. Mehr zum Thema Fremdfinanzierung erfahren Sie im Kasten *Eine bessere Eigenkapitalrentabilität erzielen* in diesem Kapitel und in Kapitel 12.

✔ **Kurzfristige Verbindlichkeiten** – Diese Kategorie besteht aus der Geldmenge, von der Sie glauben, dass Sie sie kurzfristig anderen schulden werden. Kurzfristige Verbindlichkeiten beinhalten die Gelder, von denen Sie erwarten, sie anderen Unternehmen als Teil Ihrer geplanten Geschäftstätigkeit zu schulden, sowie Zahlungen, die Sie an das Finanzamt leisten müssen. Sie müssen Ihr zukünftiges Umlaufvermögen genau planen, sodass nicht nur diese geschätzten kurzfristigen Verbindlichkeiten abgedeckt sind, sondern auch noch Betriebskapital übrig bleibt, mit dem Sie arbeiten können.

✔ **Langfristige Verbindlichkeiten** – Die langfristigen Kredite, die Sie aufnehmen möchten, gehören zu dem Unternehmensteil, den Sie finanzieren möchten. Seien Sie jedoch nicht überrascht, wenn potenzielle Gläubiger ein klares Limit für die Summe setzen, die sie Ihnen leihen. Das gilt insbesondere dann, wenn Sie ganz neu im Geschäft sind. Es ist schwierig, ein Haus ohne Eigenkapital zu bauen. Und es ist beinahe unmöglich, ohne Eigenkapital ein Unternehmen zu gründen. Im Allgemeinen wollen Banken und Anleihegläubiger sehen, dass Sie genug Eigenkapital in Ihr Unternehmen stecken, um ihnen hinsichtlich des Risikos das Gefühl zu vermitteln, dass Sie im selben Boot sitzen. Das Eigenkapital verleiht ihnen das beruhigende Gefühl, dass Sie und andere Eigenkapitalinvestoren am Unternehmen beteiligt sind und handfeste Gründe haben, das Unternehmen zum Erfolg zu führen.

  Wie viel Geld werden Darlehensgeber Ihnen leihen und wie hoch muss Ihr Eigenanteil sein, um sie zufriedenzustellen? Die Antwort hängt von verschiedenen Dingen ab. Wenn Sie bereits im Geschäft sind, hängt die Antwort davon ab, wie hoch Ihr Unternehmen bereits verschuldet ist, wie lange es das Unternehmen bereits gibt, wie es sich bisher entwickelt hat und welche Aussichten Ihre Branche hat. Wenn Ihr Unternehmen gerade erst gegründet wurde, hängt die Finanzierung davon ab, ob Sie Erfahrungen aus anderen Geschäftsbereichen vorzuweisen haben, wie gut Sie Ihre Hausaufgaben gemacht und einen überzeugenden Businessplan entwickelt haben. (Zusätzliche Finanzierungstipps gibt es in den Kapiteln 2 und 3.)

  Bevor Sie einen neuen Kredit aufnehmen, sollten Sie versuchen herauszufinden, wie hoch der Verschuldungsgrad vergleichbarer Unternehmen ist (mehr hierzu erfahren Sie in Kapitel 12). Ihre Verschuldung sollte diesen Rahmen nicht überschreiten. Zusätzlich sollten Sie einige Zahlen berechnen, um festzustellen, ob Sie sich den Kredit und die daraus resultierenden Zinszahlungen leisten können.

✔ **Eigenkapital** – Die Teile Ihres Unternehmens, die Sie, Ihre Freunde, Verwandten, Bekannten und häufig sogar völlig Fremde besitzen, bilden das *Eigenkapital* Ihres Unternehmens. Obwohl die Details der Besitzverhältnisse ziemlich komplex werden können, ist das Ergebnis dieses Vorgangs einfach. Alle Eigentümer besitzen Teile des Unternehmens und gewinnen oder verlieren je nach seinem Zustand. (Lesen Sie in Kapitel 2 über Kapitalgeber und Finanzierungsmöglichkeiten nach.)

Im Allgemeinen können Sie anhand der Eigenkapitalrentabilität abschätzen, wie lohnenswert das Unternehmen für seine Eigentümer sein wird (mehr hierzu in Kapitel 12). Die Eigenkapitalrentabilität können Sie dann mit der anderer Unternehmen oder sogar anderer Branchen vergleichen.

Am Anfang wird das Eigenkapital Ihres Unternehmens vermutlich von den Eigentümern stammen. Es kann sich dabei um Bargeld direkt aus der Brieftasche oder um den Verkauf von Aktien an andere Kapitalgeber handeln. Das Eigenkapital ist in diesem Stadium entscheidend, weil Sie, wenn Sie später einen Kredit aufnehmen möchten, nachweisen müssen, dass Sie genug in Ihr Unternehmen investiert haben, um es zu einem vernünftig kalkulierbaren finanziellen Risiko zu machen. Wenn das Unternehmen gut läuft, können Sie natürlich einen Teil der Gewinne nehmen (anstatt sich den Sportwagen zu kaufen, von dem Sie immer geträumt haben) und an das Unternehmen zurückgeben, um damit das Eigenkapital zu erhöhen.

Leider hat das Betriebsergebnis zwei Seiten und die linke Seite ist definitiv rot. Obwohl Sie wahrscheinlich nicht daran denken möchten, kann es sein, dass Ihr Unternehmen einige Jahre lang Geld verliert (besonders in den ersten Jahren). Verluste erzeugen kein Eigenkapital. Im Gegenteil, sie fressen dieses sogar auf. Deshalb müssen Sie genug Eigenkapital einplanen, um die zu erwartenden Verluste abzufangen, die Sie bereits in Ihrer Pro-forma-GuV aufgelistet haben. (Hierzu mehr im Abschnitt »Schritt für Schritt zur Pro-forma-Gewinn-und-Verlust-Rechnung« weiter vorn in diesem Kapitel.)

Der Liquiditätsplan

Der Kapitalfluss in einem Unternehmen ist mit dem Öl zu vergleichen, mit dem eine Maschine geschmiert wird. Er hält alles, was Sie tun, aufrecht und sorgt dafür, dass die verschiedenen Teile Ihres Unternehmens glatt laufen. Wir wissen alle, was passiert, wenn ein Auto nicht mehr genug Öl hat: Der Wagen spuckt blauen Rauch und gibt den Geist auf. Die gleiche Katastrophe passiert, wenn Ihrem Unternehmen das Geld ausgeht. Wenn Sie und Ihr Unternehmen diese Erfahrung überleben, wird es mehrere Monate oder sogar Jahre dauern, bis sich alle davon erholt haben.

Liquiditätspläne vermitteln einen Überblick über die flüssigen Mittel, die in das Unternehmen hinein- und aus diesem herausfließen (siehe Abbildung 13.1). Es wird auch ermittelt, wo das Geld schließlich endet. Solche Analysen sind sehr wichtig. Eine Liquiditätsplanung stellt sicher, dass die Kasse nicht am Monatsende leer ist und Sie noch einen Stapel Rechnungen zu bezahlen haben. Ein Liquiditätsplan ist im Grunde genommen nicht anderes als eine Kapitalflussrechnung, die Sie bereits aus Kapitel 12 kennen, allerdings in einer abgespeckten Form.

Liquiditätspläne sollten drei bis fünf Jahre in die Zukunft reichen und zumindest in den ersten beiden Jahren eine vierteljährliche (oder besser sogar monatliche) Einschätzung der liquiden Mittel enthalten. Monatliche Schätzwerte sind insbesondere dann wichtig, wenn Ihr Unternehmen saisonalen Schwankungen oder starken Ausgaben- oder Absatzschwankungen unterliegt.

Diese ganze Arbeit zahlt sich für Sie aus: Der Liquiditätsplan, den Sie für Ihr Unternehmen erstellen, bildet einen Ausgangspunkt für das Budget Ihres Unternehmens, das Sie demnächst erstellen müssen (siehe »Konsolidierung der Planungs- und Budgetdaten« weiter hinten in diesem Kapitel).

	1.	2.	3.	4.	5.	6.	7.	8.	9.	10.	11.	12.	Summe
Einzahlungen													
Umsätze													
Sonstiges													
Summe Einzahlungen													
Auszahlungen													
Roh-, Hilfs-,													
Handelswaren													
Personalkosten													
Investitionen													
Gründungskosten													
Unternehmerlohn													
Versicherungen													
Telefon / Internet													
Bürobedarf													
Miete													
Porto													
Summe Auszahlungen													
Differenzbetrag													
Betrag Vormonat													
Überschuss / Fehlbetrag													

Abbildung 13.1: So könnte Ihr Liquiditätsplan aussehen.

Alternative Finanzplanungen

Wäre es nicht schön, wenn Sie mit der Finanzplanung schon fertig wären? Leider ist die ungewisse Zukunft, die eine Finanzplanung überhaupt nötig macht, nicht vorhersagbar und erfordert deshalb konstante Beobachtung. Um auf dem Laufenden zu bleiben, können Sie Folgendes tun:

- ✔ Ihre finanzielle Situation überwachen und die Teile Ihrer Planung überarbeiten, die sich ändern, wenn sich die Umstände – und Ihre eigenen finanziellen Ziele – ändern.
- ✔ Aktualisieren Sie Ihre gesamte Finanzplanung regelmäßig und behalten Sie im Auge, wann Ihre Planungen mit der Realität übereingestimmt haben und wann nicht. Erweitern Sie auf dieser Basis Ihre Planung um einen weiteren Monat, ein Quartal oder ein Jahr.
- ✔ Betrachten Sie auch finanzielle Annahmen, die optimistischer und pessimistischer als Ihre eigenen Voraussagen sind, und achten Sie insbesondere auf die Bereiche, in denen Sie sich besonders unsicher sind.

Warum sollten Sie sich die Zeit nehmen, verschiedene finanzielle Annahmen zu betrachten? Erstens sehen Sie so, wie sehr Ihr Plan abweicht, wenn die Dinge nicht genau Ihren Erwartungen entsprechend verlaufen. Zweitens machen Sie die Unterschiede, die sich bei verschiedenen Betrachtungsweisen zeigen, darauf aufmerksam, dass Ihre Planung eben nur eine Planung ist. Sie müssen auch für Alternativen gerüstet sein.

Was-wäre-wenn-Analysen

Versuchen Sie, verschiedene Annahmen zu erkunden, und probieren Sie aus, was passiert, wenn Sie die Finanzplanung ändern. Sie werden feststellen, dass bestimmte Veränderungen die geplante Rentabilität beeinflussen, die in Form der Gesamtkapitalrentabilität gemessen wird. Was-wäre-wenn-Analysen erleichtern es erheblich, die folgenden Fragen zu beantworten:

- ✔ Was wäre, wenn Sie die Preise um drei Prozent senken würden?
- ✔ Was wäre, wenn Sie das Absatzvolumen um zehn Prozent steigern könnten?
- ✔ Was wäre, wenn sich die Kosten der verkauften Güter um acht Prozent erhöhen würden?

Wenn Sie Ihren Computer und ein Tabellenkalkulationsprogramm für die Analyse benutzen, können Sie zehn Was-wäre-wenn-Fragen stellen und erhalten die Antworten, bevor Sie überhaupt die Zeit hatten, sich zehn weitere auszudenken.

Es gibt eine ganze Reihe von Softwarefirmen, die spezielle Programme für solche Analysen entwickelt haben. Im Internet werden Sie sicherlich fündig.

Konsolidierung der Planungs- und Budgetdaten

Die Einzelteile, die Sie für die Budgetierung zusammengetragen haben, – die Pro-forma-Gewinn-und-Verlust-Rechnung, die Planbilanz und der Liquiditätsplan – dienen dazu, ein Bild Ihrer finanziellen Situation für den nächsten Tag, den nächsten Monat, das nächste Jahr, die nächsten drei oder sogar fünf Jahre zu zeichnen. Dieses Bild wird natürlich für die nahe Zukunft wesentlich klarer sein als für die entfernte. Erfreulicherweise können Sie das Beste aus Ihren Plänen herausholen, um damit möglichst bald Entscheidungen darüber zu treffen, wo, wann und wie viel Geld Sie in Zukunft für Ihr Unternehmen ausgeben.

Die Erstellung eines Budgets ist einer der wichtigsten Schritte, die Sie zur Vorbereitung Ihres Businessplans durchführen werden. Ihr Budget besteht eigentlich aus einer Folge von Annahmen, die darauf basieren, was sich Ihrer Meinung nach in Ihrer Branche im Markt allgemein ereignen wird. Ihr Budget drückt genau aus, woher die Ressourcen Ihres Unternehmens stammen und wohin sie fließen werden, und es unterstützt Sie dabei, die richtigen Finanzentscheidungen zu treffen.

Ein Budget ist mehr als nur eine Sammlung von Zahlen. Es ist auch ein Werkzeug, das Ihnen hilft, die Ereignisse in Ihrem Unternehmen besser zu kommunizieren, zu organisieren, zu überwachen und zu steuern. Das Budget Ihres Unternehmens bewirkt Folgendes:

✔ Manager kommunizieren miteinander, um bestimmte Finanzziele inklusive der Höhe der Umsatzerlöse und der Investitionsobjekte abzustimmen.

✔ Es legt auf der Grundlage der Geldsumme, die erwirtschaftet werden muss und ausgegeben werden darf, Rollen und Verantwortlichkeiten für die Geschäftsführer fest.

✔ Es erzeugt einen Standard für die Messung und Überwachung der Leistung des Managements, indem es verfolgt, inwieweit die Umsatzziele und Ausgabenbegrenzungen eingehalten wurden.

✔ Es fördert den wirtschaftlichen und wirkungsvollen Einsatz der Finanzressourcen, indem es sicherstellt, dass alle Ihre Ressourcen für gemeinsame Geschäftsziele eingesetzt werden.

Die Elemente eines Budgets

Ganz grob kennzeichnet das Budget den rechnerischen Teil der Liquiditätsplanung. Sie zeigt, woher Ihrer Meinung nach die Einnahmen des Unternehmens stammen werden und in welche Richtung es in Zukunft geht. Ihr Budget füllt alle Details aus und verwandelt Ihre Finanzplanung in einen Plan dafür, wie Sie Geld einnehmen und sparsam wieder ausgeben können.

Das *Gesamtbudget* (Master Budget), das Sie erstellen, soll über alles Rechenschaft ablegen, was Ihr Unternehmen im nächsten Jahr oder in den nächsten zwei Jahren zu tun gedenkt. Obwohl Sie das Geld Ihres Unternehmens auf verschiedene Arten ausgeben, lassen sich alle Ausgaben in kurzfristige und langfristige Ausgaben unterteilen. Bei kurzfristigen Ausgaben verwenden Sie das Geld, um das Unternehmen Tag für Tag am Laufen zu halten. Dazu gehören die Kosten und Ausgaben für die Produktion, den Verkauf und den Kundendienst für Ihre Produkte. Bei langfristigen Ausgaben investieren Sie Ihr Geld in Dinge, durch die Ihr Unternehmen größer, besser oder profitabler wird.

Wenn Ihr Unternehmen klein ist und Sie nur ein paar Mitarbeiter haben, reicht ein Gesamtbudget aus, um Ihre tägliche Finanzlage auf dem richtigen Kurs zu halten und die richtigen Entscheidungen für die Zukunft zu treffen. Wenn Ihr Unternehmen jedoch etwas größer wird, könnten Sie daran denken, mehr als ein Budget aufzustellen. Die verschiedenen Pläne könnten dann unterschiedliche Bereiche Ihres Unternehmens abdecken. Es wären zum Beispiel folgende Budgets denkbar:

✔ **Produktionsbudget:** Dieses Budget umfasst alle Kosten, die direkt mit der Produktion Ihrer Produkte oder Dienstleistungen zusammenhängen, wie zum Beispiel Werkstoffe, Arbeit, Hilfsstoffe, Dienstleistungen und Anlagen.

✔ **Verwaltungsbudget:** Dieses Budget umfasst alle Ausgaben für die Unterstützung Ihrer Produkte oder Dienstleistungen, den Vertrieb, die Werbung, Gehälter für Verwaltungsangestellte, Telefon, Internet und Reiseausgaben.

- **Finanzbudget:** Dieses Budget beinhaltet alle Gemeinkosten für die Verwaltung Ihres Vermögens, die Buchhaltung, die Steuererklärung, die Kontrolle Ihres Lagerbestands und die Verwaltung Ihrer Forderungen (das Geld, das Ihre Kunden Ihnen schulden).
- **Investitionsgüterbudget:** Dieses Budget befasst sich mit den Geldmitteln, die für den Erwerb von Investitionsgütern wie neue Geräte, Computer, Firmenwagen und zusätzlichem Büroraum vorgesehen sind.
- **Budget für Forschung und Entwicklung:** Dieses Budget umfasst Gelder, die Sie für die Entwicklung neuer Produkte, die Eröffnung neuer Filialen in anderen Städten oder das Marketing für neue Kundengruppen beiseitelegen.

Wenn Sie verschiedene Budgets benötigen, wie die in der vorherigen Liste, verwenden Sie ein Gesamtbudget, in dem alle Einzelbudgets zusammengefasst werden und mit dem sichergestellt wird, dass die Einzelbudgets mit den übergeordneten und den Finanzzielen Ihres Unternehmens übereinstimmen.

Global Krimskrams hat für die nächsten zwei Jahre ein Budget aufgestellt, das auf der Finanzplanung und dem Liquiditätsplan basiert (siehe Abbildung 13.2). Das Budget enthält ähnliche Posten wie die Liquiditätsplanung, allerdings geht es mehr ins Detail und teilt die groben Finanzziele in Umsatz- und Ausgabenziele für bestimmte Unternehmenstätigkeiten auf. Die Kosten der produzierten Güter werden zum Beispiel in die Kosten für Rohmaterial und Werkstoffe, für Arbeit, Werkzeuge und Anlagen aufgeteilt. Es gibt jedoch keine Vorschrift, wie Sie Ihr Budget zu erstellen haben. Das Budget von Global Krimskrams soll Ihnen nur einen kleinen Eindruck vermitteln.

Ein Budget erstellen

Irgendwie ist es nie der richtige Zeitpunkt, sich hinzusetzen und ein Budget aufzustellen. Es gibt immer etwas Wichtigeres zu tun. Das scheint sowohl auf den privaten Haushalt als auch auf Ihr Unternehmen zuzutreffen. Warum stellt niemand gerne ein Budget auf? Die meisten Menschen haben eine Abneigung gegen Zahlen. Häufig scheinen aber auch einfach nicht genug Daten verfügbar zu sein, um ein wirklich nützliches Budget aufzustellen. Wenn Sie jedoch zuvor eine gründliche Finanzplanung durchgeführt haben, dann lässt sich das Budget für Ihr Unternehmen wesentlich leichter erstellen.

Wann fangen Sie also an? Wenn Sie Ihr Unternehmen eben erst gegründet haben, gibt es keinen besseren Zeitpunkt, als sofort damit zu beginnen. Wenn Sie Ihr Unternehmen schon seit Längerem betreiben, hängt der Zeitpunkt, zu dem Sie ein Budget erstellen sollten, von der Größe Ihres Unternehmens ab. Bei sehr großen Unternehmen kann der Planungsprozess sechs bis neun Monate in Anspruch nehmen. Kein Wunder, dass die Tätigkeit wie eine endlose Plackerei wirken kann. Bei den meisten Unternehmen reicht es jedoch aus, wenn sie sich drei bis vier Monate vor Beginn des neuen Geschäftsjahres ernsthaft mit dem Budget des nächsten Jahres befassen.

Gesamtbudget

Global Krimskrams

EINZAHLUNGEN UND AUSZAHLUNGEN		
	Nächstes Jahr in Euro	**Folgejahr in Euro**
Budgetierte Einzahlungen:		
1 Umsatzerlöse	895.000	970.000
Dividenden- und Zinseinnahmen	4.000	5.000
Summe der verfügbaren Einzahlungen	**899.000**	**975.000**
Budgetierte Ausgaben:		
Umsatzaufwendungen	600.000	650.000
Roh-, Hilfs- und Betriebsstoffe	250.000	275.000
Personalkosten	300.000	325.000
Einrichtungen	50.000	50.000
Allgemeine Betriebsausgaben	165.000	170.000
Vertriebskosten	90.000	95.000
Marketing und Werbung	30.000	30.000
Kundendienst	15.000	20.000
Verwaltungskosten	30.000	30.000
2 Zinsen	12.500	12.000
Steuern	22.000	24.000
Gebäude, Maschinen und Einrichtungen	40.000	€100.000
Computer und Büroeinrichtungen	35.000	25.000
Lagererweiterung	5.000	75.000
Entwicklungskosten	10.000	15.000
Produktentwicklung	8.000	5.000
Marktentwicklung	2.000	10.000
Tilgung langfristiger Schulden	2.500	2.000
Gewinnausschüttungen	6.000	7.000
Summe der Auszahlungen	**858.000**	**980.000**
VERÄNDERUNG DER FLÜSSIGEN MITTEL	**41.000**	**– 5.000**

Abbildung 13.2: Das Gesamtbudget von Global Krimskrams

Unternehmen, die schon länger am Markt sind, können ihre bisherigen Zahlen als Ausgangspunkt für das Budget des kommenden Jahres benutzen. Aber seien Sie vorsichtig. Wenn Sie schon ein altgedienter Kämpfer sind, ist die Versuchung groß, die Budgetierung auf die leichte Schulter zu nehmen und die Zahlen des vergangenen Jahres für das nächste Jahr zu übernehmen. Leider kann es dann passieren, dass Sie den Finanzkurs verlassen, bevor Sie es merken. In einem solchen Fall sollten Sie zum sogenannten »Zero Base Budgeting« übergehen, also eine Null-Basis-Budgetierung vornehmen. Wenn Sie auf dieser Art der Budgetierung bestehen, veranlassen Sie, dass alle – auch Sie selbst – bei der Budgetierung bei null beginnen. Anstatt die Zahlen aus dem letzten Jahr zu verwenden, greifen Sie vollständig auf Ihre Planungsdaten (geschätzte GuV, Bilanz und Liquiditätsplan) zurück und errechnen neue Zahlen auf dieser Grundlage. Der Prozess kostet etwas mehr Zeit, ist es aber immer wert.

Die Budgetierung ist in der Geschäftswelt häufig schlecht angesehen. Anstatt die Budgetierung als ein nützliches Werkzeug einzusetzen, betrachten Unternehmenseigentümer sie häufig als Erzfeind und Geschäftsführer fluchen darüber. Wenn der Prozess der Budgetierung bei einem Unternehmen in die Binsen geht, ist vermutlich mindestens eines der folgenden Dinge geschehen:

- ✔ Das Budget wurde von oben diktiert und eingesetzt, um die Geschäftsführer des Unternehmens zu kontrollieren. Ihnen wurde dadurch die Möglichkeit genommen, Geschäftsentscheidungen zu beeinflussen, für deren Ausführung sie schließlich verantwortlich waren.
- ✔ Das Budget basierte auf kurzfristigen Überlegungen und die langfristigen Pläne und strategischen Ziele des Unternehmens wurden ignoriert.
- ✔ Die geplanten Umsatzerlöse und Ausgabenziele hatten nichts mit den übergeordneten Finanzzielen des Unternehmens oder ihrer wirklichen Finanzsituation zu tun.

Damit das Budget Ihres Unternehmens keine derartig fatalen Schwächen aufweist, sollten Sie die folgenden Methoden für seine Erstellen genauer betrachten.

Der Top-down-Ansatz für die Budgetierung

Der Top-down-Ansatz für die Budgetierung ist die einfachste Art, sich durch die Finanzplanung eines Unternehmens zu arbeiten. Der Prozess beginnt und endet im Wesentlichen bei den Verantwortlichen. Wenn Ihr Unternehmen sehr klein ist, werden Sie vielleicht Leute von außen zurate ziehen wollen, denen Sie vertrauen, wie zum Beispiel Ihrer Bank, Ihrem Steuerberater oder engen Geschäftsfreunden. Der Prozess könnte wie folgt aussehen:

1. **Stellen Sie den Finanzplan Ihres Unternehmens inklusive der Pro-forma-Gewinn-und-Verlust-Rechnung, der Planbilanz und der Liquiditätsplanung fertig.**

   Wenn Teile fehlen oder unvollständig sind, sollten Sie versuchen, die benötigten Informationen zu erhalten, oder im Dokument vermerken, dass sie nicht verfügbar sind. (Lesen Sie eventuell noch einmal den Abschnitt »Finanzplanungen aufstellen« weiter vorn in diesem Kapitel.)

2. **Setzen Sie sich mit den Entscheidungsträgern des Unternehmens (oder einer Gruppe von Vertrauten, wenn Sie als Kleinunternehmer selbstständig tätig sind) zusammen, um die Finanzplanung zu überprüfen.**

   Nehmen Sie sich die Zeit, allgemeine Erwartungen über die Zukunft zu diskutieren. Sprechen Sie über Ihre Annahmen, die in die Planung eingeflossen sind, und die wichtigsten Vorhersagen und Schätzungen, die sich daraus ergaben.

3. **Treffen Sie sich noch einmal mit den Betreffenden, um finanzielle Alternativen zu untersuchen.**

   Betrachten Sie verschiedene Fassungen und wiegen Sie deren mögliche Auswirkungen auf die Vorhersage ab. Sprechen Sie so lange darüber, bis die Gruppe entweder zustimmt oder übereinkommt, dass die Auffassungen über die Zukunft unterschiedlich sind.

4. **Stellen Sie Umsatz- und Ausgabenziele für alle wichtigen Geschäftstätigkeiten oder Funktionsbereiche (was davon besser passt) Ihres Unternehmens auf.**

5. **Treffen Sie sich ein letztes Mal, nachdem das Budget fertiggestellt wurde, um die Zahlen zu überprüfen und es abzusegnen.**

   Erstellen Sie eine schriftliche Zusammenfassung, damit jeder im Unternehmen weiß, worauf das Budget basiert, wie es zustande kam und was es bedeutet.

Obwohl der Top-down-Ansatz der Budgetierung ziemlich gut geeignet ist, wenn Sie die Mitarbeiter Ihres Unternehmens sehr gut kennen, hat dieses Verfahren einige wesentliche Nachteile, wenn es um größere Unternehmen geht. Wenn an der Spitze nur die Geschäftsführung steht, besteht das Risiko, dass große Teile der Organisation übergangen werden und dass die wirkliche Geschäftssituation aus den Augen verloren wird, wenn die Zahlen eingesetzt werden. Wenn Ihr Unternehmen wächst, wird die Notwendigkeit eines neuen Ansatzes deutlich (siehe nächsten Abschnitt).

Der Bottom-up-Ansatz für die Budgetierung

Der Bottom-up-Ansatz für die Erstellung Ihres Budgets ist eigentlich nur eine erweiterte Version des Top-down-Ansatzes. Dabei werden die Bedürfnisse größerer Unternehmen und die Situation berücksichtigt, dass mehr Leute etwas zu sagen haben. Sie sollten trotzdem zunächst mit einer Gruppe aus führenden Managern beginnen, das Budget zu erstellen. Diese Gruppe sollte versuchen, eine allgemeine Einsicht in und eine Übereinstimmung über die Finanzplanung Ihres Unternehmens und die Geschäftsprognosen und Erwartungen, die in die Finanzplanung einfließen, zu erzielen. Anstatt jedoch ein Budget von oben zu fordern, erlaubt es dieser Ansatz, das Budget von unten her aufzubauen.

Fordern Sie die Führungskräfte nicht auf, das Unternehmensbudget weiterhin zu diktieren. An dieser Stelle im Budgetierungsprozess verlangt der Bottom-up-Ansatz die Einbeziehung der Manager und Projektleiter auf allen Ebenen. Der Prozess verläuft wie folgt:

1. **Treffen Sie sich mit den oberen Führungskräften und bitten Sie sie, die umfassenden Finanzziele des Unternehmens für alle wichtigen Geschäftsbereiche zu überprüfen.**

Versuchen Sie, Richtlinien zu bestimmen, die die Richtung für Budgetdiskussionen und -verhandlungen im gesamten Unternehmen festlegen.

2. **Bitten Sie die Führungskräfte, sich mit ihren Managern und Projektleitern auf allen Organisationsebenen zu treffen.**

   Die Treffen beginnen mit einem Rückblick auf die Budget-Richtlinien, aber die Diskussionen sollten sich auf die Umsatz- und Ausgabenziele konzentrieren. Immerhin sind es diese Manager, die die Zahlen wirklich erreichen und sich innerhalb des Ausgabenrahmens bewegen müssen.

3. **Fassen Sie die Ergebnisse der Budget-Verhandlungen zusammen.**

   Rufen Sie, falls nötig, die Führungskräfte noch einmal zusammen, um Änderungen der Finanzziele auf der Grundlage der Einsichten, Auffassungen und des Wissensstandes des gesamten Managementteams des Unternehmens vorzunehmen.

4. **Durchlaufen Sie den Prozess noch einmal, damit alle auf dem gleichen Stand sind.**

   Alle müssen den Hintergrund des Budgets und der darin enthaltenen Zahlen verstehen.

5. **Lassen Sie das Budget von der Unternehmensspitze genehmigen.**

   Sehen Sie sich im letzten Schritt noch einmal das Gesamtbudget an, und zwar nicht nur hinsichtlich der finanziellen Ziele, sondern auch im Hinblick auf größere Geschäftsziele.

Teil IV

Ein Blick in die Zukunft

In diesem Teil ...

Wäre das Leben nicht einfacher, wenn Sie die Zukunft vorhersagen könnten? Ihre Entscheidungen wären dann immer genau richtig. Wir haben gute Neuigkeiten für Sie: Auch wenn Sie die Zukunft nicht hundertprozentig vorhersagen können, können Sie Vorbereitungen für die Zukunft treffen. Und Planungen für die Zukunft – egal ob im normalen oder im Geschäftsleben – eignen sich hervorragend, um all diese Fehleinschätzungen zu minimieren, die sich aus falschen Geschäftsentscheidungen ergeben.

In diesem Teil helfen wir Ihrem Unternehmen, in die Zukunft zu blicken. Wir bereiten Sie auf Veränderungen vor, indem wir uns ansehen, woher diese zu erwarten sind. Wir erläutern, wie Sie Veränderungen vorhersagen und abschätzen können, welche Auswirkungen diese Veränderungen auf Ihre Geschäftstätigkeit haben werden und wie groß die Wahrscheinlichkeit ist, dass sie tatsächlich eintreten.

Natürlich müssen Sie die Zukunft, die Sie vorhersagen, nicht unbedingt akzeptieren. Deshalb helfen wir Ihnen dabei, durch strategisches Denken Ihre eigene Zukunft zu gestalten. Wir stellen bewährte Geschäftsstrategien vor, die in der Vergangenheit funktioniert haben, und zeigen Ihnen, wie Sie eine eigene Strategie entwickeln und in Ihrem Unternehmen einsetzen können. Zum Schluss zeigen wir verschiedene Wege auf, wie Ihr Unternehmen wachsen kann. Wir betrachten Möglichkeiten, Ihre Produktlinie zu erweitern, in neue Märkte zu expandieren und sich in ganz neue Geschäftsbereiche vorzuwagen.

Bereit für Veränderungen

14

In diesem Kapitel

- Veränderungen abschätzen
- Wirtschaftliche, politische, technologische und kulturelle Trends verfolgen
- Sich für die Zukunft wappnen
- Trendvorhersagen, Szenario-Planungen und Wahrscheinlichkeitstheorien zur Absicherung
- Auf Veränderungen eingestellt sein

Das Leben wird durch Veränderungen bestimmt. Wenn wir morgens aufstehen, erwarten wir, dass der bevorstehende Tag sich in allen möglichen Dingen vom Vortag unterscheidet. Soweit uns bekannt ist, ist Bill Murray in dem Film »Und täglich grüßt das Murmeltier« der einzige Mensch, der denselben Tag immer wieder durchleben musste und dabei fast verrückt wurde.

Wir alle erwarten Veränderungen. Jeder von uns hat zweifellos schon einmal gesagt: »Ich brauche wirklich mal eine Veränderung.« Sie hören jedoch selten jemanden davon reden, dass er eine Veränderung *wünscht* oder *mag*. Veränderungen führen zu Ungewissheit und dies erschwert die Planung. Die meisten von uns planen jedoch gerne. (Zumindest lesen Sie dieses Buch.)

Unternehmen wünschen Änderungen ebenfalls weder herbei noch mögen sie sie und sie finden Hunderte von Ausreden dafür, zu versuchen, die Dinge beim Alten zu belassen. Es folgen nun ein paar der häufigsten Ausreden:

- ✔ Das ist nicht erprobt.
- ✔ Wir haben das schon einmal probiert.
- ✔ Das ist zu radikal.
- ✔ So wie es ist, läuft es gut.
- ✔ Wir haben keine Zeit dafür.
- ✔ Wir sind noch nicht bereit dafür.
- ✔ Wir können jetzt keine Veränderungen gebrauchen.
- ✔ Bei unserer Firma ist das anders.
- ✔ Wir sollten etwas tun, aber ...
- ✔ Das ist unmöglich.

Obwohl Unternehmen versuchen, Veränderungen zu vermeiden, können sie ihnen nicht entkommen, weil Veränderungen den Markt am Leben erhalten. Veränderungen sind das notwendige Übel, um Unternehmen gründen zu können, wachsen zu lassen, Produkte und Dienstleistungen zu verbessern, Wettbewerber von überall anzuziehen und Konsumenten weiterhin einkaufen zu lassen. Kleine oder neue Unternehmen fordern diese Veränderung häufig heraus, denn sie haben nur wenig Interesse daran, ihren Status quo zu erhalten. In einem umkämpften Markt gehen Sie unter, wenn Sie keine Veränderungen mehr zulassen. Das ist zwar hart, aber wahr.

Gut geführte Unternehmen berücksichtigen diese Tatsache. Häufig haben sie jedoch Schwierigkeiten, entsprechend zu handeln, wenn sie erfolgreich werden – vielleicht weil sie dann mehr zu verlieren haben. Die ursprüngliche Liste der Fortune 500, die 1955 veröffentlicht wurde, enthielt die größten und erfolgreichsten amerikanischen Unternehmen jener Zeit. Heute finden wir nur noch ein paar davon auf der Liste und viele davon sind nun in ganz anderen Branchen tätig.

Die Liste der dem Untergang geweihten Unternehmen oder der Unternehmen, die ganz verschwunden sind, wächst über alle Branchen hinweg:

- ✔ Triumpf Adler (hervorragende manuelle Schreibmaschinen)
- ✔ Grundig (einstiges Vorzeigeunternehmen der Unterhaltungselektronik)
- ✔ Commodore Computer (baute den PC-Markt auf)

Ganze Bücher sind über diese hier aufgeführten Unternehmen, über ihre Branchen und ihre Zeit geschrieben worden. In allen Fällen können Sie Argumente dafür zusammentragen, dass diese einst so erfolgreichen Unternehmen scheiterten, weil sie sich oder die Zeit, in der sie lebten, nicht ändern konnten. Irgendwann erstarrten sie in ihrem Tun und waren damit zum Untergang verdammt.

In diesem Kapitel versuchen wir, Sie auf Veränderungen vorzubereiten. Wir beginnen, indem wir die Elemente der Veränderung definieren und ökonomische, politische und kulturelle Trends berücksichtigen. Anschließend betrachten wir Möglichkeiten, wie Sie Veränderungen voraussehen und alternative Szenarien erstellen können. Wir zeigen Ihnen auch, wie Sie die möglichen Auswirkungen von Veränderungen abschätzen können.

Dimensionen der Veränderung definieren

Ereignisse und Kräfte, die außerhalb Ihrer Kontrolle liegen, verändern die Geschäftsbedingungen um Sie herum kontinuierlich. Sie können nicht mit den Gesetzen der Physik oder der Natur des Menschen experimentieren, sondern müssen die Veränderungen im Auge behalten, wenn sie stattfinden. Experten würden sagen, dass Sie *strategische Frühaufklärung* betreiben – nicht solche, die vom Verteidigungsministerium durchgeführt werden, sondern Betrachtungen der Dinge, die Ihre Geschäftsbedingungen beeinflussen könnten.

Technologie-Wechsel verschlafen

Einst galt in Deutschland Singulus als heißer Technologie-Wert, dessen Aktie lange zu den Überfliegern zählte. Die Franken stellen Maschinen für die Vervielfältigung von CDs, DVDs und Blue-Ray-Discs her. Die Fertigungsanlagen sind hochkompliziert, Singulus war seinen Wettbewerbern weit voraus und die Markteintrittsbarrieren hoch.

Mittlerweile ist Singulus an der Börse zum Penny-Stock geworden, schreibt Verluste und wird möglicherweise einmal komplett vom Markt verschwinden.

Was war passiert? Der Datenträger CD geriet aus der Mode, und zwar sowohl in der Musikbranche als auch bei Computeranwendungen. Mittlerweile laden die Nutzer Musikdateien oder EDV-Programme aus dem Netz herunter. Viele Laptops besitzen gar kein CD-Laufwerk mehr.

Das gleiche Schicksal traf bei Filmen die schillernden DVDs. Deren Weiterentwicklung zu Blue-Ray-Discs machten viele Inhalte-Anbieter schon nicht mehr mit, sondern setzten gleich auf die übernächste Technologie der direkten Datenübertragung aus dem Netz. Natürlich gibt es die silbrigen Scheiben noch. Auf Dauer dürften sie aber das Schicksal der Videokassetten erleiden. Singulus hat in einer Pressemitteilung selbst eingestanden, die veränderten Kundenbedürfnisse zu spät erkannt und nicht rechtzeitig nach Alternativen gesucht zu haben.

Obwohl Tausende von Faktoren Ihre Geschäftstätigkeit beeinflussen können, können Sie die Sache vereinfachen, wenn Sie nur die Faktoren betrachten, die in Abbildung 14.1 dargestellt werden (Genaueres erfahren Sie in den folgenden Abschnitten). Wenn radikale Veränderungen drohen, Ihre Branche neu zu formen, sollten Sie wirtschaftliche, technologische, politische und kulturelle Trends genau unter die Lupe nehmen.

Wirtschaftspolitische Trends

Ein Bankkonto, eine Hypothek, ein Kredit fürs Auto oder die Kreditkarte sind Finanzangebote, die wir alle Tag für Tag nutzen. In Kombination halten diese Finanzangebote unser Wirtschaftssystem zusammen. Es überrascht nicht, dass die Wirtschaft insgesamt komplex und kompliziert ist, aber das größte Rätsel ist, warum niemand die zugrunde liegenden Kräfte versteht.

Die Wirtschaft ist wirklich eine Wissenschaft für sich. Im Wirtschaftsleben werden stets Zahlen verwendet, die als *Indikatoren* bezeichnet werden. Indikatoren können Inflationsraten, Wachstumsraten, Zinssätze, Wechselkurse, Arbeitslosenzahlen, Preisindizes oder Ähnliches sein. Wenn es aber darum geht, die künftige Höhe dieser Indikatoren vorherzusagen (und was diese für Verbraucher und Unternehmen bedeuten), dann wird diese Wissenschaft eher subjektiv. Sie werden wohl keine zwei Wirtschaftswissenschaftler finden, die sich bei der Richtung, Größe oder Bedeutung dieser Zahlen einig sind.

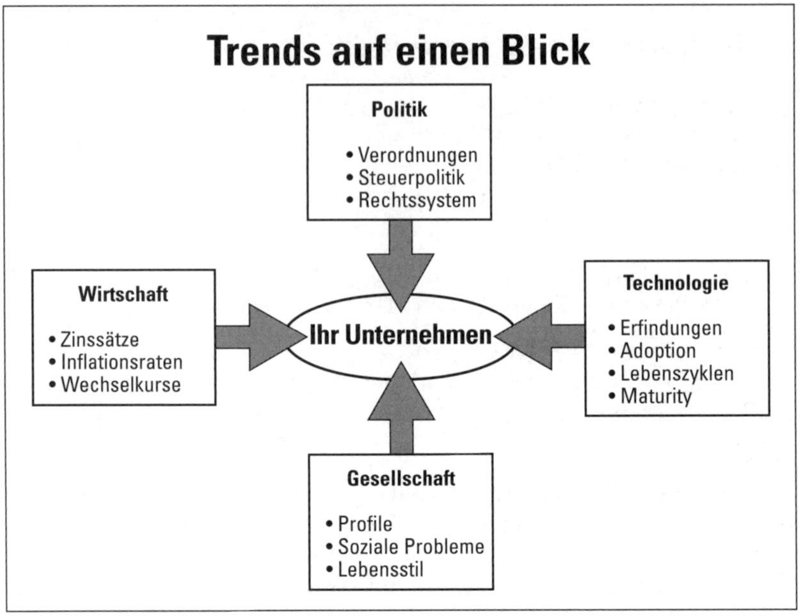

Abbildung 14.1: Sie können Ihre strategische Frühaufklärung in vier Trends aufspalten.

Über folgende grundlegenden Tatsachen sind sich die Wirtschaftswissenschaftler jedoch einig:

- ✔ Wirtschaftsindikatoren ändern sich ständig.
- ✔ Indikatoren lassen sich manchmal vorhersagen.
- ✔ Indikatoren sind irgendwie von der Leistung einer Volkswirtschaft abhängig.
- ✔ Die allgemeine Wirtschaftslage beeinflusst Ihr geschäftliches Umfeld.

Offensichtlich ist wirtschaftliche Unsicherheit nicht sehr befriedigend. Aber wirtschaftliche Trends sind so wichtig, dass Sie sie im Auge behalten müssen, auch wenn Ihre Informationen unvollständig sind. Die wichtigsten wirtschaftlichen Trends für Ihre Branche sollten in den Abschnitten *Marktübersicht* und *Finanzplanung* in Ihrem Businessplan enthalten sein (siehe Kapitel 1). Auf welche Zahlen Sie genauer achten sollten? Die Antwort hängt von der Art des Geschäfts ab, das Sie betreiben.

Wenn Sie Neuwagen verkaufen, dann werden die meisten Ihrer Käufer das Auto mit Krediten finanzieren, deren monatliche Zahlungen an Zinssätze gebunden sind. Also sind niedrige Zinssätze für eine gesunde Autoindustrie von außerordentlicher Bedeutung. Aus demselben Grund steht und fällt der Immobilienmarkt. Wenn Sie in der Fastfood-Branche tätig sind, dann brauchen Sie gute, billige Arbeitskräfte. Deren Verfügbarkeit hängt wiederum vom Lohnniveau und der regionalen Arbeitslosenquote ab. Als Exporteur sollten Sie die Wechselkurse und das aktuelle Umtauschverhältnis von US-Dollar zu Euro im Auge behalten.

Der Handel bedeutet steten Wandel

In den 1930er- und 1940er-Jahren waren die Zeiten auf der ganzen Welt schwierig. Aber während der Weltwirtschaftskrise (1929 bis 1933) und dem Zweiten Weltkrieg konnten Amerikaner von Handtaschen bis zum Fertighaus alles kaufen, wenn sie zu Sears, Roebuck & Co. oder Montgomery Ward gingen. Diese beiden gigantischen Einzelhandelsketten revolutionierten den Einkauf mit dem »alles aus einer Hand«-Konzept und kämpften über mehrere Jahrzehnte um die Vorherrschaft auf dem Massenmarkt in den USA.

Als der Zweite Weltkrieg endete, nahm jede dieser Firmen ihr geschäftliches Umfeld unter die Lupe und kam zu unterschiedlichen Einschätzungen der wirtschaftlichen Zukunft der USA. Sears sah eine glänzende Zukunft, in der der durch den Krieg und die Depression aufgestaute Bedarf an Gütern zum Aufbau eines neuen Lebens mit einem noch nie da gewesenen Wachstum führen würde. Bei Montgomery Ward sah man die Dinge dagegen ganz anders und glaubte, dass der Krieg nur eine kurze Unterbrechung in einer andauernden Depression darstellen würde. Sears begann, in großem Stil zu expandieren. Das galt insbesondere für die Vororte, die damals überall aus dem Boden schossen. Wards dagegen baute ab und wartete auf den vorhergesagten Rückgang.

Eine einfache Meinungsverschiedenheit? Diese Vorhersage eines wirtschaftlichen Trends verwandelte sich in eine Grundsatzentscheidung, als Sears Ward überholte und zur unangefochtenen Einzelhandelskette für eine ganze Generation von Amerikanern wurde. Heute hat sich das Blatt erneut gewandelt. Sears sieht sich großer Konkurrenz von Ketten wie Wal-Mart und dem Internet-Riesen Amazon gegenüber. Und Montgomery Ward ist ein echter Dinosaurier: ausgestorben und fast vergessen.

In den folgenden Abschnitten untersuchen wir die vier wichtigsten Wirtschaftsindikatoren, die die entscheidenden Trends in einer Volkswirtschaft widerspiegeln und die Sie berücksichtigen sollten:

- ✔ **Bruttoinlandsprodukt (BIP)** – Das BIP ist der Gesamtwert der jährlichen Produktion von Gütern und Dienstleistungen einer Volkswirtschaft. Sie sollten die Veränderungen des Bruttoinlandsprodukts über mehrere Jahre verfolgen, da diese Veränderung die aktuelle Wirtschaftslage des Landes zeigt. Ein mäßiges, aber konsistentes Wachstum des Bruttoinlandsprodukts deutet normalerweise auf eine gesunde Wirtschaft mit der Möglichkeit zur Expansion in vielen Geschäftszweigen hin. Ein Rückgang des BIPs dagegen führt häufig zu einem Rückgang der Nachfrage nach Produkten und Dienstleistungen, steigendem Wettbewerb und geringeren Gewinnen für alle Beteiligten.

Sie können jedoch nicht immer vom Bruttoinlandsprodukt auf die allgemeine Lage schließen. Auch wenn die Wirtschaft einen Boom erlebt, können Unternehmen pleitegehen und so manche Branche scheffelt auch in den schlechtesten Zeiten noch Geld. Verlassen Sie sich also nicht nur auf das BIP. Betrachten Sie auch, wie sich Ihre Branche und Ihr Unternehmen in einem größeren Wirtschaftszusammenhang verhalten.

- **Zinssätze** – Zinssätze sind die Kosten, die entstehen, wenn Sie sich Geld leihen. Der Zinssatz besagt, wie viel Sie zum Beispiel Ihrer Bank bezahlen müssen, um Bargeld, das sie Ihnen leiht, eine bestimmte Zeit zu nutzen. Kredite mit einer Laufzeit von bis zu zwei Jahren werden als kurzfristig bezeichnet. Als langfristig bezeichnet man Kredite, die über diesen Zeitraum hinausgehen, also auch Hypothekendarlehen, die auf 20 Jahre und mehr ausgelegt sein können. Wie Sie sich sicherlich vorstellen können, beeinflussen die Kosten für Kredite alle wirtschaftlichen Aspekte – von den Ausgaben der Konsumenten bis zur Expansion von Unternehmen.

  Die Zinssätze werden über die Diskont- und Lombardpolitik sowie die Mindestreservepolitik durch die Bundesbank festgelegt. Da sich die Zinssätze für kurzfristige Kredite auf die Kaufgewohnheiten der Bevölkerung auswirken – insbesondere im Zeitalter der Kreditkarte –, sollten Sie diese besonders gut im Auge behalten, wenn Sie ein Einzelhandelsunternehmen eröffnen wollen.

  Die Zinssätze für langfristige Kredite werden auf dem Rentenmarkt festgelegt. Sie wirken sich darauf aus, wie leicht sich Konsumenten Häuser, Autos oder andere größere und kostspielige Dinge leisten können, weil solche Anschaffungen in der Regel über langfristige Kredite finanziert werden. Die Zinssätze für diese Kredite beeinflussen insofern die Nachfrage nach kostspieligeren Gütern, aber auch Geschäftsentscheidungen wie zum Beispiel den Bau neuer großer Fabriken und den Kauf teurer neuer Produktionsmittel.

- **Inflationsrate** – Die Inflation, also der beständige Anstieg der Löhne und Preise, ist ein unangenehmes Übel, unter dem Wirtschaftssysteme häufig leiden. Die Konsumenten spüren es als Erste, wenn die Inflation ihr hässliches Gesicht zeigt, weil die Preise steigen und man mit seinem Geld nicht mehr so viel wie gewohnt kaufen kann.

  Wenn die Inflation hoch ist, stellen auch Unternehmen fest, dass sich die Dinge verteuert haben. Vom Material bis zu den Löhnen und Sonderzahlungen für die Mitarbeiter müssen die Unternehmen mehr bezahlen. Investoren wenden ihre Aufmerksamkeit sicheren Werten wie Gold, Immobilien und Kunst zu – also allem, das verhindert, dass ihr Geld immer weniger wert wird. Konsumenten nehmen möglicherweise höhere Kredite auf, um zum Beispiel die höheren Preise bezahlen zu können oder weil sie den aktuellen Geldwert von Produkten mit Geld zurückbezahlen können, das dann nicht mehr so viel wert ist. Die Kreditgeber wissen, was passieren wird. Deshalb steigen die Zinssätze. Alle diese Faktoren können ein Hemmschuh für das Wachstum einer Wirtschaft sein und die Inflation kann zu einer Rezession führen, wenn Regierung und Bundesbank nichts dagegen tun.

- **Wechselkurs** – In Zeiten der Globalisierung kann der Wert des Euros gegenüber dem US-Dollar oder dem japanischen Yen einen großen Einfluss auf Ihre gesamte Branche haben. Egal in welcher Branche Sie tätig sind oder wie klein Ihr Unternehmen ist, Ihre Zulieferer, Mitbewerber und Kunden können auf der ganzen Welt verstreut sein.

  Wechselkurse ändern sich täglich. Daraus resultiert, dass sich zum Beispiel kurzfristige Schwankungen im Wert des Euros nicht vorhersagen lassen. Die Auswirkungen langfristiger Währungstrends lassen sich dagegen etwas leichter bestimmen.

  Wenn der Wert des Euros niedriger ist, werden deutsche Güter auf der ganzen Welt günstiger und überall haben Konsumenten einen kleinen Extraanreiz, deutsche Produkte zu kaufen. Um wettbewerbsfähig zu sein, müssen Konkurrenten aus anderen Ländern ihre Preise reduzieren (wodurch die Gewinne sinken) oder zusehen, wie ihre Marktanteile schwinden. Diese Unternehmen haben jedoch noch eine dritte Option: Sie können sich in einem Euro-Land ansiedeln, Tochterfirmen aufbauen, Produkte erzeugen und vom Vorteil des schwachen Euros profitieren.

Das Gegenteil gilt natürlich auch. Ein starker Euro führt auf dem deutschen Markt zu Gelegenheitspreisen bei Produkten aus Nicht-Euro-Ländern, was zu einer Erhöhung der Importe führt und Unternehmen manchmal veranlasst, in andere Länder umzusiedeln, um von den günstigeren ausländischen Währungen zu profitieren.

Politische Trends

Wir erzählen Ihnen sicher nichts Neues, wenn wir Sie daran erinnern, dass der Staat einen großen Einfluss auf Ihr Unternehmen hat, egal in welcher Branche Sie tätig sind. Von den Regeln und Gesetzen, die die Regierung erlässt, bis zur Steuerpolitik und dem Rechtssystem, das sie unterstützt, ist der Staat ein wesentlicher Faktor in Ihrem Markt. Wegen seiner Größe und des starken Einflusses gibt es beständig eine bundesweite Debatte darüber, wie tief der Staat in das Tagesgeschäft unserer Wirtschaft eingebunden sein sollte.

Egal auf welcher Seite Sie stehen, es bleibt Ihnen kaum eine andere Wahl, als zu verfolgen, wo die Diskussion hinläuft. Die Handlungen derjenigen, die am Ruder sitzen – ob im Bund, im Land, in der Stadt oder Gemeinde –, können Ihre Geschäftsumgebung schnell und dramatisch verändern. Daher sollten Sie einen Überblick über die für Sie relevanten politischen Trends im Abschnitt *Marktübersicht* in Ihren Businessplan einfügen (siehe Kapitel 1).

Auf was sollten Sie besonders achten? Themen, die die öffentliche Meinung erregen und schließlich zu irgendeiner Form von Reaktion seitens der Regierung führen, folgen beispielsweise einem bestimmten Zyklus. Zu Beginn passiert nicht viel. Manchmal erscheint irgendwo ein Artikel oder eine Meinungsumfrage. Dann greift die überregionale Presse das Thema auf und steigert so den öffentlichen Druck, bis eine Gesetzgebungsmaßnahme seitens der Regierung erfolgt. Je früher Sie ein schwelendes Thema wahrnehmen, das Sie möglicherweise beeinflussen könnte, desto mehr Zeit bleibt Ihnen, um eine Reaktion vorzubereiten. Die folgenden Unternehmen reagierten so:

- ✔ Nachdem die Wissenschaft hinsichtlich der globalen Klimaerwärmung zu einer Einigung gekommen war, scherte British Petroleum aus der Ölbranche und seinen Konkurrenten aus. Das Unternehmen beschloss, seine Unternehmensführung grundsätzlich zu ändern und sich ganz entschieden für die Reduzierung der für den Treibhauseffekt verantwortlichen Emissionen in seinem Produktionsbetrieb einzusetzen, bevor die Regierung auch nur eine einzige Verfügung erlassen hatte.
- ✔ Der deutsche Energieversorger E.on strukturierte sich nach dem von der Regierung erzwungenen Atomausstieg komplett um. Jetzt bauen die Düsseldorfer ihr konventionelles Kraftwerksgeschäft deutlich zurück und setzen stark auf erneuerbare Energien.

Auch die Regierungen der einzelnen Bundesländer oder Städte und Gemeinden können Ihr Geschäftsleben verkomplizieren. Versuchen Sie nur einmal, etwas aufzubauen, ohne die Behörden und ihre sich ständig ändernden Regeln und Gesetze einzubeziehen. Prinzipiell kann sogar jede andere Regierung jedes beliebigen Landes und natürlich die Europäische Union genauso viele Komplikationen wie die eigene Regierung erzeugen. Manchmal treffen die Entscheidungen ausländischer Regierungen die Unternehmen ohne jede Vorwarnung:

- ✔ Die Ölembargos im Nahen Osten in den 1970er-Jahren waren eine Katastrophe für die gesamte US-amerikanische Wirtschaft (und nicht nur für diese). Inflationsraten stiegen, die Versorgung war in vielen Branchen gefährdet. Konflikte und Unsicherheit in dieser Region könnten dazu führen, dass sich Ölknappheit und Inflation wiederholen und nicht nur die USA würden dann wieder vor leeren Tanks stehen.
- ✔ Größere Veränderungen in der Europäischen Gemeinschaft (EU) können für ausländische Unternehmen, die ihre europäischen Kunden und Wettbewerber einschätzen wollen, Unsicherheit bedeuten. Mit der Einführung der gemeinsamen Währung, dem Euro, sind 2002 wichtige finanzielle Schranken gefallen, die zu Unternehmensaufkäufen und -zusammenschlüssen geführt haben. Auch die EU-Osterweiterung hat den europäischen Markt und seine Kunden verändert. Wie wird es weitergehen?
- ✔ Regierungen im asiatischen Raum, die den Schutz des Copyrights nicht rigoros durchsetzen, erzeugen Chaos auf den Musik-, Film- und Softwaremärkten. Und asiatische Länder, die beispielsweise Kinderarbeitsgesetze ignorieren, sorgen weltweit für Probleme und Unsicherheit bei Einzelhändlern in der Schuh- und Bekleidungsbranche. Diese Geschäfte sehen sich nämlich internationalen Aktionen, Kundenboykotts und schlechter Publicity ausgesetzt.

Kampf gegen den Darmkrebs

Der Sohn des deutschen Verlegers Hubert Burda, Felix Burda, ist in jungen Jahren an Darmkrebs gestorben. Die aggressive Krankheit wurde damals zu spät erkannt. Gerade bei dieser Krebsart gilt, wenn sie in einem frühen Stadium diagnostiziert und behandelt wird, dass die Heilungschancen gut stehen.

Hubert Burda entschied, dass der Tod seines Sohnes nicht sinnlos gewesen sein soll. Er gründete die Felix-Burda-Stiftung, die sich der Aufklärung und Prävention gegen Darmkrebs verschrieben hat. Er bietet den Angestellten in seinem eigenen Konzern bequeme und kostenfreie Möglichkeiten, sich untersuchen zu lassen. Die Stiftung hat metergroße, begehbare Modelle des Darms entwickelt und finanziert, die auf Plätzen in deutschen Städten aufgebaut werden und das Verständnis für dieses Organ verbessern. Nicht zuletzt hat eine umfangreiche Werbekampagne, an der zahlreiche Prominente mitwirken und die zur Darmspiegelung aufrufen, bundesweit die Vorsorge stark verbessert und die Marktsituation für manches Pharma-Unternehmen verändert.

Sie benötigen eventuell etwas Hilfe, um die Regierungsaktivitäten und Trends herauszupicken, die Ihr Geschäftsumfeld am stärksten beeinflussen werden. Fast jede Branche verfügt über einen Fachverband und ein Fachorgan. Diese Organisationen nutzen einen Großteil ihrer Zeit und Ressourcen dafür, das, was bei der Regierung vor sich geht, zu überwachen und zu beeinflussen. Lesen Sie einfach hin und wieder die entsprechenden Fachzeitschriften.

Gesellschaftspolitische Trends

Nehmen Sie zwei Frösche und eine Bratpfanne. Stellen Sie die Bratpfanne auf den Herd und bringen Sie eine kleine Menge Wasser zum Kochen. Setzen Sie einen der Frösche in die Bratpfanne. Der Frosch wird ziemlich sicher auf der Stelle aus der Pfanne springen und das Weite suchen.

Wie Lowe's neue Kunden umgarnt

Lowe's betrieb jahrzehntelang eine Kette altmodischer Baumärkte im Südosten der USA. Die meisten Kunden waren selbstständige Bauunternehmer. Ende der 70er-Jahre stellte ein neuer Direktor einen Trend fest, für den das Unternehmen nicht gerüstet war: die Do-it-yourself-Bewegung. Diese neuen Kunden unterschieden sich von den herkömmlichen Kunden von Lowe's dadurch, dass sie sich mit dem, was sie taten, nicht auskannten. Sie erwarteten hilfreiche Ratschläge und verlangten sehr viele Extras.

Lowe's stellte sich auf die Veränderung ein. Heute können Sie Lowe's Baumärkte im Mittleren Westen und dem Südosten der USA finden. Das Aussehen der Baumärkte hat sich grundlegend geändert. Die meisten von ihnen sind nach 1988 erbaut worden und absolut riesig. In diesen Baumärkten finden Sie Türen, Fenster, Schränke, Theken, Beleuchtungskörper, Bauholz, Werkzeuge und so weiter. Wenn Sie Hilfe benötigen, können Sie kostenlos auf Küchenplaner, Innenarchitekten und sogar Experten für Garten- und Landschaftsbau zurückzugreifen.

Heute sind mehr als 70 Prozent der Kunden von Lowe's Endverbraucher. Zusammen mit Home Depot besitzen sie 30 Prozent des Heimwerkermarktes. Die Hälfte ihrer Kunden sind Frauen, von denen viele mit Kreditkarte einkaufen, und sie kommen wieder, weil sie den Service schätzen. Der Dienst am Kunden ist für Lowe's so wichtig, dass jeder Baumarkt einen eigenen Ausbildungskoordinator hat; jeder Mitarbeiter muss wöchentlich ein bis zwei Ausbildungsstunden im Kundenservice ableisten.

Lowe's hat den Trend zum Heimwerkertum erkannt, eine Strategie und einen geänderten Businessplan erstellt, um einen größeren Anteil an diesem Markt zu ergattern. Das Unternehmen liegt heute bei den Einzelhandelsunternehmen an 14. Stelle in den USA bei jährlichen Wachstumsraten von 25 bis 30 Prozent.

Stellen Sie die Pfanne wieder auf den Herd. Diesmal aber gefüllt mit kaltem Wasser und dem zweiten Frosch. Während das Wasser langsam heiß wird, sitzt der Frosch da und fühlt sich wohl. Er stellt gar nicht fest, dass die Temperatur steigt. (BITTE: Vollziehen Sie dieses Experiment auf keinen Fall nach.) Und die Moral von der Geschichte? Wenn Sie langsame Veränderungen ignorieren, die um Sie herum stattfinden, werden Sie gekocht.

Gesellschaftspolitische Veränderungen ereignen sich nicht über Nacht. Aber die extrem langsame Veränderungsgeschwindigkeit dieser Trends, die mit dem Wandern von Gletschern vergleichbar ist, spiegelt die ungeheuren (mit einem Gletscher vergleichbaren) Kräfte wider, die sich dahinter verbergen. Die eigentliche Gefahr besteht darin, diese Trends zu ignorieren, weil Sie sich auch noch später darüber Sorgen machen können. Dieses Später wird immer früher da sein, als Sie sich vorstellen können. Sie sollten daher die für Ihre Branche relevanten Trends in den Abschnitten *Marktübersicht* und *Chancen und Risiken* Ihres Businessplans berücksichtigen (siehe Kapitel 1). Betrachten Sie dazu die Veränderungen, die in den folgenden Abschnitten beschrieben werden.

- **Demografische Veränderungen** – *Demografie* bezieht sich auf ein allgemeines Profil einer bestimmten Bevölkerungsgruppe; das kann von den Kunden Ihres Unternehmens bis zu den Bürgern einer Nation reichen. Demografische Daten beinhalten Dinge wie zum Beispiel das Alter, das Geschlecht und die Größe der Familie.

  Veränderungen im Profil einer Nation haben zwangsläufig weitreichende Auswirkungen auf ihre Wirtschaft. Westeuropa, Japan und die USA zum Beispiel versuchen alle, den Auswirkungen der langsamen Überalterung ihrer Bevölkerung zu begegnen. Die Regierungen müssen einen Weg finden, diese alten Menschen zu pflegen, und Unternehmen versuchen, herauszufinden, wie sie den alten Menschen ihre Produkte und Dienstleistungen verkaufen können. (Lesen Sie Kapitel 7, wenn Sie mehr über Kundendemografie wissen wollen.)

- **Gesellschaftliche Veränderungen** – Eine Gesellschaft besteht aus Werten, Gewohnheiten und Traditionen, die die einzelnen Menschen pflegen. Das soziale Verhalten ändert sich im Laufe der Zeit natürlich, aber Menschen geben ihre Traditionen nur sehr langsam und widerwillig auf. In Deutschland beginnen die meisten Schulen ihren Unterricht immer noch um 8 Uhr morgens, obwohl längst nachgewiesen ist, dass das frühe Aufstehen dem Biorhythmus der meisten Schüler widerspricht – vor allem, wenn sie gerade in der Pubertät sind – und sie daher hinter ihren Möglichkeiten bei den schulischen Leistungen zurückbleiben.

  Aber was geschieht mit den Gewohnheiten und Traditionen, wenn sich die Bevölkerung verändert – wenn Leute umziehen, die Familienstrukturen sich ändern und neue Staatsbürger ihre eigenen Gewohnheiten und Traditionen mitbringen? Denken Sie an die vielen Möglichkeiten für ausländische Restaurants (chinesische, indische, türkische, griechische oder italienische). Alle Änderungen des gesellschaftlichen Verhaltens, egal wie schnell sie eintreten, können dramatische Auswirkungen auf Ihr Unternehmen und auf ganze Branchen haben.

- **Veränderungen des Lebensstils** – Veränderungen des Lebensstils beeinflussen die Arbeits-, Kauf-, Freizeit- und Lebensgewohnheiten. Vor etwa 35 Jahren begann in den USA die Gesundheits- und Fitness-Welle, die schon lange zu uns herübergeschwappt ist. Heute umfasst diese Branche die Hersteller von Sportschuhen, Sportbekleidung, Trainingsgeräten, Tennisschlägern, Mountainbikes, Kajaks, Joghurts, isotonischen Getränken und vielen anderen Produkten.

Andere wichtige Veränderungen des Lebensstils, die Auswirkungen auf alle Arten von Branchen haben, sind:

- ✔ die zunehmende Gleichberechtigung von Männern und Frauen in allen Bereichen
- ✔ die Arbeit in virtuellen Teams oder zeitlich begrenzten Projektteams
- ✔ Einkaufen, Lernen und Unterhaltung von den eigenen vier Wänden aus
- ✔ Arbeitskräfte, die im Laufe ihrer Karriere in verschiedensten Bereichen tätig sind
- ✔ alternative Familienstrukturen
- ✔ Menschen, die über die Ruhestandsgrenze hinaus arbeiten
- ✔ Vorgezogener Ruhestand oder Altersteilzeit bei Arbeitern und Angestellten

Technologische Trends

Technologien führen zu Veränderungen und Veränderungen führen zu Technologien. In den letzten 150 Jahren haben wir die Entwicklung vom Automobil bis zu Spaceshuttles und von der Postkutsche bis zum Internet erlebt.

Aber nicht jede Technologie muss unbedingt die Welt über Nacht verändern. Die meisten verändern die Welt überhaupt nicht. Sie könnten eine wöchentliche Fernsehshow mit den lustigsten Erfindungen produzieren, die jede Woche irgendwo gemacht werden. Meistens bestehen die Technologien, die den Durchbruch schaffen, bereits eine ganze Weile vorher. Egal wie schnell sich eine neue Technologie durchsetzt, sie folgt normalerweise einer *Diffusionskurve,* die nachzeichnet, wie eine neue Technologie in einer Branche einschlägt (siehe Abbildung 14.2).

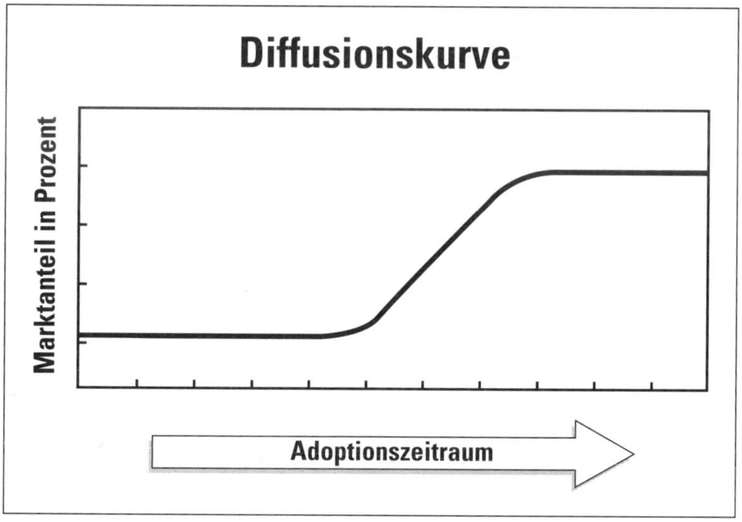

Abbildung 14.2: Die Diffusionskurve zeigt, dass eine Technologie normalerweise schnell einschlägt, nachdem sie schließlich den Durchbruch geschafft hat.

Die Diffusionskurve zeigt, dass es immer eine gewisse Zeit dauert, bis sich eine Technologie durchsetzt. Wenn (beziehungsweise falls) die Technologie einschlägt, setzt sie sich in einer Branche normalerweise schnell durch, weil die Unternehmen nicht hinter ihren Konkurrenten zurückbleiben möchten. Die Technologieverbreitung erreicht eine nahezu gleich bleibende Höhe, wenn die meisten Unternehmen, die dies vorhatten, die neue Technologie angenommen haben.

Es kann fatal enden, eine neue Technologie, die sich in Ihrer Branche durchsetzt, nicht zu übernehmen. Die Erfindung der CD zum Beispiel drängte die meisten Hersteller von Vinyl-Schallplatten, Schallplattenspielern und Kassettenrekordern innerhalb weniger Jahre aus dem Markt. Auch die DVD-Technologie macht aus Videokassetten bald Sammlerobjekte und steht im Zeitalter des Film- und Musik-Streamings selbst vor dem Aus. Aber nicht alle Technologien werden dem Ruf gerecht, der in der frühen Presse verbreitet wurde. Nehmen Sie zum Beispiel die Atomkraft und das Versprechen von preisgünstiger, sauberer und unbegrenzter Energie. Viele Unternehmen, die auf diesen Zug aufsprangen, stehen nach der Energiewende vor massiven Problemen.

Bei den meisten neuen Technologien liegt die Realität irgendwo zwischen einem Durchbruch und einer möglichen Katastrophe. Denken Sie zum Beispiel an die Elektronikindustrie. Transistoren setzten sich durch, vernichteten ihre älteren Verwandten, die Vakuumröhren, jedoch nicht. Die ältere Technologie konnte weiterhin bestehen, weil bei verschiedenen Anwendungen noch immer Röhren bevorzugt werden. Nachdem bereits Grabreden auf das Radio (das durch das Fernsehen ersetzt werden sollte), Brillen (die durch die Erfindung der Kontaktlinse von der Bildfläche verschwinden sollten) und Rasierklingen (in der Welt der elektrischen Rasierapparate ziemlich überflüssig) abgehalten worden waren, stellte sich heraus, dass sich diese Branchen wandelten und sogar ein Wachstum verzeichneten. Radios sind nicht wegzudenken (es geht doch nichts übers Radiohören beim Autofahren), Designer-Brillen sind in (Mode gilt beim Verbraucher eben manchmal mehr als Funktionalität) und der Verkauf von Rasierklingen expandiert noch immer (manche Männer bevorzugen eben eher das Nassrasieren).

Was sagen diese Beispiele über Technologietrends aus? Obwohl sich die einzelnen Branchen unterscheiden, hier ein paar allgemeingültige Dinge:

- ✔ Ältere Technologien haben häufig Zeit, um sich an Neuerungen anzupassen.
- ✔ Ältere Technologien können sich auch dann verbessern, wenn sie bereits ausgereift sind.
- ✔ Neue Technologien beginnen normalerweise, sich in spezialisierten Märkten durchzusetzen.
- ✔ Neue Technologien können neue Kunden hervorbringen und so den Markt ausbauen.
- ✔ Alte und neue Technologien bestehen häufig viele Jahre lang nebeneinander.

Es ist schwer vorherzusagen, wann eine neue Technologie kommt, und Sie können nicht sicher sagen, was passiert, wenn sie kommt. 3-D-Drucker sind ein gutes Beispiel für diese Unwägbarkeit. Um sich selbst auf mögliche technologische Veränderungen und deren eventuelle Veränderungen der Branche vorzubereiten, sollten Sie die wichtigsten Technologien im Auge behalten, die derzeit im Einsatz sind. Beobachten Sie bei jeder Technologie die folgenden Dinge:

- ✔ Finden Sie heraus, welche Forschungsinstitute sich auf diese Technologie spezialisiert haben und welche technischen Zeitschriften und Publikationen darüber berichten. Informieren Sie sich sowohl über universitäre als auch über private und staatliche Institutionen.
- ✔ Besuchen Sie die wichtigsten Tagungen und wissenschaftlichen Kongresse zu dieser Technologie und abonnieren Sie alle relevanten Zeitschriften und Publikationen.
- ✔ Lesen Sie Veröffentlichungen über diese neue Technologie und verfolgen Sie Patente, die in diesem Bereich angemeldet werden.
- ✔ Vergleichen Sie die Fähigkeit Ihres Unternehmens, diese neue Technologie zu übernehmen, mit der Ihrer Hauptkonkurrenten.
- ✔ Prüfen Sie regelmäßig die Wahrscheinlichkeit eines grundlegenden technologischen Durchbruchs und prüfen Sie den Zustand von kleinen, schrittweisen Verbesserungen der Technologie.

Obwohl die Technologien in Ihrer eigenen Branche möglicherweise unvorhersehbar sind, können Sie sie zumindest verfolgen und bei der Erstellung Ihres Businessplans berücksichtigen. Die technologischen Verbesserungen in fremden Bereichen können Sie jedoch im Schlaf überraschen, so wie die Hersteller von Fax-Geräten, die sich plötzlich mit den Möglichkeiten, die E-Mails bieten, konfrontiert sahen. Sie sollten also immer ein Auge auf technologische Trends außerhalb Ihrer direkten Branche haben. Auf diese Weise sind Sie besser auf Veränderungen in Ihrem Unternehmen vorbereitet, die aus dem Nichts auftauchen.

Veränderungen vorhersehen

Es ist ganz offensichtlich schwer, alles zu verfolgen, was um Sie herum vor sich geht. Und wie schwer ist es erst, zu versuchen, vorauszusehen, was in der Zukunft geschehen wird. Es geht jedoch nicht darum, die Zukunft vorherzusagen – das überlassen wir Leuten, die aus der Hand oder in Kristallkugeln lesen. Es geht vielmehr darum, zu verstehen, was möglicherweise passieren könnte, damit Sie sich besser als Ihre Konkurrenten darauf vorbereiten können.

Dazu müssen Sie herausfinden, welche der vielen Trends – wirtschaftspolitische, technologische, politische und gesellschaftspolitische – zu den Megatrends werden, die die Unternehmer von morgen reich machen werden. Welche Trends werden Ihre Branche, Ihre Strategien und Ihren Wettbewerb beeinflussen?

Hören Sie sich an, was Fachleute zu sagen haben. Sehen Sie Publikationen durch, die diese Trends verfolgen. Nach einer Weile können Sie beurteilen, welche davon am nützlichsten sind.

Sie sollten auch Unternehmen kontaktieren, die sich auf die Zukunft spezialisiert haben. Sehen Sie in den Gelben Seiten oder im Internet beispielsweise unter »Marktforschungsinstitute« nach.

Trendvorhersagen

Sie können verschiedene Kunstgriffe anwenden, um in die Zukunft zu spähen und zu sehen, ob sich ein bestimmter Trend wahrscheinlich fortsetzen wird. Es liegt in der Natur der Sache, dass Sie sich nicht allzu sehr auf diese Tricks verlassen sollten. Jeder Ansatz bietet seine eigene Betrachtungsweise der Zukunft.

Trendextrapolation

Manchmal können Sie mathematische Taschenspielertricks anwenden, um einen historischen Trend in die Zukunft zu projizieren. Dieser Prozess, auch Trendextrapolation genannt, funktioniert insbesondere bei Tendenzen sehr gut, die sich nicht so schnell ändern und in Zahlen gemessen werden können. Die Idee ist ziemlich einfach: Sie nehmen Ihren Lieblingstrend (zum Beispiel die Inflationsrate) und nehmen an, dass er sich in Zukunft auf die gleiche Weise entwickeln wird wie in der Vergangenheit. Bestimmte wirtschaftliche Messgrößen, Kundenprofile und sogar ein paar technologische Trends sind mögliche Kandidaten für die Extrapolation.

Die einfachste Methode, einen Trend zu extrapolieren, besteht darin, herauszufinden, wer dies bereits vor Ihnen getan hat. Das bedeutet, dass Sie einen Artikel in einem Magazin oder eine akademische Veröffentlichung auftreiben müssen. Aber verzweifeln Sie nicht, wenn die Arbeit an Ihnen hängen bleibt. Computer erleichtern diese Tätigkeit erheblich und die vielen Tabellenkalkulationsprogramme können per Klick auf eine Schaltfläche eine Extrapolation erzeugen. Um damit beginnen zu können, benötigen Sie natürlich entsprechende historische Daten. Die Extrapolation eignet sich hervorragend für den Abschnitt *Finanzplanung* Ihres Businessplans (siehe Kapitel 1), in dem Sie Projektionen über Ihre finanzielle Situation erstellen.

Alle plötzlichen Veränderungen eines Trends bringen Ihre Extrapolation durcheinander. Da die internationalen und globalen Märkte immer komplexer werden, werden viele Trends immer weniger vorhersagbar, was die Planung erschwert. Und gerade über abrupte Veränderungen sollte Ihr Unternehmen im Voraus informiert sein. Expertenbefragungen und die Delphi-Methode können Ihnen bei der Vorhersage dieser Veränderungen helfen.

Expertenbefragungen

Expertenbefragungen beruhen auf den Informationen, Erfahrungen und der Intuition verschiedener Mitarbeiter in Ihrem Unternehmen, anhand derer dann bestimmte Trends vorhergesagt werden können. Verwenden Sie einen kurzen Fragebogen oder berufen Sie eine Sitzung ein, bei der Sie Ihre Mitarbeiter, Zulieferer und vielleicht sogar Kunden dazu bringen, ihre Beurteilung darüber abzugeben, wohin bestimmte Trends vermutlich gehen werden. Falls diese Trends für Ihr Unternehmen wichtig sind, dann sollten sie im Abschnitt *Marktübersicht* und *Chancen und Risiken* Ihres Businessplans enthalten sein (siehe Kapitel 1).

Expertenbefragungen haben nichts mit Mathematik zu tun. Sie beruhen auf den Informationen und dem Wissen, die beziehungsweise das in Ihrem Unternehmen und Ihrer Branche bereits vorhanden sind und womit sich bestimmte Trends in der Zukunft vorhersagen lassen. Sie sollten sie benutzen, um Vorhersagen über Dinge zu machen, die sich nicht mit Zahlen ausdrücken lassen. Sie sollten diese Art von Einschätzungen in regelmäßigen Abständen vornehmen, damit Sie den neuesten Ereignissen und Veränderungen in Ihrer Branche einen Schritt voraus sind.

Delphi-Methode

Eine besondere Form der Expertenbefragung ist die Delphi-Methode, die Ihnen ermöglicht, sich des Rats von Experten zu bedienen, ohne für ihre Dienste unbedingt ein Vermögen ausgeben zu müssen. Angenommen, Sie wollen Trends für die Verwendung von Solarenergie zum Heizen, Kühlen und für die Energieversorgung allgemein vorhersagen. Sie wissen, dass dieses Thema am besten bei Experten der Solarenergietechnik aufgehoben ist. Im Idealfall bringen Sie eine Gruppe von Experten zu einer Diskussionsrunde zusammen. Da ein solches Meeting sehr kostspielig und schwierig zu organisieren wäre, können Sie sich auch der Delphi-Methode bedienen.

Die *Delphi-Methode* besteht aus einem Satz Fragebögen, die Sie zusammenstellen und an eine Gruppe von Experten senden, wenn Sie eine bestimmte Frage zu künftigen Entwicklungen haben. Die Antworten fassen Sie zusammen und versenden die Fragebögen noch einmal, um eine Rückmeldung zu erhalten und Randmeinungen und Fehleinschätzungen aus den Antworten herauszufiltern. Die Delphi-Befragungstechnik bietet Ihnen die Möglichkeit, die Meinung von Kapazitäten einzuholen, ohne diese in einem Raum versammeln zu müssen.

Gehen Sie dazu wie folgt vor:

1. **Senden Sie einen Fragebogen an jeden Ihrer handverlesenen Experten und fordern Sie ihn oder sie zu einer Beurteilung auf.**

   In diesem Beispiel ist das Thema die Solarenergie und Durchführbarkeit von solarbetriebenen Entwicklungen im Bereich Haushalt.

2. **Fassen Sie die Vorhersagen der Experten inklusive der Mehrheitsbeurteilungen, der Meinungen der Minderheiten und der abweichenden Sichtweisen mithilfe Ihrer Berater zusammen.**

3. **Senden Sie die Zusammenfassung zusammen mit einer zweiten Ausführung der Fragebögen noch einmal an alle Experten.**

   Bitten Sie die Experten, die Zusammenfassung der ersten Runde durchzusehen und dann die Fragebögen noch einmal auszufüllen und zurückzusenden. Einige Experten verändern möglicherweise ihre ursprüngliche Einschätzung und reagieren auf neue Themen und Bedenken, die aufgebracht wurden.

4. **Führen Sie den Prozess so lange fort, bis Sie den Eindruck haben, dass eine übereinstimmende Meinung erreicht wurde.**
5. **Fügen Sie die Informationen über künftige Trends in den Abschnitten *Marktübersicht* und *Chancen und Risiken* Ihres Businessplans ein (siehe Kapitel 1).**

Szenario-Technik

Manchmal sind Trends zu wenig vorhersehbar oder zu zahlreich, um sie zu verfolgen, sodass Sie keine einfache Sichtweise der Zukunft entwickeln können, die sinnvoll erscheint. Die Szenario-Technik erlaubt es Ihnen, sich verschiedene Versionen der Zukunft vorzustellen und zu überlegen, wie die einzelnen Versionen die Geschicke Ihres Unternehmens beeinflussen könnten. Militärstrategen verwenden ständig Kriegsszenarien. Ebenso arbeiten Gesundheitsexperten mit Szenarien, wenn sie versuchen, die Ausbreitung von globalen Epidemien vorherzusagen und sich dafür zu rüsten. Szenarien können dabei helfen, sich für Ihr Unternehmen eine ganze Reihe von Möglichkeiten für die Zukunft vorzustellen.

Beginnen Sie mit einem Trend (zum Beispiel der Inflationsrate) und denken Sie sich zwei oder drei alternative Szenarien basierend auf verschiedenen Inflationsraten aus. (Mehr zum Thema »Inflation« erfahren Sie im Abschnitt »Wirtschaftspolitische Trends« weiter vorn in diesem Kapitel.) Versuchen Sie, eine möglichst vollständige Beschreibung davon zu erstellen, wie Ihr Geschäftsumfeld in den einzelnen Fällen aussehen könnte.

Zögern Sie nicht, einen weiteren wichtigen Trend in Ihr Szenario einzubeziehen. Möglicherweise ist die Zukunft Ihres Unternehmens auch an gesetzliche Vorschriften gebunden, die irgendwann in den nächsten fünf Jahren erlassen werden. Sie können dann weitere Szenarien aufstellen, die diese Vorschriften berücksichtigen. Aber wenn Sie drei verschiedene Möglichkeiten der Regulierung mit drei möglichen Inflationsraten haben, müssen Sie sich mit insgesamt neun Szenarien befassen. Es ist offensichtlich, dass diese Situation ziemlich schnell unübersichtlich werden kann.

Wer mit Szenarien erfahren ist, sagt, dass man nie mehr als drei oder vier Szenarien gleichzeitig betrachten sollte. Anstatt einen Trend nach dem anderen in einen wachsenden Satz von Szenarien einzubringen, sollten Sie sich auf drei vollständige Szenarien konzentrieren, die auf unterschiedlichen Sichtweisen der Zukunft Ihrer Branche basieren:

- ✔ Ein Szenario, das auf einer optimistischen Sichtweise basiert
- ✔ Ein Szenario, das auf einer pessimistischen Sichtweise basiert
- ✔ Ein Szenario, das auf der wahrscheinlichsten Sichtweise basiert

Möglicherweise kommen Sie zu dem Schluss, dass eine niedrige Inflationsrate, ein Minimum an Vorschriften und ein technologischer Durchbruch ein optimistisches Szenario ergeben, während eine hohe Inflationsrate, eine starke Regulierung durch Vorschriften und keine technischen Neuerungen ein pessimistisches Bild zeichnen. Die wahrscheinlich zutreffendste Sichtweise liegt irgendwo dazwischen. Sie sollten das wahrscheinlichste Szenario in den Abschnitt *Marktübersicht* in Ihrem Businessplan einfügen (siehe Kapitel 1).

Sie können beschließen, einen Businessplan aufzustellen, indem Sie zurückblicken und dann das tun, was Sie immer getan haben. Diese Methode ist leicht, komfortabel – und gefährlich. Die Szenario-Technik soll die Zukunft vorhersagen. Ihr wahrer Wert liegt darin begründet, dass sie Ihnen neue Möglichkeiten eröffnet und einen breiteren Rahmen an Möglichkeiten bietet, über die Sie nachdenken sollten. Unterschiedliche Geschäftsszenarien stimulieren Ihre Vorstellungskraft und erzwingen Ausblicke auf die Zukunft Ihres Unternehmens.

Sich nach allen Seiten absichern

Wie stehen die Chancen, dass etwas – ein bestimmtes Ereignis, eine spezielle Tätigkeit oder ein vorgegebenes Szenario – tatsächlich eintreten wird? Erfreulicherweise müssen Sie nun nicht die Kristallkugel abstauben. Die Wahrscheinlichkeitstheorie ist ein angesehener Zweig der Mathematik, den es schon sehr lange gibt. Wahrscheinlichkeiten sind wichtig, weil sie Ihnen einen groben Eindruck von der Wahrscheinlichkeit vermitteln, dass eine Vorhersage sich erfüllt.

Sie verstehen vielleicht mehr von Wahrscheinlichkeitstheorie, als Sie denken. Wenn Sie zum Beispiel eine Münze werfen, sagt Ihnen wahrscheinlich Ihre Intuition, dass Sie die Hälfte der Zeit »Kopf« erhalten. Die Wahrscheinlichkeit, »Kopf« zu erhalten, ist dann 1 zu 2. Welche anderen Wahrscheinlichkeiten können Sie sich vorstellen? Hier sind noch ein paar Wahrscheinlichkeiten beim Werfen von Münzen:

✔ Die Wahrscheinlichkeit, »Kopf« zu erhalten, beträgt 1:2.

✔ Die Wahrscheinlichkeit, zweimal hintereinander »Kopf« zu werfen, beträgt 1:4.

✔ Nachdem Sie dreimal hintereinander »Kopf« geworfen haben, beträgt die Wahrscheinlichkeit, ein weiteres Mal »Kopf« zu erhalten, 1:2.

Diese Wahrscheinlichkeitswerte basieren alle auf Zufallsstatistiken. Jedes Mal, wenn Sie eine Münze werfen, ist das Ergebnis zufällig. Es hängt nicht von etwas ab, das vorher oder nachher passiert. Deshalb ist es egal, ob Sie vorher dreimal »Kopf« nacheinander geworfen haben. Ihr nächster Wurf ist wieder zufällig und die Chance, »Kopf« zu werfen, beträgt noch immer 50 Prozent. Wenn Sie sagen: »Wetten, dass ich zweimal hintereinander Kopf werfe«, dann stehen Ihre Chancen 1:4.

Aber viele Aktivitäten und Ereignisse sind überhaupt nicht zufällig. Das Wetter zum Beispiel ist nicht sicher vorhersagbar und Veränderungen unterworfen (deshalb sprechen wir so häufig darüber). Aber das Wetter ist nicht zufällig. Es wird durch alle möglichen Faktoren und Kräfte beeinflusst. Wie hoch ist die Wahrscheinlichkeit, dass das Thermometer morgen die Jahrhundertmarke überschreitet? Die Antwort hängt von Ihrem Standort und von der Jahreszeit ab. Die Wahrscheinlichkeit ist im Sommer größer als im Winter, und noch höher während einer Hitzeperiode.

Viele Wirtschaftstrends haben eine bedeutende Auswirkung auf die Zukunft Ihres Unternehmens. Aus diesem Grund sollten Sie in den verschiedenen Abschnitten Ihres Businessplans darauf hinweisen: beispielsweise in den Abschnitten *Marktübersicht*, *Chancen und Risiken*, *Finanzplanung* und sogar im Abschnitt *Organisation* (siehe Kapitel 1). Viele der Trends, die wir in diesem Kapitel betrachtet haben, verhalten sich wie das Wetter. Sie sind nicht vorhersagbar und Veränderungen unterworfen, aber nie zufällig.

Die Wahrscheinlichkeit, dass zum Beispiel eine Inflation in den nächsten sechs Monaten ein bestimmtes Niveau erreicht, hängt von den vorhergehenden Inflationsraten und zugrunde liegenden Faktoren ab, wie zum Beispiel der Nachfrage, dem Produktionsniveau und dem Lohndruck. Deshalb behaupten Experten, dass sie die Zukunft vorhersagen können, und ihre Berichte sind so gut wie die des Wetterdiensts. Und dennoch sind alle an diesen Prognosen interessiert, denn sie sind immer noch besser als reine Vermutungen.

Sich auf Veränderungen in der Zukunft einstellen

Um Sie herum können jederzeit alle Arten von Veränderungen stattfinden. Einige der Veränderungen haben große Auswirkungen auf Ihr Unternehmen. Andere dagegen bemerken Sie kaum. Einige der Veränderungen sind offensichtlich und vorhersehbar, andere dagegen kommen aus dem Nichts. Die kritischen Fragen für Ihr Unternehmen lauten wie folgt:

- ✔ Welche Veränderungen werden tatsächlich stattfinden?
- ✔ Was bedeuten Veränderungen für Ihre Branche?
- ✔ Was bedeuten die Veränderungen für Ihr Unternehmen?
- ✔ Welche Möglichkeiten und Bedrohungen sind entstanden? (Mehr hierzu in Kapitel 6.)

Die Auswirkung, die ein Trend oder ein Ereignis auf Ihr Unternehmen haben wird, teilt Ihnen mit, wie hoffnungsfroh oder besorgt Sie sein sollten, wenn die Vorhersagen tatsächlich wahr werden. Ein Trend kann das Beste sein, was einer Branche passieren kann, und eine absolute Katastrophe für eine andere Branche. Ein Ereignis kann eine große Chance für Ihr Unternehmen bedeuten oder absolut keine bemerkenswerten Auswirkungen haben.

Überprüfen Sie die Trends und Szenarien, die Sie im vorangegangenen Abschnitt »Veränderungen vorhersehen« entwickelt haben, und ordnen Sie die wichtigen Ereignisse oder Ergebnisse einer der vier Kategorien in Abbildung 14.3 zu. Jede der Kategorien erfordert eine andere Ebene der Planung und des Einsatzes von Ihnen.

- ✔ Eine hohe Wahrscheinlichkeit und große Auswirkungen erfordern eine sorgfältige Vorbereitung.
- ✔ Eine hohe Wahrscheinlichkeit und geringe Auswirkungen verlangen nach einer Routineplanung.
- ✔ Eine geringe Wahrscheinlichkeit und große Auswirkungen erfordern die Planung für den Notfall.
- ✔ Eine geringe Wahrscheinlichkeit und geringe Auswirkungen sprechen für eine routinemäßige Überwachung.

Abbildung 14.3: Die Matrix zu Wahrscheinlichkeit und Auswirkung kategorisiert Ereignisse entsprechend ihrer Wahrscheinlichkeit und den Auswirkungen, die sie haben könnten.

Wenn Sie Hilfe benötigen, um herauszufinden, welche Trends und Szenarien zu welchen Kategorien gehören, können Sie Ihr Geld jederzeit für Experten ausgeben. Schauen Sie aber zunächst, was Sie selbst tun können. Setzen Sie sich mit Kollegen und möglicherweise mit einem oder zwei Ihrer besten Kunden zusammen und veranstalten Sie ein Brainstorming über die Zukunft Ihres Unternehmens. Sie werden vielleicht von den Einblicken überrascht sein, die bei dieser Art von Zusammenkünften herauskommen können, wenn Sie den Ball ins Rollen gebracht haben. Sie können dabei wie folgt vorgehen:

1. **Geben Sie der Gruppe einen festen Zeitrahmen vor, in dem sie die Trends und Szenarien überprüfen kann, die Sie entwickelt haben, und in dem sie auch neue Trends und Szenarien einbringen kann.**
2. **Lassen Sie jemanden Protokoll führen, während die Gruppe Ideen entwickelt.**
3. **Präsentieren Sie der Gruppe die vollständige Liste der Trends und Szenarien.**
4. **Sortieren Sie die Trends und Szenarien entsprechend ihren Einflussmöglichkeiten auf die Zukunft Ihres Unternehmens.**
5. **Stellen Sie noch einmal eine Rangfolge der Trends und Szenarien auf, wobei diesmal die Wahrscheinlichkeit, dass diese tatsächlich eintreten, berücksichtigt wird.**
6. **Weisen Sie die Trends und Szenarien einer der vier Kategorien aus der Matrix für Wahrscheinlichkeit und Auswirkung zu (siehe Abbildung 14.3).**

Diese Matrix zeigt, worauf Sie sich konzentrieren sollten. Die ermittelten Trends und Szenarien liefern Ihnen einen Ausgangspunkt. Aber laufen Sie nicht jedem Trend hinterher. Sie sollten sich auf Veränderungen vorbereiten, Ressourcen und Zeit zuweisen und mögliche Ereignisse auf der Grundlage der praktischen Kombination von Wahrscheinlichkeit und Auswirkungen auf Ihr Unternehmen planen.

Wettbewerbsstrategisch denken

15

In diesem Kapitel

- Wettbewerbsstrategien des kostengünstigsten Anbieters erforschen
- Differenzierungsstrategien anwenden
- Konzentrationsstrategien ins Auge fassen
- Wettbewerbsstrategien zur Sicherung der Marktposition nutzen
- Eine eigene Strategie entwickeln

In diesem Kapitel helfen wir Ihnen dabei, eine Wettbewerbsstrategie für Ihr Unternehmen zu formulieren, die mit dem Unternehmensauftrag übereinstimmt. (Kapitel 5 enthält weitere Informationen zu Unternehmensaufträgen.) Wir stellen verschiedene Grundstrategien vor, die in unterschiedlichen Unternehmen in vielen Branchen angewendet werden können. Diese Strategien beinhalten unter anderem:

- ✔ Waren oder Dienstleistungen kostengünstig anbieten
- ✔ sich mit seinen Produkten von anderen unterscheiden
- ✔ sich auf bestimmte Märkte und Produktbereiche konzentrieren

Wir gehen auch auf verschiedene andere allgemeine strategische Alternativen ein und beantworten Fragen wie:

- ✔ Was bedeutet es, als Unternehmen stärker vertikal integriert zu sein?
- ✔ Worin bestehen die Vor- und Nachteile, wenn Sie Teilbereiche Ihres Geschäfts auslagern?
- ✔ Wie sollten Sie handeln, wenn Sie Marktführer oder Marktherausforderer sind?

Wir geben Ihnen auch einige Tipps zur Planung einer Strategie für Ihr eigenes Unternehmen. Sie sollten eine Zusammenfassung Ihrer Strategieplanung in den Abschnitt *Chancen und Risiken* Ihres Businessplans schreiben (siehe Kapitel 1).

Gebrauchsfertige Strategien anwenden

Möglicherweise denken Sie, dass die Situation Ihres Unternehmens absolut einmalig ist und die Themen, mit denen Sie sich befassen müssen, etwas ganz Spezielles sind. Sicherlich ist jedes Unternehmen einzigartig. Sicherlich sieht auch jede Schneeflocke unterm Mikroskop anders aus. Aber wenn Sie zuschauen, wie es draußen schneit, stellen Sie fest, dass Schneeflocken sehr viel gemeinsam haben. Unternehmen sind wie Schneeflocken. Obwohl die ganzen Details den Unternehmen ihr individuelles Profil verleihen, zeigen Unternehmen und Branchen im Allgemeinen bemerkenswerte Ähnlichkeiten, wenn Sie sie aus einer gewissen Distanz betrachten und sich auf ihre Grundformen konzentrieren.

Michael Porter, ein Meister auf dem Gebiet der Unternehmensstrategien und Professor an der Harvard University, war einer der ersten, der Standardunternehmensprofile erkannt und beschrieben hat. Basierend auf diesen Erkenntnissen präsentierte er drei generische Ansätze zu Strategien und Unternehmensplanung. Diese *generischen Strategien* sind wichtig, weil sie gebrauchsfertige Antworten auf eine grundlegende Frage liefern: Wie kann man langfristig in einem Unternehmen erfolgreich sein? Und die Antworten funktionieren über alle Märkte und Branchen hinweg.

Erfolgreiche Unternehmen, die eine der generischen Strategien verfolgt haben, haben den Mittelweg erkannt, den man nehmen kann, wenn man die eine oder die andere Strategie verfolgt, und haben sich absichtlich gegen das Verfolgen einer Strategie entschieden, die sich nur auf ein gewünschtes Ziel konzentriert. Sie finden es beispielsweise schwer, ein qualitativ äußerst hochwertiges Produkt und den besten Service weiterhin zum niedrigsten Preis anzubieten. Porter schlägt vor, dass ein Unternehmen entscheidet, welche generische Strategie am besten zu den Unternehmenszielen passt, und dann seine Unternehmensentscheidungen entsprechend dieser Strategie trifft. Generische Strategien laufen auf die folgenden Standardansätze raus, die in Abbildung 15.1 hervorgehoben werden:

- ✔ **Kosten drastisch senken (Kostenführerschaft)** – Werden Sie zum kostengünstigsten Anbieter in Ihrer Branche und übernehmen Sie damit die Kostenführerschaft. Tun Sie alles, um Ihre eigenen Kosten zu reduzieren, während Sie ein Produkt oder eine Dienstleistung anbieten, das beziehungsweise die gut gegenüber der Konkurrenz abschneidet.

Abbildung 15.1: Bei den generischen Wettbewerbsstrategien müssen Sie sich entscheiden, ob Sie die Kostenführerschaft übernehmen oder mit einem einzigartigen Produkt auf die Kundenwünsche eingehen wollen.

- ✔ **Einzigartiges anbieten (Differenzierungsstrategie)** – Finden Sie heraus, wie Sie Ihren Kunden etwas bieten können, das sowohl einzigartig als auch nützlich ist, und bieten Sie Ihr Produkt oder Ihre Dienstleistung zu einem Preis an, den Ihre Kunden zu zahlen gewillt sind.
- ✔ **Sich auf eine Kundengruppe konzentrieren (Konzentrationsstrategie)** – Entschließen Sie sich dazu, sich auf die genauen Bedürfnisse und Anforderungen eines engen Marktes zu konzentrieren. Setzen Sie entweder ein preisgünstiges oder einzigartiges Produkt ein, um Ihre Zielkunden zu umwerben und von der allgemeinen Konkurrenz wegzulocken.

Es überrascht nicht, dass eine Kostenreduktion und das Anbieten eines einzigartigen Produkts zwei generische Strategien darstellen, die beinahe universell einsetzbar sind. Schließlich werden die Geschäftswelt und der Wettbewerb durch Kunden gesteuert, die ihre Kaufentscheidungen aufgrund einer Wertgleichung fällen – einer Gleichung, die das Verhältnis der Produktvorteile zu ihrem Preis misst. (Mehr Informationen hierzu erhalten Sie in Kapitel 9.) Die generischen Wettbewerbsstrategien konzentrieren sich nur auf Ihre Bemühungen, eine Seite der Wertgleichung zu beeinflussen.

Die Strategie der Kostenführerschaft

Um die Kostenführerschaft in Ihrer Branche zu übernehmen, muss von der Produktentwicklung bis zum Marketing, von der Produktion bis zum Vertrieb, vom Rohmaterial bis zu den Gehältern und Sonderzahlungen jeder Aspekt Ihres Unternehmens festgelegt und koordiniert werden. Sie finden Tag für Tag neue Wege, um unnötige Kosten aufzuspüren und zu eliminieren. Haben Sie eine neue Technologie gefunden, die die Produktion vereinfacht? Wenden Sie sie an. Haben Sie eine Region oder ein Land gefunden, die beziehungsweise das produktivere Arbeitskräfte bietet? Verlagern Sie Ihre Produktion dorthin. Haben Sie Zulieferer gefunden, die Rohmaterial preisgünstiger anbieten? Schließen Sie mit ihnen Verträge ab.

Die Strategie der Kostenführerschaft ist häufig die Mühe wert, weil sie Ihnen eine starke Wettbewerbsposition gibt. Wenn Sie der kostengünstigste Anbieter sind, sind Sie am Drücker und fordern jeden Ihrer Konkurrenten dazu heraus, andere Wege zu beschreiten, um wettbewerbsfähig zu sein. Obwohl die Strategie universell ist, funktioniert sie am besten in Märkten und Branchen, in denen die Preise das Kundenverhalten beeinflussen – zum Beispiel Produkte für den Massenmarkt, wie Getreide, Zucker oder Öl, oder Produkte in niedrigpreisigen, preissensiblen Marktsegmenten, wie bei Aldi oder Lidl.

Der folgende Abschnitt beschreibt Wege, mit denen Sie die Strategie der Kostenführerschaft realisieren können.

Schnörkellose Produkte

Die offensichtlichste und einfachste Möglichkeit, Kosten gering zu halten, besteht darin, die Dinge so einfach wie möglich zu machen. Wenn Sie alle Extras und Sonderausstattungen weglassen und Produkte anbieten, bei deren Design die einfache Herstellung maßgeblich war, lassen sich Ihre Produkte preisgünstiger produzieren. Ein schnörkelloses Produkt kann insbesondere dann erfolgreich sein, wenn Sie es in einem Markt anbieten können, in dem die Zusatzausstattung anderer Produkte nicht als Vorteil betrachtet wird oder die Kunden sogar verärgert – Couchpotatoes brauchen keinen Schrittzähler auf ihrem Handy und Möchte-gern-Schriftsteller wollen nicht von ihrer Textverarbeitung mit Korrektur- und Änderungsvorschlägen durcheinandergebracht werden.

Neben der Entfernung aller Extras können Sie auch einfach ein Produkt ändern, um sogar noch größere Kostenvorteile zu erhalten. Im Baubereich wurde zum Beispiel Sperrholz durch Pressspan ersetzt, um die Konstruktionskosten zu reduzieren. Kamerahersteller haben Metallkomponenten durch Plastik ersetzt. Und natürlich gibt es dann noch die Lösung, Kosten durch die Verkleinerung der Verpackungsgröße zu reduzieren.

Auf ihre Grundfunktionen beschränkte Produkte und Dienstleistungen kommen schließlich in fast allen Branchen vor. Beispiele hierfür sind:

- ✔ Fluggesellschaften ohne Extras wie Ryan Air
- ✔ Supermärkte wie Aldi mit einer großen Auswahl, kleinen Preisen und ohne Service

Kostenerfahrungskurve

Die Kostenführerschaft wird häufig auf der Grundlage der Leistungsfähigkeit der *Kostenerfahrungskurve* gewonnen oder verloren, die die rückläufigen Stückkosten für die Montage und den Verkauf eines Produkts oder einer Dienstleistung über einen bestimmten Zeitraum betrachtet (siehe Abbildung 15.2).

Die Kostenerfahrungskurve misst die eigentlichen Stückkosten von verschiedenen allgemeinen Geschäftsausgaben: Produktionsstätten, Maschinen, Arbeit, Büroraum, Verwaltung, Werbung, Vertrieb – alles außer dem Rohmaterial, aus dem Ihr Produkt besteht. Diese Kosten zusammengenommen tendieren zu sinken, wenn sie über alle Produkte, die Sie herstellen, oder alle Dienstleistungen, die Sie anbieten, gemittelt werden.

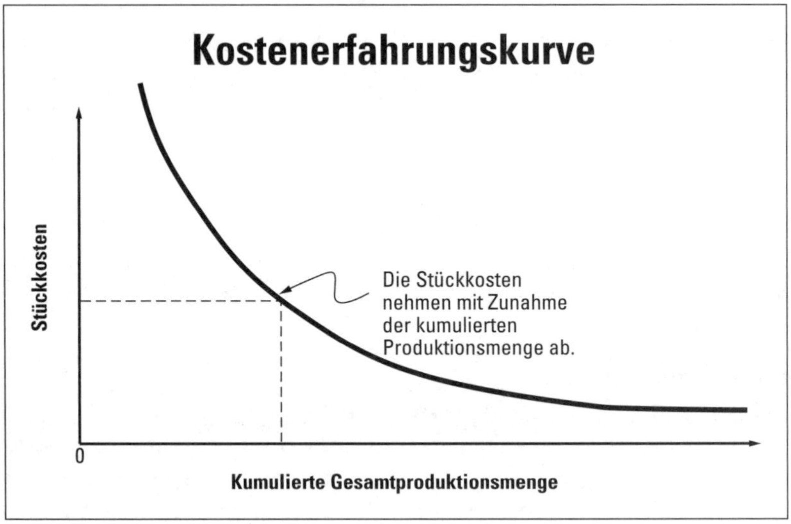

Abbildung 15.2: Die Kostenerfahrungskurve verfolgt die sinkenden Stückkosten bei einem Anstieg der kumulierten Gesamtproduktionsmengen.

Der Kostenerfahrungskurve liegt Folgendes zugrunde:

✔ **Größe:** Mit *Größe* bezeichnet man die Tatsache, dass Sie fixe Geschäftskosten haben können, die fix in dem Sinne sind, dass sie nicht davon beeinflusst werden, wie viele Produkte Sie herstellen und verkaufen. (Fixe Kosten beinhalten normalerweise Dinge wie Miete, Kosten für Ausrüstung sowie Ausgaben für einige Hilfsmittel.) Je mehr Produkte Sie erzeugen, desto größer ist Ihr unmittelbarer Vorteil, weil die fixen Kosten pro Einheit sinken.

Denken Sie einen Augenblick an die Dingsdas. Angenommen, Sie mieten ein Gebäude für 1.000 Euro im Monat, um dort Ihre Dingsdas zu produzieren. Um kein Geld zu verlieren, müssen Sie die Mietkosten in die Kosten für die Dingsdas einrechnen, die Sie produzieren. Im ersten Monat erzeugen Sie möglicherweise nur zehn Dingsdas. Egal wie hoch die Kosten sonst sind, Sie müssen 100 Euro Miete (1.000 Euro geteilt durch zehn Einheiten) auf den Preis jedes Dingsdas aufschlagen. Wenn Sie jedoch im nächsten Monat die Produktion auf 100 Einheiten pro Monat erhöhen können, müssen Sie nur zehn Euro (1.000 Euro geteilt durch 100 Einheiten) auf den Preis jedes Dingsdas aufschlagen. Sie reduzieren dadurch die Mietkosten pro Einheit um sagenhafte 90 Prozent. Diese Größenordnung ist gut für das Geschäft und Ihren Jahresüberschuss.

✔ **Reichweite:** Die *Reichweite* funktioniert ein bisschen wie die Größe, sie bezieht sich jedoch auf die Kostenvorteile, die Sie haben, wenn Sie größere Märkte bedienen oder mehrere Produkte anbieten, auf die Sie die laufenden Geschäftskosten für Dinge wie Werbung, Kundendienst und Vertrieb aufteilen können. (Kapitel 16 enthält mehr Informationen über das Jonglieren mit Ihrem Produktportfolio.) Diese Ausgaben sind nicht genau festgelegt, aber Sie erreichen einen automatischen Größenvorteil, wenn die Anzeige, die Sie schalten möchten, einen größeren Markt erreicht oder wenn Ihre Lastwagen zwei oder drei verschiedene Produkte an jede Ihrer Vertriebsstellen ausliefern.

✔ **Lerneffekt:** Wenn Sie dazulernen, gehen die Gesamtkosten Ihres Geschäfts zurück. Erinnern Sie sich daran, als Sie zum ersten Mal versucht haben, Ihre Schuhe zu binden? Eine große Aufgabe und sehr viel Arbeit. Nun können Sie das im Schlaf erledigen. Was ist passiert? Je häufiger Sie Ihre Schuhe gebunden haben, desto besser ging es. Das Gleiche gilt unabhängig davon, ob Sie nun in einer Fabrikhalle, an einem Computer oder in einem Konferenzraum tätig sind. Sie verbessern sich bei einer Tätigkeit, wenn Sie diese häufiger ausführen.

Eine allgemeine Regel besagt, dass diese zugrunde liegenden Ursachen zu einer 80-Prozent-Erfahrungskurve zusammengetragen werden können. Die Stückkosten sinken bei jeder Verdopplung der Gesamtproduktionsmenge um 20 Prozent – oder auf 80 Prozent ihres vorherigen Wertes.

Der Kostenvorteil, den Sie tatsächlich aus Ihrer Erfahrung ziehen können, kann variieren und hängt zum Teil von Ihrer Branche ab. Einige Branchen profitieren überhaupt nicht vom Erfahrungseffekt. In Branchen, in denen zum Beispiel die Grundkosten für Rohmaterial hoch sind, bleibt wenig Raum für einen Erfahrungsvorteil. Das Gleiche gilt auch für viele Dienstleistungsbranchen. Es spielt keine Rolle, wie gut Friseure werden. Es dauert trotzdem eine Stunde, einem Kunden die Haare zu waschen und zu schneiden. Somit ändern sich die Kosten des Unternehmens nicht (obwohl die Kunden immer wieder kommen, wenn sie Komplimente über ihr gutes Aussehen erhalten).

Kostenkontrolle

Sie können nur dann zum Kostenführer werden, wenn alle Bereiche Ihres Unternehmens das Ziel haben, die Kosten unter Kontrolle zu halten, Ausgaben zu reduzieren oder zu eliminieren und überflüssige Ausgaben zu vermeiden. Dies kann nur gelingen, wenn das Unternehmen entsprechend geführt wird und die Eigentümer ein richtiges Beispiel abgeben.

Wahrscheinlich gilt beim Bestreben, am kostengünstigsten anzubieten, mehr als bei jeder anderen Strategie oder jedem anderen Plan, dass der Erfolg davon abhängt, wie erfolgreich Sie die Strategie anwenden. Es ist sicherlich ein wichtiger Aspekt zu wissen, wo und wann Sie kostensparende Technologien einsetzen sollten. Aber der Knackpunkt Ihres Plans besteht darin, herauszufinden, wie Sie das Unternehmen strukturieren, Ihre Mitarbeiter entlohnen und im welchem Maße Sie »Kampfgeist« versprühen können.

Am Ende entscheiden Ihre Mitarbeiter, wie effizient Ihr Unternehmen wirklich ist. Das könnte bedeuten, dass Sie keinen Firmenwagen fahren oder dass Sie niemals persönliche Ferngespräche während der Arbeit führen. Sie können darauf wetten, dass Ihre Mitarbeiter Ihrem Beispiel folgen.

Nehmen Sie die Kostenführerschaft wörtlich. Es reicht nicht aus, Vizemeister zu sein. Es genügt noch nicht einmal, der Erste unter gleichen zu sein. Wenn Sie nicht an erster Stelle der kostengünstigen Anbieter stehen können, laufen Sie Gefahr, eine Rolle in Ihrem schlimmsten Albtraum zu spielen: eine mörderische Branche mit hohen Einsätzen, in der der Preiskampf alle Spieler zu zerstören droht. Wenn es keinen klaren Kostenführer gibt, ist jeder ein Herausforderer, und wenn kostengünstige Anbieter beginnen, um Marktanteile zu kämpfen, benutzen sie den Preis als bevorzugte Waffe. Wenn Sie sich in einer solchen Wild-West-Branche wiederfinden, sollten Sie agieren. Suchen Sie nach neuen, andersartigen Wegen, um zu konkurrieren. Suchen Sie nach alternativen Strategien, bei denen die Wahrscheinlichkeit, am Ende belohnt zu werden, größer ist.

Aus der Menge herausragen

Nicht jedes Unternehmen kann der kostengünstigste Anbieter sein und viele Unternehmen streben das noch nicht einmal an. Sie konkurrieren lieber mit einzigartigen Produkten und Dienstleistungen und bieten Kunden das, was diese unbedingt haben wollen – das heißt Dinge, für die Kunden bereit sind, etwas mehr zu bezahlen. Diese Strategie wird als Strategie der *Differenzierung* bezeichnet.

Die Differenzierungsstrategie findet viele Anhänger, weil Unternehmen grundverschieden sein können und es daher viele Wege gibt, erfolgreich zu sein. Während die Strategie der Kostenführerschaft, über die es in den letzten Abschnitten ging, sehr leicht eine Gewinnen-oder-Verlieren-Situation für viele Unternehmen erzeugen kann, schafft die Differenzierungsstrategie Raum für mehrere Mitspieler, von denen jeder auf seine eigene Art kämpft. Das bedeutet jedoch nicht, dass der Wettbewerb nicht hart wäre, selbst dann, wenn Unternehmen deutlich verschiedene Produkte oder Dienstleistungen anbieten.

Unternehmen, die sich selbst klar von ihren Konkurrenten absetzen können, verzeichnen oftmals beneidenswerte Gewinne, und sie investieren diese häufig, um ihre einzigartige Position am Markt zu stärken. Ein prämiertes Weingut erntet seinen Ruf zum Beispiel aufgrund der Qualität der Trauben und der Fachkenntnis des Winzers. Dieser Ruf kann jedoch noch durch exklusive Verpackungen und Werbekampagnen aufpoliert werden. Diese ganzen zusätzlichen Investitionen machen es für Konkurrenten schwerer, mitzuhalten. Sie steigern jedoch auch die Kosten. Obwohl Hersteller von einfachen Weinen Schwierigkeiten haben, in einem qualitativ anspruchsvollen Markt zu konkurrieren, können prämierte Weingüter es sich auch nicht leisten, nur mit dem Preis allein zu kämpfen. Kein Unternehmen kann die Kosten ignorieren, selbst dann, wenn es etwas Einzigartiges anbietet. Weinkenner sind vielleicht bereit, 20 Euro für eine Flasche Chardonnay auszugeben, schrecken jedoch möglicherweise vor einem Preis von 50 Euro zurück.

Sie können Ihr Unternehmen auf verschiedene Weise hervorheben. Ihre Produkte oder Dienstleistungen können sich dadurch abheben, dass sie besondere Eigenschaften haben, gut funktionieren, speziell verpackt sind oder sich durch eine einzigartige Vertriebsart auszeichnen. Dann können Sie fortfahren und aus jedem dieser Aspekte eine erfolgreiche Differenzierungsstrategie entwickeln. Nebenbei gewinnen Sie noch treue Kunden.

Weil Differenzierungsstrategien vollständig von Ihrem Verhältnis zu den Kunden abhängen, sollten Sie hier kurz innehalten und sich selbst verschiedene Fragen stellen, bevor Sie fortfahren:

- ✔ Wer sind meine Kunden?
- ✔ Wie könnte ich sie am besten beschreiben?
- ✔ Was sind ihre Hauptwünsche und -bedürfnisse?
- ✔ Wie treffen sie ihre Wahl?
- ✔ Was motiviert sie zum Kauf?

In den Kapiteln 7 und 8 erfahren Sie mehr über Kunden. Die folgenden Abschnitte beschreiben Möglichkeiten, sich von der Konkurrenz abzusetzen.

Produktmerkmale

Häufig finden Sie Richtlinien für eine erfolgreiche Differenzierungsstrategie in dem, was Ihr Produkt für die Kunden leisten kann und was nicht. Schließlich sind die Merkmale eines Produkts häufig unter den ersten Dingen, die ein potenzieller Käufer betrachtet. Wie lassen sich Ihre Produkte stapeln? Sind Sie besonders gut im Produktdesign und der Produktentwicklung? (Kapitel 10 und 11 können Ihnen helfen, dies herauszufinden.) Falls ja, überlegen Sie sich, wie Sie Ihre Stärke in die Entwicklung neuer Merkmale umsetzen können, damit Ihre Produkte herausragen.

Leider stellen Produktmerkmale für Ihre Konkurrenten einen großen Anreiz zur Nachahmung dar. Der Versuch, sich allein in wesentlichen Produktattributen zu unterscheiden, lässt sich manchmal nur schwer über einen längeren Zeitraum aufrechterhalten. Technologieunternehmen wie Apple, 3M und Intel schaffen es nun schon seit vielen Jahren, ihren Konkurrenten immer einen Schritt voraus zu sein, indem sie enorme Mittel in Forschung und Entwicklung (F&E) investieren und immer die neuesten und großartigsten Produkte anbieten.

Anstatt bei der Produktentwicklung immer an erster Stelle zu stehen, können Sie Ihr Unternehmen auch dadurch hervorheben, dass Sie die Produkte auf raffiniertere Art verbessern und Kunden einzigartige, auf sie zugeschnittene Optionen anbieten, die umso mehr geschätzt werden, als sie häufig nicht erwartet werden. Beispiele sind Kameras, die melden, wenn die Batterie zu Ende geht, ein Auto mit eingebautem Garagentoröffner, eine Versicherungspolice, bei der Sie leicht verfolgen können, was alles versichert ist, und die dann automatisch Ihre Deckung aktualisiert, und Software, die Sie wirklich dabei unterstützt, alle Bits von Ihrer Festplatte zu entfernen, wenn Sie sie loswerden möchten.

Produktqualität

Wenn Sie ein Produkt oder eine Dienstleistung anbieten, das beziehungsweise die für ihre Qualität bekannt ist, gehen Sie einen großen Schritt in Richtung einer herausragenden Marktposition. In gewisser Weise deckt Qualität das ab, um was es bei der Differenzierung geht. Qualität von einer bestimmten Art ist das, wonach jeder zu suchen scheint, und der Betrachter hat sie häufig vor Augen. Auch wenn Kunden nicht immer genau sagen können, was Qualität ist, wissen sie es genau, wenn sie sie sehen. Und wenn sie es sehen, mögen sie es – und bezahlen möglicherweise sogar etwas mehr dafür.

Kunden werden die Qualität Ihrer Produkte wahrscheinlich etwas anders wahrnehmen als die Qualität einer Dienstleistung, die Sie anbieten. Der Unterschied zwischen der Qualität von Produkten und Dienstleistungen ist so groß, dass wir die beiden in Tabelle 15.1 getrennt behandeln.

Produktqualität	Beispiel
Leistung	Werden Töpfe und Pfannen in der Geschirrspülmaschine sauber?
Konsistenz	Schmecken die Spaghetti nach Art des Hauses immer gut?
Haltbarkeit	Wie lange werden die Wanderstiefel wohl halten?
Zuverlässigkeit	Speichert der Anrufbeantworter alle Nachrichten?
Aussehen	Sieht die Uhr nach etwas Besonderem aus?
Markenname	Welche Stereogeräte sind für ihre Qualität bekannt?
Qualität von Dienstleistungen	**Beispiel**
Fähigkeit	Weiß der Gehirnchirurg, was er tut?
Zuverlässigkeit	Wird die Zeitung morgens zugestellt?
Reaktionsfähigkeit	Wird der Notarzt rechtzeitig ankommen?
Integrität	Wie viel Vertrauen sollten Sie dem Rechtsanwalt schenken?
Aufmerksamkeit	Begrüßt die Bankangestellte Sie freundlich?
Wahrnehmung	Welche Fluggesellschaft hat die saubersten Toiletten an Bord?

Tabelle 15.1: Beispiele für Produktqualität und Qualität von Dienstleistungen

Die unterschiedlichen Qualitätsmaßstäbe hängen von der Branche ab, in der Sie tätig sind, und von den Kunden, die Sie bedienen. Unternehmen können sogar für die gesamte Branche erfolgreiche Differenzierungsstrategien für verschiedene Dimensionen aufstellen. Die Automobilbranche ist ein erstklassiges Beispiel hierfür. Wenn Sie zum Beispiel an Porsche denken, denken Sie an Leistungsfähigkeit. Volvo steht für Sicherheit, und Toyota und Honda stellen eine energiesparende, zuverlässige Wahl dar. Durch diese Unterschiede können Konkurrenten in einer Branche jeder auf seine Weise erfolgreich sein.

In der Dienstleistungsbranche liegen die Dinge etwas anders. Erstens können Sie nichts anderes als den Eindruck von Kunden berücksichtigen, wenn Sie eine Dienstleistung anbieten. Per Definition ist eine Dienstleistung etwas, das Sie nicht in der Hand halten können. Sie können sie nicht berühren oder spüren. Deshalb sind Kunden etwas in Verlegenheit, wenn sie gut unterrichtete Entscheidungen treffen sollen. Es ist schwerer herauszufinden, ob die Qualität einer Dienstleistung gut ist oder nicht. Wie können Sie zum Beispiel wirklich wissen, ob Ihr Arzt ein Genie oder ein Quacksalber ist? Ist der Pilot des heutigen Flugs ein Ass oder noch ein blutiger Anfänger? Ist der Zahnarzt ein Heiliger oder ein Sadist?

Hier kommt die Wahrnehmung ins Spiel. Wenn Kunden nicht alle Informationen haben, nehmen sie das, was sie sehen. Egal welche anderen Dimensionen wichtig sind, die greifbaren Dinge – Ausrüstung, Einrichtung und Personal – spielen eine wichtige Rolle dabei, wie Kunden die Qualität einer Dienstleistung wahrnehmen. Wie ein leitender Angestellter einer Fluggesellschaft einmal sagte:

> *Schmutzige Toiletten und Tabletts müssen notwendigerweise zu einem Maschinenversagen führen.*

Weil Kunden keine Möglichkeit haben, die Qualität des Maschinenwartungsprogramms einer Fluggesellschaft zu prüfen, achten sie auf Dinge, die sie beurteilen können, und bilden sich ihre Meinung danach.

Produktverpackung

Kunden blicken bei einer Kaufentscheidung häufig über die grundlegenden Merkmale hinaus. Tatsächlich ist es so, dass Ihre Kunden von der Verpackung genauso beeinflusst sind wie von den Merkmalen, die Ihr Produkt oder Ihre Dienstleistung bietet. Sie können ein Buch nicht aufgrund des Umschlags beurteilen und trotzdem kaufen viele Menschen Bücher ausschließlich wegen des Einbands.

Entsprechend können Sie auf der Grundlage der Produktverpackung eine wirkungsvolle Differenzierungsstrategie entwickeln. Legen Sie fest, wie Produkte und Dienstleistungen umworben werden, welche Garantien oder welchen Service Sie bieten und wo Sie Ihre Produkte und Dienstleistungen verkaufen.

Mit einer kreativen Werbung, aufmerksamem Service und einem ausgefeilten Vertrieb kann fast alles auf eine gewisse Weise zu etwas Einzigartigem gemacht werden. Wenn Sie uns nicht glauben, sollten Sie in die Gemüseabteilung eines Luxuskaufhauses gehen. Bei Früchten und Gemüse wird routinemäßig das Herkunftsland angegeben. Symbole teilen den Kunden mit, ob das Produkt mit oder ohne Chemikalien angebaut wurde, und es wird sogar das Erntedatum angegeben. Jede Kombination repräsentiert ein spezielles Produkt, das auf der Basis der einzigartigen Merkmale, die es bietet, beworben, dargeboten und mit einem Preis versehen wird.

Die Verpackung macht's

- ✔ Herren-Unterwäsche von Calvin Klein kostet mehr als die von Jockey, aber die Boxershorts und Sportunterhosen sind Verkaufsschlager. Anders als im Jockey-Online-Shop, wo nur die Produkte gezeigt werden, zeigt Calvin Klein auf seiner Homepage die Produkte an gut gebauten Models und verführt so die Kunden zum Kauf, die in Unterwäsche so wie die Models von Calvin Klein aussehen möchten.
- ✔ Die Produkte von Avon sehen aus wie Kosmetika, die Sie überall kaufen können, aber Avon-Beraterinnen haben noch immer Kundinnen, die auf ihrem Sofa mit ihren bevorzugten Hautpflegeprodukten verwöhnt werden möchten.
- ✔ Vorwerk-Geräte, wie der Thermo-Mix (Küchenmaschine) oder der Kobold (Staubsauger) sind robust und von guter Qualität, aber ein Großteil ihrer Popularität beruht auf den Garantien, dem Kundendienst und den Hausbesuchen der Vertreter.

Eine spezielle Raupenart

Caterpillar (zu Deutsch »Raupe«) ist ein gigantisches amerikanisches Unternehmen, die die riesigen gelben Maschinen herstellt, mit denen Autobahnen, Brücken, Staudämme und Flughäfen auf der ganzen Welt gebaut werden. Caterpillar macht weltweit die besten Maschinen für den Hoch- und Tiefbau, aber die Kunden sind von wesentlich mehr als nur der Ausrüstung beeindruckt. Was dieses Unternehmen wirklich hervorhebt, ist seine unschlagbare Fähigkeit, kurzfristig Kundendienst und Ersatzteile zu liefern. Caterpillar macht diese Zusage jedem seiner Kunden: Egal wo auf der Erde Sie sich aufhalten und welches Ersatzteil Sie benötigen, wir sorgen dafür, dass Sie es innerhalb der nächsten 24 Stunden in der Hand halten.

Das ist ein großes und kostspieliges Versprechen. Caterpillar wendet eine Menge Geld auf, um ein globales Kundendienstnetzwerk mit Verteilungsdepots zu errichten, die die Zusicherung erfüllen können. Das bedeutet natürlich auch höhere Preise für Caterpillar-Produkte. Aber die Kunden haben nichts dagegen, dieses zusätzliche Geld zu bezahlen, weil sie wissen, wie viel sie verlieren, wenn sie große Bauprojekte abbrechen müssen, weil eine Zündkerze oder ein Keilriemen fehlt. Somit verkauft Caterpillar mit seinen Maschinen auch etwas Seelenfrieden.

Den Fokus fokussieren

Die beiden generischen Strategien, um die es bisher ging, konzentrieren sich auf eine der beiden Seiten der Wertgleichung des Kunden. (Kapitel 9 enthält weitere Informationen zu Wertgleichungen.) Die Strategie der Kostenführerschaft streicht das Preisschild heraus und die Differenzierungsstrategie die einzigartigen Vorteile, die ein Produkt oder eine Dienstleistung zu bieten hat. Die letzte Wettbewerbsstrategie spielt die ersten beiden Strategien gegeneinander aus. Die *Strategie der Schwerpunktkonzentration* oder kürzer *Konzentrationsstrategie* zielt zwar ebenfalls auf den Preis oder die Einzigartigkeit ab, konzentriert sich aber auf einen kleineren Bereich.

Die Konzentrationsstrategie funktioniert, weil Sie sich auf eine bestimmte Kundengruppe konzentrieren. Sie können deshalb die Wünsche dieser Kunden besser befriedigen als Ihre Konkurrenten, die häufig versuchen, einen größeren Markt zu bedienen. Die folgenden Abschnitte zeigen verschiedene Arten auf, Ihre Bemühungen zu konzentrieren.

Nischenmärkte

Kleine, wohl definierte Marktsegmente bieten die Möglichkeit, nicht nur die Bedürfnisse der Kunden zu erfüllen, sondern auch ihre Erwartungen zu übertreffen. Wenn diese Marktsegmente sich am oberen Ende befinden, ist es sehr wahrscheinlich, dass Sie für Ihre Aufmerksamkeit belohnt werden, wenn der Rubel rollt. Kleine, gehobene Hotels zum Beispiel verwöhnen ihre betuchten Kunden mit Reinigungsdiensten, Pagen und sogar einem Limousinenservice zu Restaurants und Flughafen. Eine neue Art von Partyservice bietet den Kunden eine Mischung der Angebote der besten Restaurants der Stadt, Personal im Smoking und sogar Partyservice für mehrgängige Menüs mit Sitzgelegenheiten, Porzellangeschirr, Gläsern und Küchenpersonal. In einigen Großstädten konzentrieren sich Unternehmen jetzt auf einen wachsenden Nischenmarkt – beispielsweise indem sie Menüs auch für vegan lebende Partygäste anbieten.

Kunden sind bereit, für diese Art von Angebot mehr zu bezahlen, und das bedeutet hohe Gewinne. Nischenmärkte müssen natürlich nicht unbedingt im gehobenen Bereich liegen. Der Fabrikverkauf blüht, indem er kostenbewusste Kunden mit erlesenem Geschmack bedient. Manchmal sind Nischenmärkte auch zu klein, um für größere Firmen interessant zu sein. Daher sind Nischenmärkte besonders interessant für kleine Unternehmen oder für Neugründungen.

Auf die Zielgruppe abgestimmte Produkte

Unternehmen, die Produkte für den Massenmarkt anbieten, ignorieren häufig sogenannte Spezialprodukte und -dienstleistungen – all diese Produkte und Dienstleistungen, die nicht dem Standard entsprechen und eine begrenzte Anziehungskraft und kein großes Marktpotenzial haben. Wenn diese Unternehmen in den Markt der Spezialprodukte vordringen, sind sie normalerweise ziemlich ineffizient. Die Größe und die allgemeinen Geschäftskosten arbeiten einfach gegen sie. Spezialprodukte und -dienstleistungen bedeuten eine potenzielle Chance für den Erfolg einer Konzentrationsstrategie.

In den USA haben Eisenwarenhersteller, die Spezialartikel anbieten, einen schnellen Absatz für ihre neuen Produktlinien mit alten Eisenwaren gefunden. Alte Schrauben, Scharniere, Türknöpfe und Hunderte anderer schwer zu findender Elemente sind absolut erforderlich, um heruntergekommene Reihenhäuser in elegante Häuser im viktorianischen Stil zu verwandeln.

Geografische Begrenzung

Manchmal resultiert eine Beschränkung auf ein geografisches Gebiet in einem Kostenvorteil, einem besser zu bedienenden Markt oder beidem. In Gegenden, in denen es starke regionale Vorlieben gibt oder Dienstleistungen und Vertriebskosten besonders hoch sind, können lokale Unternehmen blühen. Restaurants, Lebensmittelgeschäfte und Zeitungen zielen alle auf eine Kundengemeinde ab, die lokale Nachrichten wünschen, Produkte aus der Region kaufen und in Läden gerne als Stammkunden behandelt werden.

Eine Konzentrationsstrategie funktioniert insbesondere für Neuunternehmen gut, die versuchen, in einer Branche Fuß zu fassen, in der die Großen bereits ihre Ansprüche angemeldet haben. Anstatt ebenfalls in diese fetten, fruchtbaren Märkte einzudringen (und direkt niedergeschlagen zu werden), können Sie manchmal einen direkten Kampf dadurch vermeiden, dass Sie sich auf kleinere Märkte konzentrieren, die für die bestehenden Spieler nicht so attraktiv sind. Wenn Sie sich einmal in einem Nischenmarkt eingerichtet haben, können Sie sich dazu entschließen, dass es nun an der Zeit ist, die Marktführer auf ihrem eigenen Rasen herauszufordern. Sixt begann zum Beispiel als regionale Autovermietung und ist nun Marktführer bei den überregionalen Autovermietern in Europa.

Für kleine Unternehmen, die bereits am Markt bestehen, kann eine Konzentrationsstrategie das Überleben sichern, wenn größere Unternehmen sich entschließen, in den regionalen Markt einzudringen. Wenn Ihr Unternehmen nur über ein geringes Vermögen verfügt und begrenzte Möglichkeiten besitzt, bietet eine Konzentration auf ein Kundensegment Ihnen zumindest die Chance, Ihre Fähigkeiten und Ressourcen beim Kampf zu nutzen.

Leider lässt sich die Konzentrationsstrategie am schwersten über einen längeren Zeitraum verteidigen. Gefahren lauern innerhalb und außerhalb des Unternehmens. Wenn Ihr Marktsegment plötzlich viel größer wird, dann können Sie mit einem wesentlich stärkeren Wettbewerb durch stärkere Konkurrenten mit größeren Geldbeuteln rechnen.

Wenn Ihr Nischenmarkt klein bleibt, sind Sie dem Druck ausgesetzt, Ihre Flügel auszubreiten und in neue, andersartige Märkte zu expandieren, wohl wissend, dass Sie dabei viele Ihrer ursprünglichen Stärken und Vorteile verlieren werden.

Am besten konzentrieren Sie sich weiterhin auf spezielle Kundengruppen. Kleine Unternehmen haben die besten Chancen, langfristig zu überleben, wenn sie bei einer Strategie oder einem Geschäftsplan bleiben, der ihre Ressourcen und Fähigkeiten konzentriert. Konzentrieren Sie sich darauf, ein bestimmtes Marktsegment besser zu bedienen als die Konkurrenz. Es gibt jede Menge Geschichten von kleineren Unternehmen, die größer sein wollten, als sie verkraften konnten – und natürlich sind diese Geschichten nicht gut ausgegangen.

Strategische Alternativen prüfen

Generische Strategien bilden die Grundsteine, die Sie für den Aufbau Ihres Businessplans brauchen (mehr dazu im Abschnitt »Gebrauchsfertige Strategien anwenden« weiter vorn in diesem Kapitel). Doch die Grundsteine sind nur der Anfang. Eine Strategie sollte auch die kleinen Details enthalten, die Ihr Unternehmen und Ihre Ziele einzigartig machen. Wie soll nun der nächste Schritt aussehen? Eine erfolgreiche Strategie und Planung hängt von Ihren Geschäftsumständen ab – das heißt davon, was in Ihrer Branche und Ihrem Markt passiert und was Ihre Konkurrenten vorhaben. Diese Faktoren bestimmen häufig, welche Strategie für Ihr Unternehmen die beste ist.

Alles auf einmal – oder doch nur eins

Jede Branche hat ihre Eigenarten. Die Kräfte, die am Werk sind, unterscheiden sich, jedes Unternehmen hat andere Aktivitäten und die wichtigsten Mitspieler sind einzigartig. Nehmen Sie sich also zunächst einen Moment Zeit, um die Struktur Ihrer Branche und die Art Ihrer Konkurrenten aufzuschreiben. (Wenn Sie dabei Anleitung brauchen, dann blättern Sie zurück zu den Kapiteln 6 und 9.) Eine Eigenart sollte Ihnen direkt ins Gesicht springen, nämlich der Umfang an Aktivitäten, die Ihre Branche definieren. Diese sogenannte *vertikale Integration* misst, in wie vielen Bereichen Sie und Ihre Konkurrenten tätig sind.

Die Kunst und das Geschäft der Weinherstellung

Kendall-Jackson, ein Immobilienanwalt aus San Francisco, begann Ende der 70er-Jahre, am Wochenende seinem Hobby als Winzer nachzugehen. Er hatte nur einige wenige Hektar kultiviert, aber für Jess Jackson bedeutete die Arbeit auf seinem Land in Sonoma County ein natürlicher Abbau des Stresses, mit dem seine berufliche Tätigkeit verbunden war. Doch zu viele Trauben und nicht genügend Käufer für seine 1978er-Ernte zwangen ihn zu seinem ersten Winzerabenteuer. Und es gefiel ihm. 1982 begann Jess Jackson dann, seinen eigenen Winzereibetrieb aufzubauen. Doch wie konnte es anders sein, sein Chardonnay hatte ziemliche Fermentationsprobleme in jenem Jahr. Obwohl er sich auf einen katastrophalen Jahrgang eingestellt hatte, war der Wein nur etwas süßer, als er hätte sein sollen. Das Ergebnis: Seine Flaschen mit Vintner's Reserve wurden über Nacht zu einer Sensation. Eine Winzerlegende war geboren.

Heute zählt Kendall-Jackson zu den zehn besten Winzereibetrieben der USA und besitzt mehr als ein Dutzend verschiedene Winzereien in ganz Kalifornien. In etwas mehr als 20 Jahren ist es Jess Jackson gelungen, das Geschäft mit Exklusivweinen in den USA zu verändern. Das gelang ihm zum Teil, indem er ein Geschäft mit einer effizienten vertikalen Integration schuf. Denn Kendall-Jackson produziert nicht nur erstklassige Weine, sondern baut auch die Trauben an, baut die Weinfässer, bewirbt die Weine und vertreibt die Flaschen. Über die Jahre schuf Jess Jackson aus einem altmodischen traditionellen Betrieb, der von vielen Familienmitgliedern getragen wurde, ein äußerst leistungsstarkes und wachstumsintensives Unternehmen.

Vertikal integrierte Unternehmen sind in viele Bereiche einer Branche involviert. Das kann von der Lieferung von Rohmaterialien bis zum Verkauf von Produkten und Dienstleistungen an Endkunden reichen. Unternehmen, die nicht vertikal integriert sind, neigen dazu, sich auf eine zentrale Aktivität zu konzentrieren, beispielsweise Bier zu brauen. Andere Brauereien bauen auch die Gerste und den Hopfen selbst an, stellen ihre Flaschen, Beschriftungen und Dosen selbst her, liefern das Bier selbst aus und betreiben sogar die Kneipen selbst, in denen das Bier an treue Kunden ausgeschenkt wird.

Wo genau liegt die Position Ihres Unternehmens innerhalb der vertikalen Integration der Branche? Die Frage ist wichtig, weil sie Ihre Entscheidung darüber beeinflusst, ob Sie im Laufe der Zeit eine stärkere oder eine weniger starke vertikale Integration anstreben sollten. Von Wirtschaftsgurus wurden bereits verschiedene Begriffe geprägt, die die strategischen Schritte beschreiben, die Sie möglicherweise vornehmen möchten:

- ✔ **Rückwärtsintegration** bedeutet, dass Sie Ihre Geschäftsaktivitäten in eine Richtung ausweiten, die Sie stärker an die Rohmaterialien, Ressourcen und Fachkenntnis heranbringt, die in die Erzeugung Ihrer Produkte einfließen.
- ✔ **Vorwärtsintegration** bedeutet, dass Sie Ihre Unternehmensaktivitäten in eine Richtung ausdehnen, die Sie dem Markt näher bringt, indem das Unternehmen an den Bereichen Verpackung, Vermarktung und Vertrieb beteiligt wird.
- ✔ **Ausgliederung** bedeutet, dass die Aktivitäten eines Unternehmens auf bestimmte Aspekte reduziert werden und andere Unternehmensbereiche abgestoßen werden.

Tabelle 15.2 und Tabelle 15.3 beschreiben einige Vor- und Nachteile der vertikalen Integration.

Vorteile	Begründung
Effizienz	Wenn Sie verantwortlich sind, ist es manchmal einfacher, Aktivitäten auf verschiedenen Geschäftsebenen zu koordinieren, wenn verwandte Funktionen kombiniert und überlappende Bereiche entfernt werden, um Ihre Gesamtaktivitäten besser anzupassen.
Ressourcen	Wenn Sie Ihre Hände bei den Aktivitäten im Spiel haben, die Ihrem Unternehmen vorgelagert sind, können Sie garantieren, dass Ihr Unternehmen Zugriff auf die Rohmaterialien und Ressourcen hat, die es benötigt, um im Geschäft zu bleiben.
Kunden	Wenn Ihr Unternehmen in die Aktivitäten integriert ist, die zu einem späteren Zeitpunkt stattfinden, erfahren Sie nicht nur sehr viel über Ihre Kunden, sondern Sie erzeugen auch eine dauerhafte Beziehung und sichern so Ihren langfristigen Zugriff auf den Markt.

Tabelle 15.2: Die Vorteile einer vertikalen Integration

Nachteile	Begründung
Gemeinkosten	Wenn Ihr Unternehmen versucht, alle Bereiche der Branche zu kontrollieren, können alle möglichen Sonderausgaben auf Sie zukommen, die durch mangelhaft angepasste Aktivitäten, ungenutzte Ressourcen und zusätzliche Koordinationskosten entstehen.
Mittelmäßigkeit	Wenn Ihr Unternehmen einen weiten Bereich von Aktivitäten wahrnimmt, ist es wesentlich schwieriger, in irgendeinem Bereich der Beste zu sein, und das Unternehmen riskiert, in allem durchschnittlich zu werden.
Größe und Trägheit	Wenn Ihr Unternehmen vertikal integriert ist, erschwert die Größe häufig schnelle Reaktionen auf Veränderungen, und Zugeständnisse an verschiedene Bereiche der Branche lassen wenig Raum für Flexibilität.

Tabelle 15.3: Die Nachteile einer vertikalen Integration

Vertikale Integration hat Vor- und Nachteile, was erklärt, warum es über die Jahre Schwankungen bei der Popularität vertikal integrierter Unternehmen gegeben hat. Dem Ansturm in Richtung Steuerung aller Aspekte einer Branche folgt der Trend, Unternehmen aufzubrechen und Bereiche abzustoßen, um sich auf bestimmte Unternehmensaktivitäten zu konzentrieren. Dann beginnt der Kreislauf wieder von vorn.

Etwas scheint sich über alle Schwankungen und Zyklen hinweg gehalten zu haben: Die erfolgreichsten und rentabelsten Unternehmen haben eines der beiden Extreme der Integration gewählt. Unternehmen, die sehr stark integriert sind, ernten alle Früchte der vertikalen Integration. Diejenigen, die sich auf eine einzige Aktivität konzentrieren, eliminieren Kosten und Ineffizienz. Egal was Sie tun, bleiben Sie nicht in der Mitte stecken, weil Sie hier nur ein paar der Vorteile der vertikalen Integration genießen und mit zu vielen Kosten belastet sind.

Outsourcing und Offshoring

Heutzutage favorisieren Unternehmenstheorien Strategien, bei denen die Unternehmen schlanker werden. Letztendlich hat der internationale Wettbewerb der letzten Jahrzehnte dazu geführt, dass es kostengünstiger geworden ist, Dienstleistungen und Ressourcen einzukaufen, als sie im eigenen Unternehmen zu erzeugen. Diese Praxis wird in der Regel als *Outsourcing* oder *Offshoring* bezeichnet. Beim Outsourcing nehmen Sie einen Teil Ihrer Unternehmensaktivitäten – beispielsweise die Lohnabrechnung oder die Rechnerwartung – und beauftragen ein externes Unternehmen mit diesen Aufgaben, um selbst Kosten zu sparen. Beim Offshoring lagern Sie Geschäftsbereiche in das nahe oder fernere Ausland aus, indem Sie beispielsweise lohnintensive Fertigungen in Billiglohnländer verlegen.

Outsourcing kann Ihnen helfen, die Dinge zu machen, die Sie besser können. Wenn Sie sich nicht mehr um bestimmte Unternehmensbereiche zu kümmern brauchen, dann können Sie Ihre Energien auf die Bereiche konzentrieren, die Sie am besten können und mit denen Sie sich von der Konkurrenz unterscheiden. In einer jüngeren Umfrage unter über 800 Unternehmen in den USA und Europa sagten 86 Prozent der Befragten, dass Outsourcing ihnen eine stärkere Kontrolle über ihre Unternehmensplanung gäbe. 55 Prozent meinten außerdem, dass ihre Unternehmen durch das Outsourcing Strategien schneller und effektiver umsetzen könnten.

Welche Unternehmensbereiche wurden von den Unternehmen am häufigsten ausgelagert? In dieser Umfrage stellte sich heraus, dass die Informationstechnologie mit 43 Prozent zu den größten Bereichen zählte, gefolgt von Versorgungskettenmanagement (36 Prozent), Finanzen und Buchhaltung (21 Prozent) und Kundenbetreuung (13 Prozent).

Wenn Sie beschließen, einen Teil Ihres Unternehmens auszulagern, dann sollten Sie unbedingt zuvor Ihre Hausaufgaben machen. Die Unternehmen, die Sie als Partner auswählen, werden zu einem Bestandteil Ihres Unternehmens. Achten Sie deshalb darauf, ob deren Werte und Visionen sich mit denen Ihres Unternehmens decken. (Lesen Sie noch einmal in Kapitel 4 über Werte und Unternehmensphilosophie nach.) Die Aktivitäten dieser Unternehmen beeinflussen Ihre Tätigkeit, die Art, wie Ihre Konkurrenten reagieren und wie Ihre Kunden Sie in Zukunft sehen werden. Gehen Sie also bei der Suche nach einem Unternehmen, das Ihre ausgelagerten Dienste übernehmen soll, wie bei einem Ehevertrag vor – Sie gehen eine ernsthafte Bindung ein.

Marktführer und Marktfolger

Egal in welcher Branche Sie tätig sind, Sie können die Konkurrenz in zwei Gruppen aufteilen: in die Marktführer und die Marktherausforderer, die sich an deren Fersen geheftet haben. *Marktführer* sind diejenigen Spitzenunternehmen, die das Geschehen in einer Branche bestimmen und dafür sorgen, dass Dinge geschehen. Sie sitzen auf dem Fahrersitz. Die *Marktfolger* folgen einfach. Aber in dieser zweiten Gruppe können Sie Unternehmen finden, die hart arbeiten, in großen Dimensionen denken und den Marktführern auf die Zehen treten.

Abhängig von der Marksituation verhalten sich die Unternehmen in den beiden Gruppen sehr unterschiedlich. Egal ob Sie bereits seit Längerem in der Branche tätig sind oder darüber nachdenken, ein neues Unternehmen zu gründen, ist es wichtig, dass Sie verstehen, was die Marktführer und den Rest motiviert. Die folgenden Abschnitte untersuchen einige Marktstrategien.

Die Strategie der Marktführerschaft

Die Marktführerschaft kann verschiedene Formen annehmen. Sie kann von der absoluten Dominanz eines Unternehmens bis zu der geteilten Steuerung einer Branche durch verschiedene Wettbewerbsteilnehmer reichen. Wenn Sie unter den Marktführern sind, folgen hier ein paar mögliche strategische Ansätze für Sie:

- **Volle Kraft voraus** – In dieser Situation ist Ihr Unternehmen der klare Marktführer. Aber selbst dann müssen Sie immer versuchen, aus dem Pulk weiter auszubrechen. Sie sind immer derjenige, der einen Schritt als Erster macht. Dabei kann es sich um die Implementierung einer neuen Technologie und die Einführung innovativer Produkte oder die Unterstützung neuer Anwendungen und die Festsetzung aggressiver Preise handeln. Sie wollen nicht nur an der Spitze bleiben, sondern auch Ihre Spitzenposition ausbauen.

- ✔ **Am Ball bleiben** – Ihr Unternehmen befindet sich unter den Hauptdrahtziehern am Markt, aber es hat keine Führungsposition. Deshalb konzentrieren sich Ihre Ziele darauf, das zu halten, was Sie bereits haben. Diese Ziele können die Knebelung von Händlern durch langfristige Verträge beinhalten, wodurch Kunden schwieriger zu neuen Marken wechseln können, oder Sie können in neue Marktsegmente und Produktbereiche eindringen, um Konkurrenten davon abzuhalten, dies zu tun.
- ✔ **Beständig fortfahren** – Ihr Unternehmen ist eines von mehreren marktbeherrschenden Unternehmen. Als eines unter gleichen übernimmt Ihr Unternehmen einen Teil der Verantwortung, die Branche zu überwachen, damit nichts das Boot zum Kippen bringt. Wenn zum Beispiel ein Emporkömmling versucht, die Preise zu senken, sind Sie schnell zur Stelle, um diese niedrigeren Preise zu unterbieten. Sie suchen den Horizont kontinuierlich nach neuen Konkurrenten ab und arbeiten hart dafür, Händler, Verkäufer und Einzelhändler davon zu überzeugen, dass sie keine neuen Unternehmen oder Marken in ihr Sortiment aufnehmen sollen.

Zusammenarbeit: Die Macht der Standards

Im letzten Jahrhundert ist die Welt ein eng vernetzter Ort geworden. Heute verbinden Flugzeuge, Züge, Autos, Telefone und das Internet Länder und Menschen. Außerdem erwarten wir, dass wir uns mit allem um uns herum ebenfalls verbinden können: mit dem Fernseher, dem Tablet-Computer und dem Handy. Was ermöglicht denn alle diese Verbindungen? Standards. Ohne Standards – die technologischen Details, auf die sich alle in einer Branche einigen – würden alle Netzwerke, die die moderne Welt definieren, einfach verschwinden. Standards sind so ein wichtiger Unternehmensbereich in unserer heutigen Zeit, dass jede nur erdenkliche Branche über ein Standardisierungskomitee verfügt, das die Regeln definiert, denen ihre branchenspezifische Technologie folgen soll.

Wenn Ihr Unternehmen in Ihrer Branche die Standards festlegt, dann gewinnen Sie einen beachtlichen Marktvorteil. Auf vielen Märkten gibt es quasi nur einen Standard. Bei Betriebssystemen für den weltweit absolut überwiegenden Anteil aller PCs oder Laptops hat sich Microsoft Windows durchgesetzt. Computerhersteller müssen dieses System fast zwingend einsetzen, wenn sie wollen, dass ihre Kunden den Computer sofort nutzen können. Auch bei Ladegeräten gibt es mittlerweile Standards für die Stecker, wodurch im Urlaub oft nur ein Ladegerät mitgeführt werden muss. Das Gleiche gilt für USB-Verbindungen und so weiter. Die Marktführer produzieren nicht immer die besten Produkte am Markt, aber nachdem ein Standard eingeführt ist, wird es für die anderen Unternehmen fast unmöglich, den Marktführer aus dem Sitz zu hebeln.

Strategien der Marktfolger

Marktfolger sind häufig gezwungen, Strategien zu entwickeln, die auf den Stärken und dem Verhalten der Marktführer basieren. Ein aggressiver Herausforderer wird zum Beispiel in einer Branche wenig Erfolg haben, in der ein mächtiges Unternehmen an der Spitze steht.

Erfreulicherweise können Sie zwischen verschiedenen strategischen Alternativen wählen, wenn Sie selbst Marktfolger sind:

- ✔ **Ein paar Wellen schlagen:** In diesem Fall hat Ihr Unternehmen die Absicht zu wachsen, indem es seine Präsenz in der Branche ausweitet, und Sie wollen die Marktführerschaft direkt herausfordern. Diese Strategie kann eine aggressive Preisreduktionskampagne beinhalten, um so viele Marktanteile wie möglich zu erhalten. Möglicherweise unterstützen Sie diese Kampagne mit einer raschen Ausweitung Ihrer Vertriebsstellen und gewaltigen Marketing-Bemühungen. Die Strategie erfordert dicke Geldbeutel, einen starken Willen und die Fähigkeit, einen Marktführer zum Schlucken zu bringen. Aber am Ende könnte Sie dies zum Marktführer machen.
- ✔ **Die Schrauben fester anziehen:** In dieser Situation ist Ihr Unternehmen in seiner eigenen Marktnische erfolgreich und Sie wollen, dass das so bleibt. Obwohl Sie darauf achten, die Marktführerschaft nicht direkt herauszufordern, haben Sie keine Angst davor, Ihr Stück Rasen zu verteidigen. Sie haben in Ihrem eigenen Marktsegment Stärken und Vorteile durch Ihr einzigartiges Produkt und die Loyalität Ihrer Kunden. Um diese Situation aufrechtzuerhalten, konzentrieren Sie sich auf die Kundenwünsche und den Wert, den Sie in den Markt einbringen.
- ✔ **Einfach mitgehen:** Es ist leicht, Unternehmen zu finden, die in der Selbstzufriedenheit heimisch geworden sind. Ganz offen gestanden gibt es diese Unternehmen normalerweise in ziemlich langweiligen Branchen, in denen nicht sehr viel passiert. Diese Unternehmen sind ziemlich glücklich darüber, am Ende des Pulks bleiben zu können und ohne Sorge hinter den anderen hertrotten zu dürfen. Rechnen Sie nicht damit, dass diese Unternehmen etwas Neues oder anderes in den Markt einbringen. (Wenn Sie selbst in einem solchen Unternehmen arbeiten, sollten Sie vielleicht über einige Änderungen nachdenken, solange Sie noch wach sind.)

Eine eigene Strategie entwickeln

Wenn Sie sich von all diesen Möglichkeiten, eine Strategie für Ihr Unternehmen zu ersinnen, überwältigt fühlen, dann halten Sie kurz inne und holen Sie tief Luft. Erinnern Sie sich an eine wichtige Sache: Strategie ist kein Test, den Sie einmal durchlaufen und bei dem Sie gleich beim ersten Mal alles richtig machen. Stattdessen sind die Entscheidungen wichtig, die Sie treffen, um langfristig erfolgreich zu sein. Strategie ist ein fortlaufender Prozess. Machen Sie sich keine Sorgen, wenn Sie nicht sofort erkennen können, wie alle Teile zusammenpassen. Wundern Sie sich auch nicht, wenn Sie den Abschnitt *Chancen und Risiken* in Ihrem Businessplan vielleicht etwas abändern müssen.

Die richtige Strategie zu finden, ist ein Prozess, den Sie immer wieder aufs Neue überdenken, überarbeiten und neu formulieren können. Wenn Sie eine Strategie auf die richtige Art und Weise angehen, dann ist dies eine immerwährende Aufgabe.

Wenn Sie damit beginnen, Ihre eigene Strategie zu entwickeln, lassen Sie sich von folgenden Hinweisen leiten:

- ✔ Entwickeln Sie nie eine Strategie, ohne zuerst Ihre Hausaufgaben gemacht zu haben.
- ✔ Haben Sie immer einen klar definierten Satz an Zielen vor Augen.
- ✔ Erinnern Sie sich an die Annahmen, die Sie aufgestellt haben, und vergewissern Sie sich, dass die Annahmen noch gelten.
- ✔ Bauen Sie Flexibilität ein und halten Sie immer eine Alternative parat.
- ✔ Verstehen Sie die Bedürfnisse, Wünsche und das Wesen Ihrer Kunden.
- ✔ Lernen Sie Ihre Konkurrenten kennen und unterschätzen Sie sie nicht.
- ✔ Bauen Sie Ihre Stärken aus und minimieren Sie Ihre Schwächen.
- ✔ Betonen Sie Ihre Kompetenz, um einen Wettbewerbsvorteil halten zu können.
- ✔ Machen Sie Ihre Strategie klar, kurz und prägnant, konsistent und erreichbar.
- ✔ Verkünden Sie Ihre Strategie allen Mitarbeitern des Unternehmens, damit diese nicht im Dunklen tappen müssen.

Diese Richtlinien sind nicht nur hilfreich, um eine Strategie zu entwickeln, sie sind auch zum Überprüfen und Überarbeiten einer Strategie nützlich. Achten Sie darauf, regelmäßig zu den Richtlinien zurückzukehren, sozusagen als immerwährende Verpflichtung Ihrer Unternehmensstrategie und Ihres Businessplans. Wie oft sollten Sie den Abschnitt *Chancen und Risiken* in Ihrem Businessplan überarbeiten? Das hängt davon ab, wie häufig sich Ihre Branche und Ihr Markt verändern. Versuchen Sie, diesen Abschnitt wenigstens einmal im Jahr zu überprüfen, auf jeden Fall aber immer dann, wenn größere Änderungen auftreten.

Unternehmen, die Strategien und Unternehmensplanung ernst nehmen, wissen, dass sie ihr Ziel mit der Parole »Bereit, Zielen, Feuern« und nicht mit »Bereit, Feuern, Zielen« erreichen. So einfach ist das. Mit anderen Worten heißt das, dass fast jede Strategie besser ist, als überhaupt keine zu haben. Unternehmen, die eine klare Strategie haben, treffen nicht immer ins Schwarze. Keine Strategie kann dies versprechen. Aber diese Unternehmen haben am Ende Erfolg, weil sie sich einem strategischen Prozess unterwerfen, der sie zwingt, die richtigen Fragen zu stellen und gute Antworten zu finden. Diese Antworten sind häufig besser als die der Konkurrenz. Vor allem in einem neu gegründeten Unternehmen kann eine klare und überzeugende Strategie helfen, Gelder und Mitarbeiter anzuziehen.

Groß und größer werden

16

In diesem Kapitel

- Mit dem Produktlebenszyklus arbeiten
- Durch Erweitern der Marktmöglichkeiten wachsen
- Produktlinie erweitern
- In neue Geschäftsbereiche diversifizieren
- Produkt-Portfolio verwalten
- Strategische Geschäftsfelder erkennen

Zu überwachen, wie ein Produkt oder eine Dienstleistung sich einen Weg durch den kalten, grausamen Markt bahnt, ist eine große und schwierige Aufgabe. Es erfordert viel Zeit und Ressourcen sowie eine sorgfältige Planung. Als Erstes müssen Sie ergründen, wie Sie das Produkt zum Erfolg führen können. Welche Attribute und Aspekte sollten Sie hervorheben? Wie schaffen Sie es, dass andere davon Notiz nehmen (und mögen, was sie sehen)? Was müssen Sie tun, um Ihr Produkt oder Ihre Dienstleistung zu unterstützen und in die rechten Hände zu bringen? Sie sollten Gelegenheiten nutzen, die sich bieten. Gleichzeitig müssen Sie sich aber über die Bedrohungen und den Wettbewerbsdruck Sorgen machen, der am Markt lauert.

Klingt das nicht sehr wie das Großziehen eines Kindes? Nun, Ihr Produkt ist Ihr Baby und, wie alle Eltern Ihnen sagen werden, folgt eine schlimme Phase der nächsten. Denken Sie daran, wie häufig Sie Ihre Eltern sagen hörten: »Du glaubst, die Kinder machen gerade eine schwierige Phase durch? Dann warte mal auf die nächste!«

Produkte und Kinder haben sehr viel gemeinsam. Bei beiden ändert sich die Welt ständig, und trotzdem schaffen sie es irgendwie, groß zu werden. Ein wesentlicher Unterschied bei Unternehmensneugründungen liegt darin, dass Sie rücksichtslos bereit sein müssen, Ihre Produkte und Dienstleistungen so neu zu entwickeln oder neu zu gestalten, dass sie den Märkten und der Branche entsprechen (etwas, das Sie als Eltern vielleicht eher vermeiden wollen). Wirtschaftsgurus haben jahrzehntelang Produkte aller Altersstufen erforscht und präsentierten schließlich eine nützliche Beschreibung der allgemeinen Phasen, die fast jedes Produkt durchläuft. Wenn Sie einen Businessplan erstellen, müssen Sie für die Veränderungen im Produktlebenszyklus planen.

In diesem Kapitel erklären wir den Produktlebenszyklus und seine Bedeutung für Ihr Unternehmen. Es geht um Möglichkeiten, Ihr Unternehmen auf Wachstumskurs zu halten. Wir zeigen Ihnen, wie Sie mit bestehenden Produkten in neue Märkte expandieren können und wie Sie Ihre Produktlinie ausweiten können, um aktuelle Kunden besser bedienen zu können. Wir erkunden die Chancen und Stolperfallen beim Versuch, zu diversifizieren. Es geht um strategische Geschäftsfelder und wir führen verschiedene Portfolio-Werkzeuge ein, die Ihnen bei der Planung und Verwaltung einer Produktfamilie helfen.

Der Produktlebenszyklus

Im Geschäftsleben ist die einzige Konstante die *Veränderung*. Die Kräfte der Veränderung sind überall. Das reicht von den Haupttrends in Ihrer Geschäftsumgebung bis hin zu den wechselnden Geschmäckern und Anforderungen Ihrer Kunden und dem unvorhersehbaren Verhalten Ihrer Konkurrenten. (Mehr zu Veränderungen und wie Sie sich darauf vorbereiten können, erfahren Sie in Kapitel 14.)

Sie denken vielleicht, dass all diese Faktoren zusammengenommen eine Welt voll Chaos und Unsicherheit erzeugen würden. Manchmal stimmt das. Aber in der Regel folgen Unternehmen geregelten und sogar vorhersehbaren Mustern. Experten sind auf einige dieser Grundmuster gestoßen und die Zyklen, die sie erstellt haben, beschreiben sehr gut, was sich trotz des Tumults und der Verwirrung abspielt.

Eines dieser Muster – der *Produktlebenszyklus* – veranschaulicht, was mit einem neuen Produkt oder einer Dienstleistung geschieht, das beziehungsweise die Sie neu in den Markt einführen. Der Produktlebenszyklus beschreibt vier Hauptzustände, die Ihr Produkt sehr wahrscheinlich durchlaufen wird:

- ✔ Einführungsphase
- ✔ Wachstumsphase
- ✔ Reifephase
- ✔ Rückgangsphase oder Abschwungphase

Der Produktlebenszyklus ist stark von der Bereitschaft der Konsumenten abhängig, ein neues Produkt oder eine neue Dienstleistung auszuprobieren. (Wenn Sie Ihre Kenntnisse in Sachen Kundenpersönlichkeitstypen und Innovationsdiffusion am Markt auffrischen wollen, dann lesen Sie noch einmal Kapitel 7.) Die meisten Produktlebenszyklen sehen aus wie in Abbildung 16.1 dargestellt.

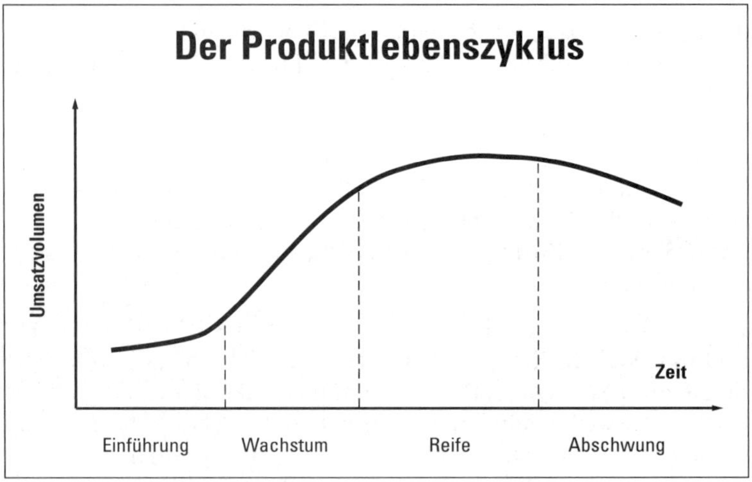

Abbildung 16.1: Der Produktlebenszyklus zeigt, wie sich das Umsatzvolumen eines typischen Produkts im Zeitverlauf ändern wird.

Die Kurve gibt Ihr Produktabsatzvolumen im Zeitverlauf wieder. Als Verkaufsvolumen können Sie zum Beispiel die Umsatzerlöse oder die Anzahl der verkauften Einheiten betrachten, und als Zeitskala können Sie Wochen, Monate, Jahre oder sogar Jahrzehnte wählen.

Jede Phase in Ihrem Produktlebenszyklus bietet einen einmaligen Satz an Marktbedingungen und eine Folge von Herausforderungen für die Planung. Die verschiedenen Phasen erfordern unterschiedliche Managementziele, Strategien und Fertigkeiten. Die folgenden Abschnitte erörtern, was Sie in den einzelnen Phasen beachten sollten.

Einführungsphase

Sie führen ein neuartiges Produkt oder eine Dienstleistung in den Markt ein, und es beziehungsweise sie beginnt, Umsätze zu erzeugen. Weil die Kosten in dieser Phase relativ hoch sind, haben Sie normalerweise nicht allzu viele Konkurrenten. Das Wachstum ist stattdessen durch die Fähigkeit Ihres Unternehmens begrenzt, das Produkt herzustellen, Aufmerksamkeit im Markt zu erzeugen und die Kunden dazu zu bringen, das neue Produkt zu akzeptieren und anzunehmen.

In diesem Stadium des Produktlebenszyklus konzentrieren sich die Bemühungen darauf, Ihr Produkt herauszubringen und sicherzustellen, dass alles so funktioniert, wie es sollte. Gleichzeitig müssen Sie kämpfen, sich auf dem Markt bemerkbar zu machen. Tabelle 16.1 hebt einige Merkmale der Einführungsphase hervor.

Komponente	Merkmal
Branche	Ein oder zwei Unternehmen
Wettbewerb	Wenig oder keiner
Schlüsselfunktion	Forschung und Entwicklung
Kunden	Innovativ und risikofreudig
Finanzen	Hohe Preise und Kosten
Gewinne	Nicht vorhanden bis negativ
Ziele	Produktannahme
Strategie	Erweiterung des Gesamtmarktes

Tabelle 16.1: Hauptmerkmale der Einführungsphase

Wachstumsphase

Ihr neues Produkt oder Ihre Dienstleistung baut sich während der Wachstumsphase einen Namen auf. Falls das Produkt oder die Dienstleistung eine neue Technologie beinhaltet, einigen sich die Branchenführer auf Standards, also auf die Dinge, die bestimmen, wie eine Technologie funktionieren sollte (Kapitel 15 weiß hierzu mehr zu berichten). Die Nachfrage steigt schnell und der Absatz nimmt zu. Auch der Wettbewerb wird stärker, wenn die konkurrierenden Produkte auf den Zug aufspringen, um von dem expandierenden Markt zu profitieren. Kunden beginnen, eine Markenloyalität zu entwickeln, und Unternehmen passen ihre Produktmerkmale an, um die Kundenbedürfnisse besser befriedigen zu können – Bedürfnisse, die sich nun leichter erkennen lassen.

Wenn die Wachstumsphase einsetzt, verschieben sich die Produktanforderungen so, dass Sie der wachsenden Produktnachfrage begegnen, Ihr Produkt oder Ihre Dienstleistung verbessern und bestimmte Kundengruppen erreichen können. Dabei müssen Sie eine wachsende Anzahl an Konkurrenten bewältigen. Tabelle 16.2 hebt die Charakteristika der Wachstumsphase hervor.

Komponente	Merkmal
Branche	Zahlreiche Unternehmen
Wettbewerb	Wachsende Stärke und Anzahl der Konkurrenten
Schlüsselfunktion	Marketing
Kunden	Menschen, die gerne neue Produkte ausprobieren
Finanzen	Preise konkurrenzorientiert, variable Kosten
Gewinne	Schnell wachsend
Ziele	Zunahme der Absatzzahlen und Marktanteile
Strategie	Position ausbauen und verteidigen

Tabelle 16.2: Hauptmerkmale der Wachstumsphase

Reifephase

Das Wachstum Ihres Produkts oder Ihrer Dienstleistung beginnt sich in der Reifephase zu verlangsamen, weil sich die Nachfrage am Markt einpendelt und es schwieriger wird, neue Kunden zu finden. Es kommen auch kaum neue Konkurrenten hinzu und der Markt stabilisiert sich. Die Gewinne wachsen weiter, wenn die Kosten weiterhin fallen. Veränderungen der Marktanteile spiegeln Veränderungen des Produktwerts wider, den die Kunden gegenüber Konkurrenzprodukten sehen. Eine Erhöhung des Marktanteils eines Produkts geht häufig zulasten konkurrierender Produkte.

Wenn die Reife einsetzt, wendet sich Ihre Aufmerksamkeit der Kostensenkung zu, um schließlich die Vorzüge stabiler Gewinne zu ernten. Obwohl man sich in dieser Phase leicht wohlfühlen kann, müssen Sie darüber nachdenken, was als Nächstes geschehen soll. Tabelle 16.3 beschreibt die Merkmale der Reifephase.

Komponente	Merkmal
Branche	Nicht mehr so viele Unternehmen
Wettbewerb	Stärker, aber stabil
Schlüsselfunktion	Produktion
Kunden	Die Mehrheit der Käufer
Finanzen	Wettbewerbsfähige Preise und geringere Kosten
Gewinne	Auf dem Höchststand oder kurz davor
Ziele	Cashflow und Gewinn
Strategie	Position am Markt halten

Tabelle 16.3: Hauptmerkmale der Reifephase

Abschwungphase

Irgendwann beginnen in einem Produktlebenszyklus die Absatzzahlen zu sinken und die Umsätze zurückzugehen. Die Konkurrenten verlassen den Markt, da die Gewinne schwinden. Die Abschwung- oder Rückgangsphase kann durch groß angelegte Veränderungen in Wirtschaft oder Technologie verursacht werden oder einfach nur die sich ändernden Bedürfnisse von Kunden und das Kundenverhalten widerspiegeln. Die Produkte, die in dieser Phase noch immer am Markt sind, werden entweder neu gestaltet, neu positioniert oder ersetzt.

Wenn der Rückgang droht, müssen Sie Ihr Produkt neu gestalten, seinen Markt neu definieren oder neue Einsatzgebiete oder Kundengruppen finden. Wenn diese Versuche fehlschlagen, müssen Sie sich auf Möglichkeiten konzentrieren, den Markt zu verlassen und dabei nicht zu viel Geld zu verlieren. Tabelle 16.4 zeigt verschiedene Merkmale der Rückgangsphase.

Komponente	Merkmal
Branche	Wenige Unternehmen
Wettbewerb	Rückläufig
Schlüsselfunktion	Finanzen und Planung
Kunden	Treue, konservative Käufer
Finanzen	Fallende Preise und geringe Kosten
Gewinne	Stark reduziert
Ziele	Restgewinne abschöpfen
Strategie	Lebend davonkommen

Tabelle 16.4: Hauptmerkmale der Abschwungphase

Der Ist-Zustand

Nehmen Sie Ihr eigenes Produkt oder Ihre Dienstleistung und schauen Sie, ob Sie die ungefähre Position in der Produktlebenszykluskurve ausmachen können (siehe Abbildung 16.1). Wenn Sie damit überfragt sind, sollten Sie sich die folgenden Fragen stellen:

- ✔ Wie lange ist das Produkt bereits am Markt?
- ✔ Wie schnell wächst der Markt?
- ✔ Steigt, sinkt oder stagniert die Wachstumsrate?
- ✔ Ist das Produkt rentabel?
- ✔ Steigen oder sinken die Gewinne?
- ✔ Wie viele Konkurrenten hat das Produkt?
- ✔ Wie schnell ändern sich die Produktmerkmale?
- ✔ Gibt es mehr oder weniger Konkurrenzprodukte als vor einem Jahr?

Vielleicht sind Sie sich sicher, wo Ihr Produkt in seinem Lebenszyklus steht. Das ist gut. Vergessen Sie aber nicht, Ihre Analyse zu überprüfen. Es kann vorkommen, dass Sie verschiedene Signale aus dem Markt erhalten und die Hinweise sich sogar widersprechen. Kein Produktlebenszyklus gleicht dem anderen. Leider können vorschnelle Handlungen zu einer überstürzten Planung und einer sich selbst erfüllenden Prophezeiung führen.

Angenommen, die Produktmanagerin für die Dingsdas von Global Krimskrams entdeckt einen Rückgang der Verkaufszahlen. Als treue Anhängerin der Gesetze des Produktlebenszyklus kommt sie zu dem offensichtlichen Schluss, dass die Wachstumsphase nun schließlich ein Ende erreicht hat. Was tut sie? Sie beginnt, über Möglichkeiten nachzudenken, die Kosten zu reduzieren. Möglicherweise reduziert sie das Werbebudget und lässt Bonusprogramme für das Vertriebspersonal auslaufen. Was geschieht dann? Die Verkaufszahlen der Dingsdas gehen wie vorhergesagt noch weiter zurück. Die Produktmanagerin klopft sich daraufhin auf die Schulter, weil sie die Erste war, die den Beginn der weltweiten Abschwungphase der Dingsdas erkannt hat.

Aber was ist, wenn der Absatzrückgang nur durch schlechtes Wetter, Lieferprobleme, verstimmtes Vertriebspersonal oder andere Gründe verursacht wurde? Durch das blinde Vertrauen in ein Lehrbuch statt auf die eigene Urteilskraft und sorgfältige Analyse verursachte die Produktmanagerin das Ergebnis, das sie so überzeugt vorhersagte.

Wofür ist ein Unternehmenskonzept gut, wenn Sie sich nicht darauf verlassen können? Bitte verstehen Sie uns nun nicht falsch. Der Produktlebenszyklus ist ein leistungsfähiges Planungswerkzeug, wenn Sie es zur Unterstützung und nicht als Ersatz für Ihre eigenen Fähigkeiten nutzen. Wenn er als Frühwarnsystem eingesetzt wird, alarmiert er Sie vor möglichen Veränderungen und gibt Ihnen Zeit, für ein andersartiges Geschäftsumfeld zu planen und schnell zu reagieren, wenn Ihr Produkt schließlich eine neue Phase im Lebenszyklus erreicht. Sie sollten jedoch stets Ihre Sichtweise der Dinge zweifach überprüfen, damit Sie einen kurzfristigen Schluckauf nicht für eine langfristige Veränderung des Lebenszyklus halten.

Wege finden, um zu wachsen

Lassen Sie uns den Tatsachen ins Auge blicken. Ihr Produkt wird morgen nicht mehr das Gleiche sein wie heute. Sie planen vielleicht nicht, etwas zu tun. Aber alles um Ihr Produkt herum verändert sich. Die Welt wird wieder einen Schritt nach vorne gehen. Die Wirtschaft, die Technologie, Ihre Branche und der Wettbewerb – alle werden sich ändern. Ihre Kunden werden dann etwas anders über Ihr Unternehmen und Ihr Produkt denken, auch wenn Sie dies anders sehen.

Die Chance verpasst

Wenn Sie das Produkt nennen müssten, das die größten Auswirkungen auf das 20. Jahrhundert hatte, wäre dies wohl das Automobil. Aber Sie hätten das in den Anfangstagen bestimmt nicht erraten. Im letzten Jahrzehnt des 19. Jahrhunderts schlingerten überall seltsame Apparate mit vier Rädern herum. Sie stotterten und sprangen manchmal nach vorn und wurden durch Dampfturbinen, Benzinmotoren, Elektromotoren und dergleichen angetrieben – vielleicht sogar durch Kernenergie, wenn es die damals schon gegeben hätte. Aber die in den Kinderschuhen steckende Automobilindustrie musste eine Hürde überwinden: Sie musste die Menschen dazu bringen, diese seltsamen Fortbewegungsmittel, die völlig ohne Pferde auskamen, überhaupt auszuprobieren. Es gab sogar Stimmen, die gesundheitliche Beeinträchtigungen aufgrund der Geschwindigkeit befürchteten.

1905 begann sich die Idee durchzusetzen, Automobile als ernsthaftes Transportmittel einzusetzen. Henry Ford führte 1908 sein Model T ein und verkaufte 10.000 Stück davon für einen Preis von jeweils 825 US-Dollar. In fünf Jahren konnte er die Verkaufszahlen auf eine halbe Million steigern und Ende der 1920er-Jahre hatten schon 15 Millionen Model T Fords Fabrik verlassen. Ford Motor Company führte das Model T die Produktlebenszykluskurve entlang direkt in die Reifephase hinein. Ford produzierte weltweit fast die Hälfte aller Autos. Obwohl der Preis eines T 1925 auf 260 US-Dollar gefallen war, blieben die Gewinnmargen durch das Volumen der Verkaufszahlen hoch. Die Geschäfte liefen gut.

Wie sich herausstellte, liefen die Geschäfte *zu* gut. Henry Ford war bei der Einführung, dem Wachstum und der Pflege seines Produkts über viele Jahre hinweg erfolgreich. Aber er war so fest entschlossen, die Kosten zu reduzieren und die Kapazität auszuweiten, dass er die ersten Anzeichen für den Rückgang nicht wahrnahm. Er sah nicht, dass sein geliebtes Model T aus der Mode kam.

Im Idealfall hätte Herr Ford nach vorne geblickt und seine Ziele und Strategien an neue Grundregeln angepasst – Regeln, die von den Konsumenten diktiert wurden, die sich mehr Ausstattung und Optionen wünschten. Aber er tat es nicht, sondern blieb bei seinem Grundsatz: »Jeder Kunde kann sein Auto in jeder Farbe lackiert haben, solange es schwarz ist.« Als Ergebnis musste er die Produktion fast ein Jahr lang einstellen, als er beschloss, gegen General Motors in einem veränderten Markt zu kämpfen. Im Verlauf jenes Jahres verlor Ford 200 Millionen US-Dollar und entließ 60.000 Arbeiter.

Wie findet Ihr Unternehmen angesichts der fast sicheren Produktsterblichkeit Wege, um zu wachsen und zu florieren? Sie werden vermutlich die Absicht haben, einen neuen Businessplan zu erstellen, wenn Ihr Produkt ins Alter kommt (und zwar bevor Sie die Lichter aus- und die Türen zumachen). Aber welchen Weg schlagen Sie ein? Wie sehen Ihre Alternativen aus?

Erfreulicherweise müssen Sie die Alternativen nicht selbst erfinden. Die Planung für langfristiges Wachstum war jahrzehntelang eines der Lieblingsthemen von Management-Gurus. Einer der Pioniere der Erforschung von Techniken zum Erzeugen von Geschäftswachstum war ein Mann namens Igor Ansoff, der eine einfache Matrix namens *Produkt-Markt-Matrix*

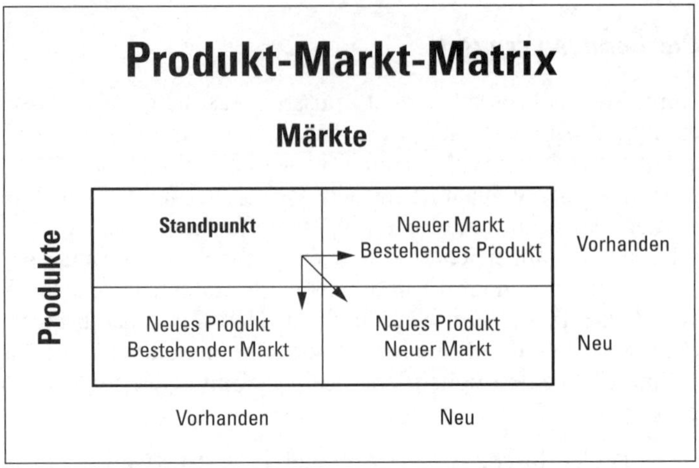

Abbildung 16.2: Die Produkt-Markt-Matrix beschreibt verschiedene Wachstumsarten auf der Grundlage einer Kombination aus Produkten und Märkten.

entwickelte, mit der mögliche Wachstumsrichtungen für Ihr Unternehmen dargestellt werden können (siehe Abbildung 16.2).

Die Produkt-Markt-Matrix beinhaltet eigentlich nicht mehr als das, was man sich mit dem gesunden Menschenverstand denken kann. Sie besagt, dass Sie irgendwo einen Anfang machen müssen, wenn Sie wollen, dass Ihr Unternehmen wächst. Logischerweise sollten Sie an der Stelle beginnen, an der Sie sich im Augenblick befinden, und mit dem Material, das Ihnen zur Verfügung steht. Wie schnell Sie sich in eine der angegebenen Richtungen entwickeln, hat mit Ihren Fähigkeiten und Ressourcen und mit der Veränderungsrate in Ihrer Branche zu tun. Betrachten Sie die folgenden Möglichkeiten, mit denen Sie Ihr Unternehmen vorwärtsbringen können:

- ✔ **Standpunkt (bestehendes Produkt und bestehender Markt)** – Wachsen Sie, indem Sie weiterhin das tun, was Sie bereits jetzt tun. Verbessern Sie jedoch verschiedene Punkte, damit Ihre Kunden mehr von Ihrem Produkt oder Ihre Dienstleistung häufiger und auf andere Weise als bislang einsetzen. Steigern Sie zum Beispiel den Zahnpastabedarf, indem Sie Ihre Kunden ermutigen, sich ihre Zähne (oder sogar die ihres Hundes) häufiger zu putzen.
- ✔ **Neuer Markt, bestehendes Produkt** – Wachsen Sie in der nächsten Zeit, indem Sie einen neuen Markt für Ihr bestehendes Produkt finden. Breiten Sie sich dazu entweder geografisch aus oder versuchen Sie, eine völlig neue Art von Kunden zu erreichen. Wenn Sie Backpulver herstellen, dann bringen Sie die Kunden beispielsweise dazu, es als Weißmacher bei der nächsten Gardinenwäsche einzusetzen.
- ✔ **Neues Produkt, bestehender Markt** – Wachsen Sie, indem Sie zusätzliche Produktmerkmale, Optionen oder sogar verwandte Produktfamilien mit der Absicht entwickeln, Ihre bestehenden Kunden zu verlocken. Denken Sie nur an die verschiedenen Mixgetränke, die zurzeit auf dem Markt sind: grüne Smoothies mit Kiwi, Spinat und Petersilie beispielsweise!

- ✔ **Neuer Markt, neues Produkt** – Wachsen Sie langfristig, indem Sie neue und bisher nicht vertraute Märkte mit neuen und andersartigen Produkten betreten, so wie die finnische Papierfabrik Nokia einst in den Markt für Mobiltelefone einstieg.

Ohne sich allzu sehr im Detail zu verlieren, sollten Sie versuchen, ein Dutzend verschiedene Arten zu finden, wie Sie Ihr Unternehmen wachsen lassen können. Bringen Sie sich selbst in die richtige Stimmung, indem Sie den Unternehmensauftrag und die Unternehmensphilosophie überarbeiten. (Wenn Sie keine haben, schauen Sie einmal in den Kapiteln 4 und 5 nach.) Führen Sie dann die folgenden Schritte aus:

1. **Legen Sie drei Dinge fest, die Sie direkt tun können, um die Nachfrage für Ihr bestehendes Produkt im aktuellen Markt anzuregen.**

   Dazu könnten Dinge wie Werbekampagnen, das Angebot von Rabatten oder ein neuer Produktnutzen zählen.

2. **Führen Sie drei Schritte auf, die Sie in den nächsten sechs Monaten unternehmen können, um neue Märkte für Ihr bestehendes Produkt zu erobern.**

   Ideen wären zum Beispiel, Spots im Online-Radio, Advertorials in regionalen (oder je nach Unternehmensausrichtung überregionalen) Printmedien, YouTube-Spots oder spektakuläre Messeauftritte.

3. **Nennen Sie drei Entwicklungsbemühungen, die Sie im kommenden Jahr anstrengen können, um Ihre aktuelle Produktlinie zu erweitern.**

   Diese Bemühungen können zum Beispiel eine Verbesserung der Produktmerkmale oder der -ausstattung beinhalten.

4. **Beschreiben Sie drei Richtungen, in die Sie in den nächsten fünf Jahren gehen können, um neue Produkte zu kreieren und neue Märkte zu erreichen.**

   Setzen Sie sich mit Kollegen und vertrauenswürdigen Beratern zusammen, um die Wachstumsmöglichkeiten zu skizzieren, die momentan zu den Stärken Ihres Unternehmens zählen.

Einige Experten glauben, dass es nicht Ihr Job als Manager ist, sich über brandneue Produkte für völlig neue Märkte Gedanken zu machen. Diese Finanz-Gurus denken, dass Manager einfach zu voreingenommen sind, um objektiv zu sein, wenn es darum geht, völlig neue Möglichkeiten einzuschätzen. Sie argumentieren, dass Sie Ihren gesamten Zusatzgewinn an die Investoren ausschütten und diese darüber entscheiden lassen sollten, wo die Gewinne am besten angelegt werden sollten. Sie stimmen dem wahrscheinlich nicht zu. Leider haben auch Investoren in der Vergangenheit kolossale Fehler gemacht.

Aber die Experten haben hier einen interessanten Punkt angesprochen. Auch wenn Produktinnovation und die Ausweitung in neue Märkte für das Wachstum eines Unternehmens äußerst wichtig sein können, so kann doch das Wachstum in neue Richtungen ein schwieriges Unterfangen sein. Sie sollten in diese Richtung nur vorstoßen, wenn Sie alle Stärken und Schwächen Ihres Unternehmens analysiert haben und die Möglichkeiten und Gefahren, die vor Ihnen liegen, bewertet haben. Lesen Sie Kapitel 10, wenn Sie noch nicht wissen, um was es bei der SWOT-Analyse geht.

Gleiches Produkt, gleicher Markt

Viele erfolgreiche namhafte Unternehmen sind nur dadurch so groß und erfolgreich geworden, weil sie unnachgiebig eine einzige Branche, einen bestimmten Markt oder sogar nur ein einziges Produkt über mehrere Jahrzehnte verfolgt haben. Wenn Sie ein Coca-Cola-Zeichen sehen, stellen Sie sich vor, eine Coke zu trinken. Und wenn Sie bei McDonald's vorbeigehen, haben Sie vermutlich einen Big Mac vor Augen. Aber diese Unternehmen sind nicht zu Unternehmen mit Milliardenumsätzen geworden, weil sie einfach ihre Flaggschiff-Produkte auf den Markt gebracht und dem Markt dann den Rest überlassen haben. Unternehmen, die im Wesentlichen von einem Produkt abhängig sind, wenden extrem viel Zeit und Mühe auf, um ihre Kernmärkte kontinuierlich zu regenerieren und neu zu beleben.

Wenn Sie noch einmal einen Blick auf die Produkt-Markt-Matrix in Abbildung 16.2 werfen, können Sie feststellen, dass diese Unternehmen sehr stark in das linke obere Rechteck investieren. Wie schaffen sie das so erfolgreich? Sie nutzen die vier Hauptstrategien, die in den folgenden Abschnitten beschrieben werden.

- ✔ **Einen höheren Produktverbrauch anregen:** Ein Unternehmen kann die Nachfrage dadurch erhöhen, dass es seine Kunden anregt, eine größere Menge des Produkts oder der Dienstleistung zu nutzen. Das könnte zum Beispiel bedeuten, den Kunden ein gutes Gefühl zu geben, wenn sie eine größere Menge kaufen, oder das Preis-Leistungs-Verhältnis bei größeren Mengen zu verbessern. Kunden könnten folgende Dinge tun:
  - Eine größere Cola-Flasche kaufen, weil sie dadurch Geld sparen können
  - Einen höheren Versicherungsschutz beantragen, weil Sie den Kunden zeigen, dass dies das Vernünftigste ist
  - Länger telefonieren, weil die Gebühren dann niedriger sind
  - Sich für das Komplettangebot eines Computers oder einer Stereoanlage mit allen Komponenten entscheiden, weil sich das leichter aufbauen lässt
- ✔ **Die Häufigkeit der Produktbenutzung erhöhen:** Ein Unternehmen regt den Verkauf an, indem es die Kunden dazu bringt, die Produkte oder Dienstleistungen häufiger zu nutzen. Das könnte bedeuten, dass das Produkt angenehmer gestaltet wird, dass es als ein Bestandteil der Routinetätigkeiten des Kunden eingeführt wird oder dass Kaufanreize für treue Kunden geschaffen werden. Kunden könnten folgende Dinge tun:
  - Zahnpasta nach jeder Mahlzeit benutzen, weil sie glauben, dass es hygienischer sei
  - Regelmäßig Wein zum Abendessen trinken, weil sie dies für gesund halten
  - An einem Vielflieger-Programm teilnehmen und einen Extraflug buchen, um mehr Meilen zu sammeln
- ✔ **Sich neue Einsatzgebiete ausdenken:** Ein Unternehmen expandiert, indem es die Kunden auf neue Ideen bringt, das Produkt oder die Dienstleistung einzusetzen. Das könnte bedeuten, Kunden anzuregen, das Produkt zu verschiedenen Zeiten an unterschiedlichen Orten, bei neuen Gelegenheiten oder auf unkonventionelle Weise zu nutzen.

Kunden könnten zum Beispiel plötzlich die folgenden Dinge tun:

- Tagsüber Müsli naschen, weil das bequem ist und gut schmeckt
- Ein Radio in der Dusche und einen Fernseher im Auto anbringen, weil das angenehm ist
- Filme von allen möglichen Ereignissen anfertigen, zum Beispiel von der Geburt eines Kindes oder der Beerdigung eines Haustiers

✔ **Kunden von Konkurrenten abwerben:** Ein Unternehmen kann die Nachfrage nach Produkten oder Dienstleistungen auch auf die althergebrachte Weise erhöhen, nämlich durch Abwerbung von Kunden vom Konkurrenten. Obwohl dadurch manchmal eine heftige und ungewollte Antwort von den Konkurrenten erzeugt wird, können Unternehmen folgende Dinge tun:

- Anreize schaffen, um zwischen konkurrierenden Produkten zu wechseln, und es belohnen, wenn Kunden Produkten treu bleiben
- Sich darauf konzentrieren, die umfassende Kostenführerschaft mit den besten Preisen im Umkreis zu erreichen
- Ein Produkt so verpacken, dass es sich von den anderen am Markt unterscheidet
- Sich darauf konzentrieren, die Bedürfnisse bestimmter Kundengruppen zu befriedigen oder zu übertreffen

Unternehmen, die es schaffen, im angestammten Markt mit dem bestehenden Produkt zu wachsen, erzeugen kontinuierlich einen neuen Bedarf und halten ihre Marktanteile oder erhöhen diese sogar noch. Diese Unternehmen verlängern oft erfolgreich den Produktlebenszyklus und dehnen die Reifephase fast unendlich lange aus. Manchmal schaffen Unternehmen es sogar, den Produktlebenszyklus zurückzudrehen und das Produkt in die Wachstumsphase zurückzuversetzen, indem sie neuen und kreativen Produktnutzen erfinden. Die beständige Marktdurchdringung auf der Basis eines einzelnen Produkts funktioniert aber nicht immer auf ewig, und Unternehmen müssen manchmal nach neuen Richtungen für das Wachstum Ausschau halten.

Neuer Markt oder neues Produkt

Es kann vorkommen, dass ein einzelnes Produkt oder eine Dienstleistung Ihrem Unternehmen nicht ausreicht, um ein attraktives Wachstumsniveau in Ihrer Branche halten zu können. Wie gehen Sie dann vor? Die Matrix der Wachstumsrichtungen (siehe Abbildung 16.2) zeigt, dass Sie demnächst entweder in neue Märkte expandieren oder Ihre Produktlinie erweitern sollten. Diese beiden Richtungen für ein Wachstum bieten den klaren Vorteil, auf Fähigkeiten und Ressourcen aufzubauen, die Sie bereits haben. Die Marktausweitung nutzt Ihre aktuelle Produktfachkenntnis, und die Ausweitung der Produkte baut auf Ihrer Erfahrung und Ihrem Wissen über die aktuellen Kunden und den Markt auf.

Erfolgreiche namhafte Unternehmen wie Coca-Cola und McDonald's bieten normalerweise wesentlich mehr als nur die Flagschiffprodukte an, die wir mit den Unternehmen verbinden.

Und wenn Sie genau hinsehen, auf welche Weise die Unternehmen wachsen, findet fast immer eine Kombination der Expansion in neue Märkte und der Ausweitung der Produktlinien statt. Coca-Cola erschließt neue Märkte in der Dritten Welt, indem eine Produktfamilie von Cola-Getränken angeboten wird, zu denen die Typen klassische Coca-Cola, Diät-Coca-Cola und koffeinfreie Coca-Cola gehören. Und bei McDonald's können Sie nun morgens, mittags und abends Cheeseburger, Big Macs und Chicken Mc Nuggets erhalten. (Noch mehr Infos über dieses Unternehmen finden Sie in diesem Kapitel im Kasten »Wie man einen größeren Mac macht«.) Und was ist mit Amazon? Aus dem weltweit größten Buchladen ist einer der weltweit größten Verkäufer von praktisch allem geworden.

Neue Märkte

Die Expansion in neue Märkte kann Ihr Unternehmen ziemlich schnell realisieren, weil Sie das bestehende Unternehmensmodell benutzen und viele der Aktivitäten, die bereits bestehen, kopieren können. Dazu gehören zum Beispiel die Produktion, die Montage und der Produktvertrieb.

Das bedeutet nicht, dass die Expansion in neue Märkte keine Risiken bergen würde. Neue Märkte zwingen Sie, Ihr Unternehmen in einem größeren Umfang zu betreiben. Neue Märkte bedeuten, neue Kunden zu umwerben und mit neuen Konkurrenten zu kämpfen. Wenn Sie in einen neuen Markt eintreten, sind Sie wieder der Neue und müssen sich auf Schritt und Tritt behaupten.

Sie können auf zwei grundlegende Arten in neue Märkte eintreten: Sie können sich in neue geografische Bereiche bewegen oder neue Marktsegmente erschließen.

- ✔ **Geografie** – Die offensichtlichste Art, über Ihr Kernprodukt und den Hauptmarkt hinaus zu wachsen, ist die geografische Expansion und das Gewinnen neuer Kunden, weil diese in den neuen Gebieten leben und arbeiten. Diese Art der Expansion bietet viele Vorteile. Sie führen Ihre Geschäfte nicht nur in der gewohnten Weise fort, sondern Sie kennen sich trotz der regionalen Unterschiede auch mit einem Großteil Ihrer Kunden aus. Weil die geografische Expansion es jedoch erforderlich macht, die Geschäfte in nicht vertrauten Gegenden oder sogar Ländern zu verrichten, müssen Sie besonders darauf achten, wie sich Ihr Unternehmen ändern muss, um sich an die spezifischen Anforderungen Ihres erweiterten Marktes anzupassen.
- ✔ **Neue Marktsegmente** – Manchmal können Sie den Markt für Ihre Produkte oder Dienstleistungen vergrößern, indem Sie neue Arten von Kunden finden. Wenn Sie kreativ sind, können Sie vielleicht eine Kundengruppe identifizieren, die Sie in der Vergangenheit vernachlässigt haben. Betrachten Sie genau, welche Merkmale Ihre Produkte haben, wie die Verpackung und die Preise gestaltet sind und wer die Produkte warum kauft. Setzen Sie außerdem den Kundennutzen neu fest. Fragen Sie sich dann, wie attraktiv ein neues Marktsegment in Bezug auf seine Größe und das potenzielle Wachstum ist. Welche Stärken bringen Sie für den neuen Markt mit? Welche Konkurrenten gibt es bereits? Wie planen Sie den langfristigen Erfolg?

Wie man einen größeren Mac macht

Mac und Dick McDonald waren dazu bestimmt, die Essgewohnheiten von vielen zu verändern. Nachdem sie jahrelang erfolglos kämpften, um ihr Drive-in-Restaurant zu einem Erfolg zu bringen, entschlossen sie sich, das Handtuch zu werfen. Aber anstatt alles über Bord zu werfen, wandelten sie ihr Drive-in-Restaurant in ein Selbstbedienungsrestaurant um. Das war in San Bernardino, Kalifornien, im Jahr 1948. Das Ergebnis: ein Fast-Food-Imperium.

Es stellte sich heraus, dass Fast Food dem Zeitgeschmack entsprach. Die Amerikaner waren ständig auf Achse – zu viel zu tun und niemals eine freie Minute. Was könnte da besser sein, als ein Hamburger, Pommes frites und eine Cola, alles verpackt und innerhalb von ein oder zwei Minuten fertig? Schnell, effizient und obendrein noch schmackhaft. Ray Kroc dachte, dass das Konzept wirklich gute Aussichten hätte. Deshalb kaufte er den Brüdern McDonald 1954 die Exklusivrechte für das Franchising ab und eröffnete sein erstes McDonald's-Restaurant in Des Plaines, Illinois.

Während der ersten beiden Jahrzehnte wuchs McDonald's einfach und schnell, indem der Markt in alle Richtungen ausgeweitet wurde – zuerst in die Vororte und dann in die Zentren amerikanischer Städte. Als Nächstes in Kreisstädte und schließlich nach Europa, Asien und den Rest der Welt. Hamburger waren das Produkt, und McDonald's zeigte stolz eine Laufschrift mit der aktuellen Anzahl verkaufter Hamburger auf seinen goldenen Ms an. Aber die Geografie hat ihre Grenzen und McDonald's begann, nach neuen Kunden und Produkten zu suchen, die das Wachstum des Unternehmens ausweiten könnten.

So kamen Fischmäc- und McChicken-Sandwiches hinzu. Der Schritt hin zu Fisch und Geflügel reduzierte das Risiko, dass McDonald's zu einer Ein-Produkt-Kette wurde. Das Unternehmen zog auch einen Vorteil aus den Möglichkeiten des Marktes. McDonald's fuhr fort, die Ressourcen – Gebäude, Einrichtungen, Ausrüstung und treue Kunden – zu nutzen, um in den Frühstücksmarkt zu expandieren. Das Unternehmen hat heute mehr als 36.000 Verkaufsstellen in über 100 Ländern und ist zur Frühstücks-, Mittags- und Abendessenzeit geöffnet.

Neue Produkte

Die Ausweitung der Anzahl der Produkt- oder Dienstleistungstypen ist etwas, was Sie frühzeitig planen sollten. Allzu oft entwickeln Unternehmen neue Produktmerkmale, Optionen und wesentliche Produktverbesserungen, ohne dabei an die Auswirkungen auf die Zukunft des Unternehmens und dessen Wachstum zu denken. Stattdessen verlangen Kunden dieses oder jenes Spezialmerkmal oder ein Händler fordert eine bestimmte Möglichkeit oder ein bestimmtes Zubehör, und bevor's Ihnen bewusst ist, müssen Sie zusätzliche Produkte unterstützen.

Gut daran ist natürlich, dass Sie bereits Kunden haben. Aber Sie müssen auch sicher sein, dass diese Kunden einen größeren Markt repräsentieren, der von Ihrer Produktausweitung profitiert, und dass die zusätzlichen Produkte in Ihrer Unternehmensstrategie und Ihrem Businessplan Sinn machen.

Sie können Ihr Produkt oder Ihre Dienstleistung auf zwei Arten erweitern: Sie können neue Merkmale und Möglichkeiten anbieten oder verwandte Produktfamilien erzeugen.

- **Neue Merkmale und Optionen:** Die am weitesten verbreitete Art, eine Produktlinie zu erweitern, besteht darin, diese mit Zusatzmerkmalen zu versehen und den Kunden die Möglichkeit der Wahl zu bieten, welche Merkmale sie wünschen. Die Vorteile lassen sich leicht abhaken: Sie nutzen Ihre bestehenden Stärken im Produktdesign und der Produktentwicklung und lassen sich von echten Kunden bei der Entscheidung helfen, welche schrittweisen Veränderungen vorgenommen werden sollten. Das klingt wie der perfekte Schlachtplan.

  Die Gefahr besteht darin, das Gesamtbild, also das Ziel, das Ihr Unternehmen erreichen soll, aus den Augen zu verlieren. Egal wie gut sie sind, können einzelne Kunden niemals den Kurs des Gesamtmarktes widerspiegeln. Vermeiden Sie es also, eine Menge Grenzprodukte zu erzeugen, die Sie nicht wirklich verkaufen oder unterstützen können. Planen Sie stattdessen, eine kleinere Anzahl von Produkten mit Merkmalen und Möglichkeiten zu entwickeln, die die Bedürfnisse eines spezifischen Marktsegments erfüllen.

- **Verwandte Produktgruppen:** Sie können auch eine Gruppe von Produkten auf der Basis einiger allgemeiner Elemente erzeugen. Sie können eine Produktfamilie entwickeln, die eine bestimmte Grundtechnologie nutzt, um eine Folge verwandter Kundenwünsche zu erfüllen, oder die als Zubehörteile für Ihr Hauptprodukt dienen kann.

  Sie müssen darauf achten, dass die Produktgruppe im Markt stärker wirkt als die einzelnen Produkte für sich genommen. Auf diese Weise werden die Risiken reduziert, die der Produktentwicklung innewohnen, und die Umsatzerlöse sind wahrscheinlich höher. Nehmen Sie sich die Zeit, zu erkennen, wie die Produkte in der Gruppe wirklich zusammenarbeiten. Vergewissern Sie sich außerdem, dass Sie die speziellen Herausforderungen angehen, die jedes Produkt stellt. Das können Kunden, Konkurrenten, der Unternehmensauftrag und die Unternehmensphilosophie (siehe Kapitel 4 oder 5) oder die Fähigkeiten Ihres Unternehmens sein.

Bevor Sie Ihre Pläne bezüglich des Wachstums in die Tat umsetzen, sollten Sie prüfen, dass die Pläne auch wirklich die Stärken Ihres Unternehmens nutzen und die verfügbaren Fähigkeiten und Ressourcen widerspiegeln und dabei helfen, Ihren Wettbewerbsvorteil zu halten. Denken Sie über die folgenden Fragen nach:

- Wie erfolgreich sind Sie in den Märkten, in denen Sie bereits vertreten sind?
- Auf welche Art unterscheidet sich der erweiterte von Ihrem aktuellen Markt?
- Welche Teile Ihres Unternehmens können Sie im erweiterten Markt nutzen?
- Welche Funktionen und Aktivitäten müssen sich ändern, um mehr Produkte unterzubringen?
- Wie gut erfüllt Ihre erweiterte Produktlinie spezifische Kundenbedürfnisse?
- Ist Ihre erweiterte Produktfamilie stärker als jedes Produkt für sich genommen?
- Wie leicht ist es, Ihr Unternehmen zu vergrößern, um mit dem erwarteten Wachstum zurechtzukommen?
- Wie wird sich Ihr Wettbewerbsumfeld ändern?

Wachstum kann schmerzhaft sein. Es kann dazu führen, dass das Unternehmen seine Wurzeln verliert und sich die Unternehmenskultur ändert. Sie sollten sorgfältig das Für und Wider abwägen. Ist es die Sache für Sie persönlich und für die Anteilseigner der Firma wert?

Neues Produkt und neuer Markt

Macht Ihr Unternehmen eine Midlife-Crisis durch? Suchen Sie nach attraktiven neuen Kunden, schicken Technologien und einem aggressiven Wettbewerb? Es ist für ein Unternehmen nichts Ungewöhnliches, von Zeit zu Zeit über eine Verjüngung nachzudenken. Ein Plan, in neue Richtungen zu gehen, beinhaltet häufig eine Diversifikation des Unternehmens und eine Bewegung in die rechte untere Ecke der Produkt-Markt-Matrix (siehe Abbildung 16.2). In dieser Ecke sieht das Gras immer viel saftiger aus und die Gewinne natürlich auch.

Aber Sie müssen ein Gleichgewicht zwischen den potenziellen Umsätzen und den Herausforderungen und Risiken halten, die eine Diversifikation mit sich bringt. Zu viele Unternehmen sehen alt aus, wenn sie versuchen, neue Tricks in Geschäftsbereichen zu erlernen, die ihnen nicht vertraut sind, und nicht viel Zeit zum Üben haben – sie müssen sich häufig auch den finanziellen Konsequenzen stellen.

Um Ihre Einzelerfolge zu verbessern, beginnen Sie damit, Ihre Hausaufgaben zu machen. Das bedeutet, dass Sie alle neuen Themen und Mitspieler erforschen. Wenn diese Aufgabe entmutigend auf Sie wirkt, so ist das gewollt. Der Einsatz könnte nicht viel höher sein.

Ihre Chancen auf Erfolg verbessern sich grundlegend, wenn Sie herausfinden, in welcher Beziehung ein potenzieller Geschäftsbereich zu dem steht, was Ihr Unternehmen bereits macht. Aber sogar ohne den Vorteil eines bestehenden Produkts oder den Vorteil von Marktkenntnissen können Sie häufig Aspekte einer neuen Gelegenheit entdecken, die zu der Kompetenz Ihres Unternehmens passen. (Blättern Sie zurück zu Kapitel 11, wenn Sie mehr hierzu wissen wollen.) Sie sollten nach den folgenden Punkten Ausschau halten:

- ✔ **Wiedererkennen des Namens** – Wenn Ihr Unternehmen hart dafür gearbeitet hat, sich einen Namen zu machen, können Sie in einer neuen Geschäftssituation manchmal einen Nutzen aus der Markenidentität ziehen. Das Wiedererkennen des Namens ist besonders nützlich, wenn die Assoziationen positiv besetzt und klar definiert sind und auf das neue Produkt oder den Markt übertragen werden können. Hersteller von Luxusautos wie zum Beispiel BMW nutzen ihren Namen nun für kostspielige Tourenräder und Mountainbikes.
- ✔ **Technische Prozesse** – Die Ressourcen und Fähigkeiten, die benötigt werden, um Produkte in Ihrer eigenen Branche zu entwerfen, zu entwickeln und herzustellen – oder vielleicht auch die technische Unterstützung, die Sie bieten –, lassen sich erweitern, um zusätzliche Produktbereiche zu unterstützen.
- ✔ **Markterfahrung** – Wenn Ihr Unternehmen sehr viel Markterfahrung hat, können Sie diese Fachkenntnis häufig nutzen, um das Bewusstsein für und die Position von einem neuen Produkt zu stärken. Beispiele sind kreative Softwareprodukte, die kleine, unabhängige Entwickler erzeugen und dann an größere Unternehmen wie Apple oder Microsoft verkau-

fen – also an Unternehmen, die die Marktkraft haben, diese Produkte erfolgreich zu bewerben, zu unterstützen und zu vertreiben.

- **Kapazität und Maßstab** – Manchmal können Sie die überschüssige Kapazität, die Ihr Unternehmen in der Produktion oder dem Verkauf hat, direkt auf einen neuen Geschäftsbereich anwenden. Auf diese Weise ernten Sie die Früchte einer größeren Anzahl von Aktivitäten und nutzen Ihre Ressourcen effizienter. Ein Beispiel dafür sind Autohändler, die eine zweite Marke in ihr Angebot aufnehmen.
- **Finanzielle Überlegungen** – Die ständigen Anforderungen an die Umsätze, den Cashflow oder die Gewinne Ihres Unternehmens deuten möglicherweise unvermeidlich in eine neue Geschäftsrichtung. Obwohl eine finanzielle Gelegenheit für sich genommen eine ziemlich fadenscheinige Verbindung zu Ihren bestehenden Produkten und Märkten bietet, kann ein neuer Geschäftsbereich auf der Basis ausschließlich finanzieller Überlegungen gerechtfertigt werden. Große Tabakhersteller benutzen zum Beispiel ihre riesigen Barreserven, um in völlig neue Geschäftsbereiche zu diversifizieren, die eine hellere, rauchfreie Zukunft haben. Sie haben sich sogar in Firmen eingekauft, die Nikotinpflaster herstellen, mit denen Menschen sich das Rauchen abgewöhnen sollen.

Der Versuch, in neue Richtungen aufzubrechen und in neue Geschäftsbereiche zu diversifizieren und dabei brandneue Produkte für brandneue Märkte zu erzeugen, hat Wirtschaftsplaner schon seit Jahrzehnten fasziniert. Leider können die Chancen für einen Misserfolg für neue Produkte bei bis zu 75 Prozent liegen. Und das Verwirrende dabei ist, dass am Anfang auf dem Papier oft alles so gut aussieht.

Das Produkt-Portfolio verwalten

Wenn Sie beschließen, neue Produkte und Märkte zu verzweigen oder in neue Geschäftsbereiche zu diversifizieren, müssen Sie lernen zu jonglieren. Der Luxus, sich mit einem einzigen Produkt oder einer Dienstleistung zu befassen, ist dann vorbei. Wenn Sie es mit mehr als einem Produkt und Markt zu tun haben, dann müssen Sie herausfinden, wie Sie alle Ihre Produkte über Wasser halten können und jedem Produkt die Aufmerksamkeit und Ressourcen zukommen lassen, die es entsprechend seiner Phase im Produktlebenszyklus benötigt (Abbildung 16.1). Sie brauchen die Art von Organisation und Management, die Ihnen strategische Geschäftseinheiten bieten.

Strategische Geschäftseinheiten

Um mit weiteren Produkten jonglieren zu können, müssen Sie sich natürlich etwas vorbereiten. Als Erstes müssen Sie herausfinden, wie viele Orangen und Keulen – hier Dienstleistungen und Produkte – gleichzeitig in der Luft gehalten werden müssen. Orangen und Keulen lassen sich leicht zählen. Bei Produkten und Dienstleistungen tauchen jedoch meistens die folgenden Fragen auf:

- Wie viele Produkte oder Dienstleistungen bietet Ihr Unternehmen an?
- Wenn Sie Ihr Produkt durch ein weiteres Merkmal oder eine Option ergänzen, entsteht dann ein neues Produkt, für das ein separater Businessplan erstellt werden muss?

- ✔ Wenn Sie zwei Arten von Kunden haben, die Ihre Dienstleistung auf verschiedene Weisen nutzen, haben Sie dann wirklich zwei Dienstleistungen mit jeweils einem eigenen Businessplan?
- ✔ Wenn Sie einem Kundenstamm zwei verschiedene Produkte anbieten, die auf eine ziemlich ähnliche Weise hergestellt, vermarktet und vertrieben werden, arbeiten Sie dann wirklich mit einem großen Produktbereich und einem einzigen Businessplan?

Häufig gibt es auf diese Fragen keine richtige Antwort, aber wenn Sie sich Zeit nehmen, etwas über die Dinge nachzudenken, dann werden Sie besser verstehen, was Sie anbieten.

General Electric hat sich mit diesen Fragen Ende der 1960er-Jahre herumgeschlagen. Das Unternehmen war weit über die ursprüngliche Erfindung ihres Gründers, Thomas Edison, hinausgewachsen und stellte nicht mehr nur elektrische Glühbirnen her. Es war zu einem diversifizierten Großunternehmen geworden mit Zweigen in der Herstellung von elektrischen Haushaltsgeräten, Flugzeugmotoren, Fernsehgeräten und Computern. Das Unternehmen musste sich nun für die beste Möglichkeit, sich selbst aufzuteilen, entscheiden, um handhabbare Bereiche zu erzeugen, mit denen man jonglieren konnte.

Die Manager von General Electric kamen auf die kluge Idee, das Unternehmen in sogenannte *strategische Geschäftseinheiten* aufzuteilen. Eine strategische Geschäftseinheit (SGE) ist ein Teil Ihres Unternehmens, der groß genug ist, um einen eigenen, wohl definierten Markt mit Konkurrenten zu haben und handfeste Ressourcen und betriebliches Potenzial zu fordern. Trotzdem ist eine SGE klein genug, um dafür eine Strategie mit Zielen zu entwickeln, die die spezielle Geschäftsumgebung widerspiegelt. Mit dem Konzept der SGEs wandelte General Electric fast 200 separate, unabhängige Produktabteilungen in weniger als 50 strategische Geschäftseinheiten um, von denen jede mit einer Strategie und einem Businessplan ausgestattet war.

Überdenken Sie Möglichkeiten, Ihr eigenes Unternehmen in SGEs aufzuteilen. Jedes Mal, wenn Sie einen separaten Businessplan aufstellen, identifizieren Sie eine potenzielle strategische Geschäftseinheit. Und wie fangen Sie damit an? Weil SGEs sich häufig auf bestimmte Produkte und Marktbereiche beziehen, sollten Sie mit den folgenden Schritten beginnen:

1. **Teilen Sie Ihr Unternehmen in so viele verschiedene Produkte und Marktkombinationen auf, wie Sie sich vorstellen können.**
2. **Fügen Sie diese Bausteine auf unterschiedliche Weisen zusammen und versuchen Sie, kreative Assoziationen zwischen Produkten und Märkten auf verschiedenen Ebenen und Maßstäben herzustellen.**

   Denken Sie daran, wie jede dieser Kombinationen als variable Geschäftseinheit funktionieren könnte.
3. **Behalten Sie nur die Kombinationen von Produkten und Märkten, die in Bezug auf Ihre Strategie, den Businessplan, die Kunden, den Wettbewerb und die Unternehmensstruktur sinnvoll sind.**

4. **Beurteilen Sie, wie gut diese neuen strategischen Geschäftseinheiten zusammenpassen und Ihr Gesamtgeschäft berücksichtigen.**

   Wenn Ihnen das, was Sie sehen, nicht zusagt, sollten Sie den Prozess noch einmal durchlaufen. Verändern Sie weder die Art, wie Sie Produkte und Märkte mit SGEs definieren, noch die Art und Weise, wie Sie Ihr Unternehmen strukturieren oder Ihre Ressourcen zuweisen, bis Sie mit der Gesamtstruktur des Unternehmens zufrieden sind.

Nach den Sternen streben

Mehrere Produkte oder Dienstleistungen zu managen, ist vergleichbar mit dem Management von Finanzinvestitionen. Wenn Sie je versucht haben, Ihre persönlichen Ersparnisse und Rentenrücklagen zu verwalten, dann wissen Sie, was wir meinen. Jeder Finanzberater erzählt Ihnen das Gleiche: Streuen Sie Ihr Anlagekapital, um einen stabileren und besser vorhersagbaren Bestand zu haben. Im Idealfall wollen Finanzberater Ihnen dabei helfen, Ihr Portfolio auf der Grundlage der Geldmenge auszugleichen, die Sie direkt brauchen, sowie im Hinblick auf das Polster, das Sie für die Zukunft haben möchten. Ausgehend von Ihrem Finanzbedarf und Ihren Zielen schlagen Finanzplaner Ihnen vielleicht vor, Aktien zu erwerben, die direkt Dividenden erbringen, und auch in spekulativere Geschäfte zu investieren, die sich erst nach einer längeren Zeit auszahlen.

Die Produkte und Dienstleistungen Ihres Unternehmens haben sehr viel mit einem Portfolio von Aktien und Schuldverschreibungen gemeinsam – in der Tat sind die Gemeinsamkeiten so groß, dass das Jonglieren mit ihren Produkten und Dienstleistungen, das wir beschrieben haben, *Portfolio-Management* genannt wird. Um Ihr Produkt-Portofolio so professionell zu verwalten wie Finanzexperten Aktien und Schuldverschreibungen, benötigen Sie Anleitung. Und hier kommt die Portfolio-Analyse ins Spiel. Die *Portfolio-Analyse* unterstützt Sie dabei, alle Rollen von strategischen Geschäftseinheiten in Ihrem Unternehmen zu betrachten und zu bestimmen, wie gut sich diese die Waage halten, sodass das Unternehmen wächst und rentabel bleibt. Außerdem bietet die Portfolio-Analyse Ihnen eine Möglichkeit, über Strategien und Planung nachzudenken, wenn Sie sich um mehr als eine SGE kümmern müssen.

Beginnen Sie damit, Ihr Produkt- und Dienstleistungspalette (oder Ihre SGEs, wenn Sie diese, wie im vorherigen Abschnitt dieses Kapitels vorgeschlagen, aufteilen) abhängig vom Cashflow in zwei Hauptgruppen zu unterteilen. Legen Sie die Produkte, die Ihrem Unternehmen Geld bringen, auf die eine Seite und die, die Geld kosten, auf die andere.

Vielleicht sind Sie überrascht, dass Sie hier zwei Seiten haben. Weil jedes Produkt einen Produktlebenszyklus durchläuft, der wahrscheinlich eine Einführungs-, eine Wachstums-, eine Reife- und eine Abschwungphase umfasst, haben verschiedene Produkte naturgemäß auch unterschiedliche Cashflow-Anforderungen. (Nähere Informationen zu den einzelnen Phasen finden Sie im Abschnitt »Der Produktlebenszyklus« weiter vorn in diesem Kapitel.) Während der Einführungs- und der Wachstumsphase müssen Sie in Produkte investieren und Ihre reifen Produkte bezahlen alle Rechnungen. Als erfolgreicher Jongleur brauchen Sie immer mindestens ein ausgereiftes Produkt, um die Produkte zu stützen, die sich in früheren Phasen befinden.

Sie könnten einen ersten Versuch mit einer einfachen Portfolio-Analyse starten, die zwei Produktkategorien enthält: solche, die Geld bringen, und solche, die Geld kosten. Dann müssten Sie nur noch dafür sorgen, dass die erste Kategorie immer größer ist als die zweite. Aber die beiden Kategorien bieten Ihnen wenig Hilfe dabei herauszufinden, was als Nächstes passieren wird. Erfreulicherweise hat die Boston Consulting Group ein leicht zu benutzendes Portfolio-Analysewerkzeug entwickelt, das nützliche Richtlinien für die Planung liefert.

Die BCG-Portfolio-Matrix der Boston Consulting Group (siehe Abbildung 16.3) zeigt Ihnen, wie Sie Ihre strategischen Geschäftseinheiten in vier Gruppen unterteilen.

Abbildung 16.3: Die BCG-Portfolio-Matrix unterteilt die Produkte und Dienstleistungen Ihres Unternehmens in vier große Gruppen.

Die Portfolio-Analyse basiert auf zwei wesentlichen Faktoren: Marktwachstum und relativer Marktanteil.

- ✔ **Marktwachstum** – Ist das Produkt oder die Dienstleistung Bestandteil eines schnell wachsenden Marktes oder fällt es beziehungsweise sie irgendwo in einen Bereich mit nur langsamem oder gar keinem Wachstum? Das Marktwachstum setzen Sie ein, um Ihr Portfolio zu definieren, weil es Sie zwingt, darüber nachzudenken, wie attraktiv ein Produkt oder eine Dienstleistung langfristig sein wird. Der genaue Punkt, an dem sich Märkte mit einem schnellen und solche mit einem langsamen Wachstum voneinander trennen lassen, ist ziemlich willkürlich; nehmen Sie als Ausgangswert eine jährliche Wachstumsrate von zehn Prozent.
- ✔ **Relativer Marktanteil** – Führt Ihr Produkt zu einem Vorteil gegenüber den nächsten Konkurrenten, was den Marktanteil angeht, oder positioniert sein relativer Marktanteil (verglichen mit der Konkurrenz) es unten auf die Liste? Den relativen Marktanteil setzen Sie

als Hauptmerkmal ein, um Ihr Produkt-Portfolio zu definieren, weil alle möglichen Anzeichen darauf schließen lassen, dass ein großer Marktanteil eng mit der Rentabilität eines Produkts verbunden ist. Teilen Sie Ihre Produkte daher in solche ein, bei denen Sie den größten Marktanteil haben, und solche, bei denen das nicht der Fall ist.

Hier nun ein Überblick über die vier Produkt- und Dienstleistungstypen und deren Einteilung in der BCG-Portfolio-Matrix:

Nachwuchsprodukte sind Produkte, die einen relativ geringen Marktanteil in einem Markt mit hohem Wachstum haben. Sie repräsentieren häufig neuere Unternehmen und werden als Nachwuchsprodukte (oder auch Fragezeichen) gekennzeichnet, weil nicht klar ist, welchen Weg sie einschlagen werden. Weil sie sich in expandierenden Märkten befinden, ist relativ viel Geld erforderlich, um sie in Gang zu halten und den bereits vorhandenen Marktanteil zu sichern. Aber ihre relativ geringen Verkaufszahlen bringen im Allgemeinen wenig oder gar keine Einnahmen. Wenn Sie ihre Marktanteile im Laufe der Zeit wesentlich erhöhen können – und das bedeutet, noch mehr Geld auszugeben –, können sich diese Produkte in Starprodukte verwandeln. Schaffen Sie das nicht, müssen Sie diese Produkte eventuell aufgeben.

Starprodukte haben einen dominierenden Marktanteil in einem Markt mit hohem Wachstum. Jedes Produkt möchte ein Star sein. Starprodukte haben normalerweise einen kostspieligen Appetit auf Bares, um die kontinuierliche Expansion zu finanzieren und Konkurrenten abzuwehren, die begierig darauf sind, ein Stück vom Kuchen abzubekommen. Aber durch den Vorteil des hohen Marktanteils erzeugen diese Produkte Einnahmen, hohe Margen und Gewinne. Im Endeffekt unterstützen sich solche Produkte selbst, indem sie große Geldmengen verschlingen und erbringen. Sie sollten nicht zögern, einen Star zu unterstützen, wenn zusätzliche Ressourcen erforderlich sind, um seine Führung beim Marktanteil zu halten.

Melkkühe (Cash-Cows) sind das, was der Name sagt – diese Produkte haben einen wesentlichen Marktanteil in einem Markt mit geringem Wachstum und werfen hohe Gewinne ab, ohne große Investitionen zu benötigen. Ihre Märkte mit geringem Wachstum sind in der Regel reife Märkte und die Produkte bereits gut eingeführt. Melkkühe können Sie melken, um einen Überschuss zu erzeugen und diesen dann in vielversprechende Produkte in anderen Quadranten investieren.

Problemprodukte (arme Hunde) sind Produkte, die einen geringen Marktanteil in einem Markt mit geringem Wachstum haben. Umsatzerlöse und Gewinne sind normalerweise gering oder nicht vorhanden und die Produkte sind häufig die reinsten Bargeldverbraucher. Obwohl Investitionen in regelmäßigen Abständen erforderlich sind, laufen diese Randgeschäfte normalerweise nicht auf viel hinaus. Es ist deshalb wahrscheinlich das Beste, wenn Sie Ihre Aufmerksamkeit vielversprechenderen Kandidaten zuwenden.

Es ist nun an der Zeit, alle Stücke zusammenzufügen, damit Sie eine BCG-Portfolio-Matrix erzeugen können, die Ihr Produkt- und Dienstleistungsportfolio darstellt. Im Idealfall enthält das Portfolio im Wesentlichen Starprodukte und Melkkühe und genügend Nachwuchsprodukte, um die Zukunft des Unternehmens zu sichern. Es wäre optimal, wenn Sie sich nicht mit zu vielen Problemprodukten herumschlagen müssten.

Aber die Welt ist nicht immer ideal. Erfreulicherweise können Sie die BCG-Portfolio-Matrix auch einsetzen, um aufzuzeigen, was Sie mit Ihren Produkten tun können, um sie in Zukunft besser auszugleichen. Hier, was Sie tun sollten:

1. **Sehen Sie die Produkte und Dienstleistungen Ihres Unternehmens durch und machen Sie sich bereit, sie in eine leere BCG-Portfolio-Matrix zu setzen.**

   Das Format der Matrix entnehmen Sie Abbildung 16.3.

2. **Setzen Sie jedes Produkt basierend auf dem, was Sie über sein Marktwachstum und seinen relativen Marktanteil wissen, in das betreffende Feld.**

3. **Zeichnen Sie einen Kreis um jedes Produkt, um zu kennzeichnen, wie groß es im Verhältnis zu den anderen Produkten ist.**

   Legen Sie die Größe Ihrer Produkte anhand der Umsatzerlöse, Gewinne und Verkaufszahlen oder was auch immer Ihnen als Maßeinheit passend erscheint fest.

4. **Prognostizieren Sie für jedes Produkt in der Matrix seine Bewegung hinsichtlich seines Gesamtmarktwachstums und seines Marktanteils.**

   Verwenden Sie einen angemessenen Zeitrahmen, der sich für Ihre Branche und die Veränderungsrate Ihrer Branche gut eignet.

5. **Um diese Vorhersage festzuhalten, zeichnen Sie Pfeile in die Matrix ein, die die Bewegungsrichtung markieren und deutlich machen, wo jedes Produkt in Zukunft enden soll.**

   Pfeile, die aus der Matrix hinausweisen, kennzeichnen, dass Sie planen, das betreffende Produkt loszuwerden.

Der Portfolio-Matrix der Boston Consulting Group mit ihrer netten Verteilung von Symbolen und der Schwarz-Weiß-Sichtweise der Welt kann man kaum widerstehen, weil sie die schwierige Aufgabe, mehrere Geschäftseinheiten gleichzeitig zu handhaben, so wirken lässt, als sei kaum eine Anstrengung erforderlich. Nach der Einführung vor mehr als 40 Jahren wurde das Modell jedoch in so hohem Maße überstrapaziert und falsch angewendet, dass das gesamte Geschäft der Analyse von Produkt-Portfolios aus der Mode kam. Heutzutage wissen wir natürlich, dass die Portfolio-Analyse ihren Platz als Werkzeug hat, aber sehr vorsichtig eingesetzt werden muss. Deshalb: Wenn etwas zu leicht aussieht, um wahr zu sein, ist es das wahrscheinlich auch.

Bevor Sie damit beginnen, Ihre Produkte in der BCG-Portfolio-Matrix wie Figuren auf einem Schachbrett herumzuschieben, sollten Sie daran denken, dass die folgenden Überlegungen zugrunde liegen:

- ✔ Das Marktwachstum wird als die einzige Möglichkeit herausgegriffen, um zu messen, wie attraktiv ein Markt ist, und zu bestimmen, ob Sie hier aktiv werden sollten oder nicht. Aber das Marktwachstum ist nicht die einzige interessante Variable. Märkte können sich auch wegen ihres technologischen Fortschritts, der Veränderungen der Vorschriften oder den Gewinnen als attraktiv herausstellen.

- Es wird nur der relative Marktanteil verwendet, um zu beschreiben, wie konkurrenzfähig Sie sind und wie rentabel Ihr Unternehmen zu sein scheint. Aber der Marktanteil ist nur dann wirklich relevant, wenn Sie auf der Basis der Größe und des Absatzvolumens konkurrieren. Es gibt auch andere Möglichkeiten, zu kämpfen, wie beispielsweise, die Produkte auf irgendeine Weise einzigartig zu machen oder sich auf bestimmte Kundengruppen oder Dienstleistungen zu spezialisieren.
- Die Produkte in der BCG-Portfolio-Matrix sind nur durch den Cashflow miteinander verbunden, der in verschiedene Geschäftsbereiche hinein- und aus diesen herausfließt. Es gibt aber viele andere Möglichkeiten, wie Produkte und Dienstleistungen zueinander in Beziehung stehen könnten und zusammenarbeiten. Darunter können zum Beispiel Sichtweisen sein, die den Wettbewerb hervorheben oder sich auf die Risikofaktoren eines Marktes konzentrieren.
- Die Unterschiede zwischen einem Starprodukt und einer Melkkuh (oder einem Nachwuchsprodukt und einem Problemprodukt) sind willkürlich und unterliegen allen möglichen Definitions- und Messproblemen. Ohne sorgfältige Analyse und eine Dosis guter Einschätzung kann es leicht passieren, dass Sie Ihren Produkten die falschen Rollen zuweisen. Dadurch kann es geschehen, dass Sie ein Nachwuchsprodukt zum Beispiel zu früh aufgeben, weil Sie glauben, dass es sich um ein Problemprodukt handelt, oder Sie vernachlässigen ein Starprodukt, weil Sie annehmen, dass es sich um eine Melkkuh handelt, aus der Sie Geld herausziehen können.

Produkte anhand ihrer Stärke und Attraktivität beurteilen

Wenn Sie das Gefühl haben, dass die Portfolio-Matrix der Boston Consulting Group Ihre Geschäftssituation nicht repräsentiert (wenn Sie zum Beispiel lieber etwas Buntes mit etwas mehr Schnörkeln haben würden), stehen Ihnen Dutzende anderer Modelle, Methoden und Werkzeuge zur Verfügung, die alle versprechen, Sie ohne viel Aufhebens zu den richtigen Antworten zu führen. Viele der anderen Modelle beanspruchen, besonders gut bei bestimmten Branchen oder unter spezifischen Geschäftsbedingungen zu funktionieren, und eines davon könnte sich auch gut für Ihr Unternehmen eignen. Aber bevor Sie sich professionellen Modellen und Methoden zuwenden, sollten Sie einen weiteren Schritt unternehmen, um Ihr Portfolio eigenständig zu analysieren.

In den 1960er-Jahren entwickelte General Electric mithilfe der Consulting-Gurus von McKinsey ein weiteres Instrument zur Portfolio-Analyse, das auf den strategischen Geschäftseinheiten basiert, die innerhalb des Unternehmens definiert werden konnten. (Weiter vorn in diesem Kapitel finden Sie Näheres zu den strategischen Geschäftseinheiten.) Die Matrix von McKinsey/General Electric ist etwas komplizierter als die der Boston Consulting Group, aber sie kann erfolgreich für einen großen Bereich von Geschäftssituationen angewendet werden.

Um die aus neun Feldern bestehende Portfolio-Matrix von McKinsey/General Electric anzuwenden, sollten Sie zuerst mit dem kompliziert aussehenden Kasten in Abbildung 16.4 auseinandersetzen.

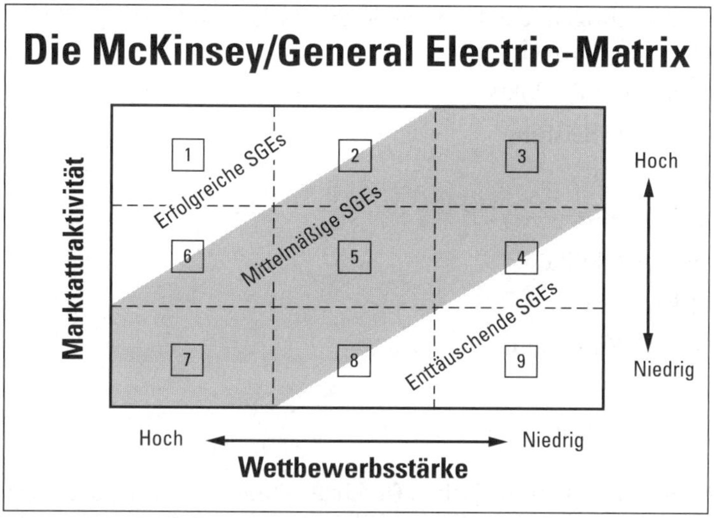

Abbildung 16.4: Das Marktattraktivität-Wettbewerbsvorteil-Portfolio ordnet die strategischen Geschäftseinheiten Ihres Unternehmens auf der Grundlage der Wettbewerbsstärke und Marktattraktivität neun Feldern und drei Bereichen zu.

Keine Angst, wir helfen Ihnen dabei. Das *Marktattraktivität-Wettbewerbsvorteil-Portfolio* erzeugt zwei primäre Kategorien, die Ihre Portfolio-Analyse der strategischen Geschäftseinheiten formen: die Marktattraktivität und die Wettbewerbsstärke. Anders als bei der BCG-Portfolio-Matrix müssen Sie bei dieser Matrix genau definieren, was Sie mit Marktattraktivität und Wettbewerbsstärke meinen. Die folgenden Ausführungen helfen Ihnen zu verstehen, um was es dabei geht.

✔ **Marktattraktivität:** Diese Kategorie kann abhängig von Ihrer Branche eine beliebige Anzahl von Komponenten beinhalten. In den meisten Situationen werden Sie jedoch die Faktoren hervorheben wollen, die wahrscheinlich zu höheren Renditen Ihrer eigenen Investitionen in die strategischen Geschäftseinheiten führen. Hier nun einige Dinge, auf die Sie neben der allgemeinen Marktwachstumsrate achten sollten:

- Größe der Branche
- Schwankungen der Branche
- Wettbewerbsintensität
- Verhältnis von Kunden und Zulieferern
- Durchschnittliche Umsatzerlöse und Gewinne
- Innovationsrate
- Markteintritts- und Marktaustrittsbarrieren (siehe Kapitel 6)
- Staatliche Vorschriften

✔ **Wettbewerbsstärken:** Diese Kategorie sollte auf Ihrer spezifischen Geschäftssituation im Verhältnis zu Ihrer Branche basieren. Anstatt auf den relativen Marktanteil als einzigen Indikator der Wettbewerbsfähigkeit Ihres Unternehmens zu vertrauen, sollten Sie andere

Faktoren berücksichtigen, die die besonderen Stärken und Vorzüge Ihres Unternehmens widerspiegeln, zum Beispiel:

- Einzigartigkeit des Produkts
- Qualität der Dienstleistung
- Kundentreue
- Markenbewusstsein
- Kosten und Rentabilität
- Fertigungskapazität
- Forschung und Entwicklung
- Patente
- Organisationsfähigkeit

Ordnen Sie Ihr Portfolio der strategischen Geschäftseinheiten neu an, sodass jede strategische Geschäftseinheit in eines der neun Felder fällt (nehmen Sie Abbildung 16.4 als Muster). Je nach Position in der Matrix gelten folgende Vorgehensweisen für die weitere Planung:

1 **Marktposition schützen:** Konzentrieren Sie Ihre Ressourcen und Bemühungen auf die Beibehaltung Ihrer Stärken. Investieren Sie so, dass Sie so schnell wie möglich wachsen können.

2 **Sich stärker bemühen:** Fordern Sie die Marktführer heraus. Bauen Sie die Aspekte Ihres Unternehmens aus, die stark sind, und verstärken Sie Bereiche, in denen das Unternehmen verwundbar ist.

3 **Wählerisch sein:** Suchen Sie nach Wegen, um die Schwächen Ihres Unternehmens zu überwinden. Halten Sie ein Auge für neue Möglichkeiten offen, wenn das Risiko gering ist.

4 **Ernte einfahren:** Schränken Sie Ihre Investitionen ein und versuchen Sie, die Kosten zu reduzieren, um Ihre Gewinne zu maximieren. Ziehen Sie sich zurück, wenn Sie beginnen, an Boden zu verlieren.

5 **Sorgfältig verwalten:** Halten Sie Ihre bestehenden Programme aufrecht. Konzentrieren Sie alle neuen Investitionen auf vielversprechende Bereiche, in denen die Risiken überschaubar sind.

6 **Weise wachsen:** Bauen Sie Ihre Position im Wettbewerb aus. Investieren Sie in attraktive Bereiche, in denen Sie gewinnen können oder einen Vorteil erhalten.

7 **Umgruppieren:** Versuchen Sie, den aktuellen Cashflow zu halten. Verteidigen Sie Ihre Stärken und konzentrieren Sie sich auf Bereiche, die attraktiv bleiben.

8 **In den Sparmodus schalten:** Halten Sie weitere Investitionen auf einem minimalen Niveau. Schützen Sie die Position, die Sie haben, und versuchen Sie, die Umsätze zu halten.

9 **Rückzug antreten:** Reduzieren Sie Ihre Kosten auf das absolute Minimum und vermeiden Sie neue Investitionen. Warten Sie den rechten Augenblick ab, bis Sie an den Meistbietenden verkaufen können.

Teil V

Ein Werkzeugkasten für Planer

In diesem Teil ...

Egal in welchem Bereich Sie tätig sind und wie groß Ihr Unternehmen ist, es kommt der Zeitpunkt, an dem Sie die Ärmel hochkrempeln und die Sachen anpacken müssen. Wenn Sie erst einmal wissen, wo Sie stehen und wohin Sie wollen, müssen Sie die Sache selbst angehen. Die besten Pläne der Welt sind nichts wert, wenn Sie sie nicht ausführen.

In diesem Teil helfen wir Ihnen, Ihren Businessplan umzusetzen. Als Erstes betrachten wir Mittel und Wege, Ihr Unternehmen zu organisieren, und entwickeln Verfahren und Systeme, mit denen Sie Ihre Pläne so rationell und wirksam wie möglich umsetzen können. Wir erläutern Möglichkeiten, die Führung auszubauen, benötigte Fertigkeiten zu entwickeln und eine Unternehmenskultur aufzubauen, damit Sie Ihren Plan erreichen können.

Vergessen Sie nicht, einen Blick in den Anhang zu werfen. Wir zeigen Ihnen dort einen vollständigen Beispiel-Businessplan, damit Sie eine bessere Vorstellung davon bekommen, was vor Ihnen liegt.

Dem Unternehmen ein Gesicht geben 17

In diesem Kapitel

- Den Businessplan überprüfen
- Funktionierende Organisationsstrukturen zusammenstellen
- Verfahren und Systeme entwickeln

Herzlichen Glückwunsch – Sie stehen kurz vor der Vollendung Ihres Businessplans! Das Schwierigste haben Sie bereits hinter sich. Nun liegt es an Ihnen, alles zusammenzufügen. Wenn Sie einen kleinen Stups zum Loslegen benötigen, blättern Sie zu Kapitel 2, um sich noch einmal vor Augen zu führen, warum Sie überhaupt einen Plan machen sollen. Führen Sie sich auch den Beispiel-Businessplan im Anhang zu Gemüte.

Der nächste große Schritt besteht darin, alle Ressourcen Ihres Unternehmens so anzuordnen, dass der Plan umgesetzt werden kann. Wenn Sie zum Beispiel einen Stuhl, einen Tisch oder ein Sofa statt Ihr Unternehmen entwerfen würden, würden Sie sich vermutlich an die altbekannte Richtlinie erinnern:

Form follows function (Die Form folgt der Funktion)

Deshalb sehen Stühle so aus, wie Sie sie kennen, und unterscheiden sich von Sofas. Die *Funktion* Ihres Unternehmens wird im Businessplan beschrieben, und es liegt an Ihnen, das Unternehmen so zu formen, dass es seine Funktion erfüllt. Die *Form* Ihres Unternehmens kann ganz einfach sein, wenn Sie und Ihre Partner alles tun, was erforderlich ist, oder so kompliziert wie bei einem Unternehmen mit vielfältigen funktionalen Bereichen und Führungsebenen.

Seit Jahrzehnten verdienen Unternehmensberater ihr Geld auch damit, dass sie verschiedene Möglichkeiten der Strukturierung von Unternehmen und Organisationen aufzeigen. Wir sind ziemlich sicher, dass all diese Unternehmensberater glücklich wären, wenn sie ein Design für Sie maßschneidern dürften. Aber bevor Sie einen von ihnen anrufen (und eine ordentliche Summe ausgeben), sollten Sie schauen, was Sie selbst erreichen können. Wenn Sie anschließend entscheiden, dass Sie wirklich professionelle Hilfe brauchen, wissen Sie wenigstens, welche Fragen Sie stellen müssen.

In diesem Kapitel zeigen wir Ihnen, was Sie benötigen, um Ihren Businessplan auszuführen. Wir zeigen Ihnen verschiedene Wege, Ihr Unternehmen anhand der sechs wesentlichen Bereiche, die in Abbildung 17.1 gezeigt werden, zu gestalten. Drei dieser Bereiche formen Ihr Unternehmen – die anderen drei formen die Mitarbeiter Ihres Unternehmens (Kapitel 18 enthält Informationen zur Mitarbeiterführung).

Den Businessplan umsetzen

Nachdem Sie Ihren Businessplan niedergeschrieben haben, sollten Sie sich die Zeit nehmen, ihn durchzulesen – und das meinen wir wörtlich. Suchen Sie nicht nur nach Tipp- und Grammatikfehlern; überlegen Sie sich, was der Plan wirklich aussagt. Vielleicht finden Sie es hilfreich, wenn ein erfahrener Kollege oder befreundeter Berater diesen Plan ebenfalls liest – am besten jemand, der dem Unternehmen nicht nahesteht, damit Sie ein objektives Feedback bekommen. Erstaunlich viele Unternehmen haben einen Businessplan, den niemand liest. Zumindest scheint in diesen Unternehmen niemand viel über den Plan zu wissen (das verhält sich natürlich mit den ach so wichtigen Zahlen im Budget anders).

Ihr Businessplan bildet einen der sechs wichtigsten Bereiche Ihres Unternehmens, die Ihnen helfen, Ihre Unternehmensziele zu erreichen (siehe Abbildung 17.1). Zusammen mit der Organisation und den Arbeitsabläufen formt er Ihr Unternehmen. Die anderen drei Bereiche – Führungsstil, Unternehmenskultur und Fähigkeiten – bereiten Ihre Mitarbeiter darauf vor, erfolgreich für und in Ihrem Unternehmen zu arbeiten (siehe auch Kapitel 18.)

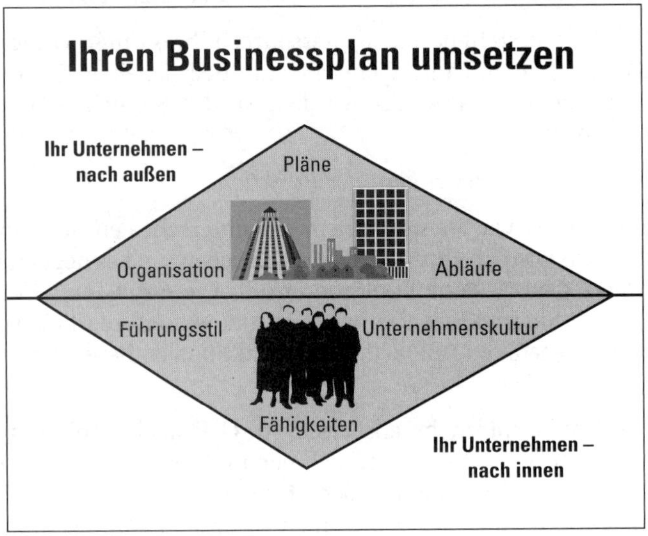

Abbildung 17.1: Damit Ihr Unternehmen erfolgreich wird, sollten Sie sich auf diese sechs wesentliche Bereiche Ihres Unternehmens konzentrieren, die sich in zwei Gruppen unterteilen lassen.

Sie glauben vielleicht, dass es nichts gibt, was Sie nicht über Ihren eigenen Businessplan wissen. Weil Sie jedoch so dicht davor sitzen, kann es passieren, dass Ihnen der Blick fürs Ganze verloren geht. Treten Sie deshalb einen Schritt zurück, und achten Sie besonders auf die folgenden Punkte:

- ✔ Lesen Sie den Unternehmensauftrag und die Unternehmensphilosophie so, als würden Sie sie zum ersten Mal sehen (mehr zu Unternehmensauftrag und -philosophie in den Kapiteln 4 und 5).

- ✔ Betrachten Sie die Ziele und Zielvorgaben, die Sie für Ihr Unternehmen aufgestellt haben, und denken Sie darüber nach, was sie wirklich bedeuten. (Kapitel 5 hilft beim Erstellen von Zielsetzungen und Zielvorgaben.)
- ✔ Überprüfen Sie die Stärken und Schwächen, die Sie finden, und überlegen Sie, was sie über die Fähigkeit Ihres Unternehmens aussagen, den Plan umzusetzen. (Kapitel 11 hilft Ihnen, Ihr Unternehmen objektiv zu betrachten.)
- ✔ Denken Sie über die verschiedenen Arten nach, wie Ihr Unternehmen seinen Kunden Werte liefert und wie diese Arten etwas zu Ihrem langfristigen Vorteil beitragen. (Die Kapitel 7 und 8 zeigen Ihnen, wie Sie Ihre Märkte analysieren.)

Wenn Sie erwarten, dass jeder, der in Ihrem Unternehmen arbeitet, den Businessplan ernst nimmt, sollten Sie mit sich selbst beginnen. Während Sie Ihren Businessplan in die Praxis umsetzen, sollten Sie regelmäßig einen Schritt zurücktreten. Stellen Sie sich dann Fragen wie die folgenden:

- ✔ Fördert die Unternehmensform das Verhalten und die Fertigkeiten, die Ihre Mitarbeiter benötigen?
- ✔ Führen die Verfahren, die Sie einführen, zu einer Stärkung und Konzentration Ihrer Unternehmenskultur?
- ✔ Sind die Verfahren, die Sie anwenden, für die Art von Organisation, die Sie gestalten wollen, sinnvoll?
- ✔ Unterstützen alle Dinge, die Sie tun, den Businessplan und die Unternehmensstrategie, auf die Sie hinarbeiten?

Es ist schwer, schnell zu wachsen

Immer wieder zeigt sich, dass anfangs sehr erfolgreiche Unternehmen an den Tücken des eigenen Wachstums scheitern, vor allem, wenn dieses zu schnell voranschreitet. Oft ist es wesentlich schwieriger, groß zu werden, als das Unternehmen erwartet hätte. Der Weg ist steinig und mündet plötzlich in einen steilen Bergabpfad. Sogar wenn die ursprüngliche Strategie stimmig war und die Expansion auf dem richtigen Gespür basierte, kann das Unternehmen scheitern, weil die Umsetzung des Plans nicht gelingt.

Expandiert ein Unternehmen schnell in neue Märkte und richtet neue Läden, Standorte und neue Produktlinien ein, ohne dass sich die Organisationsstruktur und die Arbeitsweise der Mitarbeiter ändert, ist das Scheitern vorprogrammiert, vor allem wenn:

- ✔ das Unternehmensmanagement nicht flexibel genug ist, um sich an die geplante Größe anzupassen,
- ✔ das Unternehmen über keine Verfahren verfügt, um die wachsende Anzahl an Läden oder Produktionsstätten zu verwalten,
- ✔ die Mitarbeiter nicht die benötigten Fähigkeiten und Fertigkeiten haben, um mit der wachsenden Zahl von neuen Geschäften oder Standorten umzugehen.

Effektive Organisationsstrukturen zusammenstellen

Wenn alle Mitarbeiter Ihres Unternehmens in einen BMW Mini passen, haben Sie es ziemlich leicht, eine Organisationsstruktur zu präsentieren. Zwei oder drei Personen lassen sich nicht auf so viele Arten anordnen. Aber die Tatsache, dass eine Struktur einfach ist, bedeutet nicht, dass sie nicht wichtig sei. Egal ob Sie zwei oder 2.000 Mitarbeiter haben, die Art und Weise, wie Sie Ihre Organisationsstruktur gestalten, spielt eine wesentliche Rolle dabei, ob Sie Ihren Businessplan erfolgreich umsetzen können. Egal wie groß Ihr Unternehmen wird, jeder Mitarbeiter muss wissen, worin sein Job besteht. Alle Mitarbeiter müssen die Rolle verstehen, die sie bei der Ausführung Ihres Businessplans und bei der Erreichung der Unternehmensziele spielen.

Wo fangen Sie an? Sie können ein Unternehmen auf unterschiedliche Weise organisieren. Die folgenden Abschnitte beleuchten ein paar der gebräuchlichsten Strukturen.

Die Linienorganisation

Die einfachste Art, Ihr Unternehmen zu organisieren, besteht darin, jemanden an die Spitze zu setzen – einen Eigentümer oder Geschäftsführer – und alle anderen die Arbeit verrichten zu lassen. Es ist sehr leicht, die Funktion der einzelnen Mitarbeiter zu beschreiben, weil alle gleichgestellt sind.

- ✔ **Vorteile:** Sie finden normalerweise immer jemanden, der eine Arbeit verrichtet, die gerade getan werden muss. Weil Sie nicht viele zusätzliche Ressourcen für die Verwaltung der Organisationsstruktur verschwenden, ist das Liniensystem auch kostengünstig.
- ✔ **Nachteile:** Das Liniensystem funktioniert nur, wenn Ihr Unternehmen weniger als 20 Mitarbeiter hat. Wenn das Unternehmen größer ist, kann derjenige an der Spitze nicht nach allen schauen. Wenn Ihr Unternehmen wächst, sind Sie irgendwann gezwungen, Ihre Organisationsstruktur zu vergrößern. Das Liniensystem ist auch nicht immer effizient. Die Mitarbeiter müssen Arbeiten verrichten, mit denen sie sich nicht auskennen, und die Erfahrung bleibt häufig auf der Strecke.

Die funktionale Organisation

Wenn Sie Ihr Unternehmen gemäß den Geschäftsfunktionen organisieren, unterteilen Sie die Mitarbeiter gemäß ihrer Tätigkeit in Gruppen. Sie weisen zum Beispiel alle Ingenieure einem bestimmten Bereich zu und werfen alle Marketing-Typen in einem anderen Funktionsbereich zusammen. Das Gleiche gilt für die Finanzleute et cetera. Sie müssen natürlich sicherstellen, dass eine Art Leitungskraft die verschiedenen Aktivitäten der Funktionsgruppen koordiniert.

- ✔ **Vorteile:** Eine funktionale Organisation funktioniert gut, wenn Sie nur eine Art von Produkt oder Dienstleistung anbieten. Die Organisationsstruktur ist effizient, weil die Leute in ihren speziellen Bereichen wirklich gut werden und jede Funktion nur an einer Stelle ausgeführt wird. Außerdem weiß jeder genau, wofür er verantwortlich ist. Die Tätigkeiten in Ihrem Unternehmen sind exakt definiert und Sie können eindeutig messen, was jeder leistet.

- ✔ **Nachteile:** Leider kann sich eine funktionale Organisation sehr leicht in einen Stapel unterschiedlicher Kisten verwandeln, die einfach aufeinandergestellt wurden. Jede Kiste beinhaltet einen anderen Funktionsbereich; die Kisten sind nicht miteinander verbunden und ohne gute Kommunikation beginnen die Funktionen, verschiedene Ziele zu entwickeln. Die Produktion möchte zum Beispiel nur ein einziges Produkt herstellen, während das Marketing verschiedene Produkte an unterschiedliche Kunden verkaufen möchte. Jede Funktion mag für sich genommen vielleicht effizient sein, zusammengenommen sind die Funktionen jedoch nicht flexibel oder effektiv genug, um einen größeren Businessplan auszuführen.

Die Spartenorganisation

Wenn Ihr Unternehmen groß genug und in mehr als einem Geschäftsbereich tätig ist, ist der beste Ansatz vielleicht die Organisationsstruktur in Abteilungen. Jede Abteilung des Unternehmens kann zum Beispiel für ein bestimmtes Produkt, einen Markt oder einen geografischen Bereich zuständig sein. Wenn Ihr Unternehmen sogar noch größer ist, können Ihre Abteilungen als Sparten die strategischen Geschäftseinheiten beinhalten, bei denen es sich um spezifische Produkt/Markt-Kombinationen handelt (siehe hierzu Kapitel 16). Wenn Sie wollen, können Sie die Sparten in Ihrem Unternehmen noch weiter unterteilen.

- ✔ **Vorteile:** Eine Organisation, die aus Abteilungen besteht, die auf den Produkten, den Märkten oder den strategischen Geschäftseinheiten basieren, bestärkt Ihr Unternehmen, seine ganze Energie und die Ressourcen in die wirklichen Aufgaben zu investieren. Die Leiter der einzelnen Sparten können sich mit Ihren Kunden, Ihren Konkurrenten und Ihren Unternehmensproblemen befassen. Die Geschäftsleitung hat einen Überblick darüber, wie die Sparten zusammenarbeiten.
- ✔ **Nachteile:** Weil die verschiedenen Abteilungen in Ihrem Unternehmen häufig ganze Geschäftsbereiche repräsentieren, konkurrieren sie manchmal miteinander. Das kann sogar so weit gehen, dass sie um dieselben Kunden kämpfen. Außerdem haben die verschiedenen Abteilungen normalerweise zusätzliche laufende Kosten, weil jede Abteilung ihre Führungsebene und Geschäftsfunktionen hat (Forschung, Produktion, Marketing, Kundendienst, Verkauf und Rechnungswesen), die sich notwendigerweise überlappen müssen. Als Ergebnis ist Ihr Unternehmen letztlich weniger effizient und weniger in der Lage, Vorteile aus Sparmaßnahmen zu ziehen, die aus der Kombination von Aufgaben resultieren.

Die Matrixorganisation

Die Matrixorganisation organisiert Mitarbeiter entlang zweier Dimensionen und nicht nur entlang einer. In einer Matrixorganisationsstruktur hat jeder zwei Bosse und zwei Funktionen. In der einen Funktion arbeitet jemand möglicherweise in der Programmier- oder Buchprüfungsgruppe und in der anderen ist er an speziellen Projekten beteiligt, für die beispielsweise ein Programmierer oder Buchprüfer sechs Monate lang benötigt wird. In diesem Fall berichten der Programmierer und der Buchprüfer beide an einen Funktions- und einen Projektmanager.

- **Vorteile:** Die Matrixorganisationsstruktur ermöglicht es Ihnen, Talente, Sachkenntnis und Erfahrung auf die verschiedenen Bereiche Ihres Unternehmens aufzuteilen und die Ressourcen einzusetzen, wo und wann sie benötigt werden. Eine Matrixorganisationsstruktur kann ziemlich flexibel auf die jeweiligen Bedürfnisse reagieren. Gleichzeitig profitieren Sie von der Effizienz, Mitarbeiter gemäß ihrer Funktionen zu organisieren.
- **Nachteile:** Die Verwaltung einer Matrixorganisation kann ziemlich schwierig und manchmal sogar verhängnisvoll sein. Diese Organisationsform verletzt eine wichtige Managementregel: Setzen Sie Ihren Mitarbeitern nie zwei Chefs gleichzeitig vor. Es entstehen naturgemäß Spannungen zwischen dem Projektmanager und dem Funktionsmanager und Ihre Mitarbeiter sitzen dann zwischen zwei Stühlen. Wenn Sie nicht aufpassen, kann die Matrixorganisation zu sich widersprechenden Prioritäten, aufeinanderprallenden Zielen und auseinanderlaufenden Vorstellungen darüber, wie der Businessplan des Unternehmens umgesetzt werden sollte, führen.

Wenn zu viele Köche in der Küche stehen

Nachdem Sie beschlossen haben, wie Sie Ihr Unternehmen organisieren wollen, müssen Sie entscheiden, wie stark Sie es aufteilen wollen. Stellen Sie sich eine einfache Frage: Wenn die Mitarbeiterin, die Werbebriefe schreibt, einen Vorschlag machen möchte, durch wie viele Hände soll dann dieser Vorschlag gehen, bevor er bei der Geschäftsführung ankommt? Mit anderen Worten: Wie viele Führungsebenen soll eine Entscheidung durchlaufen?

Die Anzahl der Führungsebenen hängt sehr stark davon ab, wie groß Ihr Unternehmen ist und wie es organisiert ist. Manager können nur dann sehr viele Mitarbeiter direkt verwalten, wenn diese hochmotiviert sind, und manche Organisationsstrukturen erfordern mehr Manager als andere. Behalten Sie immer eine allgemeine Regel im Hinterkopf: Je mehr Führungsebenen sie haben,

- desto mehr Kontrolle konzentriert sich an der Spitze des Unternehmens.
- desto unflexibler ist Ihre Organisationsstruktur gegenüber Veränderungen.
- desto kostspieliger ist der Unterhalt der Organisation.

Eine eigene Organisationsstruktur entwickeln

Wie können Sie feststellen, welche Organisationsform – und in welchem Ausmaß – für Sie richtig ist? Leider liegt die Antwort nicht immer auf der Hand. Sie hängt von der Unternehmensgröße, von der Veränderungsgeschwindigkeit und der Art des Wettbewerbs ab. Die Organisationsformen, die sich in der Praxis am besten bewährt haben, scheinen die zu sein, die Aspekte aus allen in den letzten Abschnitten beschriebenen Optionen kombinieren.

Einige Unternehmen versuchen, effizient, flexibel und auf dem Laufenden zu bleiben, indem sie ihre Organisationsstruktur so einfach wie möglich halten. Sie setzen, falls nötig, formlose Projektteams ein und reorganisieren die Struktur jedes Mal, wenn Veränderungen in ihren Branchen auftreten und die Märkte dies erfordern. Eine einfache Organisationsstruktur tendiert dazu, die Kosten unter

Kontrolle zu halten. Formlose, vorübergehend gebildete Projektteams bieten einen Großteil der Flexibilität der Matrixorganisation ohne das ganze Management-Durcheinander. Die Bereitschaft zur Neuorganisation, wenn sich die Unternehmenssituation ändert – der Markt sich vergrößert, die Technologie fortschreitet oder das Unternehmen wächst –, kann eine große Stärke sein.

Warum stolpern kleine Unternehmen so häufig? Ein wesentlicher Grund liegt in ihrer Unfähigkeit, mit dem eigenen Erfolg zurechtzukommen. Ein großer Stolperstein ist auch der Unwille derjenigen an der Spitze, die Organisationsstruktur zu verändern, wenn das Unternehmen wächst.

Kleine Unternehmen werden in der Regel nach dem Liniensystem organisiert, in dem Eigentümer oder Geschäftsführer bei allem mitreden, was das Unternehmen tut. Größere Unternehmen können auf diese Weise nicht lange bestehen. Und wenn der Eigentümer nicht loslassen kann, wenn es an der Zeit ist, das Unternehmen zu reorganisieren, bedeutet das das Versagen für ein ansonsten gesundes Unternehmen.

Vergewissern Sie sich, dass Sie alle Möglichkeiten untersucht haben, wenn Sie damit beginnen, Ihr Unternehmen zu organisieren oder umzuorganisieren. Versuchen Sie, für Ihr Unternehmen eine Struktur zu finden, die Ihnen sinnvoll erscheint. Die Unternehmensstruktur sollte auch für die wichtigsten Anteilseigner, Investoren und Kapitalgeber, die ein finanzielles Interesse an Ihrem Unternehmen haben, Sinn ergeben. (Wenn Sie noch einmal über Anteilseigner nachlesen wollen, blättern Sie zu Kapitel 2.) Nur dann können Sie eine Organisationsform zusammenstellen, mit der Ihr Unternehmen besser funktioniert und mit der es den Businessplan leichter erfüllen kann.

Effektive Abläufe entwickeln

Nachdem Sie Zeit und Mühe aufgewendet haben, einen Businessplan zusammenzustellen, könnten Sie annehmen, dass Ihr Unternehmen nun automatisch leichter zu führen ist. Wenn Ihr Unternehmen klein ist, werden Sie vielleicht noch nie ernsthaft darüber nachgedacht haben, was als Nächstes kommt. Nachdem Sie nun wissen, was zu tun ist, brauchen Sie nur damit zu beginnen, oder? Ob Sie etwas verkaufen, mit einem Zulieferer verhandeln oder sich über Ihre Ausgaben auf dem Laufenden halten müssen, Sie schaffen das jetzt, selbst wenn Sie Ihre Arbeitsabläufe ändern müssen.

Formlose Verfahren (insbesondere diejenigen, die sich immer ändern) funktionieren allerdings nicht besonders lang, auch wenn Ihr Unternehmen nur aus Ihnen selbst besteht. Ihre Kunden und Zulieferer möchten wissen, was sie erwartet, wenn sie mit Ihnen Geschäfte machen, egal wie groß Ihr Unternehmen ist. (Das gilt auch für die Finanzbeamten.) Niemand hat gerne mit zahllosen Regeln und Vorschriften zu tun, es sei denn, er ist in der Armee. Aber alle Unternehmen müssen sich wahrscheinlich mit einem Satz von Richtlinien abfinden, der verwendet wird, um alle daran zu erinnern, was sie tun sollten.

Wenn Sie anfangen, über Verfahren und Abläufe nachzudenken, um verschiedene Dinge in Ihrem Unternehmen zu regeln, werden Sie immer wieder auf neue Dinge stoßen.

Beginnen Sie, indem Sie sich fragen, wie Ihr Unternehmen die folgenden Arbeiten erledigt:

- ✔ Über Kundenbestellungen auf dem Laufenden bleiben
- ✔ Kunden Rechnungen stellen oder Kredite an Kunden vergeben
- ✔ Kundenbeschwerden handhaben
- ✔ Neue Mitarbeiter einstellen und ausbilden
- ✔ Löhne, Gehälter und Sonderleistungen festlegen
- ✔ Mitarbeitern Ausgaben erstatten
- ✔ Kapital- und Finanzpläne ausarbeiten
- ✔ Warenbestandslisten verwalten
- ✔ Neue Produkte und Dienstleistungen entwickeln
- ✔ Die Branche und den Wettbewerb überwachen

Und, last, but not least, die Abläufe zum Erstellen eines Businessplans. Manager und Management-Gurus ignorierten gleichermaßen jahrelang die Systeme und Abläufe, die Unternehmen am Laufen hielten. Lassen Sie uns den Tatsachen ins Auge sehen – Systeme und Verfahren sind l-a-n-g-w-e-i-l-i-g. Deshalb sind viele der Standardverfahren mehrere Jahrzehnte alt. Sie stammen aus einer Zeit, in der das Geschäftemachen gleichbedeutend mit dem Produzieren, Ausliefern und Verkaufen von Produkten war. Punkt. Aber die Zeiten haben sich geändert – und die Unternehmen mit ihnen. Sie müssen daher sicherstellen, dass Ihre Systeme und Abläufe auf dem Laufenden und funktional sind.

In den späten 1980er-Jahren begannen Unternehmen festzustellen, dass einige dieser langweiligen alten Systeme sie aufhielten. Das *Business Reengineering* kam in Mode – die kluge Idee, dass Sie alle Verfahren in Ihrem Unternehmen daraufhin prüfen sollten, ob sie in Bezug auf das Tätigkeitsfeld Ihres Unternehmens sinnvoll sind. Als die Unternehmen auf den Reengineering-Zug aufsprangen, entdeckten sie, dass sie alle möglichen Dinge nur deshalb taten, weil sie schon immer so gemacht wurden. Heutzutage reicht es einfach nicht aus, Dinge in der bewährten Weise zu erledigen. Das gilt insbesondere dann, wenn Ihre Konkurrenten Ihnen den Wind ins Gesicht blasen.

Versuchen Sie, die Grundidee des Reengineering zu beherzigen, wenn Sie Verfahren für Ihr Unternehmen entwickeln. Machen Sie Dinge, weil sie sinnvoll sind, und nicht, weil sie schon immer so gemacht werden. Es lohnt sich, einen Moment über ein paar der grundlegenden Systeme nachzudenken, die Sie sehr wahrscheinlich benötigen werden.

- ✔ **Das Buchhaltungssystem** – Die richtigen Methoden, Prinzipien und sogar die Software für die Buchhaltung können den Unterschied ausmachen, ob Sie wirklich wissen, was Sie besitzen, oder ob Sie den Überblick darüber verlieren, woher Ihr Geld kommt und wohin es fließt. Die Gewinn-und-Verlust-Rechnung, die Kapitalflussrechnungen und Bilanzen sind für Ihr Geschäft unentbehrlich. (In Kapitel 12 erhalten Sie alle Finanzinformationen, die Sie wünschen.) Sie benötigen ein zuverlässiges Buchhaltungssystem, wenn Sie in der

Lage sein wollen, Ihre Finanzaufstellungen auf eine Weise zusammenzustellen, auf die Sie sich verlassen können.

- **Das Finanzplanungssystem:** Sie müssen Verfahren entwickeln, die es Ihnen ermöglichen, ein vollständiges Bild der Finanzlage für den aktuellen Tag zu erstellen und einen zukünftigen Bedarf vorherzusagen (in Kapitel 13 erfahren Sie mehr zur Finanzplanung). Sie sollten dafür sorgen, dass Ihr Finanzplanungsprozess Ihre kurzfristigen Bedürfnisse abdeckt, aber es ist genauso wichtig, dass das Finanzplanungssystem langfristige Investitionen unterstützt.
- **Das Personalsystem:** Mitarbeiter sind ein wichtiger Bestandteil Ihres Unternehmens, auch wenn Sie im Augenblick der einzige Mitarbeiter sind. Egal wie viele Mitarbeiter Sie in Ihrem Unternehmen beschäftigen, es sollte ein System zur Verfügung stehen, das Mitarbeiter für ihre harte Arbeit entlohnt und sie ermutigt, über ihren zukünftigen Beitrag zum Unternehmenserfolg nachzudenken.
- **Informationssysteme:** Es gibt keine schnelle Methode, um sich über die Geschehnisse in Ihrer Branche und am Markt auf dem Laufenden zu halten. Sie benötigen ein Verfahren, um Informationen zu erfassen, wann und wo sie verfügbar sind. Sie benötigen außerdem ein Informationssystem, um die Informationen, die Sie erfassen, interpretieren zu können. Sie sollten alles festhalten, was Sie über die Bedürfnisse von Kunden wissen, was Sie in der Vergangenheit für die Kunden getan haben und was sie von Ihnen in Zukunft erwarten. (Lesen Sie Kapitel 8, um Ihre Kunden besser kennenzulernen.) Wenn Sie schon dabei sind, sollten Sie ein ähnliches System einrichten, um sich über Ihre Konkurrenten auf dem Laufenden zu halten (siehe Kapitel 9).
- **Das Planungssystem:** In diesem Buch geht es ständig um Businesspläne. Aber die ganzen großartigen Planungsideen, die Sie haben, bleiben in Ihrem Kopf, wenn Sie kein System einrichten, mit dem Sie sie in Ihrem eigenen Unternehmen umsetzen können. Wenn Sie einmal einen Businessplan haben, müssen Sie auch einen Planungsprozess in Gang setzen, um den Plan lebendig zu halten. (Mehr dazu im Abschnitt »Den Businessplan umsetzen« weiter vorn in diesem Kapitel.)

Den Weg vorgeben

18

In diesem Kapitel

- Führungsrollen fördern
- Notwendige Fertigkeiten entwickeln
- Eine Unternehmenskultur aufbauen
- Mitarbeiter vorbereiten

Der Schlüssel zum Erfolg im Geschäftsleben liegt im rechtzeitigen Erkennen von Chancen. Im Moment stellt Ihr Businessplan eine Chance dar. Einer der größten Fehler, die Unternehmen machen können, besteht wohl darin, dass sie die Möglichkeiten eines Businessplans, an dem sie so hart arbeiten, nicht voll ausschöpfen. Wir kennen Unternehmen, die ihre Pläne dazu verwenden, um Gelder lockerzumachen und eine dynamische Führungsmannschaft zusammenzustellen, und dann den Plan in irgendeiner Schublade verschwinden lassen. Nach sechs Monaten oder vielleicht auch erst nach einem Jahr wundern sich dann die Eigentümer, warum ihr Unternehmen nicht so recht anläuft. Wir haben auch Unternehmer getroffen, die große Ideen und eine gesunde Geschäftsstrategie hatten, ihre Unternehmen aber nie über die ersten Hürden gebracht haben, weil sie ihre Pläne nicht weiter verfolgt haben.

Wenn Sie erfolgreiche Unternehmer fragen, wie sie es geschafft haben, dann führen sie in der Regel zwei Dinge an: Sie hatten einen soliden Businessplan und sie haben an diesem Plan festgehalten. Es reicht nicht, einen Businessplan zusammenzustellen. Sie müssen den Weg vorgeben und Ihren Plan in die Tat umsetzen.

Welche Unternehmensbereiche sehen Sie als die wichtigsten Bereiche Ihres Unternehmens an? Vielleicht denken Sie bei Ihrem Unternehmen hauptsächlich an die Produkte oder Dienstleistungen, die Sie anbieten. Vielleicht ist das erste Bild, das Ihnen in den Sinn kommt, ein Gebäude oder Kaufhaus mit Ihrem Unternehmensnamen und Logo darauf. Vielleicht denken Sie an die Organisationsform, Ihre Art, Geschäfte zu machen, und den Ruf, den Sie versucht haben, aufzubauen. Ihr Unternehmen ist eine Kombination aus diesen Dienstleistungen, Bildern und Ideen. Am wichtigsten ist jedoch, dass Ihr Unternehmen letztendlich durch Ihre Mitarbeiter definiert wird – durch ihr Wesen, ihre Art, zu handeln, und ihre Fähigkeiten.

Wenn Sie wollen, dass Ihr Unternehmen Erfolg hat, müssen Sie eine Unternehmenskultur erzeugen, die Ihren Businessplan fördert und sicherstellt, dass er auch umgesetzt wird. Selbst der beste Plan ist zum Scheitern verurteilt, wenn er nicht umgesetzt wird, und die Umsetzung eines Businessplans erfordert Führungsqualitäten. Sie müssen führen und andere dazu ermutigen, selbst Führungsrollen zu übernehmen. Und Sie müssen dafür sorgen, dass Ihre Mitarbeiter die Fähigkeiten entwickeln, die sie benötigen, um ihre Arbeit besser erledigen zu können.

Führungsqualitäten fördern

Wenn Sie wünschen, dass Ihre Mitarbeiter Ihnen in die Zukunft folgen, die Sie in Ihrem Businessplan niedergelegt haben, müssen Sie sie dorthin führen. Aber was bedeutet es wirklich, andere Menschen zu führen, und wie können Sie andere ermutigen, Führungsfunktionen zu übernehmen?

Wir sollten an dieser Stelle eines ganz klarstellen: Führungsqualitäten und Management-Geschick sind zwei völlig verschiedene Dinge. Führungsqualitäten sind sicherlich ein Bestandteil dessen, was man benötigt, um ein außergewöhnlicher Manager zu sein, aber sie beschreiben auch eine etwas allgemeinere Fähigkeit, andere zu beeinflussen und davon zu überzeugen, sich in einer bestimmten Weise zu verhalten.

Hervorragende Führungspersönlichkeiten passen ihren Führungsstil an die Umstände an. Wenn Sie sich in einer veränderten Geschäftssituation wiederfinden, müssen Sie darauf vorbereitet sein, Ihren Führungsstil zu ändern. Wir haben einige Führungsstile zusammengestellt:

- ✔ **Der Boss** – In bestimmten Situationen müssen Sie Mitarbeitern schlichtweg sagen, was sie zu tun haben, weil diese nicht wissen, wie sie weiter vorgehen sollen, oder weil Sie eine klare Vorstellung davon haben, was als Nächstes geschehen soll. Sie sollten jedoch, auch wenn Sie der Boss sind, daran denken, dass Sie das meiste aus Ihren Mitarbeitern herausholen können, wenn Sie ihnen gute Gründe dafür liefern, warum sie etwas tun sollen.
- ✔ **Der Berater** – Wenn Sie möchten, dass Ihre Mitarbeiter langfristig Verantwortung übernehmen, müssen Sie sich darauf vorbereiten, den Mitarbeitern die Freiheit zu geben, die Aufgaben selbstständig zu erledigen. In Ihrer Rolle als Berater ist Timing alles, weil Sie einen sechsten Sinn dafür entwickeln müssen, wann und wie viel Ratschläge Sie geben müssen, um den Erfolg zu fördern. Sie sollten auch Verfahren entwickeln, damit Ihre Mitarbeiter wissen, wie sie um Hilfe bitten können, wenn sie welche benötigen. Manchmal besteht guter Führungsstil darin, Mitarbeitern Fehler zuzugestehen, da die Mitarbeiter durch Erfahrung lernen und wachsen.
- ✔ **Der Kollege** – Wenn Sie Mitarbeiter in Ihr Unternehmen aufnehmen und im Laufe der Zeit eine starke Arbeitsgemeinschaft entwickeln, wird Ihre Führungsrolle irgendwann vielleicht fast nicht mehr wahrnehmbar sein. Oberflächlich gesehen verhalten Sie sich mehr wie ein Kollege, also wie einer unter gleichen. In diesem Fall führen Sie auf eine feinfühlige Art und häufig auch dadurch, dass Sie mit gutem Beispiel vorangehen. Wenn Sie von sich selbst Höchstleistungen verlangen, übertreffen andere sich ebenfalls. Wenn Sie Termine einhalten, machen andere das auch. Diese Art von Führungsstil basiert auf gegenseitigem Respekt, und sie kann sich zu einer der stärksten Kräfte und zum größten Kapital für Ihr Unternehmen entwickeln.

Wenn Sie über Ihre eigenen Führungsqualitäten und die Ihrer engsten Mitarbeiter nachdenken, werden Sie sich vielleicht fragen, ob jemand zur Führungspersönlichkeit geboren ist oder ob er auch dazu gemacht werden kann. Das ist natürlich schwer zu sagen. Einige Menschen sind die geborenen Führungspersönlichkeiten. Sie können jemandem beispielsweise leichter grundlegendes Management-Geschick beibringen, als in jemandem Führungsqualitäten wachzurufen.

Einige der erfolgreichsten Organisationen der Welt arbeiten mit Führungstechniken und Verfahren, die auf einer einfachen Weisheit beruhen: *Fordern Sie niemals Ihre Untergebenen zu Dingen auf, die Sie selbst nie tun würden.* Das ist ein ziemlich guter Ratschlag für aufstrebende Führungskräfte in jeder Lebenssituation.

Fähigkeiten entwickeln

Ihre Mitarbeiter sind dafür verantwortlich, dass Ihr Businessplan in die Realität umgesetzt wird. Ihre Mitarbeiter sollten daher nicht einfach ein Haufen willkürlich zusammengewürfelter arbeitswilliger und arbeitsfähiger Personen sein. Das gilt zumindest dann, wenn Sie wollen, dass Ihr Plan auch umgesetzt wird. Die Mitarbeiter, die Sie an Bord nehmen, müssen die entsprechenden Fertigkeiten haben, um die Aufgaben zu erledigen, die Sie von ihnen verlangen.

Die Fertigkeiten, die heutzutage benötigt werden, unterscheiden sich von denen, die vor zehn oder 15 Jahren gefragt waren. Egal ob die Mitarbeiter aus dem Bereich Technik, Produktion, Marketing oder Vertrieb kommen, sie sollten auf ihrem Gebiet sehr gut sein. Aber sie benötigen ebenso allgemeinere Fähigkeiten, durch die sie auch in dem Unternehmen erfolgreich sein können, das Sie aufbauen wollen. In vielen Branchen müssen Ihre Mitarbeiter sich auch in folgenden Bereichen auszeichnen:

- ✔ **Informationen verwalten** – Ihre Mitarbeiter sollten in der Lage sein, mit einer Fülle von Informationen zu fast jedem vorstellbaren Aspekt in Ihrem Unternehmen klarzukommen. Sie benötigen Mitarbeiter, die nicht nur Daten zusammenfügen, sondern sie auch interpretieren und für Geschäftsentscheidungen nutzen können.
- ✔ **Unabhängig denken** – Ihre Mitarbeiter sollten Geschäftsprobleme selbstständig angehen und lösen können. Sie können es sich nicht leisten, Mitarbeiter zu haben, die nur das tun, wozu sie aufgefordert werden. Wenn Sie aus Ihrem Unternehmen das Maximale herausholen wollen, müssen Ihre Mitarbeiter Initiative ergreifen, eigenständig denken und Lösungen für Geschäftsprobleme finden, mit denen sie täglich zu kämpfen haben.
- ✔ **Im Team arbeiten** – Ihre Mitarbeiter sollten in der Lage sein, Aufgaben als Teil einer Gruppe zu erledigen. Die Notwendigkeit, schnell zu sein, macht es schwer, größere Ziele zu erreichen, wenn Ressourcen, Talente und Erfahrungen nicht in einem Team zusammengefasst werden. Egal ob Sie ein technisches Problem lösen, ein Produkt zusammensetzen oder sich mit strategischen Fragen auseinandersetzen müssen, Sie können auf ein Team von Mitarbeitern zählen, die die Aufgabe erledigen.
- ✔ **Mit Veränderungen klarkommen** – Ihre Mitarbeiter sollten in der Lage sein, Dinge auf unterschiedliche Weisen zu erledigen, neue Verantwortlichkeiten zu übernehmen und mit nicht vertrauten Situationen klarzukommen. Die Branchen stehen nicht mehr still, und wenn Ihr Unternehmen einen Aufwärtstrend verzeichnet, benötigen Sie Mitarbeiter, die sich in einer Welt wohlfühlen, in der Veränderung die einzige Konstante ist.
- ✔ **Neue Fähigkeiten erwerben** – Ihre Mitarbeiter sollten in der Lage sein, sich ständig weiterzuentwickeln. Wenn Sie möchten, dass sich Ihr Unternehmen vorwärtsbewegt, müssen auch Ihre Mitarbeiter dazu gewillt sein. Sie müssen Möglichkeiten für Ihre Mitarbeiter schaffen, sich beruflich fortzubilden, und sie ermutigen, neue Fähigkeiten zu erwerben.

Ein Führer in Sachen Führungsstil

Jack Welch war CEO von General Electric und gilt als einer der besten Manager aller Zeiten. Wegen seiner Führungs- und Managementfähigkeiten ist er international anerkannt. Er machte General Electric zu einer der größten Kapitalgesellschaften weltweit. Seine Bücher über Management und Führung bündeln seine Erfahrungen und Erkenntnisse. Jack Welch war eine Führungspersönlichkeit, die es verstand, sich mit anderen Führungspersönlichkeiten zu umgeben. Was zeichnet eine gute Führungspersönlichkeit aus? Laut Welch müssen Führungspersönlichkeiten folgende Qualitäten aufweisen:

- ✔ Hang zum Perfektionismus
- ✔ Abscheu gegen Bürokratie
- ✔ Offenheit gegenüber neuen Ideen
- ✔ Selbstvertrauen
- ✔ Starke Ausstrahlung
- ✔ Enorme Energie
- ✔ Motivationsgeist
- ✔ Mut zu aggressiven Zielen
- ✔ Fortschrittbefürwortung
- ✔ Engagement
- ✔ Veränderungsmanagement
- ✔ Bildung vielseitiger und globaler Teams

Während Ihr Unternehmen wächst und sich verändert, müssen Sie entscheiden, wie Ihre Mitarbeiter die erforderlichen Fähigkeiten erwerben können. Investieren Sie in Mitarbeiterausbildung, um alle Fähigkeiten, die benötigt werden, innerhalb Ihres Unternehmens zu entwickeln? Oder suchen Sie extern nach dem nötigen Fachwissen, indem Sie neue Mitarbeiter in das Unternehmen holen, die bereits den Hintergrund haben, nach dem Sie suchen? Es geht sicherlich schneller, wenn Sie extern suchen, aber die Entwicklung und Unterstützung von Mitarbeitern aus Ihrem Unternehmen kann einen einsatzfreudigeren Mitarbeiterstab hervorbringen, was sich langfristig in einer wesentlich stärkeren Organisationsstruktur auszahlt.

Eine Unternehmenskultur bilden

Eine Unternehmenskultur zu bilden bedeutet nicht, alle Mitarbeiter zu einem regelmäßigen Opernbesuch zu zwingen. Ihre *Unternehmenskultur* entsteht durch die allgemeinen Ansichten, Überzeugungen und Verhalten der Mitarbeiter. In diesem Sinne ist die Unternehmenskultur der Kultur eines Landes ähnlich. Aber Ihre Mitarbeiter sind nicht dazu geboren, in

Ihrem Unternehmen zu arbeiten, und sie wachsen auch nicht darin auf. Wenn Sie versuchen, eine Unternehmenskultur zu bilden, bringen Sie Menschen mit unterschiedlichen Hintergründen zusammen und versuchen, ihnen ein gemeinsames Auftreten zu geben.

Ihre Unternehmenskultur könnte sich zum Beispiel darauf konzentrieren, die beste Technologie zu bieten, die hochwertigsten Produkte zu liefern, den besten Kundenservice zu erbringen, die geringsten Kosten der Branche zu haben oder das innovativste Unternehmen der Branche beziehungsweise das Unternehmen mit dem schnellsten Wachstum in Ihrer Branche zu sein.

Diese Ansichten müssen Sie nun so umsetzen, wie sich Ihre Mitarbeiter verhalten. Wenn das Verhalten Ihrer Mitarbeiter auf einem Satz gemeinsamer Grundhaltungen basiert, können Sie immer darauf zählen, dass sie in jeder Geschäftssituation das Richtige tun. Vorschriften und Regeln wirken auf dem Papier gut, aber eine Unternehmenskultur bietet bessere Richtlinien, um Mitarbeiter zu bestärken, sich in der gewünschten Weise zu verhalten.

Leider können Sie nicht anordnen, dass Ihre Mitarbeiter eine bestimmte Ansicht haben. Deshalb müssen Sie weniger direkte Methoden wählen, um die Haltung Ihrer Mitarbeiter zu verändern und ihr Verhalten zu beeinflussen. Dabei spielt der entsprechende Führungsstil eine entscheidende Rolle. Die stärksten Unternehmenskulturen finden sich häufig in Unternehmen, die eindrucksvolle Manager haben – ein Beispiel wäre die Drogeriekette dm und ihr Gründer Götz Werner.

Hier folgen nun ein paar Ansätze, wie Sie Ihre eigenen Führungsqualitäten nutzen und eine starke Unternehmenskultur bilden können.

- ✔ **Auftrag, Werte und Unternehmensphilosophie** – Nutzen Sie Ihre Position im Unternehmen, um über den Unternehmensauftrag, die Werte, die Sie für wichtig halten, und die Unternehmensphilosophie zu sprechen. (Lesen Sie in Kapitel 4 über Unternehmensphilosophie und in Kapitel 5 über das Erstellen eines Unternehmensauftrags nach.) Heben Sie die Dinge hervor, die wirklich wichtig sind. Sorgen Sie dafür, dass alle Mitarbeiter wissen, warum Sie glauben, dass jeder einzelne ein Teil des Unternehmens ist und was jeder erreichen sollte.

- ✔ **Aktionen und Aktivitäten** – Setzen Sie bezüglich der Ansichten und Verhaltensweisen, die Sie gerne sehen würden, ein Beispiel, dem jeder folgen kann. Wenn Sie möchten, dass in Ihrer Unternehmenskultur die Kunden hoch geschätzt werden, fahren Sie selbst hinaus, um sie zu besuchen. Wenn Sie möchten, dass sich Ihre Mitarbeiter auf die Gewinne konzentrieren, stellen Sie bei jeder Gelegenheit Fragen über die Rentabilität. Wenn Innovation für den Erfolg Ihres Unternehmens sehr wichtig ist, sollten Sie herausfinden, wer besonders innovativ ist, dies anerkennen und entsprechend belohnen.

- ✔ **Rituale und Belohnungen** – Richten Sie in Ihrem Unternehmen ein Belohnungssystem ein, um die Unternehmenskultur und das Verhalten zu unterstützen, das Sie gerne fördern möchten. Identifizieren Sie sich selbst mit diesem Verhalten. Bieten Sie zum Beispiel Preise für die größte Kundenzufriedenheit an und nehmen Sie an Feiern teil. Legen Sie Gewinnziele fest und verteilen Sie einen Bonus, wenn die Gewinnziele erfüllt werden. Legen Sie Wert auf Innovationen und achten Sie darauf, dass Angestellte nicht bestraft werden, wenn sie etwas Neues probieren, was dann nicht funktioniert.

Ihre Unternehmenskultur kann einer der Schlüssel zu einem funktionierenden Businessplan sein. Wenn die Unternehmenskultur, die Sie entwickeln, Ihren Unternehmensauftrag und Ihre Unternehmensziele nicht unterstützen, kann alles ins Wanken geraten. Sie können die Kultur Ihres Unternehmens nicht über Nacht verändern. Deshalb müssen Sie den Sichtweisen Ihrer Mitarbeiter Beachtung schenken. Sie müssen die erforderliche Zeit und Mühe aufbringen, um das Gemeinschaftsverhalten, das Sie im Gesamtunternehmen erwarten, zu fördern.

Der Unternehmensphilosophie treu bleiben

Letztendlich stellt Ihr Businessplan dar, was aus Ihrem Unternehmen werden soll, und zwar bis hin zur letzten Markteinführung und Finanzprognose. Die Unternehmensphilosophie enthält gemeinsame Verpflichtungen und Vorgehensweisen (siehe Kapitel 4), und Ihr Businessplan ist ein hervorragender Weg, um diese jedem näher zu bringen, der an Ihrem Unternehmen beteiligt ist. Damit Ihr Businessplan ein lebendiges Dokument bleibt, das Ihre Unternehmensphilosophie vermittelt und auf dem neuesten Stand hält, sollten Sie von den folgenden Ratschlägen regelmäßig Gebrauch machen:

- ✔ Veröffentlichen Sie Ihren Unternehmensauftrag und Ihre Unternehmensphilosophie im Newsletter Ihrer Firma, in Mitarbeiterhandbüchern oder sogar auf Visitenkarten. (Lesen Sie die Kapitel 4 und 5, wenn Sie mehr hierzu wissen wollen.)
- ✔ Berufen Sie sich auf Ihren Businessplan, wann immer es Ihnen sinnvoll erscheint – während strategischer Marketingsitzungen oder in einem Forum zu Produktneuentwicklungen.
- ✔ Verwenden Sie den Businessplan als Messlatte zur Beurteilung aller Ihrer Programme und Initiativen.
- ✔ Verwenden Sie Ihre Unternehmenszielvorgaben und -zielvereinbarungen als wichtigste Richtschnur, wenn es darum geht, die Leistung von Mitarbeitern zu beurteilen. (Lesen Sie hierzu Kapitel 5, in dem es um das Festlegen von Unternehmenszielen geht.)
- ✔ Halten Sie das Feedback sämtlicher Mitarbeiter fest, wenn es darum geht, den Businessplan neu zu bewerten und zu überprüfen.

Teil VI

Der Top-Ten-Teil

Der
Top-Ten-
Teil

web Extras

Ein englischsprachiges Businessplan-Beispiel finden Sie auf `www.downloads.fuer-dummies.de`.

In diesem Teil ...

Im Top-Ten-Teil beginnen wir mit der Darstellung der zehn Indizien, an denen Sie erkennen, dass Ihr Businessplan veraltet ist. Dann listen wir die zehn wichtigsten Fragen auf, die Sie sich bei der Ausarbeitung Ihres Businessplans stellen sollten. Und zu guter Letzt zeigen wir die zehn Dinge auf, die Sie niemals machen sollten (wir meinen natürlich bei der Planung).

Zehn Anzeichen dafür, dass Ihr Businessplan veraltet ist

19

In diesem Kapitel

- Einen alten Plan erkennen
- Den Plan ändern, wenn sich das Umfeld ändert
- Wachstumsschmerzen vermeiden

Sie sollten sich mindestens einmal im Jahr mit Ihrem Businessplan beschäftigen. Aber wenn Sie in einer sich schnell ändernden Branche tätig sind, dann kann es Ihnen passieren, dass Sie Ihre Unternehmensstrategie und Ihren Businessplan außerplanmäßig überarbeiten müssen.

Ihre Unternehmensziele ändern sich abrupt

Selbst der beste Businessplan erfordert Änderungen, wenn sich die Bedingungen ändern. Wenn Ihr Unternehmen seinen Kurs drastisch ändern muss, dann müssen Sie Ihr Führungsteam zusammentrommeln und den Businessplan von Grund auf überprüfen. Nehmen Sie sich ausreichend Zeit, um Ihren Businessplan komplett zu prüfen und zu aktualisieren, um einen rationalen Kurswechsel widerzuspiegeln, der die Probleme in Angriff nimmt, die Sie identifiziert haben. In Kapitel 5 finden Sie weitere Informationen zum Definieren von Unternehmenszielen.

Sie erfüllen die Meilensteine Ihres Plans nicht

Der Businessplan legt einen Strategie- und Aktionsplan fest, um die Unternehmenszielsetzungen und Zielvereinbarungen zu erfüllen. Termine gehören zu den Motoren, die Ihr Unternehmen voranbringen. Was machen Sie, wenn das Unternehmen Termine nicht mehr einhalten kann und wichtige Projekte nicht mehr im Zeitplan sind? Setzen Sie sich mit Ihren Mitarbeitern zusammen und finden Sie heraus, warum der Zeitplan, den Sie für das Unternehmen gesteckt haben, nicht funktioniert. Finden Sie die Ursache des Problems heraus. Dazu gehören auch Aspekte Ihres gegenwärtigen Businessplans, die eventuell nicht realistisch sind. Versuchen Sie, mit Ihrem Team Lösungen zu finden, die Sie wieder auf den richtigen Weg bringen. Wenn Sie den Zeitverlust nicht aufholen können, dann sollten Sie Ihren Plan überprüfen, damit Ihre Mitarbeiter nicht frustriert werden.

Neue Technologien machen Furore

Technische Neuerungen können eine Unternehmenslandschaft vollkommen verändern. Sie können die Kundenwünsche, den Betrieb und die Zusammensetzung der Wettbewerber verändern. Technische Veränderungen können zum Veralten bestehender Produkte führen und beinah über Nacht einen Markt für neue Produkte oder Dienstleistungen schaffen. Wenn also eine neue Technik am Horizont sichtbar wird, dann müssen Sie Ihren Businessplan neu bewerten. Setzen Sie sich mit Ihrem Leitungsteam zusammen und überlegen Sie, wie diese neue Technik sich auf Ihren Betrieb oder Ihre Kunden auswirken wird. Entwerfen Sie Pläne, wie Sie aus der neuen Technik Vorteile ziehen können. Lesen Sie Kapitel 14, um zu erfahren, wie Sie mit Änderungen in Ihrem Unternehmensumfeld, beispielsweise auch technischen Veränderungen, zurechtkommen.

Wichtige Kunden laufen Ihnen davon

Kunden halten immer Ausschau nach einem besseren Produkt, einer besseren Dienstleistung oder einem besseren Geschäft. Es gehört zum Geschäft, hin und wieder ein paar Kunden zu verlieren. Aber wenn Sie feststellen, dass sehr viele Ihrer Kunden abwandern, dann läuft etwas schief. Ihre Konkurrenten könnten stärker sein, als Sie gedacht haben, Ihre Bemühungen haben nicht den gewünschten Erfolg oder der Markt selbst ändert sich. Egal was der Grund zu sein scheint: Der Abgang wichtiger Kunden ist ein Alarmsignal, das Sie keinesfalls übersehen dürfen. Wenn Sie die Gründe erforschen wollen, dann fragen Sie die abtrünnigen Kunden nach ihren Beweggründen und sprechen Sie auch mit Ihren Vertriebsleuten, um einen besseren Einblick zu bekommen. Nachdem Sie recherchiert und Tipps und Informationen zusammengetragen haben, passen Sie Ihren Businessplan entsprechend an. Lesen Sie noch einmal die Kapitel 7 und 8, denn dort erfahren Sie mehr über Ihre Kunden.

Der Wettbewerb nimmt zu

Sie müssen die Konkurrenz kennen, wenn Sie im Wettbewerb erfolgreich sein wollen. Wenn also ein wichtiger neuer Konkurrent ein Unternehmen in Ihrem Markt gründet, dann sollten Sie Ihre Wettbewerberanalyse nochmals prüfen und Ihren Businessplan entsprechend ändern. Denken Sie daran: Wettbewerb ist an sich keine schlechte Sache. Er zwingt Sie meistens dazu, sich auf das zu konzentrieren, was Sie am besten können, und Lösungen zu entwickeln, wie Sie dies so effizient wie möglich tun können. Um jedoch auf einen neuen Herausforderer richtig reagieren zu können, brauchen Sie den richtigen Plan. Lesen Sie Kapitel 9, in dem es darum geht, die Konkurrenz zu analysieren.

Die Produktnachfrage fällt dramatisch

Wenn Ihre aktuellen Verkaufszahlen unerwartet stark zurückgehen, dann müssen Sie sich beeilen, dem Problem auf die Spur zu kommen. Es könnte eine Diskrepanz zwischen den von Ihnen angebotenen Produkteigenschaften und den Kundenwünschen vorliegen, vielleicht ein

Problem mit der Qualitätskontrolle oder mangelnder Kundendienst. Es kann aber auch sein, dass die Konkurrenz Sie überholt hat. Das ist aber kein Grund zur Panik. Nehmen Sie sich Zeit, um die Gründe für die Umsatzveränderungen herauszufinden, und prüfen Sie die entsprechenden Teile des Businessplans. – Produktdesign, Produktion oder Marketingstrategie. Blättern Sie zurück zu Kapitel 10, um Ihre Unternehmenskapazitäten zu prüfen und die Stärken und Schwächen Ihres Unternehmens zu analysieren.

Einnahmen gehen zurück oder Kosten steigen

Es gibt wohl kein deutlicheres Anzeichen dafür, dass Ihr Unternehmen in Schwierigkeiten ist, als der Rückgang der Einnahmen oder das Ansteigen der Kosten. Aber viel zu viele Unternehmer ignorieren diese Warnsignale, bis es zu spät ist. Warum? Weil für die meisten Unternehmen die Dinge in der Regel nicht über Nacht schieflaufen. Die Kosten steigen allmählich, die Einnahmen gehen ganz langsam zurück. Wenn dann die Alarmglocken läuten, ist es zu spät für eine schnelle Lösung des Problems. Sie sollten sich Ihren Businessplan bei den ersten Anzeichen eines Gewinnrückgangs zu Gemüte führen – insbesondere den Finanzplan. Lesen Sie Kapitel 12 und 13, wenn Sie weitere Informationen zur Finanzplanung und Budgetierung suchen.

Die Moral des Unternehmens lässt nach

Die Moral der Mitarbeiter ist für Ihren Erfolg entscheidend. Wenn die Moral nachlässt, dann werden Produktivität und Qualität ebenfalls zurückgehen. Wenn Sie erste Anzeichen von Unzufriedenheit unter Ihren Mitarbeitern feststellen, dann müssen Sie mit den entsprechenden Leuten reden und herausfinden, was schiefläuft. Vielleicht sind Ihre geplanten Zielvereinbarungen und Zielvorgaben nicht sinnvoll, weshalb Ihre Mitarbeiter eher frustriert als motiviert sind. Vielleicht sehen Ihre Angestellten aber auch ein Missverhältnis zwischen dem von Ihnen aufgeführten Unternehmensauftrag und der tatsächlichen Ausführung des Businessplans, was zu Verwirrung und Orientierungslosigkeit führt. Lesen Sie die Kapitel 17 und 18, um neue Wege zu erfahren, wie Sie Ihren Businessplan Ihren Mitarbeitern vermitteln und die Mitarbeiter motivieren können.

Finanzprognosen bewahrheiten sich nicht

Eins ist sicher: Die Vorhersage der finanziellen Zukunft Ihres Unternehmens beruht teils auf Wissenschaft und teils auf Zufall. Viele Situationen können urplötzlich aus dem Nichts auftauchen und selbst die vorsichtigste Finanzplanung über den Haufen werfen. Wenn Ihre Prognosen ins Wanken zu geraten scheinen, dann warten Sie nicht, bis sie umfallen. Setzen Sie sich mit Ihrem Leitungsteam zusammen und prüfen Sie alle Annahmen, die in Ihre ursprünglichen Prognosen eingeflossen sind, und stellen Sie eine genaue Liste der Dinge zusammen, die Ihre Prognosen ändern können. Überarbeiten Sie die Finanzprognosen auf der Basis der veränderten Umstände. Gegebenenfalls müssen Sie auch Ihre Organisation ändern. Weitere Informationen zum Erstellen von Finanzplanungen finden Sie in Kapitel 13.

Zu viel Wachstum, zu schnelles Wachstum

Solange Ihr Unternehmen boomt, wird sich niemand beschweren. Aber viele Unternehmer wissen nicht, dass Unternehmen auch zu schnell wachsen können und dass das Ärger bedeutet, wenn man nicht darauf vorbereitet ist. Die Produktqualität oder der Kundendienst kann leiden oder die Produktion kann nicht mit der Nachfrage Schritt halten. Manche Unternehmen sind sogar der Meinung, dass ihre Organisationsstruktur nicht mehr der neuen Größe angepasst ist. Wenn auch Sie ähnliche Wachstumsschmerzen haben, dann sehen Sie sich Ihren Businessplan erneut an und finden Sie heraus, welche Bereiche des Plans geändert werden müssen, um ihn den positiven Veränderungen und der neuen Größe anzupassen. Lesen Sie Kapitel 16, wenn Sie wissen wollen, was zu tun ist, wenn Ihr Unternehmen wächst.

Zehn Fragen zu Ihrem Businessplan

20

In diesem Kapitel

- Den fertigen Plan betrachten
- Notwendige Veränderungen vornehmen

Die Planung ist abgeschlossen. Der Plan ist fertig. Oder doch nicht? Bevor Sie den endgültigen Entwurf Ihres Businessplans enthüllen, sollten Sie sich und Ihren Beratern zehn einfache, aber wichtige Fragen stellen.

Stehen Ihre Ziele mit Ihrem Unternehmensauftrag im Einklang?

Betrachten Sie die Zielsetzungen, die Sie für Ihr Unternehmen aufstellen. Das sind die Ergebnisse, die Sie tatsächlich erreichen möchten, und diese Zielsetzungen bestimmen in einem hohen Maß, wie Sie Prioritäten setzen und Ihr Unternehmen führen. (Sie spielen auch eine wichtige Rolle für Ihren Erfolg.) Ihre kurzfristigen Ziele müssen konsistent sein, damit Sie nicht versuchen, gleichzeitig in zwei verschiedene Richtungen zu laufen. Außerdem müssen Ihre Ziele eng mit dem Unternehmensauftrag verbunden sein, damit Sie den richtigen Kurs halten. Weitere Informationen zu Unternehmensauftrag und Zielen finden Sie in Kapitel 5.

Können Sie auf die wesentlichen Chancen hinweisen?

Ihr Businessplan sollte die wichtigsten Möglichkeiten, die sich Ihrem Unternehmen bieten (zum Beispiel im technologischen Bereich, auf dem Markt und im Vertrieb), hervorheben und die Aktivitäten umreißen, die Ihr Unternehmen derzeit plant, um diese Chancen auch nutzen zu können. Lassen Sie einen Mitarbeiter oder Bekannten Ihres Vertrauens die Prognosen lesen und fragen Sie ihn, ob er ähnliche Chancen sieht. Kapitel 6 enthält Näheres zur Erschließung neuer Geschäftsfelder.

Sind Sie für Gefahren gerüstet?

Es ist leicht, das, was die Zukunft für Ihr Unternehmen bringen wird, rosig zu sehen, aber das bedeutet noch lange nicht, dass sich diese Sichtweise bewahrheiten muss. Für Ihr Unternehmen ist es wesentlich besser, wenn Sie ein objektives Bild zeichnen, das auch die schlechten Nachrichten enthält. Auf diese Weise sind Sie für die Gefahren, auf die Sie notwendigerweise stoßen werden, besser gewappnet.

Ihr Businessplan sollte auf die größten Bedrohungen hinweisen, die am Horizont sichtbar werden (zum Beispiel eine Verlangsamung des Marktes, neue Vorschriften oder eine Zunahme des Wettbewerbs), und neue Wege aufweisen, um sich darauf vorzubereiten. Wenn Sie Gefahren vor allen anderen erkennen, können Sie das häufig in eine echte Chance für Ihr Unternehmen umwandeln.

Haben Sie Ihre Zielgruppe definiert?

Je mehr Sie über Ihre Kunden wissen – wer sie sind, wie sie handeln und was sie wollen –, desto mehr wissen Sie über Ihr Unternehmen. Ihre Kunden sagen Ihnen, wie Sie am Markt Erfolg haben.

Es ist wesentlich leichter, Ihre Kunden zu beschreiben, wenn Sie versuchen, sie in verschiedene Gruppen einzuteilen. Jede Gruppe, oder jedes Marktsegment, hat ihr eigenes, einzigartiges Profil und stellt eigene Anforderungen an Ihr Unternehmen.

Ihre Kunden sind so wichtig für Ihr Unternehmen, dass Sie es sich nicht leisten können, sie aus Ihrem Businessplan auszuklammern. Sie sollten sich die folgenden drei Fragen stellen:

- ✔ Wer kauft die Produkte?
- ✔ Was wird gekauft?
- ✔ Warum wird gekauft?

Ihr Plan sollte erklären, warum Ihr Unternehmen diese Kunden besser bedienen kann als die Konkurrenz. Lesen Sie in den Kapiteln 8 und 9, wie Sie Ihre Kunden und Ihre Konkurrenten besser kennenlernen.

Können Sie sich über Ihre Konkurrenten auf dem Laufenden halten?

Ihre Konkurrenten sind da, um das Leben interessanter zu machen. Das sind die Unternehmen, die ständig versuchen, Ihre Kunden abzuwerben, indem sie Produkte oder Dienstleistungen versprechen, die mehr Wert (mehr Nutzen, geringere Preise) haben als Ihre, und Sie können Ihre Konkurrenten nicht ignorieren. Sie müssen in der Lage sein, Ihre Konkurrenten zu erkennen, Sie müssen wissen, wie sie ihr Geschäft betreiben und was sie zu tun beabsichtigen. Wettbewerb ist ein großer Bestandteil Ihrer Geschäftsumgebung. Ihr Businessplan sollte Ihr Wissen über Ihre Konkurrenten enthalten und, was noch wichtiger ist, wie Sie planen, sich über sie auf dem Laufenden zu halten. Kapitel 9 enthält Informationen über die Methoden, mit denen Sie die Konkurrenz im Auge behalten.

Kennen Sie Ihre Stärken und Schwächen?

Geschäftspläne konzentrieren sich in der Regel auf die Stärken des Unternehmens, aber Sie müssen auch die Schwächen kennen. Es ist schwer, objektiv zu sein, wenn Sie bewerten sollen, was Ihr Unternehmen gut macht und was besser sein könnte. Aber die Stärken und Schwächen Ihres Unternehmens bestimmen Ihre Erfolgschancen. Die Stärken und Schwächen beziehen sich auf die Fähigkeiten und Ressourcen Ihres Unternehmens und darauf, wie gut sie zu den Fähigkeiten und Ressourcen passen, die Ihr Unternehmen wirklich benötigt, um erfolgreich zu sein.

Ihr Businessplan sollte alle Fähigkeiten und Ressourcen Ihres Unternehmens auflisten – angefangen von Management-Geschick oder Forschungserfahrung bis hin zu Stärken im Bereich der Produktion oder des Vertriebs oder einem treuen Kundenstamm. Aber der Plan muss auch beschreiben, ob diese Fähigkeiten und Ressourcen in Anbetracht Ihrer Unternehmenssituation und der Branche, in der Sie tätig sind, potenzielle Stärken oder Schwächen sind. Bitten Sie um kritischen Rat von Unbeteiligten, wenn Sie ein objektives Feedback brauchen. Kapitel 10 hilft Ihnen bei der Entdeckung der Stärken und Schwächen Ihres Unternehmens.

Sind Ihre strategischen Maßnahmen sinnvoll?

Strategische Maßnahmen haben etwas mit dem zu tun, was Sie zu tun beabsichtigen, um Ihren Businessplan umzusetzen. Sie müssen die Stärken und Schwächen, die Chancen und Bedrohungen, denen Ihre Firma ausgesetzt ist, und die Unternehmensziele, die Sie aufstellen, zusammennehmen. Nachdem Sie all diese Teile des Puzzles gesammelt haben, müssen Sie einen Weg finden, um trotz aller Dinge, die Ihnen im Wege stehen, an Ihr Unternehmensziel zu gelangen.

Es sollte von Anfang an klar sein, dass Ihr Businessplan auf einer sinnvollen Gesamtstrategie basiert. Ihr Unternehmen sollte eine Strategie haben, die in der Realität verwurzelt ist und vernünftige Annahmen über das macht, was passiert und noch passieren wird – eine Strategie, deren Annahmen über das, was erreicht werden kann und wie lange dies dauern wird, logisch und vernünftig sind. Blättern Sie zu Kapitel 15, wenn Sie mehr über strategische Maßnahmen wissen wollen.

Können Sie hinter den Zahlen stehen?

Zu viele Senkrechtstarter haben in den letzten Jahren eine Bruchlandung erlitten. Sie waren Opfer unrealistischer und manchmal sogar falscher Zahlen in der Bilanz. Sie sollten daher unbedingt darauf achten, dass die Zahlen in Ihrem Plan hieb- und stichfest sind. Betrachten Sie Ihre Finanzberichte als das Zeugnis Ihres Unternehmens, das einige wichtige Fragen beantwortet. Werden Sie von Ihren Kunden gemocht? Haben Ihre Konkurrenten Angst vor Ihnen? Treffen Sie die richtigen Entscheidungen? Die Gewinn-und-Verlust-Rechnung präsentiert den Jahresüberschuss, die Bilanz zeigt, was Ihr Unternehmen wert ist, und die Kapitalflussrechnung behält Ihr Geld im Auge.

Ihre aktuellen Gewinn-und-Verlust-Rechnungen zeigen jedermann, wie erfolgreich Sie sind. Aber viele Leute sind mehr an Ihren Finanzprognosen interessiert, die besagen, was Sie für die Zukunft erwarten. Nur weil die Prognosen offiziell aussehende Zahlen enthalten, bedeutet das noch lange nicht, dass sich Ihre Vorhersagen auch erfüllen müssen. Wenn Sie ein ehrliches Bild Ihres Unternehmens zeichnen wollen, sollte Ihr Businessplan die Finanzlage auf der Grundlage der Annahmen, an die Sie glauben, und den Zahlen, denen Sie vertrauen, realistisch abbilden. Kapitel 12 hilft Ihnen dabei.

Sind Sie wirklich bereit für Veränderungen?

Auch wenn sich einige Branchen schneller ändern als andere, wird morgen alles um Sie herum – von der Technologie über den Wettbewerb bis zu Ihrem Markt – etwas anders sein, egal in welcher Branche Sie tätig sind. Wenn Sie auf dem Laufenden bleiben wollen, müssen Sie zwei oder drei Schritte vorausdenken. Sie müssen sorgfältig und kontinuierlich darauf achten, was in der Welt passieren könnte und wie dies Ihr Unternehmen beeinflussen könnte. Auch wenn Ihr Businessplan ein ehrliches Bild Ihrer Sicht des Unternehmens zeichnet, sollte er auch der Tatsache Rechnung tragen, dass Sie keine Kristallkugel besitzen. Präsentieren Sie deshalb einige Optionen. Beziehen Sie ein oder zwei verschiedene Unternehmensszenarien mit ein, die die Frage »Was wäre, wenn ...?« stellen und beantworten. Kapitel 14 erklärt, was es mit Planungsszenarien auf sich hat.

Ist Ihr Plan klar, prägnant und aktuell?

Ihr Plan soll der Kommunikation dienen. Sorgen Sie also dafür, dass alles, was gesagt werden soll, auch in Ihrem Plan enthalten ist. Ihr Plan sollte natürlich alles beinhalten, was Sie für wesentlich für Ihre Firma in ihrer Situation erachten. Aber keine der Informationen, die Sie präsentieren, ist für irgendjemand nütze, wenn der Plan zu lang, unklar oder veraltet ist. Lesen Sie Ihren Plan noch einmal durch. Ist er leicht verständlich? Kann man leicht zu unterschiedlichen Stellen gelangen? Wie lange hat es gedauert, ihn zu lesen? Wussten Sie, wo Sie die Details finden? Lassen Sie einen Berater den Plan noch einmal lesen und stellen Sie ihm dieselben Fragen. Ein objektives Feedback kann wertvolle Einblicke vermitteln.

Zehn Dinge, die Sie vermeiden sollten

21

In diesem Kapitel

- Auf Fallstricke achten
- Schäden reparieren
- Vergessenes einbinden

Sicherlich kennen Sie Situationen, in denen Sie sagen: »Ich kann nicht glauben, dass ich das getan habe.« Damit Sie eine bessere Chance haben, die zehn wichtigsten Fehler nicht zu machen, haben wir sie hier für Sie aufgelistet. Aber wenn es Ihnen trotzdem passiert, wissen Sie wenigstens, dass Sie damit nicht allein sind.

Versäumen, überhaupt erst zu planen

Wir predigen hier wahrscheinlich vollkommen umsonst, weil Sie das Buch bereits gelesen haben. Aber zu versäumen zu planen, ist im Geschäftsleben eine solche Sünde, dass sie immer eine Moralpredigt wert ist. Es ist nicht leicht, zu planen. Schließlich gibt es keine richtigen oder falschen Antworten, und nichts ist garantiert. Aber der Planungsprozess bereitet Ihr Unternehmen zwangsläufig auf eine ungewisse Zukunft vor.

Auch wenn ein Businessplan vielleicht nicht alle Ihre Probleme löst, kann er Ihnen dabei helfen. Durch Planung werden Sie zu einem besseren Manager, und Ihr Unternehmen wird wettbewerbsfähiger und hat langfristig mehr Erfolg, egal wie groß es ist. Falls Sie einen Hinweis brauchen, in welchem Kapitel weitere Informationen enthalten sind, empfehlen wir Ihnen, das gesamte Buch noch einmal zu lesen.

Leitwerte und Unternehmensphilosophie mit einem Achselzucken abtun

Es gibt nichts Aufmunternderes, als mitten in Dinge hineinzuspringen. Wenn Sie unbedingt Ihre Produkte und Dienstleistungen organisieren wollen, nutzen Sie alle Gelegenheiten, die sich bieten, und zwingen Sie einen Konkurrenten nach dem anderen in die Knie. Diese Situation ist die Achterbahn der Geschäftswelt, und wir bestreiten nicht, dass dies aufregend ist: Höhen, Tiefen und Haarnadelkurven. Aber Achterbahnen enden genau da, wo sie losgefahren sind – und das wird auch Ihr Unternehmen tun, wenn Sie nicht einen Schritt zurücktreten und sich Zeit für die Betrachtung der Wertmaßstäbe und -vorstellungen nehmen, die Sie in die richtige Richtung führen.

Die Wertmaßstäbe und die Philosophie Ihres Unternehmens sollen Sie daran erinnern, wohin Sie gehen wollen und was Sie werden möchten. Zusammengenommen sind diese Erklärungen Ihr Unternehmenskompass, ohne den Sie Ihre Reise nicht werden starten wollen. Lesen Sie Kapitel 4, um die Werte Ihres Unternehmens in Worte zu fassen.

Den Kunden ignorieren

Jeder kennt das Klischee: »Der Kunde hat immer recht.« Dieses Klischee gibt es nicht umsonst. Egal ob Sie versuchen, einen einzelnen Kunden zu befriedigen, der Ihnen gegenübersteht, oder versuchen, herauszufinden, was ein ganzes Marktsegment benötigt und wünscht, Sie ignorieren das, was der Kunde sagt, auf eigene Gefahr.

Diese Idee scheint so offensichtlich, dass sie kaum der Wiederholung wert erscheint. Aber Sie werden überrascht sein, wie viele Unternehmen am Markt sind, die die Einstellung »Wir wissen genau, wonach Sie suchen« vertreten. Denken Sie einfach daran: Wenn Sie nicht auf Ihre Kunden hören, wird Ihre Konkurrenz dies tun. Kapitel 8 bringt Sie Ihren Kunden näher.

Die Konkurrenz unterschätzen

Manchmal kann es passieren, dass Sie sich so stark mit Ihren eigenen Produkten oder Dienstleistungen beschäftigen, dass Sie die anderen klugen Leute vergessen, die versuchen, die gleichen Produkte und Dienstleistungen zu entwickeln und zu vermarkten. Je härter der Wettbewerb in Ihrer Branche ist, desto klüger sind die Konkurrenten und desto mehr scheint es von ihnen zu geben.

Auf Ihre Konkurrenten zu achten ist fast genauso wichtig, wie auf Ihre Kunden zu hören. Schließlich müssen Sie wissen, was die Meute tut, wenn Sie sich von ihr abheben möchten. Je mehr Sie über Ihre Konkurrenten wissen, desto stärker können Sie Ihr Wissen einsetzen, um die Konkurrenz mit ihren eigenen Waffen zu schlagen. Blättern Sie zu Kapitel 9, wenn Sie noch mehr Ratschläge lesen wollen.

Die eigenen Stärken ignorieren

Warum scheint das Gras bei anderen Firmen immer etwas grüner zu sein? Wenn Sie es genauer betrachten, ist es natürlich nicht mehr ganz so grün. Aber es ist eine echte Versuchung, zu glauben, dass andere Unternehmen die richtigen Antworten, die besseren Vorgehensweisen und die richtigen Ansätze kennen.

Es besteht kein Zweifel, dass Sie immer von Ihren Konkurrenten lernen können. Aber was für einen Anbieter das Richtige ist, muss bei einem anderen nicht unbedingt funktionieren. Vergessen Sie also nicht, die Stärken Ihres eigenen Unternehmens aufzulisten und sie zu Ihrem eigenen Vorteil zu nutzen. Kapitel 10 hilft, die Stärken Ihres Unternehmens herauszufinden.

Ein Budget als Businessplan betrachten

Die Erstellung Ihres Budgets ist einer der kritischsten Schritte im Planungsprozess. Schließlich treffen Sie in einem Budget alle wirklich wichtigen Entscheidungen darüber, wie viel Geld Sie für was ausgeben. Ihr Budget spielt eine große Rolle dabei, zu entscheiden, was Ihr Unternehmen in den nächsten Monaten und Jahren tun wird.

Aber verwechseln Sie dieses Budget nicht mit Ihrem Businessplan. Der Großteil Ihres Businessplans besteht in der Arbeit, die Sie verrichten, bevor Sie Ihr Budget erstellen. Die gesamte Analyse Ihrer Branche, Ihrer Kunden, Ihrer Konkurrenten und Ihres eigenen Unternehmens sorgt dafür, dass Sie die richtigen Finanzentscheidungen treffen, nämlich die, die Ihr Unternehmen den Unternehmenszielen näher bringen. Tipps zur Budgeterstellung bietet Kapitel 13.

Notwendigen Risiken aus dem Weg gehen

Manche springen aus Flugzeugen, andere fahren nicht einmal Riesenrad. Einige von ihnen würden ihr Hab und Gut verwetten, andere würden sich nicht einmal einen Lottoschein kaufen. Aber egal wie Sie darüber denken, Risiken einzugehen, es ist nichts risikofrei, insbesondere nicht in einem durch Wettbewerb geprägten Markt.

Geschäfte zu machen bedeutet, Risiken auf sich zu nehmen, und die Erstellung eines Businessplans ist eine gute Möglichkeit, diese Risiken zu verwalten. Schrecken Sie nicht davor zurück, einen großen Schritt zu wagen – nachdem Sie Ihre Hausaufgaben gemacht haben, die Risiken eingeschätzt haben und wissen, dass der Schritt vernünftig ist. Lesen Sie in Kapitel 6, wie Sie Ihre Möglichkeiten voll ausschöpfen und Risiken rechtzeitig erkennen.

Zulassen, dass jemand den Plan dominiert

Niemand kennt alle richtigen Antworten (zumindest niemand, den wir persönlich kennen). Egal wie klein Ihr Unternehmen ist, erstellen Sie den Businessplan niemals allein. Auch wenn Sie eine Einzelunternehmung sind, sollten Sie sich Leute suchen, denen Sie vertrauen, und sie in Ihren Planungsprozess mit einbeziehen – wenn auch nur, um das zu diskutieren, was Sie erstellt haben, und eine Außenperspektive zu erhalten. Wenn Ihr Unternehmen größer ist, sollten Sie so viele Leute mit verschiedenen Sichtweisen wie möglich mit einbeziehen. Je mehr Ansichten Sie bekommen können, desto leistungsfähiger wird Ihr Businessplan sein. Achten Sie aber darauf, nicht zu demokratisch zu werden. Denn Chaos ist auch nicht gerade förderlich.

Angst, etwas zu verändern

Wir alle müssen einmal Dinge in unserem Leben verändern. Manchmal haben wir keine große Wahl und meistens würden wir es begrüßen, wenn es so weiterginge wie bisher. Das gilt insbesondere dann, wenn Sie etwas besonders gut können. Bei Unternehmen ist das nicht anders. Es ist nicht leicht, etwas zu verändern, wenn Sie wirklich erfolgreich sind. Aber ein guter Businessplan macht Ihnen Veränderungen klar, die Ihr Unternehmen vornehmen sollte, bevor es dazu gezwungen ist. Durch diese Veränderungen sind Sie empfänglicher für Ihre Kunden, konkurrenzfähiger, effizienter und erfolgreicher. In Kapitel 14 steht, wie Sie mit Veränderungen umgehen.

Vergessen, zu motivieren und zu belohnen

Ein Businessplan ist nicht besonders nützlich, wenn er nur in Ihrem Kopf oder auf dem Papier besteht. Ihr Businessplan muss in Bemühungen und Aktivitäten umgewandelt werden, die alle in Ihrem Unternehmen umsetzen – und der Plan muss für jeden von ihnen Sinn machen.

Sie müssen Ihre Strategie mit Ihrer Unternehmensphilosophie, den Zielvorgaben und den Zielvereinbarungen verknüpfen. Dann müssen Sie alle diese Teile mit der Art verbinden, in der Sie Ihre Mitarbeiter motivieren und belohnen möchten. Die Kapitel 4 und 5 behandeln Unternehmensauftrag und -philosophie sowie Zielvorgaben und Zielvereinbarungen. In Kapitel 18 steht, wie Sie eine Führungspersönlichkeit werden.

Ein Beispiel-Businessplan

A

In diesem Kapitel

- Einen Businessplan anschauen
- Von einem gelungenen Businessplan-Aufbau lernen

Manchmal muss man etwas direkt und aus der Nähe betrachten, bevor man wirklich versteht, worum es eigentlich geht. Wenn Sie sich einen Businessplan live und in Farbe (beziehungsweise schwarz-weiß) anschauen, dann bringt Sie das vielleicht schon einen entscheidenden Schritt weiter bei der Erstellung Ihres Businessplans.

Ihr schriftlicher Businessplan sagt etwas über die wichtigen Bereiche Ihres Unternehmens aus. Schließlich wollen Sie damit sich und anderen beweisen, dass Ihr Unternehmen weiß, was es tut. Wenn Sie jedoch jemanden von einer Sache überzeugen wollen, dann müssen Sie diejenigen dazu bringen, sich Zeit zu nehmen und den Businessplan zu lesen. Der Businessplan muss daher klar, knapp und deutlich sein und wenn Sie ein bisschen an Ihrem sprachlichen Ausdruck feilen, ist das nicht von Nachteil.

Dieser Anhang enthält einen Beispiel-Businessplan. Dieser Businessplan hat die Jury des Businessplan-Wettbewerbs Berlin Brandenburg überzeugt und auch die Banken, denn das Produkt gibt es tatsächlich und die Firma auch. Der echte Verfasser des hier anonymisierten Businessplans »showcase« ist die Firma modulbox mo systeme GmbH & Co. KG, die ganz besondere Standsysteme für Messen und Events entwickelt und vertreibt. Ihr erfolgreichstes Produkt ist die modulbox. Mehr Informationen hierzu finden Sie unter `www.modulbox.de`. Wir möchten ihren beiden Gründern Oliver Klotz und Marc Schwabedissen herzlich danken, dass wir ihren Businessplan hier für Sie abdrucken dürfen.

Lesen Sie sich das Beispiel sorgfältig durch – Sie werden dadurch sicherlich Anregungen erhalten, wie Sie Ihren eigenen Businessplan erstellen können. Ein weiteres englischsprachiges Businessplan-Beispiel finden Sie im Internet unter `www.downloads.fuer-dummies.de`.

Businessplan showcase

1 Zusammenfassung

Ziel der Unternehmensgründung ist die Marktetablierung von *showcase*, einem innovativen, flexiblen und mobilen Raumsystem. Im **Marktsegment** *Messen/Ausstellungen* hat das Produkt die besten Marktchancen, dort ist der Markteintritt geplant.

Produktbeschreibung

showcase ist ein Raumsystem, das durch klappbare Wandelemente und koppelbare Module eine Vielzahl unterschiedlicher Anwendungsmöglichkeiten bietet. Es kann Messestand, Ausstellungs-, Info- oder Verkaufsstand, aber auch Ferienhaus oder Notunterkunft sein.

Es lässt sich durch die festgelegte Breite von 2,00 m leicht transportieren und wird mit wenigen Handgriffen an seinem Einsatzort positioniert. Die nutzbare Fläche eines *showcase* wird durch Auf- und Herausklappen von Wandelementen auf ein Vielfaches seiner Grundfläche vergrößert. Dadurch entstehen große Werbeflächen oder Räume für Präsentationen und Besprechungen.

Der Vergleich mit ähnlichen Produkten anderer Hersteller zeigt die besondere **Innovation**: viele unterschiedliche Nutzungsmöglichkeiten in Kombination mit einem hohen Maß an Flexibilität und Gestaltungsqualität. Befragte Fachleute wie Messedesigner sind von den guten Marktchancen des Systems *showcase* überzeugt.

Der besondere Schwerpunkt bei der Entwicklung zur Marktreife wird im Geschäftsbereich Messen liegen. **Marktrecherchen** zeigen, dass ein technisch und optisch hochwertiges Produkt auf großes Interesse stößt. Einsatzmöglichkeiten sind Stadtmöbel als Informations- und Werbeträger, Messestände oder Leit- und Infoboxen auf Festivals und Großveranstaltungen. Die Entwicklung als Übernachtungsmodul für Campingplätze an Kanu- oder Radwanderwegen, temporäre Hotels und Privatkunden ist für einen späteren Zeitpunkt geplant.

Das System *showcase* ist patentrechtlich als **Gebrauchsmuster** beim Deutschen Patent- und Markenamt eingetragen. Patentfähigkeit und internationale Erweiterung der Schutzrechte werden derzeit von uns geprüft. Der Begriff *showcase* ist zur Eintragung als Wortbildmarke angemeldet.

Die Gründer

Gründer und **Ideengeber** des Unternehmens sind Klaus Mettner und Martin Vormann. Die beiden Architekten haben gemeinsam in München studiert und leben seit einigen Jahren in Berlin. Neben ihren Arbeiten in verschiedenen Architekturbüros haben sie das Konzept des *showcase* entwickelt und planen dessen Bau und Vertrieb. Durch Erfahrungen im Objekt- und Messedesign sowie durch Mitarbeit in renommierten internationalen Architekturbüros bringen beide Partner ein sehr vielschichtiges Wissen in das Unternehmen ein.

Marktanalyse

Die Auswertung der **Branchendaten**, Wettbewerbsanalyse und Befragungen potentieller Kunden zeigen, dass die Konzeption von *showcase* im Markt eine Innovation ist und auf breites Interesse stößt. Die Hauptkundengruppen im Markt bilden Messe- und Veranstaltungsbetreiber sowie Unternehmen, die auf Messen ihre Produkte ausstellen. Ihre speziellen Anforderungen wie Flexibilität, Mobilität, Leichtigkeit und Transportfähigkeit verbunden mit einer hochwertigen Optik werden von *showcase* erfüllt. Die Marktanalyse zeigt ein großes Interesse von Werbeagenturen und Messeorganisatoren. Außerdem schließen wir aus den bisherigen Anfragen zur Verfügbarkeit von *showcase* auf das Marktpotential.

Marketing

Das Unternehmen vertreibt *showcase* zunächst mit einer Einproduktstrategie. Durch Erweiterungen und Variationen wird das Produkt später zu einer **Produktfamilie** weiterentwickelt. Zusatzleistungen wie Komplettservice, Konzeptentwicklung, Beratung und Produktupgrade fördern Vertrauen und langfristige Kundenverbindungen.

Der **Markteintritt** mit einem innovativen Produkt ermöglicht eine nutzenorientierte Preispolitik. Die Auswertung der Marktrecherche zeigt, dass ein Verkaufspreis von 16.000 € für einen hochwertig ausgestatteten *showcase* zu erzielen ist. Basis dieser Preiseinordnung sind Anlehnungen an ansatzweise vergleichbare Produkte und Gespräche mit potentiellen Kunden.

Bei der **Kommunikation** mit dem Kunden kommt dem persönlichen Verkaufsgespräch der höchste Stellenwert zu. Um diese Kontakte aufzubauen, werden je nach Kundengruppe verschiedene Medien unterschiedlich stark genutzt. Neben Broschüren, in denen Bildmontagen die Vorzüge und das Image des *showcase* vermitteln, sind Presseberichte und Veröffentlichungen in Fachzeitschriften vorgesehen.

showcase wird über **Direktvertrieb** vermarktet. Ausschlaggebend dafür sind die, innerhalb der Anfangsphase besonders wichtigen, Reaktionen und Erfahrungen der Kunden. Agenturen im Ausstellungs- und Messebereich dienen als Multiplikatoren und sind als indirekte Kunden von besonderer Wichtigkeit. Zum **Markteintritt** arbeiten wir mit ausgewählten Firmen zusammen, die ihr Interesse an *showcase* bereits bekundet haben. Wir nutzen deren Einsätze in der Öffentlichkeit auch für unsere Werbezwecke. Dazu bieten wir ihnen *showcase* ausnahmsweise zu einem günstigen Preis an.

Unternehmen

Die showcase GmbH wird im September 2004 in das Berliner Handelsregister eingetragen. Klaus Mettner und Martin Vormann sind gleichberechtigte Gesellschafter. Klaus Mettner wird zum Geschäftsführer bestellt und leitet zusammen mit einer betriebswirtschaftlichen Beraterin den kaufmännischen Sektor, Martin Vormann den technischen Bereich.

Die Kernkompetenzen des Unternehmens sind Planung, technische Entwicklung, gestalterische Gesamtkonzeption und besonders die integrative Verknüpfung dieser Stärken. Zur Sicherung betriebswirtschaftlicher Aufgaben stehen hoch qualifizierte, externe Berater zur Verfügung. Das

Unternehmen beschäftigt, abhängig von der Entwicklungsphase, zwischen zwei und acht Mitarbeiter.

Kapitalbedarf und Finanzierung

Der Gesamtkapitalbedarf der ersten eineinhalb Jahre beträgt ca. 120.000 €, die Gründer bringen Eigenmittel in Höhe von ca. 25.000 € in das Unternehmen ein. Die restliche Finanzierung soll über KfW Förderkredite und einen Kredit einer Privatperson sichergestellt werden.

2 Produkt

2.1 Produktbeschreibung

Der *showcase* ist ein flexibles, mobiles Raumsystem, das durch ausklappbare Wandelemente sowie addierbare und zusammenschaltbare Erweiterungen zu einer komplexen Raumkombination werden kann. Die Vielzahl der Modulbausteine schafft ein sehr breites Nutzungsspektrum.

Ausstellungsbau

Unterschiedliche, komplett ausgestattete *showcase_expositionen* bieten professionelle Lösungen für Messe- und Ausstellungsbauer. Mit wenigen Handgriffen wird der *showcase* im Innen- und Außenbereich positioniert und entfaltet. Die ausgeklappten Wände und Dächer werden zu Präsentationsflächen, flexible Bindeglieder ermöglichen die Addition mehrerer Einzelsysteme zu einem modularen Standsystem.

Stadtmöbel

Im Stadtraum und auf Veranstaltungen ist *showcase* Werbeträger, Informations- oder Verkaufsstand. Auf Großveranstaltungen kann er als Leitsystem fungieren.

Übernachtungsmodul

Der *showcase* kann ein kompaktes Übernachtungsmodul an Rad-, Kanu- und Wanderwegen bieten, dessen Vorteil in der leichten und schnellen Installation liegt. Sein besonderer Reiz liegt in der Verknüpfung von Innen- und Außenraum. Gekoppelt bietet *showcase* genügend Raum als Feriendomizil oder als Gruppenunterkunft mit bis zu acht Schlafplätzen. Der Einsatz als temporäres Hotelsystem für Messen und -veranstaltungen ist ebenso möglich.

2.2 Technische Merkmale und Daten

Aus dem Grundmodul mit den Außenmaßen von 2,10 x 2,10 m lassen sich Räume und Raumkombinationen von 4 m^2, 8 m^2, 16 m^2 Stellfläche und größer entwickeln. Ausklappbare Plattformen und Wandsysteme vergrößern den nutzbaren Raum.

Die Grundlage für *showcase* ist ein biegesteifer Stahlrahmen. Die Rahmenöffnungen sind je nach Anforderung mit Wandelementen ausgefacht. Je nach Nutzung kommen Materialien wie Glas, Holz oder Metall zum Einsatz. Fenster- und Türausschnitte sowie Materialien sind aus einem Katalog wählbar.

Der Rahmen von *showcase* steht auf höhenverstellbaren Füßen, die den Aufbau auf unebenem Gelände ermöglichen, die Kraftübertragung auf „nicht festem" Untergrund erfolgt über untergelegte Stahl- oder Betonplatten. Die Begrenzung auf das maximale Außenmaß von 2,10 m ermöglicht einen einfachen Transport mit LKW oder Anhänger, eine Grundvoraussetzung für den mobilen Charakter des *showcase*.

Für den Einsatz als Messestand wird eine individuelle Prüfstatik von den Veranstaltern verlangt und durch unseren Statiker extern erstellt.

2.3 Konkurrenzprodukte

Eine Konkurrenzanalyse im Zuge einer Patentrecherche beim Deutschen Patent- und Markenamt zeigt für den Bereich Messen/Ausstellungen einige Produkte, die zu Ausstellungszwecken entwickelt wurden und kombinier- und erweiterbar sind. Sie bleiben aber in ihren Nutzungsmöglichkeiten und ihrem optischen Charakter deutlich hinter dem *showcase* zurück.

Im Tourismussektor existieren zahllose Angebote von Ferienhäusern, Mobilheimen, fest installierten Wohnwagen und Wohncontainern. Mobile oder transportfähige Kleinsthäuser, die in Größe und Nutzfläche erweiterbar sind, werden seit Jahrzehnten entwickelt und in meist kleinen Stückzahlen produziert. Beispiele dafür sind z.B. das Minihaus *Fred*, das *ihome*, dessen Entwickler derzeit eine Produktion für Wohn- und Hotelzwecke planen, und das Waldhaus aus Finnland

Die Untersuchung zeigt, dass sich bei den Übernachtungsmodulen Beispiele finden lassen, die technisch und funktional mit der *showcase* vergleichbar sind. Allerdings wurde keines der aufgezeigten Produkte in Serie gefertigt, ein möglicher Grund für die relativen hohen Preise. Dies mag auch der Grund sein für das »dünne« Auftreten am Markt. Die »bezahlbaren« Produkte zeichnen sich hingegen durch ein nicht sehr innovatives Gestaltungskonzept aus.

In der Gruppe der Ausstellungssysteme findet man dagegen keine technisch und funktional vergleichbaren Produkte. Hier sind es immer nur Teilaspekte, die sich finden lassen. So existieren Ausstellungssysteme am Markt, fahrbare Verkaufsstände, die man vom Wochenmarkt kennt, und konventionelle Displaysysteme, doch eine Kombination von alledem ist nicht zu finden gewesen.

Indirekte Konkurrenten, die Teilaspekte von *showcase* anwenden, sind Displaysystemhersteller und Produzenten von Ausstellungssystemen. Markt- und Schaustellerfahrzeuge mit ausklappbaren Wandteilen sind im weitesten Sinne auch als Konkurrenzprodukte anzusehen.

2.2 Technische Merkmale und Daten

Aus dem Grundmodul mit den Außenmaßen von 2,10 x 2,10 m lassen sich Räume und Raumkombinationen von 4 m^2, 8 m^2, 16 m^2 Stellfläche und größer entwickeln. Ausklappbare Plattformen und Wandsysteme vergrößern den nutzbaren Raum.

Die Grundlage für *showcase* ist ein biegesteifer Stahlrahmen. Die Rahmenöffnungen sind je nach Anforderung mit Wandelementen ausgefacht. Je nach Nutzung kommen Materialien wie Glas, Holz oder Metall zum Einsatz. Fenster- und Türausschnitte sowie Materialien sind aus einem Katalog wählbar.

Der Rahmen von *showcase* steht auf höhenverstellbaren Füßen, die den Aufbau auf unebenem Gelände ermöglichen, die Kraftübertragung auf „nicht festem" Untergrund erfolgt über untergelegte Stahl- oder Betonplatten. Die Begrenzung auf das maximale Außenmaß von 2,10 m ermöglicht einen einfachen Transport mit LKW oder Anhänger, eine Grundvoraussetzung für den mobilen Charakter des *showcase*.

Für den Einsatz als Messestand wird eine individuelle Prüfstatik von den Veranstaltern verlangt und durch unseren Statiker extern erstellt.

2.3 Konkurrenzprodukte

Eine Konkurrenzanalyse im Zuge einer Patentrecherche beim Deutschen Patent- und Markenamt zeigt für den Bereich Messen/Ausstellungen einige Produkte, die zu Ausstellungszwecken entwickelt wurden und kombinier- und erweiterbar sind. Sie bleiben aber in ihren Nutzungsmöglichkeiten und ihrem optischen Charakter deutlich hinter dem *showcase* zurück.

Im Tourismussektor existieren zahllose Angebote von Ferienhäusern, Mobilheimen, fest installierten Wohnwagen und Wohncontainern. Mobile oder transportfähige Kleinsthäuser, die in Größe und Nutzfläche erweiterbar sind, werden seit Jahrzehnten entwickelt und in meist kleinen Stückzahlen produziert. Beispiele dafür sind z.B. das Minihaus *Fred*, das *ihome*, dessen Entwickler derzeit eine Produktion für Wohn- und Hotelzwecke planen, und das Waldhaus aus Finnland

Die Untersuchung zeigt, dass sich bei den Übernachtungsmodulen Beispiele finden lassen, die technisch und funktional mit der *showcase* vergleichbar sind. Allerdings wurde keines der aufgezeigten Produkte in Serie gefertigt, ein möglicher Grund für die relativen hohen Preise. Dies mag auch der Grund sein für das »dünne« Auftreten am Markt. Die »bezahlbaren« Produkte zeichnen sich hingegen durch ein nicht sehr innovatives Gestaltungskonzept aus.

In der Gruppe der Ausstellungssysteme findet man dagegen keine technisch und funktional vergleichbaren Produkte. Hier sind es immer nur Teilaspekte, die sich finden lassen. So existieren Ausstellungssysteme am Markt, fahrbare Verkaufsstände, die man vom Wochenmarkt kennt, und konventionelle Displaysysteme, doch eine Kombination von alledem ist nicht zu finden gewesen.

Indirekte Konkurrenten, die Teilaspekte von *showcase* anwenden, sind Displaysystemhersteller und Produzenten von Ausstellungssystemen. Markt- und Schaustellerfahrzeuge mit ausklappbaren Wandteilen sind im weitesten Sinne auch als Konkurrenzprodukte anzusehen.

Privathaushalte

Mögliche Nutzungen für Privatpersonen sind Garten- und Freizeithaus, Wohnraumerweiterung und Ferienhaus.

Parteien/Verbände

Anwendungsmöglichkeiten sind Wahl- und Informationsveranstaltungen.

Hilfsorganisationen

Die leichten Module lassen sich schnell in Katastrophengebieten einsetzen. Sie dienen als Verwaltungseinheiten, Technikmodule oder Notunterkünfte.

2.6 Kundennutzen

Für Kunden, die im weitesten Sinne mit Werbung und Präsentation zu tun haben, spielt der **optisch hochwertige Eindruck** und somit das Prestige, das *showcase* bieten kann, eine wichtige Rolle.

Mit dem **System** sind Größe, äußere Gestalt und Ausstattung wählbar. Aus einem Katalog werden gestaltgebende und technische Bausteine auf den Nutzer abgestimmt montiert und geliefert.

Mobilität und Transportfähigkeit erreicht *showcase* durch seine auf 2,10 m begrenzte Breite, die einen reibungslosen Transport per LKW oder Anhänger zulässt. Dies vereinfacht Lieferung und Aufstellung an verschiedenen Orten. Auf- und Abbauzeiten werden verkürzt, die **Betriebskosten sinken**.

Die **kurze Aufbauzeit** kommt dem Nutzer zugute. *showcase* wird als Komplettsystem angeliefert, ist **leicht zu bedienen** und bereits nach wenigen Stunden einsetzbar. Zum Aufbau sind nicht mehr als zwei Personen erforderlich.

Alleinstellungsmerkmale

Die Kombination der folgenden Merkmale in einem System stellt eine Neuerung dar, die *showcase* eine besondere Stellung am Markt verschafft:

- ✔ erweiterbares und koppelbares System
- ✔ Flexibilität, Einsätze in unterschiedlichen Bereich
- ✔ Wiederverwendbarkeit und Veränderbarkeit

2.7 Herstellung/Produktion

showcase wird aus vorgefertigten Elementen, deren Produktion externe Firmen übernehmen, hergestellt. Ein Hersteller hat bereits Erfahrungen mit vergleichbaren Elementen gesammelt und ist bereit, die Produktionsverfahren für *showcase* zu optimieren. Eine Schlüsselstellung kommt der Endmontage zu. Diese wird von qualifizierten Fachleuten mit Erfahrung im System- und Messebau durchgeführt. Im letzten Arbeitsschritt werden Grafiken und Technik je nach Kundenwunsch eingebaut. Es bestehen bereits Kontakte zu entsprechenden Unternehmen.

Für zukünftige Geschäftsfelderweiterungen werden adäquate Unternehmen kontaktiert, beispielsweise wurden Vorgespräche für den Bau einer Sonderversion von *showcase* geführt, die in Katastrophengebieten eingesetzt werden könnte.

2.8 Entwicklungsstand

Für das Rahmengerüst und dessen Variationen ist ein Gebrauchsmuster beim deutschen Patent- und Markenamt eingetragen. Eine europaweite Ausdehnung der Schutzrechte sowie die Patentfähigkeit werden derzeit geprüft.

Der Begriff *showcase* ist zur Eintragung als Wortbildmarke angemeldet.

Derzeit arbeiten wir am Bau einer **Prototypenreihe**. Diese dient einerseits zur technischen Weiterentwicklung, andererseits als Präsentationsobjekt für spätere Kunden. Durch das haptische »Erleben« des *showcase* kann der Kunde den besonderen, für ihn wichtigen Nutzen erfahren. Gegenwärtig wird die Planung und Finanzierung der Prototypen detailliert.

Durch Eigenmittel und gute Konditionen für Materialeinkauf wird der Teil der Prototypen finanziert. Mehrere potentielle Zulieferer haben bereits ihr Interesse bekundet und für die ersten Kleinserien Sonderkonditionen zugesagt.

Die Fertigstellung eines erster Musters ist abgeschlossen. Es wird überarbeitet und danach der Vermarktung (Kundenbesuch, Messeauftritte etc.) dienen und der weiteren Entwicklung zur Verfügung stehen.

Produktwerbung bedeutet zurzeit hauptsächlich die Kontaktaufnahme zu Schlüsselkunden in den Marktsegmenten Messen und Ausstellungen. Diesen zeigen wir die Einsatzmöglichkeiten und Vorteile des *showcase* und informieren sie über den Entwicklungsstand. Diese Kontakte ermöglichen dem Planungsteam eine kundenorientierte Entwicklungsstrategie.

3 Gründerteam

Unternehmensgründer sind Klaus Mettner und Martin Vormann. Die beiden Diplomingenieure haben gemeinsam in München Architektur studiert und im Februar 2001 ihr Studium abgeschlossen. Beide leben seit einigen Jahren in Berlin.

Neben ihren Arbeiten in verschiedenen Architekturbüros haben beide diverse Fähigkeiten erworben, die für das Projekt *showcase* sehr wichtig sind:

- ✔ internationale Berufserfahrung im architektonischen Aufgabenfeld
- ✔ Messeplanung und Messebau
- ✔ Möbelentwurf und Realisierung
- ✔ Kostenberechnungen

Seit Anfang 2003 entwickeln die Gründer das Konzept für *showcase* und planen dessen Bau und Vertrieb als gleichberechtigte Partner. Sie bringen ein sehr vielschichtiges Wissen in das Unternehmen ein. Durch die Hochschulausbildung konnten Kompetenzen in folgenden Bereichen gesammelt werden:

- ✔ Konzeption
- ✔ Planung
- ✔ Darstellung/Visualisierung

Die Planungskompetenz wird zudem durch den beruflichen Hintergrund der Teammitglieder untermauert. Der Beruf des Architekten befähigt die Gründer zu einer fundierten Beratung späterer Kunden in Gestaltungsfragen. Bereits aufgebaute Kontakte zu Verarbeitern und Herstellern von Bauprodukten werden die Umsetzung von Kundenwünschen erleichtern.

Durch die Teilnahme am Businessplan-Wettbewerb Berlin-Brandenburg 2004 und dem Besuch betriebswirtschaftlicher Seminare und Coaching-Maßnahmen eigneten sich die Gründer betriebswirtschaftliche Grundkenntnisse und Grundlagen in Marketing und Vertrieb an.

4 Marktanalyse

4.1 Gesamtmarkt

Die Modularität und die damit verbundenen unterschiedlichsten Einsatzbereiche schaffen für die *showcase* eine große Breite an Marktfeldern.

- ✔ Messen, ggf. Ausstellungen (Stände)
- ✔ Tourismus (Camping, temporäres Hotel)
- ✔ Spezialanwendungen (Einsatz in Katastrophengebieten)
- ✔ Private Nutzung (Wohnraumerweiterung, Ferienhaus)

Eine Analyse der Marktsegmente Tourismus, Spezialanwendung und Private Nutzung zeigt, dass es in diesen Bereichen eine große Zahl von Vergleichs- und Konkurrenzprodukten gibt. Eine Markteinführung des *showcase* in diesen Segmenten unterläge folglich einem stärkeren Konkurrenz- und Preisdruck. Aus dieser Erkenntnis heraus liegt der **Geschäftsfokus** im Marktsegment

Messen. Die Marktanalyse sowie Marketing- und Absatzplanung werden auf diesen Geschäftsbereich ausgerichtet. Weitere Geschäftsfelder werden in diesem Geschäftsplan als Expansionsmöglichkeiten behandelt.

4.2 Marktsegmentierung

Der Markt für *showcase*, insbesondere der Messemarkt ist nicht auf Deutschland beschränkt, er ist grundsätzlich weltweit dort einzuordnen, wo Messen und Großveranstaltungen stattfinden. Deutschland hat im Bereich Messen eine weltweit führende Rolle und ist daher besonders relevant. Im Zuge einer Markteinführung wird der deutschsprachige Raum Europas mit einbezogen.

Zur Darstellung einer **Marktübersicht Messen** werten wir Erhebungen verschiedener Branchendaten dieses Marktfeldes in der Bundesrepublik Deutschland aus. Sie sind u.a. den Jahresberichten der *FAMAB*, dem Fachverband Konzeption und Dienstleistungen für Design, Exhibition und Event, und des *Forum Marketing und Eventagenturen*, einer eigenständigen Mitgliedsgruppe im FAMAB, entnommen.

Die Mitglieder des FAMAB erzielten in 2002 einen Gesamtumsatz von 1,548 Mrd. €, dies entspricht einer Steigerung von 3,5 % im Vergleich zum Vorjahr, bedingt durch den Anstieg der Mitgliederzahlen im Jahr 2002 ergibt sich ein effektives Wachstum von 0,2 %. Das erwartete Umsatzwachstum für das Jahr 2003 in Höhe von 2,6% auf 1, 588 Mrd. € resultiert lediglich aus dem Wachstum des Verbands. Realisiert wurden von den FAMAB-Mitgliedern in 2002 51.903 **Messestände,** *die insgesamt 5.295.304 m² umfassten. Hinzu kamen noch 11.318 Präsentationen außerhalb von Messen, die 2002 bereits 617.97 m² ausmachten. Für 2003 wird hier ein enormes Wachstum um 37% auf 848.000 m² erwartet. Für die Mitglieder des FAMAB ist damit eine verstärkte Verschiebung der Geschäftsfelder von Präsentationen auf Messegeländen hin zum ganzheitlichen dreidimensionalen Präsentationskonzept beispielsweise bei Road Shows oder am POS erkennbar.*

Rund ¾ aller Aufträge, die FAMAB-Mitglieder realisieren, stammen von Stammkunden. Unternehmen also, die auf die Kompetenz und die Qualität der Spezialisten rund um Messeauftritte setzten. Fast ein Viertel der Kunden vergibt seine Aufträge in Form von Mehrjahresverträgen, die die Dienstleistung rund um eine Messe noch effizienter planbar und kostengünstiger gestalten.

(Quelle: Veröffentlichung der Pressestelle FAMAB, 27.06.2003)

Um 9% wuchs der Honorarumsatz der FME-Mitglieder im Geschäftsjahr 2002. Die Mitglieder des FME erwirtschafteten damit in 2002 einen Honorarumsatz von 262,61 Mio. Automobil-Industrie und Finanzdienstleister setzen weiterhin auf Marketing-Events. Rückgänge müssen die Marketing-Eventagenturen im krisengeschüttelten IT-Bereich hinnehmen. Auch hinterlässt die gesamtwirtschaftliche Lage ihre Spuren. Die Budgets für einzelne Maßnahmen sinken deutlich, zum Teil bis zu 50%.

Durch die negativen Vorzeichen ist der Optimismus der erfolgsverwöhnten Agenturen gebremst und so wird für 2003 das Wachstum des Honorarumsatzes auf vorsichtige 4,6% geschätzt.

(Quelle: Veröffentlichung der Pressestelle FME, 14.04.2003)

Zuversichtlich blicken die Top 30 der Marketingagenturen in die Zukunft. Auf 5,7% wird das Branchenwachstum in 2004 geschätzt, so eines der Ergebnisse des Ranking der Agenturen, dass die Arbeitsgemeinschaft aus Werben & Verkaufen und Horizont jährlich im Frühjahr veröffentlicht. Die Unternehmen haben das Potenzial, das im Marketing steckt, klar erkannt: Rund ein Drittel der im Report 2003 der TU Chemnitz befragten Unternehmen wollen ihre Aktivitäten ausbauen, knapp 60% die Budgets beibehalten.

(Quelle: Veröffentlichung der Pressestelle FME, 05.01.2004)

Trends

Aktuell entnimmt man der Presse leicht positive Trends für die Gesamtwirtschaftslage, im Besonderen für den Messebereich. Gespräche mit Unternehmen dieses Marktsegmentes bestätigen diese Trends. Ein für unser Produkt bedeutendes Ergebnis, wurde durch Befragungen selbst recherchiert. Für den Bereich Präsentationen auf Messen erwarten Marktkenner ein überdurchschnittliches Wachstum von 20% und mehr. Die Experten berichteten zudem von dem Trend, dass viele mittelständische Unternehmen als Messeaussteller dazu übergehen, sich mit kleinen, flexibleren Informationsständen zu präsentieren. Beim Markteintritt von *showcase* wird dieser Trend genutzt, indem den Firmen besondere Ausstattungen und attraktive Preisen angeboten werden.

Eine Bewertung der allgemeinen Marktdaten und der Einteilung in einzelne Segmente führt in unserem Geschäftsbereich zum Hauptsegment Messen. Zusätzlich zum konventionellen Messebau werden vermehrt Planungs- und Organisationsleistungen von Veranstaltungen erwartet.

4.3 Marktpotential

Für die Quantifizierung des Marktpotentials von *showcase* als innovatives, dem Markt bisher nicht bekanntes Produkt, stehen keine relevanten Daten zur Verfügung. Die Bewertung des Marktpotentials resultiert aus Gesprächen mit Entscheidungsträgern vornehmlich aus dem Bereich Messen.

Einschätzung des Marktpotentials

»Im Bereich Messen sehen wir das Produkt showcase als innovatives Objekt mit guten bis sehr guten Einsatzmöglichkeiten. Für die Realisierung vergangener Projekte waren wir vergeblich auf der Suche nach vergleichbaren Produkten. Wir könnten uns vorstellen, die showcase in zukünftige Konzepte einzubauen.

Ich bin davon überzeugt, dass auch andere Agenturen Interesse an Ihrem Produkt haben werden.«

Sara Hallmann, Leiterin des Berliner Büros der Agentur Copal GmbH, Hamburg-Berlin

»Für showcase sehe ich gute Chancen im Messebereich und auf Großveranstaltungen. Ein wichtiger Produktvorteil ist die extrem kurze Aufbauzeit, was deutliche Einsparung an Personalkosten ermöglicht. Mir ist ein direkt vergleichbares Produkt in Bezug auf Flexibilität und gestalterischer Qualität derzeit auf dem Markt nicht bekannt.«

Ronald Galner, Dipl. Ing. Architekt – Geschäftsführer showroom77,
Messedesign/Messeservice, München

»Ich bin sicher, dass Sie hier ein Produkt entwickelt haben, dass der Markt schnell aufnehmen wird. Selbst wir als mittelständisches Unternehmen sehen für uns die Möglichkeit des Einsatzes auf Messen, da es unseres Erachtens zukünftig immer weniger Sinn macht, Exponate auf Ausstellungen zu präsentieren. Unsere Ausrichtung wird dahin gehen, mehr internationale Messen mit kleineren, kostengünstigeren Informationsständen zu besuchen. Und hier passt Ihr System genau rein. Bitte halten Sie uns weiter auf dem Laufenden und senden Sie uns zu gegebener Zeit ein Angebot.«

Thomas Ansbach, Vertriebsleiter CUCU IT-Systeme GmbH, Stuttgart

»Ihr showcase hat uns sehr neugierig gemacht. Sie könnte für die Internationale Bauausstellung 2005 ein interessantes Objekt für Präsentationen sein.«

Monika Lazpert, Leiterin des Bereiches Sonderprojekte der Internationalen Bauausstellung,

Absatzmarkt

Aus der Analyse des Datenmaterials und Befragungen potentieller Kunden entwickeln wir Absatzzahlen für die kommenden Jahre. Dabei ist von Bedeutung, dass ein Kunde im Durchschnitt mehr als ein showcase erwerben wird. Bei den uns vorliegenden Anfragen geht es um Stückzahlen bis zu 5 showcase verschiedenster Ausstattung. Für unsere Absatzprognose nehmen wir an, dass jeder Kunde im Durchschnitt 1,5 showcase abnehmen wird.

Jahr 1:

Bestehende Anfragen nach Lieferfähigkeiten des Produktes weiterverfolgen, Vertriebsaufbau, Markteinführung

- ✔ **Bau von 2 showcase als Prototypen**
- ✔ Bearbeitung vorliegender Anfragen
- ✔ **6 showcase**

Jahr 2:

Verkauf starten, Referenznachweise der Prototypenpräsentation nutzen, Akquise verstärken, Referenzen zeigen, Marketing und Vertrieb auf das erforderliche Maß ausbauen

Annahme:

Kontaktaufnahme zu ca. 400 potentiellen Kunden

- ✔ davon ca. 1/3 Interessenten, ca. 130 Interessenten
- ✔ davon 10 bis 20 % Kunden, die »je 1 Stück« abnehmen
- ✔ **14 showcase**

Jahr 3:

Vertrieb ausbauen, internationaler Vertrieb, neue Geschäftsfelder aufbauen

Annahme:

- ✔ Kontaktaufnahme zu ca. 800 potentiellen Kunden
- ✔ davon ca. 1/3 Interessenten, ca. 250 Interessenten
- ✔ davon 10 bis 20 % Kunden, die »je 1,5 Stück« abnehmen
- ✔ **30 showcase**

Jahr 4:

Neben den vorgenannten Maßnahmen den Vertrieb weiter ausbauen, Erweiterung der Produktfamilie

- ✔ **56 showcase**

Jahr 5:

Neben den vorgenannten Maßnahmen den Vertrieb weiter ausbauen

- ✔ **90 showcase**

Vermietung

Neben dem Verkauf des Systems *showcase* kann die Vermietung einen hohen Stellenwert einnehmen, da besonders Kunden an einer kurzzeitigen Nutzung interessiert sind und auf den Kauf und die Lagerung des *showcase* verzichten möchten.

Als Vertreiber der *showcase* suchen wir für eine professionelle Vermietung Kooperationspartner, die die logistischen und finanziellen Potentiale mitbringen. In einer zukunftsnahen Unternehmensphase ist es denkbar, ein Vermietungsangebot direkt anzubieten.

Da wir die Vermietung der *showcase* als eigenständiges Geschäftsfeld begreifen, erscheint diese Option nicht in diesem Geschäftsplan.

In Gesprächen mit potentiellen Kooperationspartnern werden wir uns der Realisierung dieses Geschäftsfeldes annähern, um an den Chancen der Vermietung frühzeitig beteiligt zu sein.

4.4 Wettbewerber

Im Hauptmarktsegment »Messen« ist erfahrungsgemäß ein relativ hoher Anteil an Stammkunden zu erwarten, die eher bekannte Konzepte bevorzugen. Gleichzeitig sind aber viele Kunden offen gegenüber neuen Ideen. Im Bereich Messen spielen Innovationen und Veränderungen eine sehr wichtige Rolle, d.h. der Kunde sucht nach immer neuen flexiblen Möglichkeiten, um sein Produkt hervorzuheben. Für *showcase* gibt es im Marktsegment Messen daher keine Eintrittsbarrieren.

Derzeit liegt Wettbewerb nur in Teilbereichen vor. Im Zuge des Markterfolges des *showcase* ist aber davon auszugehen, dass Wettbewerber in den Markt eintreten werden. Diese werden einerseits Produzenten von Messesystemen und mobilen Bauten für Veranstaltungen, andererseits Planungsbüros mit dem Schwerpunkt mobile Strukturen sein.

Als indirekte Wettbewerber bezeichnen wir Unternehmen, die Produkte anbieten, mit denen der Markt derzeit bedient wird, die von ihren flexiblen Möglichkeiten jedoch nicht mit *showcase* vergleichbar sind.

5 Marketing

5.1 Produktpolitik

Der Kunde im Marktsegment Messen/Ausstellungen stellt an seine Produkte folgende Anforderungen, die *showcase* erfüllt:

- ✔ Hohe Präsentationswirkung
- ✔ mobiles, leichtes System
- ✔ Erweiterbarkeit
- ✔ gutes Preis-Leistungs-Verhältnis

Das Unternehmen *showcase* arbeitet zunächst mit einer Einproduktstrategie. Erweiterungen und Variationsmöglichkeiten schaffen eine **Produktfamilie**. Je nach Nutzungsanforderung handelt es sich um eine Flächenerweiterung (Addition mehrerer Module) oder Ausstattungsvariation (kundenorientierte Auswahl der Wand- und Klappelemente).

Durch den konsequenten Einsatz und die Weiterentwicklung der Ausstattungsvarianten sollen in einer späteren Geschäftsphase weitere Marktsegmente erschlossen werden.

Weiterentwicklung bedeutet auch, Kostensenkungspotentiale auszuschöpfen. Der innovative Charakter von *showcase* wird durch den Einsatz neuer Materialien verstärkt (z.B. transluzenter Faltenbalg als Verbindung zwischen zwei Modulen).

Neben dem Produkt *showcase* werden wir folgende Zusatzleistungen zum Aufbau einer langfristigen Kundenverbindung und Kundenzufriedenheit anbieten:

- ✔ **Komplettservice**, im Lieferpaket sind gestalterische Beratung, Grafiken, Beleuchtungstechnik und Ausstattung enthalten
- ✔ **Produktupgrade**, für zukünftige Einsätze stehen wir mit Beratungsleistungen zur Aktualisierung von technischen und grafischen Elementen zur Seite und organisieren deren Einbau
- ✔ **after-sales-Service**, z.B. Wartung, Instandhaltung

Ziel ist es auch, den Markennamen *showcase* als Wortbildmarke zu etablieren. Dazu ist beim Deutschen Patent- und Markenamt ein Antrag auf Eintragung in das Markenregister gestellt worden. Darüber hinaus wurde für die *showcase* ein Gebrauchsmusterschutz angemeldet, die Patentfähigkeit und die internationale Anmeldung von Schutzrechten werden derzeit geprüft.

5.2 Preispolitik

Der Markteintritt mit einem innovativen, exklusiven Produkt ermöglicht eine nutzenorientierte Preispolitik. Dadurch dass direkte Konkurrenzprodukte fehlen, besteht bei der Bestimmung des Marktpreises kein direkter Wettbewerbsdruck. Das heißt eine flexible Preispolitik ermöglicht die Orientierung an den Marktmöglichkeiten. Nach Aussagen der befragten Schlüsselkontakte lässt sich, angelehnt an ansatzweise vergleichbare Produkte, für die *showcase* ein Preis zwischen 8.000 € (Einfachstausstattung) und 16.000 € (Premiummodell) erzielen. Zusätzliche Planungs- und Serviceleistungen werden nach Stundensätzen abgerechnet.

Der Vorsprung vor der später durch Nachbauten in den Markt eindringenden Konkurrenz wird durch Zusatzleistungen wie Komplettservice und Produktupgrade sowie die Kontrolle der angemeldeten Schutzrechte gesichert.

Der höhere Marktpreis für ein innovatives Produkt ermöglicht größere Investitionen in die Entwicklung, so dass wir in der Lage sein werden, bei steigendem Konkurrenzdruck durch Preissenkungen den Vorsprung vor der Konkurrenz zu halten und Kosteneinsparpotentiale zu nutzen.

5.3 Kommunikationspolitik

Voraussetzung für den Erfolg im Markt ist, dass unsere potentiellen Kunden wissen, dass es *showcase* gibt. Dazu muss ein entsprechender Bekanntheitsgrad erzeugt werden. Die Kommunikation mit dem Kunden ist dabei das wichtigste Element.

Den höchsten Stellenwert zum Erreichen potentieller Kunden haben persönliche Verkaufsgespräche, besonders mit Messeveranstaltern. Zu diesen bauen wir einen intensiven Kontakt auf und aus. Die Kontakte werden mit Produktinformationen wie Flyern und Broschüren eingeleitet, um sie durch persönliche Verbindungen längerfristig zu festigen.

Für die Phase der Marktetablierung sind neben dem direkten Kundenkontakt auch Messeauftritte sowie Publikationen und Presseberichte in Fachzeitschriften der Bereiche Messen / Architektur /

Design / Marketing geplant. Das Internet wird bereits als adäquates Präsentationsmittel genutzt. Die Website informiert den Besucher ausführlich über das Produkt, bietet die Möglichkeit, Broschüren herunterzuladen, und kann in Zukunft auch Teil der Vertriebsstruktur werden.

Mailing-Aktionen von Verkaufsprospekten an ausgewählte Entscheidungsträger sind ein weiterer wichtiger Kommunikationsbaustein.

Die Wahl des geeigneten Mediums spielt eine besonders wichtige Rolle. Je nach Kundengruppe werden verschiedene Medien unterschiedlich stark genutzt bzw. müssen unterschiedliche Schwerpunkte gesetzt werden. Dies gilt besonders für eine spätere Geschäftsfelderweiterung.

Zurzeit arbeiten wir mit hochwertigen Broschüren, deren Bildmaterial Vorzüge und Image des Systems *showcase* vermitteln. Danach werden wir besonders mit der Präsentation von verschiedenen Prototypen arbeiten und reale Einsatzmöglichkeiten demonstrieren können.

5.4 Vertriebspolitik

showcase wird über Direktvertrieb auf den Markt gebracht. Trotz des regional nicht beschränkten Marktgebietes werden wir keine externen Vertriebsstrukturen nutzen, u.a. um besonders in der Anfangsphase mit den Erfahrungen und Resonanzen der Kunden besser arbeiten zu können.

Wichtigster Multiplikator für die Vermarktung des Produktes sind Messeorganisatoren ausgewählter Agenturen und Marketingabteilungen bei ausstellenden Firmen. Sie müssen vom Nutzen und den Vorteilen des Produktes überzeugt sein. Beim Direktvertrieb an Kunden geht es um Firmen, die selbst ein innovatives, flexibles Image haben, und dabei das Image von *showcase* für ihre Werbe- oder Messeauftritte nutzen wollen.

Zum Vertrieb gehört zusätzlich *after-sales-Services,* z.B. Beratungsleistungen und Produktupgrade mit Aktualisierung technischer und grafischer Elemente und Einbauten von Variationen oder Erweiterungen.

Markteintrittsstrategie

Mit Messeorganisatoren, die bereits ihr Interesse an *showcase* zeigen, planen wir gemeinsame Präsentationen, d.h. wir nutzen deren Tätigkeiten besonders für unsere Werbezwecke. Dazu bieten wir ihnen *showcase* zu einem strategisch günstigen Preis an.

Es liegen uns derzeit 15 Anfragen von verschiedenen Firmen vor, die Interesse an *showcase* in unterschiedlichster Ausstattung haben.

6 Unternehmen und Organisation

6.1 Firmenphilosophie

Als Konzeptentwickler und Vertreiber innovativer Produkte, setzten sich die Gesellschafter und Geschäftsführer folgende Handlungsrichtlinien:

- ✔ schlanke Strukturen in Bezug auf Mitarbeiter und Betriebsmittel, dadurch verhältnismäßig geringe Investitionskosten und hohe Flexibilität
- ✔ scharfe Abtrennung von Verantwortlichkeiten der einzelnen Ressorts, aber breite Mitwirkung aller Beteiligten bei der Ideenfindung
- ✔ enge Zusammenarbeit mit Zulieferern, dadurch Höchstmaß an Vorfertigung und *Just-in-time*-Produktion
- ✔ Verlagerung von Planungsaufwand und Teilprodukthaftungen auf Zulieferer
- ✔ frühzeitige Integration der Zulieferfirmen in den Planungsprozess, dadurch Zeit- und Kostenersparnis
- ✔ Berücksichtigung von Umweltverträglichkeitskriterien bei Auswahl der Bauteile (Lebensdauer, Trennbarkeit, Recyclefähigkeit, Schadstoffe, Energieeinsatz)

Diese Handlungsgrundsätze sollen die Entscheidungsfindung des Unternehmens vereinfachen.

6.2 Rechtsform, Geschäftsführung, Eigentum

Die **showcase GmbH** wird im September 2004 in das Berliner Handelsregister eingetragen. Nach eingehenden Beratungen durch Rechtsanwalt, Steuer- und Unternehmensberater wurde diese Rechtsform gewählt, um die Risiken zu begrenzen und bei Kunden und Zulieferern als »normales« Unternehmen wahrgenommen zu werden.

Klaus Mettner und Martin Vormann übernehmen jeweils 50 % des Stammkapitals der Gesellschaft.

Das Stammkapital von 25.000 € wird bar eingebracht. Es wird zum Teil für die Prototypenrealisierung und für erste Investitionsgüter benötigt, die dem Unternehmen als Anlagevermögen zur Verfügung stehen. Der nicht sofort benötigte Teil ist Liquiditätsreserve.

6.3 Organisation

Die **Kernkompetenzen** des Unternehmens sind Planung, technische Entwicklung, gestalterische Gesamtkonzeption und insbesondere die integrative Verknüpfung dieser Stärken. Das Unternehmen zeichnet sich durch die Fähigkeit aus, mit den Kunden in Kontakt zu treten und diese für die Potentiale von *showcase* zu begeistern bzw. daraus neue Absatzmärkte zu generieren. Auf diese Kompetenzen werden sich die Gesellschafter in der Gründungsphase konzentrieren.

Zur Sicherung der betriebswirtschaftlichen und fachtechnischen Aufgaben stehen uns qualifizierte, externe Berater zur Seite:

Betriebsführung/Controlling:

Karin Heiner Diplombetriebswirtin, FH

Recht/Steuer:

Simon Ferner / Fachanwalt für Steuerrecht, Steuerberater

Konstruktion/Maschinenbau/Technische Beratung:

Dipl. Ing. Bernd Kökler / Konstrukteur für Sondermaschinen

Statik/Beratung und Berechnung:

Prof. Dr. Dieter Voll, FH Lüneburg

Patentrecht:

Dipl.Phys. Ole Dreist, Patentanwalt

Die **Unternehmensentwicklung** wird durch drei Phasen, die aufeinander folgend ineinander greifen erläutert:

Phase 1 – Prototypenbau, Markteinführung

Phase 2 – Marktetablierung *showcase* exposition

Phase 3 – Expansion/Weiterentwicklung

Phase 1 - Prototypenbau, Markteinführung, Handelsregistereintrag

Während dieser Anfangsphase ist Klaus Mettner für Produktrealisierung und den Bereich Marketing, Martin Vormann für Produkt- und Neuentwicklung sowie für Technik und System zuständig. Als enge Beraterin für den Bereich Betriebsführung/Controlling steht uns Karin Heiner zur Seite. Je nach Geschäftsverlauf wird noch in dieser Phase eine kaufmännische Kraft evtl. in Teilzeit eingestellt. Besondere Schwerpunkte liegen in der Kontaktierung von Schlüsselkontakten (z.B. Großunternehmen) und der Produktwerbung durch Prototypenaktionen und Messebesuche.

Phase 2 - Marktetablierung showcase exposition

Mit der Marktetablierung und Produktoptimierung im Jahr 2005 setzt Phase 2 ein. Die oben genannten Berater stehen uns weiter zur Verfügung, Frau Heiner als Betriebswirtin soll vollständig in das Unternehmen integriert werden. Weitere personelle Verstärkungen sind in den Bereichen Verkauf/Marketing sowie Montage/Service vorgesehen.

Phase 3 – Expansion/Weiterentwicklung

Weiterentwicklung des *showcase* als modulares Raumsystem und die Erschließung der Geschäftsfelder ***Übernachtungsmodul*** und ***Spezialanwendungen*** (Einsatzbereiche in Gebieten ohne Infrastruktur). Der Vertrieb wird über die Grenzen des deutschsprachigen, europäischen Raumes ausgedehnt.

Im Falle einer unerwartet hohen Nachfrage werden personelle Erweiterungen vorgezogen. Dies betrifft in erster Linie den Ausbau von Vertriebsstruktur, kaufmännischer Ebene und Montage/Service.

Standort

Die *showcase* ist für einen mobilen, sich wandelnden Markt konzipiert. Weder für das Produkt noch für seine Kunden sind Standortfragen von Bedeutung. Der Produktionsort hängt in erster Linie von der Nähe der Zulieferer ab. Für uns als Planungsunternehmen ist Berlin als Standort ideal, da es hier eine große Anzahl von potentiellen Kunden wie Messeunternehmen und Marketingagenturen gibt. Das hochwertige innerstädtische Verkehrsnetz Berlins bietet weitere Vorteile für die Erreichbarkeit unserer Kunden.

Kooperation

Zur langfristigen Sicherung hoher Standards ist eine gute Kooperation zu Herstellern von Zulieferelementen nötig. Seit Beginn der Prototypenentwicklung arbeiten wir mit Fachfirmen zusammen. Mit deren Überzeugung und Unterstützung arbeiten wir an einer kostengünstigen Prototypenrealisierung und Entwicklung unserer Produktfamilie.

6.4 Personal

Innerhalb der ersten Phase greifen die Gründer im Bedarfsfall auf externe Berater zurück und beauftragen Fremdfirmen mit der Endmontage des *showcase*. Lediglich eine Bürokraft in Teilzeit soll in dieser Phase eingestellt werden. Je nach Geschäftsverlauf können Berater und Fremdbeauftragte durch das Unternehmen angestellt werden. Das Unternehmen beschäftigt, abhängig von der Entwicklungsphase, zwischen zwei und acht Mitarbeiter.

6.5 Kosten

Die anfallenden Produktionskosten werden gering gehalten, da viele Einzelteile vorgefertigt von Zulieferfirmen geliefert werden, so dass wir ausschließlich die Endmontage im Unternehmen durchführen. Die Endmontage eines *showcase* ist innerhalb einiger Tage möglich.

Durch Auslagerung von Buchführung und Betriebscontrolling werden Verwaltungs- und Personalkosten besonders in den ersten Unternehmensphasen gering gehalten.

Der größte Kostenanteil fällt durch den Vertrieb an, der in der Markteinführungsphase überdurchschnittlich hoch kalkuliert wird.

6.6 Risikomanagement

Im Rahmen der Unternehmensplanung und des Entscheidungsprozesses ist es unsere Aufgabe, Risiken frühzeitig zu erkennen, ihnen vorzubeugen und uns abzusichern.

Im Folgenden fassen wir die Risikofelder in vier Bereiche zusammen.

Operative Risiken

Unsicherheiten können durch die konjunkturelle Entwicklung entstehen und damit auch den Markteintritt erschweren. Die Analyse von branchentypischen Trends soll dem entgegenwirken.

Finanzrisiken

In dieser Kategorie werden Forderungsausfälle berücksichtigt und durch einen Puffer in der Liquiditätsplanung kompensiert. Eine Haftungsbegrenzung gegenüber Dritten wird durch die Unternehmensform gegeben. Kreditanträge werden sukzessive an den Geschäfterfolg angepasst.

Strategische Risiken

Eingehende Aufträge und damit verbundene Verpflichtungen werden von der Geschäftsführung bewertet. Der Eintritt in neue Geschäftsfelder (Vermietung, Vergrößerung der Produktfamilie) darf nicht zu einer Gefährdung des Kerngeschäfts führen.

Rechtliche Risiken

Schadenersatzforderungen zählen wir zum Bereich der Finanzrisiken. Mit der Eintragung des Gebrauchsmusters und einem in Kürze erfolgenden Markteintritt erfolgt die patentrechtliche Absicherung. Die Einreichung internationaler Ansprüche wird derzeit von uns geprüft.

Das für das Unternehmen vertretbare Risiko wird definiert und Entscheidungen auf dieser Grundlage reflektiert.

Ein von den Gründern aufgestelltes internes Bewertungssystem beinhaltet folgende Kriterien:

- ✔ Bonitätsprüfung von Kunden und ggf. Konditionsanpassung bei Folgeaufträgen
- ✔ Bewertung des Auftraggebers als möglicher Kooperationspartner
- ✔ Realisierungsmöglichkeit als wichtiges Referenzobjekt
- ✔ Realisierungsmöglichkeit im Ausland zur Erschließung neuer Märkte

- ✔ Klärung der Möglichkeiten einer Vorfinanzierung
- ✔ Terminlauf des Auftrages in Abstimmung mit schon bestehenden Verpflichtungen und Mitarbeiterpotential

Durch diese Maßnahmen soll das Risiko des Scheiterns während der Gründungs- und Etablierungsphase minimiert werden.

7. Finanzplanung

Die Inhalte der folgenden Kapitel erläutern die im Anhang befindlichen Tabellen der Finanzierungsplanung:

- ✔ Gewinn- und Verlustrechnung
- ✔ Liquiditätsplanung
- ✔ Zins- und Abschreibungsplanung
- ✔ Investitions- und Tilgungsplanung

7.1 Rentabilitätsvorschau

Zur Verdeutlichung der entscheidenden Kostengruppen der GuV-Planung sind im Folgenden die wichtigsten Aufstellungen detailliert dargestellt.

Herstellungskosten

Auch in der Preisgestaltung spiegelt sich die Modularität der *showcase* wider. Je nach Ausstattung, Größe und Oberflächengestaltung ergeben sich sehr unterschiedliche Preise und Kosten. Exemplarisch sind dazu drei Preisbeispiele gegeben.

showcase Messe premium

Material und Fremdleistungen: ca. 8.000 €

Verkaufspreis (o. MwSt): ca. 16.000 €

showcase Messe standard

Material und Fremdleistungen: ca. 6.000 €

Verkaufspreis (o. MwSt): ca. 12.000 €

showcase night (2006)

Material und Fremdleistungen:	ca. 4.000 €
Verkaufspreis (o. MwSt):	ca.8.000 €

Die Gehaltsaufwendungen der ersten Jahre sind minimal gehalten. Besonders die Gründer begrenzen Ihre Gehälter auf ein notwendiges Minimum. Im Falle einer früher eintretenden Gewinnschwelle werden auch diese angepasst. Die zusätzlichen Personalnebenkosten werden pauschal mit 20 % veranschlagt. Externe Beratungen können sowohl über Pauschalverträge als auch auf Stundenbasis abgerechnet werden. In der Anfangsphase sind 4000 €–5000 € pro Jahr für Beratungskosten vorgesehen.

Übersicht GuV Planung

Der Übersicht der Gewinn- und Verlustrechnung ist zu entnehmen, dass das Unternehmen bereits im Geschäftsjahr 2005 einen leichten Gewinn erzielen wird.

7.2 Kapitalbedarf und Finanzierungsplanung

Eigenmittel Gründer	25.000 €
Mittel einer Privatperson	50.000 €
Unternehmerkredit der KfW	50.000 €
Kapitalbedarf	125.000 €

Der Gesamtkapitalbedarf von 125.000 € wird zu 60 % aus Eigenmitteln gedeckt. Diese setzen sich aus dem Kapital der Gründer und einem Kredit einer Privatperson zusammen. Das benötigte Fremdkapital von 50.000 € wird über einen Unternehmerkredit der KfW finanziert. Die Aufstellung des Finanzierungskonzeptes erarbeiten wir mit unserer Hausbank. Zuschüsse wie *GA-Mittel* und *Investitionszulagen* auf Investitionsgüter werden beantragt, in dieser Planung jedoch aus Vorsichtsgründen zahlenmäßig nicht erfasst.

Zins- und Tilgungsplanung

Die in das Unternehmen integrierten Kreditmittel einer Privatperson werden mit 5,0 % verzinst. Der Unternehmerkredit der KfW bietet ein tilgungsfreies Jahr und einen Zinssatz von derzeit ca. 5,0 %. Die Kreditzuteilung erfolgt nach einem mit der Hausbank erstellten Auszahlungsplan.

Liquiditätsplanung

In der detaillierten Planung ist eine Zeitverschiebung von einem Monat eingerechnet, die Umsätze eines Monats führen zu Einzahlungen im folgenden Monat.

Gewinn- und Verlustrechnung (Detailplanung)

Planperiode	1. Jahr 1	2	3	4	5	6	7	8	9	10	11	12
Umsatzerlöse (Summe)							12		16	21	17	9
showcase Standard							12,0			12,0		
showcase Premium									16,0		16,0	
showcase night										8,0		8,0
Beratung u. Sonderausstatt.										1,0	0,5	0,5
+/- Bestandsveränderungen (Sum.)												
Produkt 1												
Produkt 2 etc.												
Aktivierte Eigenleistungen (Sum.)												
Anlage 1												
Anlage 2 etc.												
Betriebsleistung							12		16	21	17	9
Sonstige betriebl. Erträge												
Mieteinnahmen												
Lizenzgebühren												
Zinserträge												
Betriebsertrag							12		16	21	17	9
- Materialaufwand (Summe)				-1	-1	-1	-6		-8	-10	-8	-4
Material							-6,0		-8,0	-10,0	-8,0	-4,0
Sonst. Material				-1,0	-1,0	-1,0						
- Personalaufwand (Summe)	-2	-2	-2	-2	-2	-4	-4	-4	-5	-5	-5	-5
Löhne Gehälter	-2,0	-2,0	-2,0	-2,0	-2,0	-3,0	-3,0	-3,0	-4,0	-4,0	-4,0	-4,0
Soziale Abgaben	-0,4	-0,4	-0,4	-0,4	-0,4	-0,6	-0,6	-0,6	-0,8	-0,8	-0,8	-0,8
freiwillige Leistungen												
- Abschreibungen	-0,1	-2,7	-0,7	-0,2	-0,2	-0,2	-0,2	-0,2	-0,4	-0,4	-0,4	-0,4
- Zinsaufwand	0	0	0	0	0	0	0	0	0	0	-1	0
- Sonst.betriebl.Aufwand (Sum.)	-2,2	-2,1	-1,6	-1,9	-1,9	-2,2	-2,2	-2,2	-2,2	-2,2	-2,2	-2,2
Mieten	-0,5	-0,5	-0,5	-0,5	-0,5	-0,5	-0,5	-0,5	-0,5	-0,5	-0,5	-0,5
Marketing		-0,4	-0,4	-0,4	-0,4	-0,4	-0,4	-0,4	-0,4	-0,4	-0,4	-0,4
Bürobedarf	-0,2	-0,2	-0,2	-0,2	-0,2	-0,2	-0,2	-0,2	-0,2	-0,2	-0,2	-0,2
Versicherungen	-1,0	-0,5										
Fuhrpark						-0,3	-0,3	-0,3	-0,3	-0,3	-0,3	-0,3
Reisekosten				-0,3	-0,3	-0,3	-0,3	-0,3	-0,3	-0,3	-0,3	-0,3
Sonstige Kosten	-0,5	-0,5	-0,5	-0,5	-0,5	-0,5	-0,5	-0,5	-0,5	-0,5	-0,5	-0,5
Betriebsaufwand	-5	-7	-5	-6	-6	-7	-12	-6	-16	-18	-16	-12
Betriebsergebnis	-5	-7	-5	-6	-6	-7	0	-6	0	3	1	-3
Öffentl. Zuschüsse (Sum.)											2	
Investitionszulagen											2,0	
Zuschüsse Auslandsmessen												
Neutrale Erträge (Summe)												
Erträge aus Anlagenverkäufen												
Periodenfremde Erträge												
- Neutrale Aufwendungen (Sum.)												
Verluste aus Analagenverkäufen												
Steuern auf Erträge												
Periodenfremde Aufwendungen												
Ausgewiesenes Ergebnis	-5	-7	-5	-6	-6	-7	0	-6	0	3	3	-3

Planperiode	2. Jahr I	II	III	IV	3. Jahr I	II	III	IV	4. Jahr I	II	5. Jahr I	II
Umsatzerlöse (Summe)	59	47	47	75	103	75	96	96	356	332	582	558
showcase Standard	24	12	12	24	36	24	36	36	156	132	252	228
showcase Premium	16	16	16	32	32	32	32	32	128	128	240	240
showcase night	16	16	16	16	32	16	24	24	64	64	80	80
Beratung u. Sonderausstatt.	3	3	3	3	3	3	4	4	8	8	10	10
+/- Bestandsveränderungen (Sum.)												
Produkt 1												
Produkt 2 etc.												
Aktivierte Eigenleistungen (Sum.)												
Anlage 1												
Anlage 2 etc.												
Betriebsleistung	59	47	47	75	103	75	96	96	356	332	582	558
Sonstige betriebl. Erträge												
Mieteinnahmen												
Lizenzgebühren												
Zinserträge												
Betriebsertrag	59	47	47	75	103	75	96	96	356	332	582	558
- Materialaufwand (Summe)	-28	-23	-23	-36	-50	-38	-48	-46	-176	-164	-263	-263
Material	-28,0	-22,0	-22,0	-36,0	-50,0	-36,0	-46,0	-46,0	-174	-162	-260	-260
Sonst. Material		-1,0	-1,0			-1,5	-1,5		-2,0	-2,0	-3,0	-3,0
- Personalaufwand (Summe)	-16	-16	-19	-19	-25	-25	-25	-25	-91	-91	-156	-156
Löhne Gehälter	-13,0	-13,0	-16,0	-16,0	-21	-21	-21	-21	-76	-76	-130	-130
Soziale Abgaben	-2,6	-2,6	-3,2	-3,2	-4,2	-4,2	-4,2	-4,2	-15	-15	-26	-26
freiwillige Leistungen												
- Abschreibungen	-2,0	-1,5	-1,5	-1,5	-1,5	-2,0	-2,5	-2,0	-3,1	-2,6	-4,2	-2,7
- Zinsaufwand	-2	-2	-2	-2	-2	-2	-2	-2	-4	-4	-3	-2
- Sonst.betriebl.Aufwand (Sum.)	-12,4	-10,8	-11,1	-11,1	-16,4	-14,4	-14,7	-14,7	-55,0	-52,0	-89,0	-89,0
Mieten	-2,4	-2,4	-2,4	-2,4	-3,0	-3,0	-3,0	-3,0	-9	-9	-12	-12
Marketing	-2,5	-2,5	-2,5	-2,5	-3,5	-3,5	-3,5	-3,5	-12	-12	-20	-20
Bürobedarf	-1,2	-1,2	-1,2	-1,2	-1,5	-1,5	-1,5	-1,5	-5	-5	-8	-8
Versicherungen	-1,8				-2,0				-3			
Fuhrpark	-1,0	-1,0	-1,0	-1,0	-1,5	-1,5	-1,8	-1,8	-8	-8	-16	-16
Reisekosten	-1,0	-1,2	-1,5	-1,5	-1,7	-1,7	-1,7	-1,7	-8	-8	-15	-15
Sonstige Kosten	-2,5	-2,5	-2,5	-2,5	-3,2	-3,2	-3,2	-3,2	-10	-10	-18	-18
Betriebsaufwand	-59	-52	-56	-69	-95	-81	-92	-90	-329	-314	-515	-513
Betriebsergebnis	0	-5	-9	6	8	-6	4	6	27	18	67	45
Öffentl. Zuschüsse (Sum.)		3				3				3		3
Investitionszulagen												
Zuschüsse Auslandsmessen		3,0				3,0				3,0		3,0
Neutrale Erträge (Summe)												
Erträge aus Anlagenverkäufen												
Periodenfremde Erträge												
- Neutrale Aufwendungen (Sum.)												
Verluste aus Analagenverkäufen												
Steuern auf Erträge												
Periodenfremde Aufwendungen												
Ausgewiesenes Ergebnis	0	-2	-9	6	8	-3	4	6	27	21	67	48

Investitions- und Abschreibungsplanung

Planperiode	1. Jahr												2. Jahr				3. Jahr				4. Jahr		5. Jahr	
	1	2	3	4	5	6	7	8	9	10	11	12	I	II	III	IV	I	II	III	IV	I	II	I	II
Möbel	5,0												1,0					2,0				2,0		
Abschreibung	0,1	0,1	0,1	0,1	0,1	0,1	0,1	0,1	0,1	0,1	0,1	0,1	0,2	0,2	0,2	0,2	0,2	0,3	0,3	0,3	0,3	0,3	0,3	0,3
Werkstatt		8,0								3,0								1,5			1,5		1,5	
Abschreibung		0,1	0,1	0,1	0,1	0,1	0,1	0,1	0,1	0,2	0,2	0,2	0,6	0,6	0,6	0,6	0,6	0,7	0,7	0,7	0,8	0,8	0,9	0,9
PC		3,0											1,5					1,5				4,0		
Abschreibung		0,1	0,1	0,1	0,1	0,1	0,1	0,1	0,1	0,1	0,1	0,1	0,4	0,4	0,4	0,4	0,4	0,7	0,7	0,7	0,7	1,2	1,2	1,2
Drucker, Fax usw		2,0																						
Abschreibung		2,0																						
Büroausstattung		0,5	0,5										0,5						0,5		1,0		1,5	
Abschreibung		0,5	0,5										0,5						0,5		1,0		1,5	
CAD-Software									5,0													2,5		
Abschreibung									0,1	0,1	0,1	0,1	0,3	0,3	0,3	0,3	0,3	0,3	0,3	0,3	0,3	0,3	0,3	0,3
Warenlager									25,0															
Abschreibung																								
Investition 8																								
Abschreibung																								
Investition 9																								
Abschreibung																								
Investition 10 etc.																								
Abschreibung																								
Investitionen insgesamt	5	14	1	0	0	0	0	0	30	3	0	0	3	0	0	0	0	5	1	0	3	9	3	0
Abschreibungen insgesamt	0	3	1	0	0	0	0	0	0	0	0	0	2	1	1	1	1	2	3	2	3	3	4	3

Zins- und Tilgungsplanung

Planperiode	1. Jahr												2. Jahr				3. Jahr				4. Jahr		5. Jahr	
	1	2	3	4	5	6	7	8	9	10	11	12	I	II	III	IV	I	II	III	IV	I	II	I	II
1. Kontokorrentkredit																								
Anfangsbest. Planperiode	0	0	0	0	0	0	0	0	0	0	7	8	0	10	10	10	10	20	20	20	20	30	30	0
Erhöhung										7	1		10				10				10			
-Tilgung												-8											-30	
Endbestand Planperiode	0	0	0	0	0	0	0	0	0	7	8	0	10	10	10	10	20	20	20	20	30	30	0	0
Durchschnittl. Valuta	0	0	0	0	0	0	0	0	0	4	8	4	5	10	10	10	15	20	20	20	25	30	15	0
Zinssatz	10,0%	10,0%	10,0%	10,0%	10,0%	10,0%	10,0%	10,0%	10,0%	10,0%	10,0%	10,0%	10,0%	10,0%	10,0%	10,0%	10,0%	10,0%	10,0%	10,0%	10,0%	10,0%	10,0%	10,0%
Zinsen (pro Periode !)	0,0	0,0	0,0	0,0	0,0	0,0	0,0	0,0	0,0	0,0	0,1	0,03	0,13	0,25	0,25	0,25	0,38	0,50	0,50	0,50	1,25	1,50	0,75	0,00
2. Gesellschafterdarlehen																								
Anfangsbest. Planperiode	25	25	25	25	25	50	50	50	50	50	50	50	50	50	50	50	50	50	50	50	50	50	50	50
Erhöhung					25																			
-Tilgung																								
Endbestand Planperiode	25	25	25	25	50	50	50	50	50	50	50	50	50	50	50	50	50	50	50	50	50	50	50	50
Durchschnittl. Valuta	25	25	25	25	38	50	50	50	50	50	50	50	50	50	50	50	50	50	50	50	50	50	50	50
Zinssatz	5,00%	5,00%	5,00%	5,00%	5,00%	5,00%	5,00%	5,00%	5,00%	5,00%	5,00%	5,00%	5,00%	5,00%	5,00%	5,00%	5,00%	5,00%	5,00%	5,00%	5,00%	5,00%	5,00%	5,00%
Zinsen (pro Periode !)	0,1	0,1	0,1	0,1	0,2	0,2	0,2	0,2	0,2	0,2	0,2	0,2	0,6	0,6	0,6	0,6	0,6	0,6	0,6	0,6	1,3	1,3	1,3	1,3
3. Stille Beteiligung																								
Anfangsbest. Planperiode		0	0	0	0	0	0	0	0	0	0	0	0	0	0	0	0	0	0	0	0	0	0	0
Erhöhung																								
-Tilgung																								
Endbestand Planperiode	0	0	0	0	0	0	0	0	0	0	0	0	0	0	0	0	0	0	0	0	0	0	0	0
Durchschnittl. Valuta	0	0	0	0	0	0	0	0	0	0	0	0	0	0	0	0	0	0	0	0	0	0	0	0
Zinssatz																								
Zinsen (pro Periode !)	0	0	0	0	0	0	0	0	0	0	0	0	0	0	0	0	0	0	0	0	0	0	0	0
4. Investitionskredit																								
Anfangsbest. Planperiode		0	0	15	15	15	15	15	15	40	50	50	50	50	50	50	50	50	46	46	42	38	34	30
Erhöhung			15						25	10														
-Tilgung																		-4		-4	-4	-4	-4	-4
Endbestand Planperiode	0	0	15	15	15	15	15	15	40	50	50	50	50	50	50	50	50	46	46	42	38	34	30	26
Durchschnittl. Valuta	0	0	8	15	15	15	15	15	28	45	50	50	50	50	50	50	50	48	46	44	40	36	32	28
Zinssatz			6,00%	6,00%	6,00%	6,00%	6,00%	6,00%	6,00%	6,00%	6,00%	6,00%	6,00%	6,00%	6,00%	6,00%	6,00%	6,00%	6,00%	6,00%	6,00%	6,00%	6,00%	6,00%
Zinsen (pro Periode !)	0,0	0,0	0,0	0,1	0,1	0,1	0,1	0,1	0,1	0,2	0,3	0,3	0,8	0,8	0,8	0,8	0,8	0,7	0,7	0,7	1,2	1,1	1,0	0,8
Zinsen insgesamt	**0**	**0**	**0**	**0**	**0**	**0**	**0**	**0**	**0**	**0**	**1**	**0**	**2**	**2**	**2**	**2**	**2**	**2**	**2**	**2**	**4**	**4**	**3**	**2**
Tilgungen insgesamt	**0**	**0**	**0**	**0**	**0**	**0**	**0**	**0**	**0**	**0**	**0**	**-8**	**0**	**0**	**0**	**0**	**0**	**-4**	**0**	**-4**	**-4**	**-4**	**-34**	**-4**

Liquiditätsplanung

Planperiode	1. Jahr												2. Jahr				3. Jahr				4. Jahr		5. Jahr	
	1	2	3	4	5	6	7	8	9	10	11	12	I	II	III	IV	I	II	III	IV	I	II	I	II
Einzahlungen aus ...																								
Umsatzerlösen/Anzahlungen:								12,0		16,0	21,0	16,5	47,8	51,0	47,0	65,7	93,7	84,3	89,0	96,0	329	336	540	562
Produkt 1/ Markt 1								12,0			12,0		16,0	16,0	12,0	20,0	32,0	28,0	32,0	36,0	142	136	232	232
Produkt 2/ Markt 2										16,0		16,0	10,7	16,0	16,0	26,7	32,0	32,0	32,0	32,0	117	128	221	240
Produkt 3/ Markt 3											8,0		18,7	16,0	16,0	16,0	26,7	21,3	21,3	24,0	61	64	77	80
Dienstleist 1 etc.											1,0	0,5	2,5	3,0	3,0	3,0	3,0	3,0	3,7	4,0	8	8	10	10
Sonst. betr. Erträgen:																								
Mieteinnahmen																								
Lizenzgebühren																								
Zinserträge																								
Öffentl. Zuschüssen/Zulagen:												2,0		2,0	1,0			2,0	1,0			3	1	3
Investitionszulagen												2,0												
Zuschüsse Auslandsmessen														2,0	1,0			2,0	1,0			3	1	3
sonstigen neutralen Erträgen:																								
Erträge aus Anlagenverkäufen																								
Periodenfremde Erträge																								
Auszahlungen für ...																								
Materialeinkauf:				-1,0	-1,0	-1,0	-6,0		-8,0	-10,0	-8,0	-4,0	-28,0	-23,0	-23,0	-36,0	-50,0	-38,0	-48,0	-46,0	-176	-164	-263	-263
Vorprodukt 1							-6,0		-8,0	-10,0	-8,0	-4,0	-28,0	-22,0	-22,0	-36,0	-50,0	-36,0	-46,0	-46,0	-174	-162	-260	-260
Vorprodukt 2 etc.				-1,0	-1,0	-1,0								-1,0	-1,0			-2,0	-2,0		-2	-2	-3	-3
Personalaufwand:	-2,4	-2,4	-2,4	-2,4	-2,4	-3,6	-3,6	-3,6	-4,8	-4,8	-4,8	-4,8	-15,6	-15,6	-19,2	-19,2	-25,2	-25,2	-25,2	-25,2	-91	-91	-156	-156
Löhne Gehälter	-2,0	-2,0	-2,0	-2,0	-2,0	-3,0	-3,0	-3,0	-4,0	-4,0	-4,0	-4,0	-13,0	-13,0	-16,0	-16,0	-21,0	-21,0	-21,0	-21,0	-76	-76	-130	-130
Soziale Abgaben	-0,4	-0,4	-0,4	-0,4	-0,4	-0,6	-0,6	-0,6	-0,8	-0,8	-0,8	-0,8	-2,6	-2,6	-3,2	-3,2	-4,2	-4,2	-4,2	-4,2	-15	-15	-26	-26
freiwillige Leistungen																								
Zinsaufwand	-0,1	-0,1	-0,1	-0,2	-0,2	-0,3	-0,3	-0,3	-0,3	-0,5	-0,5	-0,5	-1,5	-1,6	-1,6	-1,6	-1,8	-1,8	-1,8	-1,8	-4	-4	-3	-2
sonst. betr. Aufwand:	-2,2	-2,1	-1,6	-1,9	-1,9	-2,2	-2,2	-2,2	-2,2	-2,2	-2,2	-2,2	-12,4	-10,8	-11,1	-11,1	-16,4	-14,4	-14,7	-14,7	-55	-52	-89	-89
Mieten	-0,5	-0,5	-0,5	-0,5	-0,5	-0,5	-0,5	-0,5	-0,5	-0,5	-0,5	-0,5	-2,4	-2,4	-2,4	-2,4	-3,0	-3,0	-3,0	-3,0	-9	-9	-12	-12
Versicherungen		-0,4	-0,4	-0,4	-0,4	-0,4	-0,4	-0,4	-0,4	-0,4	-0,4	-0,4	-2,5	-2,5	-2,5	-2,5	-3,5	-3,5	-3,5	-3,5	-12	-12	-20	-20
Bürobedarf	-0,2	-0,2	-0,2	-0,2	-0,2	-0,2	-0,2	-0,2	-0,2	-0,2	-0,2	-0,2	-1,2	-1,2	-1,2	-1,2	-1,5	-1,5	-1,5	-1,5	-5	-5	-8	-8
Porto	-1,0	-0,5											-1,8				-2,0				-3			
Fuhrpark						-0,3	-0,3	-0,3	-0,3	-0,3	-0,3	-0,3	-1,0	-1,0	-1,0	-1,0	-1,5	-1,5	-1,8	-1,8	-8	-8	-16	-16
Reisekosten				-0,3	-0,3	-0,3	-0,3	-0,3	-0,3	-0,3	-0,3	-0,3	-1,0	-1,2	-1,5	-1,5	-1,7	-1,7	-1,7	-1,7	-8	-8	-15	-15
Rechtsberatung	-0,5	-0,5	-0,5	-0,5	-0,5	-0,5	-0,5	-0,5	-0,5	-0,5	-0,5	-0,5	-2,5	-2,5	-2,5	-2,5	-3,2	-3,2	-3,2	-3,2	-10	-10	-18	-18
Neutrale Aufwendungen:																								
Verluste aus Anlagenverkäufen																								
Steuern auf Erträge u.Körperschaftsst.																								
Periodenfremde Aufwendungen																								
Investitionen	-5,0	-13,5	-0,5						-30,0	-3,0			-3,0					-5,0	-0,5		-3	-9	-3	
Tilgungen												-8,0						-4,0		-4,0	-4	-4	-34	-4
EINZAHLUNGEN INSGESAMT								12		16	21	19	47,8	53,0	48,0	65,7	93,7	86,3	90,0	96,0	329	339	541	565
AUSZAHLUNGEN INSGESAMT	-10	-18	-5	-5	-6	-7	-12	-6	-45	-20	-16	-19	-60,5	-51,0	-54,9	-67,9	-93,4	-88,4	-90,2	-91,7	-332	-324	-548	-514
ÜBER/UNTERD. JE PERIODE	-10	-18	-5	-5	-6	-7	-12	6	-45	-4	5	-1	-12,7	2,0	-6,9	-2,3	0,3	-2,1	-0,2	4,3	-4	15	-7	50
ÜBER/UNTERD KUMULATIV	-10	-28	-32	-38	-43	-51	-63	-57	-102	-107	-101	-102	-114,7	-112,7	-119,6	-121,9	-121,6	-123,7	-123,9	-119,6	-123	-108	-115	-65
Finanzierung:																								
Eigenkapital/Stammkapital	25																							
Einlagen																								
Kontokorrentkredit																								
Gesellschafterdarlehen 1	25				25																			
Stille Beteiligung																								
Kredit Inv. u. Warenlager			15						25	10														
Finanzierung Summe	50		15		25				25	10														
LIQUIDITÄT JE PERIODE	40	-18	10	-5	19	-7	-12	6	-20	6	5	-1	-13	2	-7	-2	0	-2	0	4	-4	15	-7	50
LIQUIDITÄT KUMULATIV	40	22	33	27	47	39	27	33	13	18	24	23	10	12	5	3	3	1	1	5	2	17	10	60

Stichwortverzeichnis

A

Abläufe
  entwickeln 319
Absatzplanungen 228
Absatzprognosen 228
  Richtlinien 229
Absatzsysteme 99
Absatzwege 99
  traditionelle 179
Abschreibungen 207
Abschreibungsaufwand 207
Abschwungphasen 291
  Hauptmerkmale 291
Acer 119
Aktionen
  der Konkurrenz verfolgen 157
Aktiva 209, 233
Aktivposten 233
Alltagsstudien 128
Amazon 298
AMD 176
Amortisationszeiten 233
Analysen
  Stärken/Schwächen 183
  SWOT 184
  Was-wäre-wenn 238
Angel-Finanzierungen 47
Anlagevermögen 209 f., 233
  immaterielles 209 f.
Anschubfinanzierungen 49
Ansoff, Igor 293
Apple 171
Arbeitsförderung 54
Asus 119
Attraktivität
  Produkte 308
Aufwendungen
  erfassen 206
  erwartete 230
Ausgliederung 280
Auswirkungen 264
Autohaus24.de 133
Automatisierung 177

B

B2B 143
Bankdarlehen 50 f.
Barliquidität 221
BCG-Portfolio-Matrix 305
Bedürfnisbefriedigung 136
Bedürfnispyramide 137
Beratungsmaßnahmen 57
Betriebs- und
  Geschäftsausstattung
  211
Betriebsaufwendungen
  allgemeine 207, 231
Betriebsergebnis 208
Betriebskapital 225
Beziehungen 98
  Kunden 99
  Vertrieb 99
  Zulieferer 99
Bilanzen 38
  Aktiva 209
  Aktivposten 233
  Anlagevermögen 209 f.
  interpretieren 208
  Umlaufvermögen 209, 211
Bilanzgewinne 208
BIP 251
Bloomberg 119
BMW 133
Boston Consulting Group 305
Bottom-up-Ansatz
  Budgetierung 243
Brainstorming 265
Branchenanalysen 93, 155
  Beziehungen 98
  Daten sammeln 101
  erfolgsentscheidende Faktoren
  103
  Finanzen 100
  Fragebogen 93
  interpretieren 103
  Märkte 97
  Marktstruktur 93
Bruttoinlandsprodukt 251
Buchhaltungssysteme 320
Budgetierungen 242
  Bottom-up-Ansatz 243
  Top-down-Ansatz 242
Budgets
  Bestandteile 239
  erstellen 238, 240
  Finanzen 240
  Forschung und Entwicklung
  240
  Gesamtbudget 239
  Investitionsgüter 240
  Produktion 239
  Verwaltung 239
Bundesagentur für Arbeit 54
Business Angels 47
Business Reengineering 320
Businesspläne 40
  Adressaten 46
  äußere Form 40
  Aufgabenverteilung 33
  Berater 31
  Chancen und Risiken 37
  Entwurf 42
  erstellen 32
  Executive Summary 35
  Fehler vermeiden 339
  Finanzplanung 37
  für die Vergangenheit 41
  Geschäftsidee 35
  Geschäftstätigkeit 92
  gliedern 34
  Hilfsmittel 27
  Info für Dritte 42
  Internetadressen 28
  Kernkompetenzen 198
  Kleingründung 54
  Konkurrenzanalyse 165
  Kunden 111
  Marketing und Wettbewerb
  36
  Marktsegmente 122
  Marktübersicht 36
  neue erstellen 293
  Planungsteam 32
  Planungsverantwortliche 32
  Sekundärliteratur 27
  Situationsanalyse 109
  Software 30
  strategisches Denken 44
  Taktiken entwickeln 45
  umsetzen 314, 323
  Unternehmensorganisation 38
  Unternehmensphilosophie 328
  veraltete überarbeiten 331
  verfassen 34
  Wertketten 188

wichtige Fragen 335
Zukunftsbetrachtung 41
Zusammenfassung 35
Businessplan-Wettbewerbe 54

C

Carpark 133
Carsharing 133
Cash Ratio 221
Cashflow
aus Finanzierungstätigkeit 216
aus Investitionstätigkeit 216
aus laufender Geschäftstätigkeit 215
operativer 215
positiver 181
Caterpillar 276
Chancen 183
neue 106
Coca-Cola 150, 297
Crowdfunding 49
Current Ratio 220
Customer Relations Management 142

D

Daten
demografische 116
psychografische 117
sammeln 101
über Konkurrenz sammeln 163
Delphi-Methode 261
Demografie 256
Dienstleistungen 104
Qualität 274
Differenzierungsstrategien 269, 272
Produktmerkmale 273
Produktqualität 274
Produktverpackung 275
dm 327
Drive now 133

E

E.on 253
EBITA 222
Economies of Scale 96
Effektivität 82
Definition 82
Effizienz 82
Definition 82
Eigenkapital 209, 212, 235
Eigenkapitalquote 222
Eigenkapitalrentabilität 224, 234
Einführungsphasen 289
Hauptmerkmale 289
Einkaufswagen
online 180
Einnahmen 206
Einnahmen-Überschuss-Rechnungen 37, 204
Einstiegsgeld 54
eLab 180
Entscheidungsinstanzen 123, 144
Entscheidungsprozesse 123, 139
bei Firmenkunden 143
Erfahrungskurven 100
Erfolgsentscheidende Faktoren 103
Dienstleistung 104
gesetzliche Vorschriften 105
Herstellungsverfahren 104
Marketing 105
neue Technologien 103
Organisationstalent 104
Personalbeschaffung 104
Standort 104
Vertriebsstruktur 105
Erfolgsrechnungen 208
Erfolgsstrategien 268
Erträge
erwirtschaften 206
Ethik 62
Executive Summary 35
Expansion
geografische 298
Expertenbefragungen 260
Externalitäten 64
Exxon 64

F

Fachverband 255
Fähigkeiten 172
eigene ermitteln 188
erfolgsentscheidende 181
Faktoren
erfolgsentscheidende 103, 181
Federal Express 137
Fielmann 67
Finanzanlagen 211
Finanzausweise 204
Finanzbudgets 240
Finanzen 100
Gewinnseite 100
Kostenseite 100
Stärken/Schwächen 181
Finanzierungen
Bankdarlehen 50 f.
Risikokapitalgeber 50 f.
Finanzierungsarten 49
Anschubfinanzierung 49
Crowdfunding 49
First-Stage-Finanzierung 49
Mezzanine-Finanzierung 49
Second-Stage-Finanzierung 49
Seedfinanzierung 49
Überbrückungsfinanzierung 49
Finanzplanung 226
erstellen 225
erwartete Aufwendungen 230
geplanter Umsatz 229
Finanzplanungssysteme 321
Finanzprognosen 226
Firmenkunden 143
Besonderheiten 144
Firmenprofile 116
First-Stage-Finanzierungen 49
Förderkredite
öffentliche 59
StartGeld 59
Unternehmerkapital 59
Unternehmerkredit 59
Fördermaßnahmen
Beratung 57
staatliche 54
Fördermittel
öffentliche 51
Förderprogramme 51
öffentliche 59
Ford 64, 81, 293
Forschung/Entwicklung
Budget 240
Stärken/Schwächen 175
Frühe Adopter 117
Frühe Mehrheit 117
Führung durch Zielvereinbarungen 84
Führungsebenen
Anzahl 318
Führungspersönlichkeiten 324
Berater 324
Boss 324
Kollege 324
Führungsqualitäten
fördern 324
Führungsstile
Fähigkeiten bei Mitarbeitern entwickeln 325

Führungsteams
  zusammenstellen 48
Funktionalität 119

G

General Electric 303, 308, 326
Gesamtbudgets 239
Geschäftseinheiten
  strategische 302
Geschäftskunden 143
  Besonderheiten 144
Geschäftsmodelle 194 f.
  Einnahmenfluss 195
  Tätigkeit 194
Geschäftstätigkeit
  beschreiben 92
Gewinn-und-Verlust-Rechnungen 38, 204, 208
Gewinne 208
  vor Steuern 208
Gewinnermittlung 204
Gewinnspannen 100
Größenvorteile (Economies of Scale) 96
Gründercoaching 58
Gründungszuschuss 55
  Antrag 55
Grundsätze 68
Grundstücke 211
Gruppen
  strategische 154 f.
GuVs *siehe* Gewinn-und-Verlust-Rechnungen

H

Herstellungsverfahren 104
Hertz 197
Honda 199

I

Indikatoren
  Bruttoinlandsprodukt 251
  demografische 256
  gesellschaftliche 256
  Inflationsrate 252
  Lebensstil 256
  Wechselkurs 252
  Zinssätze 252
Inflationsraten 252
Informationssysteme 321
Innovationen
  Verbreitung 118
Innovationsdiffusionen 118, 129
Innovatoren 117
Integration
  vertikale 279 f.
Intel 176
Investitionsgüterbudgets 240

J

Jahreserfolgsrechnungen 37, 203
Jahresüberschuss 208
Jobs, Steve 171
Johnson & Johnson 65

K

Kapazitäten 302
Kapazitätsveränderungen 100
Kapitalflussrechnungen 214
Kapitalrendite 223
Kaufentscheidungen 123
Kennzahlen 218
  Eigenkapitalrentabilität 224
  finanzwirtschaftliche 218
  Kapitalrendite 223
  Lagerumschlags-geschwindigkeit 221
  Liquidität 220
  Rentabilität 222
  Return on Equity 224
  Return on Investment 223
  ROE 224
  ROI 223
  Umsatzrentabilität 223
  Verschuldungsgrad 222
  Zinsdeckung 222
Kernkompetenzen 188, 198
Kernprozesse (Wertkette) 189
Kodak 92
Konkurrenten *siehe* Wettbewerber
Konkurrenz 148
Konkurrenzanalysen 151, 164
Kontakte
  knüpfen 48
Konzentrationsstrategien 269, 277
  geografische Begrenzung 278
  Nischenmärkte 277
  Zielgruppenabstimmung 277
Kostenerfahrungskurven 231, 270
Kostenführerschaft 268 f.
  Kostenerfahrungskurve 270
  Kostenkontrolle 272
  schnörkellose Produkte 269
Kostenkontrolle 272
Kostenprofile 100
Kreditlinien 50, 52
Kunden 99, 111
  abwerben 297
  Alltagsstudien 128
  Auswahlkriterien 151
  Bedürfnisse 136
  beschreiben 114
  Besonderheiten bei Firmenkunden 144
  der Konkurrenz 135
  Entscheidungsfindung 139
  gute 133
  identifizieren 126
  in Marktsegmente einteilen 114
  Kaufentscheidung 123
  kennenlernen 131
  Kontakt 127
  Lebensstil 116
  Motive 116, 137
  nach Produktfunktion einteilen 119
  optimal bedienen 140
  Persönlichkeitstypen 117
  preisorientierte 120
  schlechte 134
  treue 140
  Unternehmen 143
  unzufriedene 140
  verlorene 141
  Wünsche 121
  zufriedene 140
Kundenbedürfnisse 132
  verstehen 136
Kundenbeschreibungen 114
Kundenbestand
  Stärken/Schwächen 174
Kundenbeziehungen 142
Kundenbeziehungsmanagement 142
Kundenbeziehungsmanagement-systeme 142
Kundengruppen 112
Kundeninterviews 128
Kundenloyalität 124
Kundenprofile 116

Kundenverhalten 139
  analysieren 136
Kundenwahrnehmungen 139
Kundenwerte 196

L

Lagerumschlagsgeschwindigkeit 221
Lebensstil 116
Leitbild 63 f., 71, 75
  entwickeln 66
  erarbeiten 68
  formulieren 68
Leitwerte 62
Lenovo 119
Lifestyle 256
Liniensysteme 316
Liquidität 220
  auf kurze Sicht 220
  auf mittlere Sicht 220
  Cash Ratio 221
  Current Ratio 220
  1. Grades 221
  2. Grades 220
  3. Grades 220
  Quick Ratio 221
Liquiditätspläne 38, 236

M

3M 133, 173
Märkte 97
  Business-to-Business 143
  Kundenwahrnehmungen 139
  Marktgröße 97
  neue 298
  Produktdifferenzierung 98
  Produktsubstitution 98
  schrumpfende 97
  wachsende 97
Management
  Stärken/Schwächen 173
Management by Objectives 84
Marketing 105
Marketing/Verkauf
  Stärken/Schwächen 178
Marktanteil 305
Marktattraktivität 309
Marktattraktivität-Wettbewerbs-position-Portfolio 309
Marktaustrittsschranken 96, 155
Markterfahrung 301
Markterweiterungen 156
Marktfolger 282
  Strategien 283
Marktführer 151, 282
  Strategien 282
Marktführerschaft 282
Marktgröße 97
Marktherausforderer 151
Marktlücken 97
Marktsegmente
  ausmachen 125
  bilden 114
  definieren 111
  Demografie 116
  erstellen 112
  geografisch 115
  Geografie 114
  Kundeneigenschaften 123
  Kundenkontakt 127
  kundenorientiert 114
  Kundensicht 121
  Kundenwünsche 121
  Lebensstil 116
  neue 298
  optimale Größe 125
  Persönlichkeitstypen 117
  preisorientiert 120
  produktorientiert 119
  Verhaltensweise 127
  vertriebsorientiert 120
Marktstrukturen 93
  Marktaustrittsschranke 96, 155
  Marktzutrittsschranke 96
  Technik 96
  Wettbewerber 93
Markttests 128
Marktvorteile 196
Marktwachstum 305
Matrixorganisationen 317
MBO 84
McDonald, Mac und Dick 299
McDonald's 297
McKinsey 308
Mezzanine-Finanzierungen 49
Microsoft 196
MINI Cooper 79
Mission Statements 75
Mitarbeiter
  Fähigkeiten entwickeln 325
Mitläufer 152
Mobilitätsschranken 155
Monopole 93

N

Nachfragen
  abgeleitete 143
Nachwuchsprodukte 306
Nettoumlaufvermögen 213, 220
Nischenbearbeiter 151
Nischenmärkte 277
Nordstrom 175
Null-Basis-Budgetierung 242

O

Offshoring 281
Oligopole 93
Online-Shopping 180
Organisation
  Stärken/Schwächen 173
Organisationsformen 316
Organisationsstrukturen
  eigene entwickeln 318
  funktionale 316
  lineare 316
  Matrixorganisation 317
  Spartenorganisation 317
  zusammenstellen 316
Organisationstalente 104
Outsourcing 281

P

Passiva 209, 212, 235
Persönlichkeitstypen 117
  ermitteln 129
  frühe Adopter 117
  frühe Mehrheit 117
  Innovatoren 117
  späte Mehrheit 117
  Zögerer 117
Personalbeschaffung 104
Personalsysteme 321
Planbilanzen 232
Planung 43, 45
Planungsdaten
  konsolidieren 238
Planungssysteme 321
Porter, Michael 268
Portfolio-Analysen 304
Portfolio-Management 304
Portfolio-Matrix 305
  erstellen 307
Preise 120
Prinzipien 68
Pro-forma-Bilanzen 232

Pro-forma-Gewinn-und-Verlust-Rechnung *siehe* Pro-forma-GuVs
Pro-forma-GuVs 227
 allgemeine Betriebsaufwendungen 231
 erwartete Aufwendungen 230
 geplante Umsatzerlöse 228
 Steuern und Abschreibungen 232
 Zinsaufwendungen 231
Procter & Gamble 173
Produkt
 Qualität 274
Produkt-Markt-Matrix 294
Produkt-Portfolios 302
Produktattraktivität 308
Produktauswahlprozesse 152
Produktdifferenzierungen 98
Produkte
 beurteilen 308
 neue 299
 neue Einsatzgebiete 296
 neue Merkmale und Optionen 300
 schnörkellose 269
 Verbrauch anregen 296
Produkterweiterungen 156
Produktfunktionen 122
Produktgruppen 300
Produktion/Fertigung
 Stärken/Schwächen 176
Produktionsbudgets 239
Produktlebenszyklen 288
 Abschwungphase 288, 291
 Einführungsphase 288 f.
 Reifephase 288, 290
 Rückgangsphase 288, 291
 Wachstumsphase 288 f.
 Zustandsanalyse 291
Produktlinien
 erweitern 300
Produktmerkmale 273
Produktqualität 274
Produktstärke 308
Produktstrategien 293
Produktsubstitution 98
Produktverpackungen 275
Produktvorzüge 122

Q

Qualität
 Dienstleistungen 274
 Produkt 274
Quick Ratio 221

R

Rechnungsabgrenzungsposten 212 f.
Reengineering 320
Reifephasen 290
 Hauptmerkmale 290
Reinvermögen 209
Rentabilität 222
Ressourcen 172
 erfolgsentscheidende 181
 zuordnen 200
Return on Equity 224
Return on Investment 223
Risiken 107, 183
Risikokapitalgeber 47, 50 f.
ROE 224, 234
Rohertrag 208
ROI 223
Rückgangsphasen 291
 Hauptmerkmale 291
Rückstellungen 213
Rückwärtsintegration 157, 280

S

Sachanlagen 209, 211
Samsung 176
Scheinselbstständigkeit 57
Schwächen 170
 an Konkurrenz messen 172
 erkennen 170
 extern beleuchten 172
 intern beleuchten 172
Second-Stage-Finanzierungen 49
Seedfinanzierungen 49
Selbstanalysen 170
Singulus 249
Situationsanalysen 106, 170
 durchführen 172
Sixt 133
Solarbranche 147
Späte Mehrheit 117
Sparten 317
Spartenorganisationen 317
Stärken 170
 an Konkurrenz messen 172
 erkennen 170
 extern beleuchten 172
 intern beleuchten 172
Stärken-Schwächen-Analysen 183
Stärken/Schwächen
 Finanzen 181
 Forschung/Entwicklung 175
 Kundenbestand 174
 Management 173
 Marketing/Verkauf 178
 Organisation 173
 Produktion/Fertigung 176
 Vertrieb/Auslieferung 179
Standards 283
Standardunternehmensprofile 268
Standorte 104
StartGeld 59
Startkapital 181
Steuern 207
Strategien
 Businessplan 44
 eigene entwickeln 284
 fertige einsetzen 267
 generische 159, 268
 Marktfolger 283
 Marktführerschaft 282
SWOT-Analysen 170, 184
Szenario-Technik 262

T

Taktik 45
 entwickeln 45
Technologien
 neue 103
Top-down-Ansatz
 Finanzplanung 242
Trendextrapolation 260
Trends
 Auswirkungen 264
 extrapolieren 260
 gesellschaftspolitische 255
 Indikatoren 249
 politische 253
 technologische 257
 Vorhersagen 260
 Wahrscheinlichkeitstheorie 263
 wirtschaftspolitische 249
Trendvorhersagen 260
 Delphi-Methode 261
 Expertenbefragungen 260
 Szenario-Technik 262

U

Überbrückungsfinanzierungen 49
Umlaufvermögen 209, 211, 233
Umsätze
 geplante 229
Umsatzaufwendungen 206

Umsatzerlöse 206
geplante 228
Umsatzrentabilität 223
Umsatzschätzungen 230
Unternehmen
erfolgsentscheidende Faktoren 181
Erfolgsstrategien 268
Unternehmensaufträge 36, 75
erste Schritte 76
formulieren 75
in Worte fassen 77
Inhalte 76
Zielvereinbarung 84
Zielvorgabe 84
Unternehmensberatungen 58
Unternehmensbiografien
Konkurrenz 159
Unternehmensethik 62
Unternehmensgewinne 204
Unternehmenskonzepte 292
Unternehmenskultur 326
bilden 326
Unternehmensleitbild 66, 75
entwickeln 72
Unternehmensleitwerte 36
Unternehmensphilosophie 36, 328
Unternehmenssituation
beurteilen 170
Unternehmensziele 78
Unternehmerkapital 59
Unternehmerkredite 59
Unterstützende Funktionen (Wertkette) 189

V

Venture Capital 47
Veränderungen
definieren 248
demografische 256
einstellen auf 264
gesellschaftliche 256
Lebensstil 256
vorhersehen 259
Verbindlichkeiten 235
kurzfristige 213
langfristige 213
Vermögenssituation
Änderung 157
Verpackungen 119
Verschuldungsgrad 222
Vertikale Integration 279
Vertrieb 99
Vertrieb/Auslieferung
Stärken/Schwächen 179
Vertriebsstrukturen 105
Verwaltungsbudgets 239
Vorschriften
gesetzliche 105
Vorwärtsintegration 157, 280

W

Wachstum
Wege zum 292
Wachstumsphasen 289
Hauptmerkmale 290
Wachstumsstrategien
gleiches Produkt, gleicher Markt 296
neuer Markt oder neues Produkt 297
neues Produkt und neuer Markt 301
Wahrscheinlichkeiten 264
Wahrscheinlichkeitstheorie 263
Wal-Mart 177
Warenmarkt 98
Was-wäre-wenn-Analysen 238
Wechselkurse 252
Welch, Jack 326
Werner, Götz 327
Wertangebote 192
Werte 61, 63
definieren 66
formulieren 68
Liste erstellen 68
umsetzen 71
Wertgleichungen 149
Wertketten 188
eigene erstellen 190
Kernprozesse 189
konstruieren 188
unterstützende Funktionen 189
Wertmaßstäbe 62
Wertvorstellungen 62
Wettbewerb 148
aufgrund Kaufentscheidung 151
aufgrund Produktverwendung 153
aufgrund von Strategie 154
Ausmaß 152
durch Änderung der Vermögenssituation 157
durch Markterweiterung 156
durch Produkterweiterung 156
durch Rückwärtsintegration 157
durch Vorwärtsintegration 157
neuer 156
Wettbewerber 148, 151
Aktionen verfolgen 157
Daten über 163
direkte 151
erfolgreich gegen 163
Geschäftsfunktionen 158
Gruppen bilden 155
indirekte 152
Liste aufstellen 151
nach Fähigkeiten identifizieren 154
nach Strategien identifizieren 154
Potenzial 157
Reaktion auf Branchenänderungen 158
Schachzüge vorhersehen 160
Strategien einschätzen 159
strategische Gruppen 155
Vermutungen aufdecken 162
verstehen 165
Ziele herausfinden 160
Wettbewerbsstärken 309
Wettbewerbsstrategien
Ausgliederung 280
fertige einsetzen 267
generische 269
Konzentrationsstrategie 277
Kostenführerschaft 269
Rückwärtsintegration 280
strategische Alternativen prüfen 279
Vorwärtsintegration 280
Wettbewerbsvorteile 196, 198
erhalten 199
Gefahren 199
nachhaltige 199
Wirtschaftsindikatoren 251
Wozniak, Steve 171

Z

Zero Base Budgeting 242
Zielvereinbarungen 36, 78
Definition 80
eigene festlegen 83
Fallstricke vermeiden 86

Führung durch 84
Richtlinien 83
Unternehmensauftrag 84
versus Zielvorgaben 80
Zeitrahmen 87
Zielvorgaben 36, 78
Definition 80
eigene festlegen 83
Fallstricke vermeiden 86
Richtlinien 83
Unternehmensauftrag 84
versus Zielvereinbarungen 80
Zeitrahmen 87
Zinsaufwendungen 207, 231
Zinsdeckung 222
EBITA 222
Zinserträge 206
Zinssätze 252
Zögerer 117
Zulieferer 99
Zustandsanalyse 291